21世纪高等学校规划教材

高等数学（下）
——基础教程

刘春凤 纪楠 彭亚绵 编著

清华大学出版社

北京

内 容 简 介

本书遵循教育部制定的"工科类本科数学基础课程教学基本要求"，是为普通高校理工科各专业开设的"高等数学"课程编写的教材。教材分上、下两册，上册内容包括函数、极限与连续、导数与微分、中值定理与导数的应用、空间解析几何、多元函数微积分（共6章）。下册内容包括不定积分、定积分、重积分、线面积分、无穷级数和常微分方程（共6章）。书末附有积分表、习题答案和参考文献等。

本书结构严谨、逻辑清晰，注重直观简约，内容由浅入深，通俗易懂，分层布局，梯次渐进，既宜于教师因材分层讲授，又便于读者循序渐进自学，也可作为报考工科研究生的参考书，并可供工程技术工作者参考。

图书在版编目（CIP）数据

高等数学（下）：基础教程/刘春凤等编著. —北京：清华大学出版社，2013 （2016.7重印）
21世纪高等学校规划教材
ISBN 978-7-302-33838-3

Ⅰ. ①高…　Ⅱ. ①刘…　Ⅲ. ①高等数学—高等学校—教材　Ⅳ. ①O13

中国版本图书馆 CIP 数据核字（2013）第 213118 号

责任编辑：魏江江　薛　阳
封面设计：常雪影
责任校对：焦丽丽
责任印制：王静怡

出版发行：清华大学出版社
　　　　网　　　址：http://www.tup.com.cn，http://www.wqbook.com
　　　　地　　　址：北京清华大学学研大厦 A 座　　邮　　　编：100084
　　　　社　总　机：010-62770175　　　　　　　邮　　　购：010-62786544
　　　　投稿与读者服务：010-62776969，c-service@tup.tsinghua.edu.cn
　　　　质　量　反　馈：010-62772015，zhiliang@tup.tsinghua.edu.cn
　　　　课　件　下　载：http://www.tup.com.cn，010-62795954
印　刷　者：北京市人民文学印刷厂
装　订　者：三河市溧源装订厂
经　　销：全国新华书店
开　　本：185mm×260mm　　　　印　张：22.25　　　字　　数：540 千字
版　　次：2013 年 6 月第 1 版　　　　　　　　　　印　　次：2016 年 7 月第 4 次印刷
印　　数：9301～12300
定　　价：39.80 元

产品编号：054691-01

本书编委会

主　任：吴印林

副主任：屈　滨　刘春凤

编　委：肖继先　何亚丽　杨爱民　闫　焱

数学不仅是一些知识,也是一种素质,即数学素质;数学不仅是一种工具,也是一种思维,即理性思维;数学不仅是一门科学,也是一种文化,即数学文化。当今,人类进入信息时代,数学无声无息地走进人们的生活,引领科技的发展,把握社会的命脉,我们几乎所有的工作都与数学相关,追求科学的、可持续发展的工作目标,越来越多地需要数学的描述,需要使用数学工具进行定量分析,可以说信息时代本质上就是数学时代,信息技术本质上就是数字技术,使用数学的程度甚至成为衡量国家科学进步的主要标志。大学数学课程因其在培养大学生理性思维、计算能力、创新意识等方面具有不可替代的作用,而成为大学课程中最重要的公共必修课,因此学好数学既是学者进取之道,也是人生智慧之举。

随着我国从精英教育到大众化教育的转型,高等教育发生了一系列的变化,伴随着变化也产生了诸多前所未有的问题。几十年、甚至上百年一贯制的大学数学教育问题首当其冲受到影响。尽管大学数学教学内容和课程体系改革方兴未艾,面向重点大学的具有新思路且含有数学实验的新教材陆续出现,对数学教学改革起到了推动和引领作用。然而对于普通院校,尤其对独立学院,由于缺乏与本校人才培养目标高度适应的新教材,选用教材时多倾向与重点大学保持一致,培养目标及学生的差异使普通院校呈现传授与接受的"脱节",教师教得辛苦,学生学得艰难,有相当比例的学生"学不会,用不了",教学效果事倍功半。

面对当前普通高校的大学数学教育,笔者颇受张景中院士提出的教育数学的观点的启发。学数学好比吃核桃,核桃仁美味而富有营养,但要完整地砸开吃到它却非易事,"数学教育要研究的是如何砸核桃吃核桃,而教育数学要研究改良核桃的品种,让核桃更美味更营养,更容易砸开吃净。"为此,我们组织多年从事高等数学教学的一线教师,遵循教育部制定的"工科类本科数学基础课程教学基本要求",立足普通高等院校应用型人才培养目标的需要,融入张景中院士"想的是教育,做的是数学"的思想,编写了高等数学系列教材。本套教材旨在让更多的学子在轻松学习高等数学知识的同时,掌握数学本质,培养数学素质,提高数学能力,感受数学魅力,自觉走进数学,自由享用数学。

高等数学系列教材包括《高等数学(上)——基础教程》、《高等数学(下)——基础教程》和《高等数学(上)——实训教程》、《高等数学(下)——实训教程》(以下分别简称《基础教程》和《实训教程》),本套教材有三个显著特点:

(1)调整结构,增加实训。新编《高等数学基础教程》上册包括微分学,空间解析几何,下册包括积分学、无穷级数和常微分方程。《基础教程》作为课内"学数学"理论教学篇,《实训教程》用于课外"用数学"的实训教学篇。《实训教程》由五个板块组成:知识网络图、精品课堂、达标实训、拓展实训、应用实训和数学实验,它是《基础教程》的拓展,两个教程内容协调一致,配合使用可实现课上与课下,课内与课外相辅相成。

(2)分层布局,梯次渐进。考虑到不同专业的学生对数学需求的差异,《基础教程》把传统的内容按照六个板块:内容初识、经典解析、概念反思、理论探究、方法纵横、应用欣赏进行了重新划分与整合。其中内容初识和经典解析为第一梯度,内容初识只限于介绍简单概念和基础知识,经典解析部分仅限于介绍最基础且经典的方法。这一梯度避开了抽象的概念和繁琐的计算,例如极限与连续的内容初识部分只描述极限概念而不精确刻画,避开"ε-N语言",经典解析极限方法仅介绍有理分式函数的极限,两个重要极限和无穷小代换法,力求使读者轻松入门。概念反思和理论探究为第二梯度,在读者对本章内容已有初步了解的基础上,进一步揭示概念的内涵,展开相关理论的推演和证明,强化学生对知识的深刻理解,培养学生的数学思维。方法纵横和应用欣赏为第三梯度,其中方法纵横部分将集中讲解本章难度较高和综合性较强的数学方法,例题的选择注意典型性、灵活性和可拓展性,有的选自全国数学竞赛试题,也有的选自考研真题。著名数学家和数学教育家项武义先生说:教数学,要教学生"运用之妙,存乎一心",以不变应万变,不讲或少讲只能对付几个题目的"小巧",要教给学生"大巧",这个板块就是启发联想,夯实数学基本功,使学生通过引导探究渐入"无招胜有招"的境界,为学生继续深造奠定坚实的数学基础。应用欣赏旨在体现数学具有广泛应用性这一特点,但限于课程学时,高等数学的应用课堂难以细说,故在基础教程里仅举少许典型应用案例供读者欣赏,使读者学知所用。

(3)融入实验,学以致用。长期以来,数学给人们的一些印象就是凭大脑、纸、笔进行推理、证明和计算,抽象的推理和繁琐的计算使一些学生对数学兴趣索然。计算机科技的迅速发展,优秀的数学软件为用数学方法解决复杂的实际问题提供了良好的平台,使数学教学如虎添翼,过去学生由于计算技术的局限只能"望洋兴叹"的问题,如今可以通过数学实验轻松解决,数学实验使数学计算变得轻松,数学形象变得直观,数学奥妙变得美丽,数学推理变得自然。引数学实验入大学数学教学是我们近十年的举措,本套教材嵌入的高等数学实验在实训教程中,这一部分的教与学教师可酌情安排。

本教材由刘春凤教授、纪楠、彭亚绵编著,全书由刘春凤总体策划,纪楠、彭亚绵负责组织,具体编写责任人为:刘春凤(第8章),纪楠(第10章),彭亚绵(第11章),袁书娟(第7、12章),李冬梅(第9章)。教材融合了编写团队多年的教学经验,注重直观简约,对繁琐的理论推导进行了适度的约简,对数学的理论和概念,尽可能地通过几何直观,解释其抽象和深刻的内涵,内容由浅入深,梯次渐进,通俗易懂,既宜于教师因材分层讲授,也便于读者循序渐进自学。

由于本教材对高等数学内容调整幅度较大,前后呼应未必贴切,章节衔接未必自然,书中谬误之处难免,恳请读者批评指正。

编　者

2013年盛夏

第7章

不定积分

众所周知,求函数的导数问题是微分学中的基本计算,但是,在科学技术领域中往往还会遇到与此相反的计算问题:已知一个函数的导数,求原函数。由此产生了不定积分,不定积分与求导互为逆运算。不定积分和定积分构成了一元函数的积分学,重积分、曲线积分、曲面积分构成了多元函数积分学。本章研究不定积分的概念、性质和计算方法,其他内容将在后续章节中介绍。

内容初识

7.1 不定积分的概念

7.1.1 原函数

问题 1 如果已知物体的运动方程为 $s=f(t)$,则此物体的速度是位移 s 对时间 t 的导数,反过来,如果已知物体运动的速度 v 是时间 t 的函数 $v=v(t)$,求物体的运动方程 $s=f(t)$。

问题 2 已知曲线上每一点的切线斜率 $k=k(x)$,求该曲线方程 $y=f(x)$。

【注】 两个问题的共性:均为微分学中导数计算的反问题。

定义 7.1 已知定义在某一区间上的函数 $f(x)$,如果存在函数 $F(x)$,使得对于该区间内的任一点 x 都有

$$F'(x) = f(x) \quad \text{或} \quad dF(x) = f(x)dx$$

则称 $F(x)$ 是 $f(x)$ 在该区间上的一个原函数。

例如:在区间 $(0,+\infty)$ 内,$(\ln x)' = \dfrac{1}{x}$,则在区间 $(0,+\infty)$ 内,$\ln x$ 是 $\dfrac{1}{x}$ 的一个原函数。显然 $\ln x+3$,$\ln x-4$,$\ln x+C$(C 为任意常数)也都是 $\dfrac{1}{x}$ 在区间 $(0,+\infty)$ 内的一个原函数。

由此可见,函数 $\dfrac{1}{x}$ 存在无穷多个原函数。因此,对原函数的研究,必须要讨论三个问题:

(1) 一个函数在什么条件下存在原函数?

(2) 若一个函数存在原函数,一共有多少个?

(3) 若函数的原函数不唯一,那么任意两个原函数之间有什么关系?

定理 7.1(原函数存在定理)　如果函数 $f(x)$ 在某区间内连续,那么 $f(x)$ 在该区间内必有原函数。

【注】　该定理表明连续函数一定有原函数。

事实上,如果 $F(x)$ 是 $f(x)$ 在该区间上的一个原函数,即有 $F'(x) = f(x)$,则 $[F(x) + C]' = f(x)$(其中 C 为任意常数),所以 $F(x) + C$ 也是 $f(x)$ 的原函数。因此,若函数 $f(x)$ 在某一区间原函数存在,则必有无穷多个原函数。

若 $F(x)$ 和 $G(x)$ 都是函数 $f(x)$ 的原函数,则有

$$F'(x) = f(x), \quad G'(x) = f(x),$$
$$[G(x) - F(x)]' = G'(x) - F'(x) = f(x) - f(x) = 0$$

由拉格朗日中值定理知,$G(x) - F(x) = C$(C 为常数)。所以 $G(x) = F(x) + C$。

也就是说:$f(x)$ 的所有原函数都可以表示成 $F(x) + C$ 的形式。

7.1.2　不定积分的定义

定义 7.2　如果函数 $F(x)$ 是函数 $f(x)$ 在区间 I 上的一个原函数,则 $f(x)$ 的全体原函数 $F(x) + C$(C 为常数)称为函数 $f(x)$ 在区间 I 上的不定积分,记作

$$\int f(x)\mathrm{d}x = F(x) + C$$

其中,符号"$\int$"称为**积分号**,$f(x)$ 称为**被积函数**,$f(x)\mathrm{d}x$ 称为**被积表达式**,x 称为**积分变量**,C 称为**积分常数**,此时我们称 $f(x)$ 在区间 I 上可积。

按照不定积分的定义,本节开篇提出的问题就可以这样描述:

(1) 若已知物体运动的瞬时速度 $v(t)$,则物体的运动规律 $s(t) = \int v(t)\mathrm{d}t$;

(2) 若已知曲线 $f(x)$ 在每一点的切线斜率为 $f'(x)$,则此曲线为 $f(x) = \int f'(x)\mathrm{d}x$。

例 7.1　计算 $\int \sin x\mathrm{d}x$。

【解】

因为　$(-\cos x)' = \sin x$,　所以　$\int \sin x\mathrm{d}x = -\cos x + C$

例 7.2　计算 $\int \dfrac{1}{1 + x^2}\mathrm{d}x$。

【解】

$$因为 \quad (\arctan x)' = \frac{1}{1+x^2}, \quad 所以 \quad \int \frac{1}{1+x^2} \mathrm{d}x = \arctan x + C$$

例 7.3 设曲线上任意一点 $M(x,y)$ 处的切线斜率为 $k=y'=2x$,求曲线的方程。

【解】 因为 $(x^2)'=2x$,所以

$$y = \int 2x\mathrm{d}x = x^2 + C, \quad 即 \quad y = x^2 + C$$

因为 C 可取任意实数,所以 $y=x^2+C$ 就表达了无穷多条抛物线,所有这些抛物线构成一个曲线的集合,称为**曲线族**,且族中任一条抛物线可由另一条抛物线沿 y 轴平移而得到。

一般地,若 $F(x)$ 为 $f(x)$ 的原函数,则不定积分 $\int f(x)\mathrm{d}x = F(x)+C$ 是 $f(x)$ 的**原函数族**,对于 C 每取一个值 C_0,就确定 $f(x)$ 一个原函数,在直角坐标系中就确定一条曲线 $y=F(x)+C_0$,这条曲线叫做 $f(x)$ 的一条积分曲线。所有这些积分曲线构成一个曲线族,称为 $f(x)$ 的**积分曲线族**。这就是**不定积分的几何意义**,如图 7.1 所示。

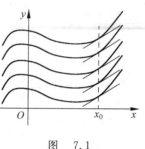

对不定积分 $\int f(x)\mathrm{d}x$,若 x 是时间变量,$f(x)$ 是直线运动的物体的速度函数,则 $f(x)$ 的原函数就是路程函数 $s(x)$,即 $\int f(x)\mathrm{d}x = s(x)+C$。这就是**不定积分的物理学意义**。

图 7.1

7.1.3 不定积分的性质

性质 7.1 $\int kf(x)\mathrm{d}x = k\int f(x)\mathrm{d}x (k$ 为非零常数)。

性质 7.2 $\int [f(x) \pm g(x)]\mathrm{d}x = \int f(x)\mathrm{d}x \pm \int g(x)\mathrm{d}x$。

性质 7.3 求不定积分与求微分(导数)互为逆运算,即

(1) $\left(\int f(x)\mathrm{d}x\right)' = f(x)$ 或 $\mathrm{d}\int f(x)\mathrm{d}x = f(x)\mathrm{d}x$,

(2) $\int f'(x)\mathrm{d}x = f(x)+C$ 或 $\int \mathrm{d}f(x) = f(x)+C$。

【注】 证明上述性质,只要验证等式右端的导数等于左端的被积函数即可,论证留给读者。

7.1.4 不定积分基本公式

因为不定积分是求导的逆运算,因此,根据导数的计算公式,可得不定积分基本公式如下:

导数公式

$(1) \int k \mathrm{d}x = kx + C(k\text{ 为常数})$　　　　$(kx)' = k$

$(2) \int x^\mu \mathrm{d}x = \dfrac{1}{\mu+1}x^{\mu+1} + C(\mu \neq -1)$　　　$\left(\dfrac{x^{\mu+1}}{\mu+1}\right)' = x^\mu$

$(3) \int \dfrac{1}{x} \mathrm{d}x = \ln|x| + C$　　　　$(\ln|x|)' = \dfrac{1}{x}$

$(4) \int \mathrm{e}^x \mathrm{d}x = \mathrm{e}^x + C$　　　　$(\mathrm{e}^x)' = \mathrm{e}^x$

$(5) \int a^x \mathrm{d}x = \dfrac{a^x}{\ln a} + C(a > 0, a \neq 1)$　　　$(a^x)' = a^x \ln a$

$(6) \int \cos x \mathrm{d}x = \sin x + C$　　　　$(\sin x)' = \cos x$

$(7) \int \sin x \mathrm{d}x = -\cos x + C$　　　$(\cos x)' = -\sin x$

$(8) \int \sec^2 x \mathrm{d}x = \tan x + C$　　　$(\tan x)' = \sec^2 x$

$(9) \int \csc^2 x \mathrm{d}x = -\cot x + C$　　　$(\cot x)' = -\csc^2 x$

$(10) \int \sec x \tan x \mathrm{d}x = \sec x + C$　　　$(\sec x)' = \sec x \tan x$

$(11) \int \csc x \cot x \mathrm{d}x = -\csc x + C$　　　$(\csc x)' = -\csc x \cot x$

$(12) \int \dfrac{1}{\sqrt{1-x^2}} \mathrm{d}x = \arcsin x + C = -\arccos x + C$　　$(\arcsin x)' = \dfrac{1}{\sqrt{1-x^2}}$

$(13) \int \dfrac{1}{1+x^2} \mathrm{d}x = \arctan x + C = -\mathrm{arccot}\, x + C$　　$(\arctan x)' = \dfrac{1}{1+x^2}$

【注】　不定积分基本公式是不定积分的基础,以后计算积分时可以直接引用,必须记牢。

下面我们仅利用不定积分的性质和基本积分公式计算不定积分。

例 7.4　计算 $\int (2\cos x + 2x^2 - 3)\mathrm{d}x$。

【解】

$$\int (2\cos x + 2x^2 - 3)\mathrm{d}x = \int 2\cos x \mathrm{d}x + \int 2x^2 \mathrm{d}x - \int 3\mathrm{d}x$$

$$= 2\int \cos x \mathrm{d}x + 2\int x^2 \mathrm{d}x - 3\int \mathrm{d}x$$

$$= 2\sin x + \dfrac{2}{3}x^3 - 3x + C$$

【注】

(1) 分项积分后每个不定积分都含有任意常数,因为任意常数之和仍为任意常数,所以只写出一个 C 即可。

(2) 要检验积分结果是否正确,可把所得结果求导,如果其导数等于被积函数,则正确。

例 7.5 计算 $\int\left(10^x + 3\sin x + \dfrac{1}{\sqrt{x}}\right)\mathrm{d}x$。

【解】

$$\int\left(10^x + 3\sin x + \frac{1}{\sqrt{x}}\right)\mathrm{d}x = \int 10^x\,\mathrm{d}x + 3\int\sin x\,\mathrm{d}x + \int\frac{1}{\sqrt{x}}\,\mathrm{d}x$$

$$= \frac{10^x}{\ln 10} - 3\cos x + \frac{1}{-\dfrac{1}{2}+1}\cdot x^{-\frac{1}{2}+1} + C$$

$$= \frac{10^x}{\ln 10} - 3\cos x + 2\sqrt{x} + C$$

【注】 请读者记住此快捷公式 $\int\dfrac{1}{\sqrt{x}}\mathrm{d}x = 2\sqrt{x} + C$。

例 7.6 计算 $\int\dfrac{\sqrt{x} - 2\sqrt[3]{x} + 1}{\sqrt[5]{x^2}}\mathrm{d}x$。

【解】

$$\int\frac{\sqrt{x} - 2\sqrt[3]{x} + 1}{\sqrt[5]{x^2}}\mathrm{d}x = \int x^{\frac{1}{10}}\,\mathrm{d}x - 2\int x^{-\frac{1}{15}}\,\mathrm{d}x + \int x^{-\frac{2}{5}}\,\mathrm{d}x$$

$$= \frac{1}{\dfrac{1}{10}+1}\cdot x^{\frac{1}{10}+1} - \frac{2}{-\dfrac{1}{15}+1}\cdot x^{-\frac{1}{15}+1} + \frac{1}{-\dfrac{2}{5}+1}\cdot x^{-\frac{2}{5}+1} + C$$

$$= \frac{10}{11}x^{\frac{11}{10}} - \frac{15}{7}x^{\frac{14}{15}} + \frac{5}{3}x^{\frac{3}{5}} + C$$

【注】 当被积函数是分式或根式表示的幂函数时,要把它化为 x^μ 形式,然后应用 $\int x^\mu\,\mathrm{d}x = \dfrac{1}{\mu+1}x^{\mu+1} + C(\mu \neq -1)$。

【联想】

(1) $\displaystyle\int\frac{1}{x^\beta}\mathrm{d}x = \int x^{-\beta}\,\mathrm{d}x = -\frac{1}{\beta-1}\frac{1}{x^{\beta-1}} + C,$

(2) $\displaystyle\int x^{\frac{m}{n}}\,\mathrm{d}x = \frac{n}{m+n}\cdot x^{\frac{m+n}{n}} + C,$

(3) $\displaystyle\int\frac{1}{x^{\frac{m}{n}}}\mathrm{d}x = \int x^{-\frac{m}{n}}\,\mathrm{d}x = -\frac{n}{m-n}\cdot\frac{1}{x^{\frac{m-n}{n}}} + C。$

【练习】 (1) $\displaystyle\int\frac{1}{x^5}\mathrm{d}x$, (2) $\displaystyle\int\frac{1}{x^{104}}\mathrm{d}x$, (3) $\displaystyle\int x^{\frac{9}{8}}\,\mathrm{d}x$, (4) $\displaystyle\int\frac{1}{x^{\frac{2}{3}}}\mathrm{d}x$。

例 7.7 计算 $\int\left(\sin x + \dfrac{2}{1+x^2} + \mathrm{e}^x\right)\mathrm{d}x$。

【解】

$$\int\left(\sin x + \frac{2}{1+x^2} + \mathrm{e}^x\right)\mathrm{d}x = \int\sin x\,\mathrm{d}x + 2\int\frac{1}{1+x^2}\,\mathrm{d}x + \int\mathrm{e}^x\,\mathrm{d}x$$

$$= -\cos x + 2\arctan x + \mathrm{e}^x + C$$

例 7.8   计算 $\int 2^x \mathrm{e}^x \mathrm{d}x$。

【解】

$$\int 2^x \mathrm{e}^x \mathrm{d}x = \int (2\mathrm{e})^x \mathrm{d}x = \frac{(2\mathrm{e})^x}{\ln(2\mathrm{e})} + C = \frac{2^x \mathrm{e}^x}{\ln 2 + 1} + C$$

【注】

(1) 在计算过程中要注意每一步的依据(即用了哪些公式);

(2) 在计算熟练后,做题的步骤可作适当精简;

(3) 不能把含积分变量 x 的任何函数从积分号内移出积分号外。

例 7.9   计算 $\int \frac{x^4 + 12}{x^2 + 1} \mathrm{d}x$。

【解】

$$\int \frac{x^4 + 12}{x^2 + 1} \mathrm{d}x = \int \left(x^2 - 1 + \frac{13}{x^2 + 1} \right) \mathrm{d}x = \frac{1}{3} x^3 - x + 13\arctan x + C$$

例 7.10   计算 $\int \sec x (\sec x - \tan x) \mathrm{d}x$。

【解】

$$\int \sec x (\sec x - \tan x) \mathrm{d}x = \int \sec^2 x \mathrm{d}x - \int \sec x \tan x \mathrm{d}x$$
$$= \tan x - \sec x + C$$

【注】   利用不定积分的性质和基本积分公式,或者将被积函数做简单的代数、三角恒等变形,化为基本积分表中诸函数的线性组合(即各函数分别乘以常数再相加)求一些函数的不定积分的方法叫做直接积分法。

例 7.11   设曲线通过点 $(1,3)$,且其上任一点处的切线斜率等于这点横坐标的平方的 3 倍,求此曲线的方程.

【解】   设所求的曲线方程为 $y = f(x)$,按题设,曲线上任一点 (x,y) 处的切线斜率为 $y' = f'(x) = 3x^2$,即 $f(x)$ 是 $3x^2$ 的一个原函数。又

$$\int 3x^2 \mathrm{d}x = x^3 + C,$$

故必有某个常数 C,使 $f(x) = x^3 + C$,即曲线方程为 $y = x^3 + C$,因所求曲线通过点 $(1,3)$,故 $3 = 1 + C$,得 $C = 2$。

于是所求曲线方程为 $y = x^3 + 2$。

【练习】

(1) 在积分曲线族 $y = \int 5x^3 \mathrm{d}x$ 中,求通过点 $(1,1)$ 的曲线方程。

(2) 一质点作直线运动,已知其加速度为 $a = 6t^2 - \cos t + 2$,若 $s(0) = 2, v(0) = 4$,试求:位移 s 与时间 t 的函数关系。

例 7.12   计算 $\int \frac{1}{x^2(1 + x^2)} \mathrm{d}x$。

【解】

$$\int \frac{1}{x^2(1+x^2)} \mathrm{d}x = \int \frac{x^2+1-x^2}{x^2(1+x^2)} \mathrm{d}x$$

$$= \int x^{-2} \mathrm{d}x - \int \frac{1}{1+x^2} \mathrm{d}x$$

$$= -\frac{1}{x} - \arctan x + C$$

【联想】　$\displaystyle\int \frac{1}{x(k+x)} \mathrm{d}x = \int \frac{1}{k}\left(\frac{1}{x} - \frac{1}{k+x}\right) \mathrm{d}x$。

例 7.13　计算 $\displaystyle\int \frac{1}{\sin^2 x \cos^2 x} \mathrm{d}x$。

【解】

$$\int \frac{1}{\sin^2 x \cos^2 x} \mathrm{d}x = \int \frac{\sin^2 x + \cos^2 x}{\sin^2 x \cos^2 x} \mathrm{d}x$$

$$= \int \frac{1}{\cos^2 x} \mathrm{d}x + \int \frac{1}{\sin^2 x} \mathrm{d}x$$

$$= \tan x - \cot x + C$$

例 7.14　计算 $\displaystyle\int \frac{\cos 2x}{\cos x - \sin x} \mathrm{d}x$。

【解】

$$\int \frac{\cos 2x}{\cos x - \sin x} \mathrm{d}x = \int \frac{\cos^2 x - \sin^2 x}{\cos x - \sin x} \mathrm{d}x$$

$$= \int (\cos x + \sin x) \mathrm{d}x$$

$$= \sin x - \cos x + C$$

例 7.15　计算 $\displaystyle\int \tan^2 x \mathrm{d}x$。

【解】

$$\int \tan^2 x \mathrm{d}x = \int (\sec^2 x - 1) \mathrm{d}x = \tan x - x + C$$

【练习】　(1) $\displaystyle\int \cot^2 x \mathrm{d}x$，(2) $\displaystyle\int \frac{1+\cos^2 x}{1+\cos 2x} \mathrm{d}x$。

经典解析

7.2　不定积分的计算

　　尽管求不定积分是求导数的逆运算，然而不定积分的计算比求导数复杂得多。利用不定积分的性质和基本积分表能求出的积分很有限，当被积函数较为复杂时，直接积分法往往难以奏效，大部分函数的积分可以用我们下面要介绍的换元积分法和分部积分法计算。

7.2.1 第一换元积分法(凑微分法)

第一换元积分法是由复合函数微分法导出的求原函数的一种方法。为了使读者理解这种方法,首先研究一个例子。

例 7.16 计算 $\int e^{2x-1}dx$。

【分析】 该积分不包含在基本积分表中,显然 $\int e^{2x-1}dx \neq e^{2x-1}+C$,因为 $[e^{2x-1}]' = 2e^{2x-1}$。问题出在 e^{2x-1} 是 x 的复合函数,中间变量为 $u=2x-1$。当被积函数是复合函数时,利用基本积分公式一般不能求解。

【解】 令 $u=2x-1$,则 $x=\dfrac{1}{2}u+\dfrac{1}{2}$,$dx=\dfrac{1}{2}du$,于是原积分可化为

$$\int e^{2x-1}dx \xlongequal{u=2x-1} \frac{1}{2}\int e^u du = \frac{1}{2}e^u + C$$

再将 u 变回 $2x-1$,得

$$\int e^{2x-1}dx = \frac{1}{2}e^{2x-1} + C$$

上述积分法的原理是什么呢?让我们回忆求复合函数的链式法则。

设 $F'(u)=f(u)$,$u=g(x)$,则有

$$(F[g(x)])' = F'[g(x)]g'(x) = f[g(x)]g'(x)$$

由此可见,$F[g(x)]$ 是 $f[g(x)]g'(x)$ 的一个原函数,即

$$\int f[g(x)]g'(x)dx = F[g(x)] + C$$

从而有

$$\int f[g(x)]g'(x)dx \xlongequal{u=g(x)} \int f(u)du = F(u)+C = F[g(x)]+C \qquad (7.1)$$

式(7.1)就是第一换元法的原理,它说明当 $\int f[g(x)]g'(x)dx$ 不易求得,而 $\int f(u)du$ 容易计算时,可作代换 $u=g(x)$,将积分 $\int f[g(x)]g'(x)dx$ 转换为 $\int f(u)du$,在求出原函数 $F(u)$ 后,把 $u=g(x)$ 回代便可得到 $F[g(x)]+C$。

通过中间变量的代换,得到复合函数的积分法,称为换元积分法,简称换元法。换元法分两类:第一换元法和第二换元法。式(7.1)表述的是第一换元法,它分为换元 → 积分 → 还原三个过程。注意到第一换元法换元过程中,需要把 $g'(x)dx$ 凑成微分 $dg(x)$,也就是 du,因此这一方法也常被称为**凑微分法**。

例 7.17 计算 $\int \dfrac{1}{2-3x}dx$。

【解】 设 $u=2-3x$,$du=-3dx$,即 $dx=-\dfrac{1}{3}du$

$$\int \frac{1}{2-3x}dx = -\frac{1}{3}\int \frac{1}{u}du = -\frac{1}{3}\ln|u| + C$$

$$= -\frac{1}{3}\ln|2-3x| + C$$

【注】

(1) 在利用换元积分法计算时,若令 $u=\varphi(x)$,计算结束时,变量 u 还必须用 $\varphi(x)$ 代回去;

(2) 在计算熟练后,中间变量 u 可以不直接设出来;

(3) 一般,对于形如 $\int f(ax+b)\mathrm{d}x$ 的积分,总可以作变换 $u=ax+b$, 化为

$$\int f(ax+b)\mathrm{d}x = \frac{1}{a}\int f(ax+b)\mathrm{d}(ax+b) = \frac{1}{a}\int f(u)\mathrm{d}u\bigg|_{u=ax+b}$$

【联想】

(1) $\int xf(ax^2+b)\mathrm{d}x = \frac{1}{2a}\int f(ax^2+b)\mathrm{d}(ax^2+b)$;

(2) $\int (2ax+b)f(ax^2+bx+c)\mathrm{d}x = \int f(ax^2+bx+c)\mathrm{d}(ax^2+bx+c)$;

(3) $\int x^{n-1}f(ax^n+b)\mathrm{d}x = \frac{1}{na}\int f(ax^n+b)\mathrm{d}(ax^n+b)(a\neq 0)$。

【练习】 计算下列不定积分

(1) $\int (2x+1)^{10}\mathrm{d}x$,(2) $\int (2x+1)^{\frac{10}{3}}\mathrm{d}x$。

例 7.18 计算 $\int \dfrac{1}{a^2+x^2}\mathrm{d}x$。

【解】

$$\int \frac{1}{a^2+x^2}\mathrm{d}x = \frac{1}{a^2}\int \frac{1}{1+\dfrac{x^2}{a^2}}\mathrm{d}x = \frac{1}{a}\int \frac{1}{1+\left(\dfrac{x}{a}\right)^2}\mathrm{d}\left(\frac{x}{a}\right)$$

$$= \frac{1}{a}\arctan\frac{x}{a}+C$$

即

$$\int \frac{1}{a^2+x^2}\mathrm{d}x = \frac{1}{a}\arctan\frac{x}{a}+C$$

例 7.19 计算 $\int \dfrac{1}{\sqrt{a^2-x^2}}\mathrm{d}x\,(a>0)$。

【解】

$$\int \frac{1}{\sqrt{a^2-x^2}}\mathrm{d}x = \int \frac{1}{a}\frac{1}{\sqrt{1-\dfrac{x^2}{a^2}}}\mathrm{d}x$$

$$= \int \frac{1}{\sqrt{1-\left(\dfrac{x}{a}\right)^2}}\mathrm{d}\left(\frac{x}{a}\right) = \arcsin\frac{x}{a}+C$$

即

$$\int \frac{1}{\sqrt{a^2-x^2}}\mathrm{d}x = \arcsin\frac{x}{a}+C \quad (a>0)$$

例 7.20   计算 $\displaystyle\int \frac{1}{x^2-a^2}\mathrm{d}x$。

【解】   因为 $\dfrac{1}{x^2-a^2} = \dfrac{1}{2a}\left(\dfrac{1}{x-a}-\dfrac{1}{x+a}\right)$，所以

$$\int \frac{1}{x^2-a^2}\mathrm{d}x = \frac{1}{2a}\int\left(\frac{1}{x-a}-\frac{1}{x+a}\right)\mathrm{d}x$$

$$= \frac{1}{2a}\left(\int\frac{1}{x-a}\mathrm{d}x - \int\frac{1}{x+a}\mathrm{d}x\right)$$

$$= \frac{1}{2a}\left[\int\frac{1}{x-a}\mathrm{d}(x-a) - \int\frac{1}{x+a}\mathrm{d}(x+a)\right]$$

$$= \frac{1}{2a}(\ln|x-a| - \ln|x+a|) + C = \frac{1}{2a}\ln\left|\frac{x-a}{x+a}\right| + C$$

即

$$\int \frac{1}{x^2-a^2}\mathrm{d}x = \frac{1}{2a}\ln\left|\frac{x-a}{x+a}\right| + C$$

类似计算可得

$$\int \frac{1}{a^2-x^2}\mathrm{d}x = \frac{1}{2a}\ln\left|\frac{a+x}{a-x}\right| + C$$

例 7.21   计算 $\displaystyle\int x^2\cos 3x^3\,\mathrm{d}x$。

【解】   被积函数中有 $x^2\mathrm{d}x$，且 $\cos 3x^3$ 中有 $3x^3$，所以应用 $x^2\mathrm{d}x = \dfrac{1}{3\times 3}\mathrm{d}(3x^3)$，得

$$\int x^2\cos 3x^3\,\mathrm{d}x = \frac{1}{9}\int\cos 3x^3\,\mathrm{d}(3x^3) = \frac{1}{9}\sin 3x^3 + C$$

【练习】   计算下列不定积分

(1) $\displaystyle\int x^{n-1}\cos x^n\,\mathrm{d}x$，(2) $\displaystyle\int \frac{x}{1+x^2}\mathrm{d}x$，(3) $\displaystyle\int \frac{x^2}{1+x^3}\mathrm{d}x$，

(4) $\displaystyle\int \frac{x^3}{1+x^8}\mathrm{d}x$，(5) $\displaystyle\int x\sin x^2\,\mathrm{d}x$。

例 7.22   计算 $\displaystyle\int \frac{\sin\sqrt{x}}{\sqrt{x}}\mathrm{d}x$。

【解】   由快捷公式 $\displaystyle\int \frac{1}{\sqrt{x}}\mathrm{d}x = 2\sqrt{x} + C$，得

$$\int \frac{\sin\sqrt{x}}{\sqrt{x}}\mathrm{d}x = 2\int\sin\sqrt{x}\cdot\mathrm{d}\sqrt{x} = -2\cos\sqrt{x} + C$$

【联想】 $\displaystyle\int f(\sqrt{x})\frac{1}{\sqrt{x}}\mathrm{d}x = 2\int f(\sqrt{x})\mathrm{d}(\sqrt{x})$。

【练习】   计算下列不定积分

(1) $\displaystyle\int \frac{1}{\sqrt{x}(1+x)}\mathrm{d}x$，(2) $\displaystyle\int \frac{1}{\sqrt{x}\ \sqrt{1-x}}\mathrm{d}x$，(3) $\displaystyle\int \frac{1}{\sqrt{x}(1+\sqrt{x})}\mathrm{d}x$。

例 7.23 计算 $\int \dfrac{1}{x^2} \sec^2 \dfrac{1}{x} \mathrm{d}x$。

【解】 因为 $\dfrac{1}{x^2}\mathrm{d}x = -\mathrm{d}\dfrac{1}{x}$，所以

$$\int \frac{1}{x^2}\sec^2\frac{1}{x}\mathrm{d}x = -\int \sec^2\frac{1}{x}\mathrm{d}\frac{1}{x} = -\tan\frac{1}{x} + C$$

【联想】 $\int f\left(\dfrac{1}{x}\right)\dfrac{1}{x^2}\mathrm{d}x = -\int f\left(\dfrac{1}{x}\right)\mathrm{d}\left(\dfrac{1}{x}\right)$。

例 7.24 计算不定积分 $\int \dfrac{1}{x\sqrt{1-\ln^2 x}}\mathrm{d}x$。

【解】

$$\int \frac{1}{x\sqrt{1-\ln^2 x}}\mathrm{d}x = \int \frac{1}{\sqrt{1-\ln^2 x}}\mathrm{d}\ln x = \arcsin\ln x + C$$

【联想】 $\int f(\ln x)\dfrac{1}{x}\mathrm{d}x = \int f(\ln x)\mathrm{d}\ln x$。

【练习】 计算下列不定积分

(1) $\int \dfrac{1}{x\ln x}\mathrm{d}x$；(2) $\int \dfrac{\ln\ln x}{x\ln x}\mathrm{d}x$；(3) $\int \dfrac{1}{x(1+\ln^2 x)}\mathrm{d}x$；(4) $\int \dfrac{1}{x\sqrt{1-\ln^2 x}}\mathrm{d}x$。

例 7.25 计算不定积分 $\int \dfrac{\mathrm{e}^x}{1+\mathrm{e}^{2x}}\mathrm{d}x$。

【解】

$$\int \frac{\mathrm{e}^x}{1+\mathrm{e}^{2x}}\mathrm{d}x = \int \frac{\mathrm{d}\mathrm{e}^x}{1+(\mathrm{e}^x)^2} = \arctan\mathrm{e}^x + C$$

【联想】 $\int f(\mathrm{e}^x)\mathrm{e}^x\mathrm{d}x = \int f(\mathrm{e}^x)\mathrm{d}(\mathrm{e}^x)$

(1) $\int \dfrac{1}{\mathrm{e}^x + \mathrm{e}^{-x}}\mathrm{d}x$；(2) $\int \dfrac{1}{1+\mathrm{e}^x}\mathrm{d}x$；(3) $\int \dfrac{\mathrm{e}^x}{\sqrt{1-\mathrm{e}^{2x}}}\mathrm{d}x$；(4) $\int \mathrm{e}^x\sec^2\mathrm{e}^x\mathrm{d}x$。

例 7.26 计算不定积分 $\int \tan x\mathrm{d}x$。

【解】

$$\int \tan x\mathrm{d}x = \int \frac{\sin x}{\cos x}\mathrm{d}x = \int \frac{-\mathrm{d}\cos x}{\cos x} = -\ln|\cos x| + C$$

即

$$\int \tan x\mathrm{d}x = -\ln|\cos x| + C$$

类似地可求得

$$\int \cot x\mathrm{d}x = \ln|\sin x| + C$$

例 7.27 计算不定积分 $\int \sec x\mathrm{d}x$。

【解】

$$\int \sec x \, \mathrm{d}x = \int \frac{1}{\cos x} \mathrm{d}x = \int \frac{\cos x}{\cos^2 x} \mathrm{d}x = \int \frac{\mathrm{d}\sin x}{1 - \sin^2 x} = \frac{1}{2} \ln \left| \frac{1 + \sin x}{1 - \sin x} \right| + C$$

$$\xrightarrow{\text{为方便记忆进行等价变换}} \frac{1}{2} \ln \left| \frac{(1 + \sin x)^2}{\cos^2 x} \right| + C$$

$$= \ln \left| \frac{1 + \sin x}{\cos x} \right| + C = \ln |\sec x + \tan x| + C$$

即

$$\int \sec x \, \mathrm{d}x = \ln |\sec x + \tan x| + C$$

类似可以求得

$$\int \csc x \, \mathrm{d}x = \ln |\csc x - \cot x| + C$$

7.2.2　第二换元积分法

回顾第一换元法,其要点是通过选取适当的中间变量 $u = \varphi(x)$ 作为新的自变量,将不定积分 $\int f[\varphi(x)]\varphi'(x)\mathrm{d}x$ 化为 $\int f(u)\mathrm{d}u$。但是,下面要介绍的第二换元法则是针对不易计算的积分 $\int f(x)\mathrm{d}x$,选择新的变量 $x = \varphi(t)$,将积分 $\int f(x)\mathrm{d}x$ 转化为 $\int f[\varphi(t)]\varphi'(t)\mathrm{d}t$,如果能够求出

$$\int f[\varphi(t)]\varphi'(t)\mathrm{d}t = F(t) + C$$

则得到 $\int f(x)\mathrm{d}x = F(t) + C \xrightarrow{\text{还原} t = \varphi^{-1}(x)} F(\varphi^{-1}(x)) + C$。

定理 7.2（第二换元法）　设

(1) 函数 $f(x)$ 连续;

(2) 函数 $x = \varphi(t)$ 有连续导数;

(3) 存在反函数 $t = \varphi^{-1}(x)$;

若

$$\int f[\varphi(t)]\varphi'(t)\mathrm{d}t = F(t) + C$$

则

$$\int f(x)\mathrm{d}x \xrightarrow{x = \varphi(t)} \int f[h(t)]h'(t)\mathrm{d}t \xrightarrow{t = \varphi^{-1}(x)} F(\varphi^{-1}(x)) + C$$

例 7.28　计算 $\int \sqrt{a^2 - x^2} \, \mathrm{d}x (a > 0)$。

【分析】　被积函数含有根号且不能通过凑微分计算,考虑选取合适的变换消除根号,为消除 $\sqrt{a^2 - x^2}$ 的根号,所选取的 $g(t)$ 须能使 $a^2 - [g(t)]^2 = (\cdots)^2$,联想到 $(a\sin t)^2 + (a\cos t)^2 = a^2$,于是可设 $x = a\sin t \left(-\frac{\pi}{2} < t < \frac{\pi}{2} \right)$。

【解】　设 $x = a\sin t, -\frac{\pi}{2} < t < \frac{\pi}{2}$,则 $\sqrt{a^2 - x^2} = \sqrt{a^2 - a^2\sin^2 t} = \sqrt{a^2\cos^2 t} = a\cos t$

原式化为：

$$\int \sqrt{a^2 - x^2}\,\mathrm{d}x = \int a\cos t \cdot a\cos t\,\mathrm{d}t = a^2 \int \cos^2 t\,\mathrm{d}t$$

$$= a^2 \int \frac{1 + \cos 2t}{2}\,\mathrm{d}t = \frac{a^2}{2}\left(t + \frac{1}{2}\sin 2t\right) + C$$

$$= \frac{a^2}{2}t + \frac{a^2}{2}\sin t \cdot \cos t + C$$

由于 $x = a\sin t$，$-\dfrac{\pi}{2} < t < \dfrac{\pi}{2}$，所以 $t = \arcsin\dfrac{x}{a}$，作辅助三角形，如图 7.2 所示。

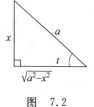

$$\cos t = \sqrt{1 - \sin^2 t} = \sqrt{1 - \left(\frac{x}{a}\right)^2} = \frac{\sqrt{a^2 - x^2}}{a}$$

于是

图 7.2

$$\int \sqrt{a^2 - x^2}\,\mathrm{d}x = \frac{a^2}{2}\arcsin\frac{x}{a} + \frac{1}{2}x\sqrt{a^2 - x^2} + C$$

【注】 显然被积函数含有形如 $\sqrt{a^2 - x^2}$ 的根式时，也可作变换 $x = a\cos t$，读者不妨一试。

例 7.29 计算 $\displaystyle\int \frac{\mathrm{d}x}{\sqrt{x^2 + a^2}}\,(a > 0)$。

【分析】 为消除 $\sqrt{x^2 + a^2}$ 的根号，所选取的 $x = g(t)$ 须能使 $a^2 + [g(t)]^2 = (\cdots)^2$，联想到公式 $a^2 + (a\tan x)^2 = a^2\sec^2 x$，于是可设 $x = a\tan t\left(-\dfrac{\pi}{2} < t < \dfrac{\pi}{2}\right)$。

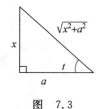

【解】 设 $x = a\tan t\left(-\dfrac{\pi}{2} < x < \dfrac{\pi}{2}\right)$，则 $\sqrt{x^2 + a^2} = \sqrt{a^2\tan^2 t + a^2} = a\sec t$，原式化为

$$\int \frac{\mathrm{d}x}{\sqrt{x^2 + a^2}} = \int \frac{a\sec^2 t}{a\sec t}\,\mathrm{d}t = \int \sec t\,\mathrm{d}t$$

$$= \ln|\sec t + \tan t| + C_1$$

图 7.3

根据 $\tan t = \dfrac{x}{a}$ 作辅助三角形，如图 7.3 所示。

$$\int \frac{\mathrm{d}x}{\sqrt{x^2 + a^2}} = \ln|\sec t + \tan t| + C_1 = \ln\left|\frac{\sqrt{x^2 + a^2}}{a} + \frac{x}{a}\right| + C_1$$

$$= \ln(x + \sqrt{x^2 + a^2}) + C_1 - \ln a = \ln(x + \sqrt{x^2 + a^2}) + C$$

其中 $C = C_1 - \ln a$。

例 7.30 计算 $\displaystyle\int \frac{\mathrm{d}x}{\sqrt{x^2 - a^2}}\,(a > 0)$。

【分析】 为消除 $\sqrt{x^2 - a^2}$ 的根号，所选取的 $x = g(t)$ 须能使 $[g(t)]^2 - a^2 = (\cdots)^2$，联想到公式 $a^2\sec^2 x - a^2 = (a\tan x)^2$，于是可设 $x = a\sec t$。

【解】 设 $x = a\sec t\left(0 < t < \dfrac{\pi}{2}\right)$，则

$$\sqrt{x^2 - a^2} = \sqrt{a^2 \sec^2 t - a^2} = a\tan t$$

于是,原式化为

$$\int \frac{\mathrm{d}x}{\sqrt{x^2 - a^2}} = \int \frac{a\sec t\tan t}{a\tan t}\mathrm{d}t = \int \sec t\,\mathrm{d}t$$

$$= \ln|\sec t + \tan t| + C_1$$

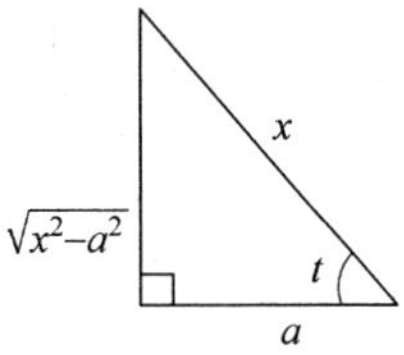

利用 $\sec t = \dfrac{x}{a}$ 作辅助三角形,如图 7.4 所示,

图 7.4

$$\int \frac{\mathrm{d}x}{\sqrt{x^2 - a^2}} = \ln|\sec t + \tan t| + C_1 = \ln\left|\frac{\sqrt{x^2 - a^2}}{a} + \frac{x}{a}\right| + C_1$$

$$= \ln\left|x + \sqrt{x^2 - a^2}\right| + C_1 - \ln a = \ln\left|x + \sqrt{x^2 - a^2}\right| + C$$

其中 $C = C_1 - \ln a$。

【注】

(1) 如果被积函数含有 $\sqrt{a^2 - x^2}$,可以作变量替换 $x = a\sin t$;

(2) 如果被积函数含有 $\sqrt{x^2 + a^2}$,可以作变量替换 $x = a\tan t$;

(3) 如果被积函数含有 $\sqrt{x^2 - a^2}$,可以作变量替换 $x = a\sec t$。但对于具体问题,要分析被积函数的情况,选取尽可能使积分简捷的代换。

本节的某些例题的结果,在以后的积分中会经常遇到,可以作为基本积分表的补充。列举如下:

收藏夹

(14) $\displaystyle\int \tan x\,\mathrm{d}x = -\ln|\cos x| + C$

(15) $\displaystyle\int \cot x\,\mathrm{d}x = \ln|\sin x| + C$

(16) $\displaystyle\int \sec x\,\mathrm{d}x = \ln|\sec x + \tan x| + C$

(17) $\displaystyle\int \csc x\,\mathrm{d}x = \ln|\csc x - \cot x| + C$

(18) $\displaystyle\int \frac{\mathrm{d}x}{a^2 + x^2} = \frac{1}{a}\arctan\frac{x}{a} + C$

(19) $\displaystyle\int \frac{\mathrm{d}x}{x^2 - a^2} = \frac{1}{2a}\ln\left|\frac{x-a}{x+a}\right| + C$

(20) $\displaystyle\int \frac{\mathrm{d}x}{a^2 - x^2} = \frac{1}{2a}\ln\left|\frac{a+x}{a-x}\right| + C$

(21) $\displaystyle\int \frac{\mathrm{d}x}{\sqrt{a^2 - x^2}} = \arcsin\frac{x}{a} + C$

(22) $\displaystyle\int \frac{\mathrm{d}x}{\sqrt{x^2 \pm a^2}} = \ln\left|x + \sqrt{x^2 \pm a^2}\right| + C$

【练习】　求下列不定积分

$(1) \displaystyle\int \frac{\mathrm{d}x}{x^2 + 2x + 3}$；$(2) \displaystyle\int \frac{\mathrm{d}x}{x^2 - x - 2}$；$(3) \displaystyle\int \frac{2}{\sqrt{4x^2 - 8x - 5}}\mathrm{d}x$；$(4) \displaystyle\int \frac{\mathrm{d}x}{\sqrt{16x^2 + 9}}$。

7.2.3　分部积分法

下面我们介绍被积函数是以下几种类型的不定积分：

$(1) \displaystyle\int P_n(x)\sin\alpha x\,\mathrm{d}x$　　　$(2) \displaystyle\int P_n(x)\cos\beta x\,\mathrm{d}x$　　　$(3) \displaystyle\int P_n(x)\mathrm{e}^x\,\mathrm{d}x$

$(4) \displaystyle\int P_n(x)\ln^m x\,\mathrm{d}x$　　　$(5) \displaystyle\int P_n(x)\arctan x\,\mathrm{d}x$　　　$(6) \displaystyle\int \mathrm{e}^{\alpha x}\cos\beta x\,\mathrm{d}x$

它们的特点是：被积函数均为两类不同类型的函数的乘积。

由上述被积函数的这一特点以及不定积分和导数的互逆关系，我们欲求两个函数乘积的积分，自然想到了两个函数乘积的导数。

设函数 $u = u(x)$ 和 $v = v(x)$ 具有连续导数，根据两个函数乘积的微分公式

$$\mathrm{d}(uv) = u\mathrm{d}v + v\mathrm{d}u$$

移项得

$$u\mathrm{d}v = \mathrm{d}(uv) - v\mathrm{d}u$$

两边积分，得

$$\int u\mathrm{d}v = uv - \int v\mathrm{d}u \tag{7.2}$$

或

$$\int u(x)v'(x)\mathrm{d}x = u(x)v(x) - \int v(x)u'(x)\mathrm{d}x \tag{7.3}$$

式(7.2)或式(7.3)称为**分部积分公式**，利用式(7.2)或式(7.3)求不定积分的方法称为**分部积分法**。

【注】　分部积分法是把左边积分 $\displaystyle\int u\mathrm{d}v$ 换成了右边积分 $\displaystyle\int v\mathrm{d}u$，因此使用分部积分法要确保 $\displaystyle\int v\mathrm{d}u$ 比 $\displaystyle\int u\mathrm{d}v$ 容易求解。

例 7.31　计算 $\displaystyle\int x\mathrm{e}^x\,\mathrm{d}x$。

【分析】　被积分函数是幂函数与指数函数的乘积，我们分别选取 $u = x, u = \mathrm{e}^x$ 使用分部积分法求解，以示比较。

【解】　设 $u = x, \mathrm{d}v = \mathrm{e}^x\mathrm{d}x = \mathrm{d}(\mathrm{e}^x)$，则 $\mathrm{d}u = \mathrm{d}x, v = \mathrm{e}^x$，由分部积分公式，得

$$\int x\mathrm{e}^x\,\mathrm{d}x = \int x\mathrm{d}\mathrm{e}^x = x\mathrm{e}^x - \int \mathrm{e}^x\,\mathrm{d}x$$

上式中新积分 $\displaystyle\int \mathrm{e}^x\mathrm{d}x$ 比原积分 $\displaystyle\int x\mathrm{e}^x\mathrm{d}x$ 容易，故有

$$\int x\mathrm{e}^x\,\mathrm{d}x = x\mathrm{e}^x - \int \mathrm{e}^x\,\mathrm{d}x = x\mathrm{e}^x - \mathrm{e}^x + C$$

另设 $u = \mathrm{e}^x, \mathrm{d}v = x\mathrm{d}x = \mathrm{d}\left(\dfrac{x^2}{2}\right)$，则 $\mathrm{d}u = \mathrm{e}^x\mathrm{d}x, v = \dfrac{x^2}{2}$，由分部积分公式，得

$$\int x\mathrm{e}^x\mathrm{d}x = \int \mathrm{e}^x\mathrm{d}\left(\frac{x^2}{2}\right) = \frac{x^2}{2}\mathrm{e}^x - \int \frac{1}{2}x^2\mathrm{e}^x\mathrm{d}x$$

上式右端的新积分 $\int \frac{1}{2}x^2\mathrm{e}^x\mathrm{d}x$ 比左端的原积分 $\int x\mathrm{e}^x\mathrm{d}x$ 更难积出。由此可见,面对不定积分

$$\int f(x)g(x)\mathrm{d}x = \int u(x)v'(x)\mathrm{d}x$$

在 $f(x),g(x)$ 中确定 $u(x)=f(x),v'(x)=g(x)$ 还是 $u(x)=g(x),v'(x)=f(x)$ 是分部积分法的关键。

【注】 一般来说,选择 u 和 $\mathrm{d}v$ 的原则是:

(1) 能由 v' 容易求出 v;

(2) 新积分 $\int v\mathrm{d}u$ 比原积分 $\int u\mathrm{d}v$ 不难或更容易积出。

"优选"原则(即选 $u(x)$ 的原则):

① $\int P_n(x)\sin\alpha x\mathrm{d}x;$　　$\int P_n(x)\cos\beta x\mathrm{d}x;$　　选 $u(x)=P_n(x)$

② $\int P_n(x)\mathrm{e}^x\mathrm{d}x$　　　　　　　　　　　　选 $u(x)=P_n(x)$

③ $\int P_n(x)\ln^m x\mathrm{d}x$　　　　　　　　　　　选 $u(x)=\ln^m(x)$

④ $\int P_n(x)\arctan x\mathrm{d}x$　　　　　　　　　选 $u(x)=\arctan x$

⑤ $\int \mathrm{e}^{ax}\cos\beta x\mathrm{d}x$　　　　　　　　　　　选 $u(x)=\mathrm{e}^{ax},u(x)=\cos\beta x$ 均可

【注】 在解题过程中,选取 u 和 v' 的原则为:把被积函数看成两个函数的乘积,按照"反、对、幂、指、三",前者为 u,后者为 v' 的顺序即可。反:反三角函数;对:对数函数;幂:幂函数;指:指数函数;三:三角函数。

例 7.32 计算 $\int x\cos x\mathrm{d}x$。

【解】 设 $u=x,\mathrm{d}v=\cos x\mathrm{d}x=\mathrm{d}\sin x$,得

$$\int x\cos x\mathrm{d}x = \int x\mathrm{d}\sin x = x\sin x - \int \sin x\mathrm{d}x = x\sin x + \cos x + C$$

例 7.33 计算 $\int x\arctan x\mathrm{d}x$。

【解】 被积分函数是幂函数与反正切函数的乘积,选 $u=\arctan x$,得

$$\int x\arctan x\mathrm{d}x = \frac{1}{2}\int \arctan x\mathrm{d}x^2$$

$$= \frac{1}{2}x^2\arctan x - \frac{1}{2}\int x^2\mathrm{d}\arctan x$$

$$= \frac{1}{2}x^2\arctan x - \frac{1}{2}\int \frac{x^2}{1+x^2}\mathrm{d}x$$

$$= \frac{1}{2}x^2 \arctan x - \frac{1}{2}\int\left(1 - \frac{1}{1+x^2}\right)dx$$

$$= \frac{1}{2}x^2 \arctan x - \frac{1}{2}(x - \arctan x) + C$$

例 7.34 计算 $\int x\ln x dx$。

【解】 被积函数是幂函数与对数函数的乘积,选 $u = \ln x$,用分部积分法,得

$$\int x\ln x dx = \int \ln x d\frac{x^2}{2}$$

$$= \frac{x^2}{2}\ln x - \int \frac{x^2}{2}d\ln x = \frac{x^2}{2}\ln x - \frac{1}{2}\int x dx$$

$$= \frac{x^2}{2}\ln x - \frac{x^2}{4} + C$$

例 7.35 计算 $\int \arccos x dx$。

【分析】 该题被积函数只有一部分,此时把被积函数直接视为 $\int u dv$,其中 $v = x$。

【解】

$$\int \arccos x dx = x\arccos x - \int x d\arccos x$$

$$= x\arccos x + \int x \frac{1}{\sqrt{1-x^2}}dx = x\arccos x - \frac{1}{2}\int (1-x^2)^{-\frac{1}{2}}d(1-x^2)$$

$$= x\arccos x - \sqrt{1-x^2} + C$$

方法纵横

7.3 不定积分方法探究

7.3.1 凑微分法

例 7.36 计算 $\int \sec^4 x\tan^3 x dx$。

【分析】 视中间变量为 $\tan x$,凑微分使 $\sec^2 x dx = d\tan x$。

【解】

$$\int \sec^4 x\tan^3 x dx = \int (1 + \tan^2 x)\tan^3 x d\tan x$$

$$= \int \tan^3 x d\tan x + \int \tan^5 x d\tan x$$

$$= \frac{1}{4}\tan^4 x + \frac{1}{6}\tan^6 x + C$$

例 7.37 计算 $\int \sec^3 x \tan^3 x \mathrm{d}x$。

【分析】 该积分似乎与例 7.36 差别不大,但中间变量的选取截然不同,当被积函数 $f(\sec x)\tan^n x$,n 为奇数时,视中间变量为 $\sec x$,凑微分使 $\sec x \tan x \mathrm{d}x = \mathrm{d}\sec x$

【解】

$$\int \sec^3 x \tan^3 x \mathrm{d}x = \int \sec^2 x(\sec^2 x - 1)\mathrm{d}\sec x$$

$$= \int \sec^4 x \mathrm{d}\sec x - \int \sec^2 x \mathrm{d}\sec x$$

$$= \frac{1}{5}\sec^5 x - \frac{1}{3}\sec^3 x + C$$

【注】 在计算形如 $\int \sec^n x \tan^m x \mathrm{d}x (n,m$ 为非负整数) 的积分时,若 n 为偶数,则把 $\sec^2 x \mathrm{d}x$ 凑成 $\mathrm{d}\tan x$,然后把积分化为对以 $\tan x$ 为底数的幂函数的积分,若 n,m 全为奇数,则把 $\sec x \tan x \mathrm{d}x$ 凑成 $\mathrm{d}\sec x$,然后把积分化为对以 $\sec x$ 为底数的幂函数的积分。

例 7.38 计算 $\int \dfrac{1 + \sin 2x}{1 + \cos 2x}\mathrm{d}x$。

【解】 利用三角公式,可得

$$\int \frac{1 + \sin 2x}{1 + \cos 2x}\mathrm{d}x = \int \frac{1 + 2\sin x \cos x}{2\cos^2 x}\mathrm{d}x$$

$$= \frac{1}{2}\int \sec^2 x \mathrm{d}x - \int \frac{1}{\cos x}\mathrm{d}(\cos x)$$

$$= \frac{1}{2}\tan x - \ln|\cos x| + C$$

例 7.39 计算 $\int \sin^3 x \mathrm{d}x$。

【解】

$$\int \sin^3 x \mathrm{d}x = -\int \sin^2 x \mathrm{d}(\cos x)$$

$$= -\int (1 - \cos^2 x)\mathrm{d}(\cos x)$$

$$= -\cos x + \frac{1}{3}\cos^3 x + C$$

例 7.40 计算 $\int \dfrac{\sin x \cos x}{1 + \sin^4 x}\mathrm{d}x$。

【解】

$$\int \frac{\sin x \cos x}{1 + \sin^4 x}\mathrm{d}x = \frac{1}{2}\int \frac{\mathrm{d}(\sin^2 x)}{1 + (\sin^2 x)^2}$$

$$= \frac{1}{2}\arctan(\sin^2 x) + C$$

例 7.41 计算 $\int \dfrac{x^2 + 1}{x^4 + 1}\mathrm{d}x$。

【解】

$$\int \frac{x^2+1}{x^4+1}dx = \int \frac{1+\frac{1}{x^2}}{x^2+\frac{1}{x^2}}dx = \int \frac{d\left(x-\frac{1}{x}\right)}{\left(x-\frac{1}{x}\right)^2+2}$$

$$= \frac{1}{\sqrt{2}}\arctan \frac{x-\frac{1}{x}}{\sqrt{2}} + C$$

$$= \frac{1}{\sqrt{2}}\arctan \frac{x^2-1}{\sqrt{2}\,x} + C$$

【练习】 计算 $\int \dfrac{x^2-1}{x^4+1}dx$。

7.3.2 倒代换法

一般地,当被积函数分母次数较高时,可用倒代换,即令 $x=\dfrac{1}{t}$,从而消掉被积函数中的根号。我们通过下面的例题来具体介绍。

例 7.42 计算 $\int \dfrac{\sqrt{a^2-x^2}}{x^4}dx$。

【解】 设 $x=\dfrac{1}{t}$,则 $dx=-\dfrac{dt}{t^2}$,于是

$$\int \frac{\sqrt{a^2-x^2}}{x^4}dx = \int \frac{\sqrt{a^2-\frac{1}{t^2}}}{\frac{1}{t^4}} \cdot -\frac{1}{t^2}dt$$

$$= -\int (a^2t^2-1)^{\frac{1}{2}}\,|\,t\,|\,dt$$

当 $x>0$ 时,有

$$\int \frac{\sqrt{a^2-x^2}}{x^4}dx = -\frac{1}{2a^2}\int (a^2t^2-1)^{\frac{1}{2}}d(a^2t^2-1)$$

$$= -\frac{(a^2t^2-1)^{\frac{3}{2}}}{3a^2} + C$$

$$= -\frac{(a^2-x^2)^{\frac{3}{2}}}{3a^2x^3} + C$$

当 $x<0$ 时,有相同的结果。

【练习】 (1) $\int \dfrac{dx}{x\sqrt{a^2 \pm x^2}}$; (2) $\int \dfrac{dx}{x^2\sqrt{a^2 \pm x^2}}$; (3) $\int \dfrac{dx}{x\sqrt{x^2-a^2}}$。

7.3.3 循环积分

某些积分在连续使用分部积分公式的过程中,有时会出现原积分的形式,这时要把等式看作以原积分为未知量的方程,解之即得所求积分。

例 7.43 计算 $\int \sec^3 x \mathrm{d}x$。

【分析】 把被积函数一分为二,即 $\int \sec x \sec^2 x \mathrm{d}x$,选取 $u(x) = \sec x$。

【解】

$$
\begin{aligned}
\int \sec^3 x \mathrm{d}x &= \int \sec x \sec^2 x \mathrm{d}x \\
&= \int \sec x \mathrm{d}\tan x = \sec x \tan x - \int \tan x \mathrm{d}\sec x \\
&= \sec x \tan x - \int \tan^2 x \sec x \mathrm{d}x \\
&= \sec x \tan x - \int (\sec^2 x - 1) \sec x \mathrm{d}x \\
&= \sec x \tan x - \int \sec^3 x \mathrm{d}x + \int \sec x \mathrm{d}x \\
&= \sec x \tan x - \int \sec^3 x \mathrm{d}x + \ln|\sec x + \tan x|
\end{aligned}
$$

等式右端出现了原积分。把等式看作以原积分为未知量的方程,解此方程,得

$$
\int \sec^3 x \mathrm{d}x = \frac{1}{2} \sec x \tan x + \frac{1}{2} \ln|\sec x + \tan x| + C
$$

例 7.44 计算 $\int \mathrm{e}^x \sin x \mathrm{d}x$。

【解】 因为

$$
\begin{aligned}
\int \mathrm{e}^x \sin x \mathrm{d}x &= \int \sin x \mathrm{d}\mathrm{e}^x = \mathrm{e}^x \sin x - \int \mathrm{e}^x \mathrm{d}\sin x \\
&= \mathrm{e}^x \sin x - \int \mathrm{e}^x \cos x \mathrm{d}x = \mathrm{e}^x \sin x - \int \cos x \mathrm{d}\mathrm{e}^x \\
&= \mathrm{e}^x \sin x - \mathrm{e}^x \cos x + \int \mathrm{e}^x \mathrm{d}\cos x \\
&= \mathrm{e}^x \sin x - \mathrm{e}^x \cos x - \int \mathrm{e}^x \sin x \mathrm{d}x
\end{aligned}
$$

于是有

$$
2 \int \mathrm{e}^x \sin x \mathrm{d}x = \mathrm{e}^x (\sin x - \cos x) + C
$$

即

$$
\int \mathrm{e}^x \sin x \mathrm{d}x = \frac{1}{2} \mathrm{e}^x (\sin x - \cos x) + C
$$

7.3.4 分部积分递推式

例 7.45 计算 $I_n = \int \dfrac{\mathrm{d}x}{(x^2 + a^2)^n}$ 的递推公式。

【解】 $I_{n-1} = \int \dfrac{\mathrm{d}x}{(x^2 + a^2)^{n-1}}$,令 $u = \dfrac{1}{(x^2 + a^2)^{n-1}}$,则

$$\mathrm{d}u = -(n-1)\frac{2x}{(x^2+a^2)^n}\mathrm{d}x,$$

$$I_{n-1} = \int \frac{\mathrm{d}x}{(x^2+a^2)^{n-1}} = \frac{x}{(x^2+a^2)^{n-1}} - 2(1-n)\int \frac{x^2}{(x^2+a^2)^n}\mathrm{d}x$$

$$= \frac{x}{(x^2+a^2)^{n-1}} - 2(1-n)\int \frac{x^2+a^2-a^2}{(x^2+a^2)^n}\mathrm{d}x$$

$$= \frac{x}{(x^2+a^2)^{n-1}} - 2(1-n)(I_{n-1} - a^2 I_n)$$

解得

$$I_n = \frac{1}{2a^2(n-1)} \cdot \frac{x}{(x^2+a^2)^{n-1}} + \frac{2n-3}{2a^2(n-1)}I_{n-1} \quad (n=2,3,\cdots)$$

因为 $I_1 = \int \frac{1}{x^2+a^2}\mathrm{d}x = \frac{1}{a}\arctan\frac{x}{a} + C$，所以，由上述两式可得到 n 为任意正整数的积分结果。

例 7.46 推导 $I_n = \int \tan^n x\,\mathrm{d}x (n \geqslant 2)$ 的递推公式，并求 $\int \tan^5 x\,\mathrm{d}x$。

【解】

$$I_n = \int \tan^n x\,\mathrm{d}x = \int \tan^{n-2}x(\sec^2 x - 1)\mathrm{d}x$$

$$= \int \tan^{n-2}x\,\mathrm{d}(\tan x) - \int \tan^{n-2}x\,\mathrm{d}x$$

$$= \frac{1}{n-1}\tan^{n-1}x - I_{n-2}$$

$$I_5 = \int \tan^5 x\,\mathrm{d}x = \frac{1}{4}\tan^4 x - I_3$$

$$= \frac{1}{4}\tan^4 x - \left(\frac{1}{2}\tan^2 x - I_1\right) = \frac{1}{4}\tan^4 x - \frac{1}{2}\tan^2 x + \int \tan x\,\mathrm{d}x$$

$$= \frac{1}{4}\tan^4 x - \frac{1}{2}\tan^2 x - \ln|\cos x| + C$$

【练习】 推导下列积分的递推公式

(1) $I_n = \int \cot^n x\,\mathrm{d}x$；(2) $I_n = \int \sec^n x\,\mathrm{d}x$；(3) $I_n = \int \csc^n x\,\mathrm{d}x$。

7.3.5 分部积分竖式算法

分析分部积分的全过程，我们不难看出，分部积分的关键是确定合适的 $u(x)$ 和 $v'(x)$，当 $u(x)$ 和 $v'(x)$ 被确定之后，被选作 $u(x)$ 的部分在运算过程中始终被求导，而 $v'(x)$ 始终是被积分的对象，由于分部积分常常需要多次进行，这就使得分部积分运算过程书写累赘且重复，为此特别介绍分部积分竖式算法，它将使得分部积分运算过程显著简化，方便快捷。

分部积分竖式算法原理图解，如图 7.5 所示。

$$\int u(x)v'(x)\mathrm{d}x \longrightarrow \int u(x)\mathrm{d}v(x)$$

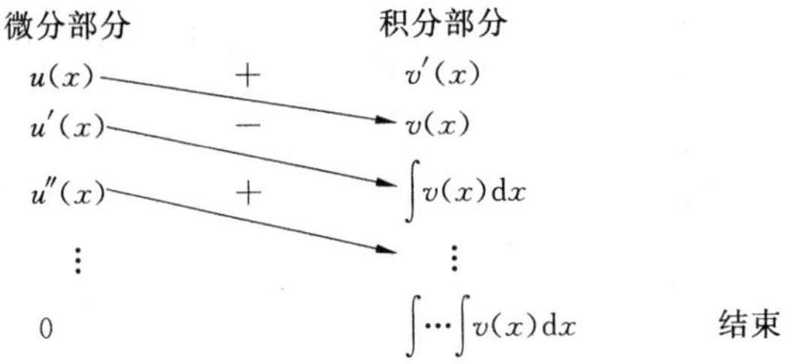

微分部分　　　　　积分部分

$u(x)$ —————— $+$ —————— $v'(x)$

$u'(x)$ —————— $-$ —————— $v(x)$

$u''(x)$ —————— $+$ —————— $\int v(x)\mathrm{d}x$

$\vdots$　　　　　　　　$\vdots$

0　　　　　　$\int\cdots\int v(x)\mathrm{d}x$　　　结束

图　7.5

例 7.47　计算 $\int x^2\mathrm{e}^x\mathrm{d}x$。

【解】　选取 $u=x^2$,$\mathrm{d}v=\mathrm{e}^x\mathrm{d}x=\mathrm{d}(\mathrm{e}^x)$,竖式算法如图 7.6 所示。

$$\int x^2\mathrm{e}^x\mathrm{d}x = (x^2-2x+2)\mathrm{e}^x + C$$

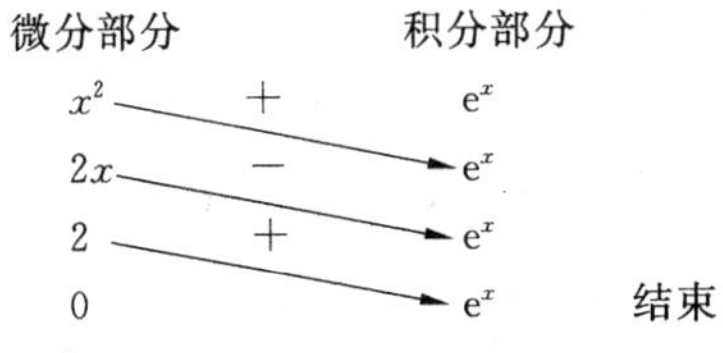

微分部分　　　积分部分

x^2 —————— $+$ —————— e^x

$2x$ —————— $-$ —————— e^x

2 —————— $+$ —————— e^x

0　　　　　e^x　　　结束

图　7.6

例 7.48　计算 $\int x^2\cos x\mathrm{d}x$。

【解】　选 $u=x^2$,$v'=\cos x$,竖式算法如图 7.7 所示。

$$\int x^2\cos x\mathrm{d}x = x^2\sin x + 2x\cos x - 2\sin x + C$$

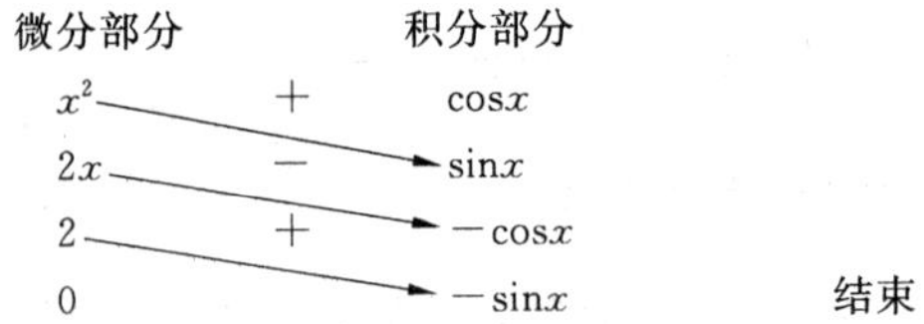

微分部分　　　积分部分

x^2 —————— $+$ —————— $\cos x$

$2x$ —————— $-$ —————— $\sin x$

2 —————— $+$ —————— $-\cos x$

0　　　　　$-\sin x$　　　结束

图　7.7

例 7.49　计算 $\int x\arctan x\mathrm{d}x$。

【解】　选 $u=\arctan x$,$v'=x$,竖式算法如图 7.8 所示。

$$\int x\arctan x\mathrm{d}x = \frac{1}{2}x^2\arctan x - \frac{1}{2}(x-\arctan x) + C$$

【注】　分析竖式算法的过程不难看出,运算过程的目标是让微分部分尽快结束(导数为 0),因此,求导过程中,如果左右两边出现同一类函数,就要进行调整,调整的原则是让微分部分尽可能简单,最好为常数。

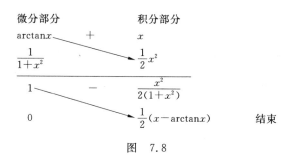

图 7.8

例 7.50 计算 $\int \ln(x^2+1)\mathrm{d}x$。

【解】 选 $u=\ln(x^2+1),v'=1$,竖式算法如图 7.9 所示。

$$\int \ln(x^2+1)\mathrm{d}x = x\ln(x^2+1)-2(x-\arctan x)+C$$

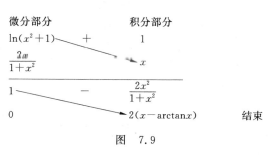

图 7.9

例 7.51 计算 $\int (\arcsin x)^4 \mathrm{d}x$。

【分析】 若使用竖式算法,需要多次进行调整,计算过程繁琐,如果先作变换 $u=\arcsin x$,原积分化成 $\int u^4 \mathrm{d}\sin u = \int u^4 \cos u \mathrm{d}u$,再用竖式算法,过程骤然简明了。

【解】 原式 $=\int (\arcsin x)^4 \mathrm{d}x \xrightarrow{u=\arcsin x} \int u^4 \cos u \mathrm{d}u$,竖式算法如图 7.10 所示。

$$\int u^4 \cos u \mathrm{d}u = u^4 \sin u + 4u^3 \cos u - 12u^2 \sin u - 24u\cos u + 24\sin u + C$$

$$\int (\arcsin x)^4 \mathrm{d}x = x(\arcsin x)^4 + 4\sqrt{1-x^2}(\arcsin x)^3$$

$$-12x(\arcsin x)^2 - 24\sqrt{1-x^2}\arcsin x + 24x + C$$

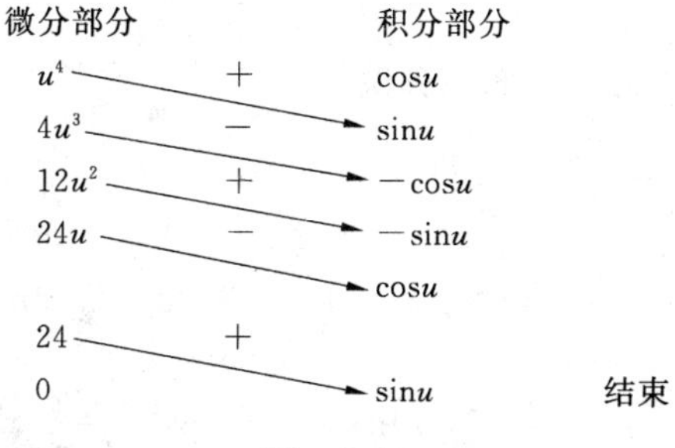

微分部分		积分部分
u^4	$+$	$\cos u$
$4u^3$	$-$	$\sin u$
$12u^2$	$+$	$-\cos u$
$24u$	$-$	$-\sin u$
		$\cos u$
24	$+$	
0		$\sin u$

结束

图 7.10

【练习】　计算 $\int e^{\sqrt[3]{x}} dx$。

例 7.52　计算积分 $\int \dfrac{\ln^2 x}{x^3} dx$。

【解】　竖式算法如图 7.11 所示。

$$\int \frac{\ln^2 x}{x^3} dx = -\frac{1}{2}\frac{\ln^2 x}{x^2} - \frac{1}{2}\frac{\ln x}{x^2} - \frac{1}{4}\frac{1}{x^2} + C。$$

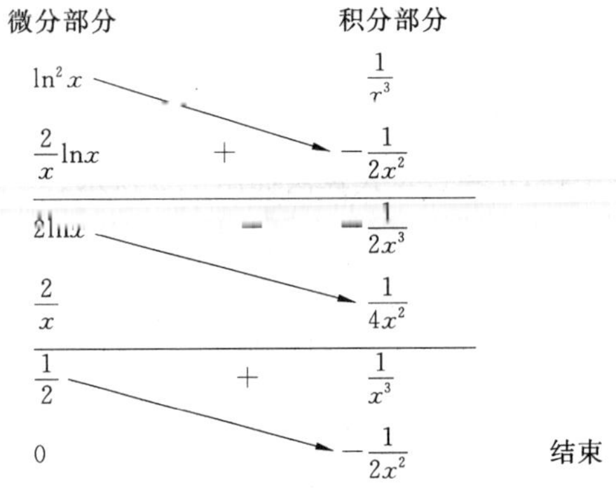

图　7.11

在不定积分计算中,根据问题的不同,多种计算技巧经常一起使用。

例 7.53　已知 $\dfrac{\sin x}{x}$ 是 $f(x)$ 的原函数,求 $\int xf'(x)dx$。

【解】　因为 $\dfrac{\sin x}{x}$ 是 $f(x)$ 的原函数,所以

$$f(x) = \left(\frac{\sin x}{x}\right)' = \frac{x\cos x - \sin x}{x^2}$$

$$\int xf'(x)dx = \int x\,df(x) = xf(x) - \int f(x)dx$$

$$= x \cdot \frac{x\cos x - \sin x}{x^2} - \frac{\sin x}{x} + C$$

$$= \cos x - \frac{2\sin x}{x} + C$$

例 7.54　计算 $\int \dfrac{\ln(1+x)}{\sqrt{x}} dx$。

【解】　先用凑微分法,再用分部积分法。

$$\int \frac{\ln(1+x)}{\sqrt{x}} dx = 2\int \ln(1+x)d\sqrt{x}$$

$$= 2\sqrt{x}\ln(1+x) - 2\int \sqrt{x}\,d\ln(1+x)$$

$$= 2\sqrt{x}\ln(1+x) - 2\int \frac{\sqrt{x}}{1+x} dx$$

令 $\sqrt{x}=t, x=t^2$，则 $\mathrm{d}x=2t\mathrm{d}t$，于是有

$$\int \frac{\sqrt{x}}{1+x}\mathrm{d}x = \int \frac{2t^2}{1+t^2}\mathrm{d}t = 2\int\left(1-\frac{1}{1+t^2}\right)\mathrm{d}t$$
$$= 2(t-\arctan t)+C = 2(\sqrt{x}-\arctan\sqrt{x})+C$$

得

$$\int \frac{\ln(1+x)}{\sqrt{x}}\mathrm{d}x = 2\sqrt{x}\ln(1+x)-4(\sqrt{x}-\arctan\sqrt{x})+C$$

7.3.6　分段函数的不定积分

求分段函数的不定积分的步骤为：

(1) 在各个开区间内分段求各被积函数的不定积分；

(2) 依据在分界点处的连续性，求出各段内原函数中各任意常数的关系；

(3) 写出分段函数的不定积分表达式。

例 7.55　计算 $\int x|x|\mathrm{d}x$。

【解】　当 $x>0$ 时，$\int x|x|\mathrm{d}x = \int x^2\mathrm{d}x = \frac{1}{3}x^3+C_1$；当 $x<0$ 时，$\int x|x|\mathrm{d}x = -\int x^2\mathrm{d}x = -\frac{1}{3}x^3+C_2$。因为 $x|x|$ 在定义域 $(-\infty,+\infty)$ 内连续，故其原函数 $\int x|x|\mathrm{d}x$ 在 $(-\infty,+\infty)$ 内存在连续且可导，故上面的 C_1 和 C_2 应满足

$$\lim_{x\to 0^+}\left(\frac{1}{3}x^3+C_1\right) = \lim_{x\to 0^-}\left(-\frac{1}{3}x^3+C_2\right)$$

即 $C_1=C_2$，所以 $\int x|x|\mathrm{d}x = \frac{x^2|x|}{3}+C, x\in(-\infty,+\infty)$。

例 7.56　设 $f(x)=\begin{cases}\mathrm{e}^x-1, & x<0\\ x, & x\geqslant 0\end{cases}$，求 $\int f(x)\mathrm{d}x$。

【解】　当 $x<0$ 时，$\int f(x)\mathrm{d}x = \int(\mathrm{e}^x-1)\mathrm{d}x = \mathrm{e}^x-x+C_1$；当 $x>0$ 时，$\int f(x)\mathrm{d}x = \int x\mathrm{d}x = \frac{1}{2}x^2+C_2$，因为 $f(x)$ 在定义域 $(-\infty,+\infty)$ 内连续，故其原函数 $\int f(x)\mathrm{d}x$ 在 $(-\infty,+\infty)$ 内存在，且连续可导，因此

$$\lim_{x\to 0^-}(\mathrm{e}^x-x+C_1) = \lim_{x\to 0^+}\left(\frac{1}{2}x^2+C_2\right), \quad \text{则 } C_2=1+C_1,$$

故

$$\int f(x)\mathrm{d}x = \begin{cases}\mathrm{e}^x-x+C & x<0\\ \frac{1}{2}x^2+1+C & x\geqslant 0\end{cases}$$

应用欣赏

7.4　有理函数的不定积分

有理函数是指可以由两个多项式的商表示的函数：

$$R(x) = \frac{P(x)}{Q(x)} = \frac{a_0 x^n + a_1 x^{n-1} + \cdots + a_n}{b_0 x^m + b_1 x^{m-1} + \cdots b_m},$$

其中 m 和 n 都是非负整数，$a_0, a_1, a_2, \cdots, a_n$ 及 $b_0, b_1, b_2, \cdots, b_m$ 都是实数，并且 $a_0 \neq 0$，$b_0 \neq 0$，$P(x)$ 与 $Q(x)$ 互质。

当 $n < m$ 时，$R(x)$ 称为真分式；

当 $n \geq m$ 时，$R(x)$ 是一个假分式。

当 $R(x)$ 是一个假分式时，可用多项式除法把它化为一个多项式与一个真分式之和。由于多项式积分比较简单，所以本节重点讨论有理真分式的积分方法。

（一）化有理真分式为部分分式

设 $R(x)$ 为有理真分式，由代数学知识，我们有下面定理：

定理 7.3　设 $R(x)$ 是有理真分式，其分母可以分解为

$$Q(x) = b_0 (x-a)^\alpha \cdots (x-b)^\beta (x^2 + px + q)^\mu \cdots (x^2 + sx + r)^\lambda,$$

其中 $a, \cdots, b, p, q, \cdots, s, r$ 为实数，$p^2 - 4q < 0, \cdots, s^2 - 4r < 0, \alpha, \cdots, \beta, \mu, \cdots, \lambda$ 为正整数，则有

$$
\frac{P(x)}{Q(x)} = \frac{A_1}{(x-a)^\alpha} + \frac{A_2}{(x-a)^{\alpha-1}} + \cdots + \frac{A_\alpha}{x-a} + \cdots + \frac{B_1}{(x-b)^\beta} + \frac{B_2}{(x-b)^{\beta-1}}
$$

$$
+ \cdots + \frac{B_\beta}{x-b} + \frac{M_1 x + N_1}{(x^2 + px + q)^\mu} + \frac{M_2 x + N_2}{(x^2 + px + q)^{\mu-1}} + \cdots
$$

$$
+ \frac{M_\mu x + N_\mu}{x^2 + px + q} + \cdots + \frac{K_1 x + T_1}{(x^2 + sx + r)^\lambda} + \frac{K_2 x + T_2}{(x^2 + sx + r)^{\lambda-1}} + \cdots + \frac{K_\lambda x + T_\lambda}{x^2 + sx + r},
$$

$$\tag{7.4}$$

其中 $A_1, A_2, \cdots, A_\alpha, B_1, \cdots, B_\beta, M_1, N_1, \cdots, K_\lambda, T_\lambda$ 都是常数。式(7.4)右端的简单分式称为 $R(x)$ 的部分分式。

【注】

(1) 有理真分式 $R(x)$ 的分母 $Q(x)$ 通过分解因式后，如果有因式 $(x-a)^\alpha$，则通过把 $R(x)$ 分解为部分分式后，与此分母对应的将有下列 α 个部分分式之和：$\dfrac{A_1}{(x-a)^\alpha} + \dfrac{A_2}{(x-a)^{\alpha-1}} + \cdots + \dfrac{A_\alpha}{x-a}$，其中 A_1，$A_2, \cdots, A_\alpha$ 为待定常数。

(2) 有理真分式 $R(x)$ 的分母 $Q(x)$ 通过分解因式后，如果有因式 $(x^2 + px + q)^\mu$，其中 $p^2 - 4q < 0$，则通过把 $R(x)$ 分解为部分分式后，与此分母对应的将有下列 μ 个部分分式之和：

$$\frac{M_1 x + N_1}{(x^2 + px + q)^\mu} + \frac{M_2 x + N_2}{(x^2 + px + q)^{\mu-1}} + \cdots + \frac{M_\mu x + N_\mu}{x^2 + px + q},$$

其中 $M_i, N_i (i=1,2,\cdots,\mu)$ 为待定常数。

例 7.57　将真分式 $\dfrac{x+3}{x^2+3x+2}$ 分解成部分分式。

【解】　由于 $x^2+3x+2=(x+1)(x+2)$，所以 $\dfrac{x+3}{x^2+3x+2}=\dfrac{A}{x+1}+\dfrac{B}{x+2}$，下面确定常数 A,B。

将等式右边通分，分子恒等：$x+3=A(x+2)+B(x+1)$ 或 $x+3=(A+B)x+(2A+B)$

两边比较同类项的系数，可得 $\begin{cases} A+B=1 \\ 2A+B=3 \end{cases}$，可以解得 $A=2, B=-1$。

例 7.58　将真分式 $\dfrac{3}{x^3+2x^2+3x}$ 分解成部分分式。

【解】　因为 $x^3+2x^2+3x=x(x^2+2x+3)$，所以 $\dfrac{3}{x^3+2x^2+3x}=\dfrac{A}{x}+\dfrac{Bx+C}{x^2+2x+3}$，将等式右边通分，得

$$3=A(x^2+2x+3)+(Bx+C)x,$$

即 $3=(A+B)x^2+(2A+C)x+3A$。

比较等式两边的系数，得 $\begin{cases} A+B=0 \\ 2A+C=0 \\ 3A=3 \end{cases}$，解得：

$$A=1, \quad B=-1, \quad C=-2$$

从上面两个例子可以看出，应用比较系数法确定部分分式中待定系数的步骤为：首先比较等式两边分子同次项的系数，依据等式两端同次项系数相等的性质，然后令等式两端分子的同次项系数相等，列出含有待定系数的方程组，最后求得待定系数的值。

【注】　确定部分分式中待定系数还可以应用取特殊值法：在等式两端对 x 取特殊值，列出含有待定系数的方程组，求得待定系数的值。

例 7.59　将真分式 $\dfrac{1}{x(x-1)^2}$ 分解成部分分式。

【解】

$$\frac{1}{x(x-1)^2}=\frac{A}{x}+\frac{B}{(x-1)^2}+\frac{C}{x-1}$$

通分，得

$$1=A(x-1)^2+Bx+Cx(x-1)$$

令 $x=0$，得 $A=1$；令 $x=1$，得 $B=1$；令 $x=2$，得 $C=-1$。

所以

$$\frac{1}{x(x-1)^2}=\frac{1}{x}+\frac{1}{(x-1)^2}-\frac{1}{x-1}$$

(二) 几种典型的有理函数积分

情形 I　$\displaystyle\int \frac{1}{(x-a)(x-b)}\mathrm{d}x$

$\dfrac{1}{(x-a)(x-b)}$ 化成最简分式之和得 $\dfrac{1}{(x-a)(x-b)} = \dfrac{1}{a-b}\left(\dfrac{1}{x-a} - \dfrac{1}{x-b}\right)$

所以

$$\int \dfrac{1}{(x-a)(x-b)}\mathrm{d}x = \int \dfrac{1}{a-b}\left(\dfrac{1}{x-a} - \dfrac{1}{x-b}\right)\mathrm{d}x$$

$$= \dfrac{1}{a-b}(\ln|x-a| - \ln|x-b|) + C$$

$$= \dfrac{1}{a-b}\ln\left|\dfrac{x-a}{x-b}\right| + C$$

同理

$$\int \dfrac{1}{(x-a)(x-b)}\mathrm{d}x = \dfrac{1}{b-a}\ln\left|\dfrac{x-b}{x-a}\right| + C$$

【注】 (1) $\displaystyle\int \dfrac{A}{x-a}\mathrm{d}x = A\ln|x-a| + C$; (2) $\displaystyle\int \dfrac{A}{(x-a)^k}\mathrm{d}x = \dfrac{A}{1-k}\dfrac{1}{(x-a)^{k-1}} + C$

例 7.60 计算 $\displaystyle\int \dfrac{3}{x^2+3x+2}\mathrm{d}x$。

【解】

$$原式 = 3\int \dfrac{1}{(x+2)(x+1)}\mathrm{d}x$$

$$= 3\dfrac{1}{-2-(-1)}\ln\left|\dfrac{x+2}{x+1}\right| + C$$

$$= -3\ln\left|\dfrac{x+2}{x+1}\right| + C$$

$$= 3\ln\left|\dfrac{x+1}{x+2}\right| + C$$

情形 Ⅱ $\displaystyle\int \dfrac{1}{ax^2+bx+c}\mathrm{d}x$

对于这种情形的不定积分,首先考虑分母是不是能因式分解,如果不能就配方,举例如下。

例 7.61 计算 $\displaystyle\int \dfrac{1}{x^2+4x+5}\mathrm{d}x$。

【解】

$$\int \dfrac{1}{x^2+4x+5}\mathrm{d}x = \int \dfrac{1}{(x+2)^2+1}\mathrm{d}x = \arctan(x+2) + C$$

【练习】 计算 $\displaystyle\int \dfrac{1}{x^2+5x+8}\mathrm{d}x$。

情形 Ⅲ $\displaystyle\int \dfrac{mx+n}{ax^2+bx+c}\mathrm{d}x$

例 7.62 计算 $\displaystyle\int \dfrac{x+3}{x^2+3x+2}\mathrm{d}x$。

【解】 由例 7.57,得

$$\int \frac{x+3}{x^2+3x+2}dx = \int \frac{2}{x+1}dx - \int \frac{1}{x+2}dx$$
$$= 2\ln|x+1| - \ln|x+2|$$
$$= \ln \frac{(x+1)^2}{|x+2|}$$

例7.63 计算 $\int \frac{x-2}{x^2-x+1}dx$。

【分析】 被积函数的分子是一次单项式,分母是一个二次式。此处 $(-1)^2 - 4 \times 1 = p^2 - 4q < 0$。对这种类型,其积分方法是把被积函数的分子分为两项之和,其中一项的分子恰好是分母的导数的一个倍数,另一项的分子是常数。

【解】

$$\int \frac{x-2}{x^2-x+1}dx = \int \frac{\frac{1}{2}(2x-1) - \frac{3}{2}}{x^2-x+1}dx$$
$$= \frac{1}{2}\int \frac{2x-1}{x^2-x+1}dx - \frac{3}{2}\int \frac{1}{x^2-x+1}dx$$
$$= \frac{1}{2}\int \frac{d(x^2-x+1)}{x^2-x+1} - \frac{3}{2}\int \frac{d\left(x-\frac{1}{2}\right)}{\left(x-\frac{1}{2}\right)^2 + \left(\frac{\sqrt{3}}{2}\right)^2}$$
$$= \frac{1}{2}\ln|x^2-x+1| - \frac{3}{2} \cdot \frac{2}{\sqrt{3}}\arctan \frac{x-\frac{1}{2}}{\frac{\sqrt{3}}{2}} + C$$
$$= \frac{1}{2}\ln|x^2-x+1| - \sqrt{3}\arctan \frac{2x-1}{\sqrt{3}} + C$$

情形 Ⅳ $\int \frac{mx^2+nx+p}{ax^3+bx^2+cx+d}dx$

例7.64 计算 $\int \frac{x^2}{x^3+7}dx$。

【分析】 分子比分母低一次,可用凑微分法。

【解】

$$\int \frac{x^2}{x^3+7}dx = \frac{1}{3}\int \frac{d(x^3+7)}{x^3+7} = \frac{1}{3}\ln|x^3+7| + C$$

例7.65 计算 $\int \frac{x^2+1}{x^3+4x^2+5x+2}dx$。

【解】 因为分母 $x^3+4x^2+5x+2 = (x+1)^2(x+2)$,所以

$$\frac{x^2+1}{(x+1)^2(x+2)} = \frac{A}{(x+1)^2} + \frac{B}{x+1} + \frac{C}{x+2},$$

其中 A,B,C 是待定系数。

将等式右端通分,得恒等式,

$$x^2+1 = A(x+2) + B(x+1)(x+2) + C(x+1)^2,$$

令 $x=-1$，得 $A=2$；令 $x=-2$，得 $C=5$；把 $A=2,C=5$ 代入，得 $B+5=1,B=-4$。

所以

$$\int \frac{x^2+1}{x^3+4x^2+5x+2}\mathrm{d}x = \int \frac{2}{(x+1)^2}\mathrm{d}x - \int \frac{4}{x+1}\mathrm{d}x + \int \frac{5}{x+2}\mathrm{d}x$$

$$= -\frac{2}{x+1} - 4\ln|x+1| + 5\ln|x+2| + C$$

例 7.66 计算 $\displaystyle\int \frac{3}{x^3+1}\mathrm{d}x$。

【解】

$$\frac{3}{x^3+1} = \frac{3}{(x+1)(x^2-x+1)} = \frac{A}{x+1} + \frac{Bx+C}{x^2-x+1}$$

通分得恒等式：

$$3 = A(x^2-x+1) + (Bx+C)(x+1)$$

比较同次项系数，可得 $\begin{cases} A+B=0 \\ -A+B+C=0, \\ A+C=3 \end{cases}$ 解得 $\begin{cases} A=1 \\ B=-1。 \\ C=2 \end{cases}$

$$\int \frac{3}{x^3+1}\mathrm{d}x = \int \frac{\mathrm{d}x}{x+1} + \int \frac{-x+2}{x^2-x+1}\mathrm{d}x$$

$$= \ln|x+1| - \frac{1}{2}\int \frac{(2x-1)-3}{x^2-x+1}\mathrm{d}x$$

$$= \ln|x+1| - \frac{1}{2}\int \frac{(x^2-x+1)'}{x^2-x+1}\mathrm{d}x + \frac{3}{2}\int \frac{\mathrm{d}\left(x-\frac{1}{2}\right)}{\left(x-\frac{1}{2}\right)^2 + \left(\frac{\sqrt{3}}{2}\right)^2}$$

$$= \ln|x+1| - \frac{1}{2}\ln(x^2-x+1) + \frac{3}{2} \cdot \frac{1}{\frac{\sqrt{3}}{2}}\arctan \frac{x-\frac{1}{2}}{\frac{\sqrt{3}}{2}} + C$$

$$= \ln \frac{|x+1|}{\sqrt{x^2-x+1}} + \sqrt{3}\arctan \frac{2x-1}{\sqrt{3}} + C$$

例 7.67 计算 $\displaystyle\int \frac{7x-2}{x(x+1)(x-2)}\mathrm{d}x$。

【解】 因为 $\dfrac{7x-2}{x(x+1)(x-2)} = \dfrac{A}{x} + \dfrac{B}{x+1} + \dfrac{C}{x-2}$，其中 A,B,C 是待定常数。对等式右端通分，得

$$\frac{7x-2}{x(x+1)(x-2)} = \frac{A(x+1)(x-2) + Bx(x-2) + Cx(x+1)}{x(x+1)(x-2)}$$

比较等式两边系数，得方程组

$$\begin{cases} A+B+C=0 \\ -A-2B+C=7 \\ 2A=2 \end{cases}$$

解之,得 $A=1, B=-3, C=2$,则

$$\frac{7x-2}{x^3-x^2-2x}=\frac{1}{x}-\frac{3}{x+1}+\frac{2}{x-2}$$

所以

$$\int \frac{7x-2}{x^3-x^2-2x}dx=\int \frac{1}{x}dx-3\int \frac{dx}{x+1}+2\int \frac{dx}{x-2}$$

$$=\ln|x|-3\ln|x+1|+2\ln|x-2|+C$$

$$=\ln\left|\frac{x(x-2)^2}{(x+1)^3}\right|+C$$

一般情况下,对于有理分式的积分,我们有下列积分结果,见表 7.1。

表 7.1

	$\int \frac{dr}{x-a}$	积分得	$\ln|x-a|+C$
基本型	$\int \frac{dx}{(x-a)^n}$	积分得	$\frac{1}{1-n}(x-a)^{1-n}+C$
	$\int \frac{dx}{ax^2+bx+c}$	积分方法	分母配方
一般型	$\int \frac{(mx+n)dx}{ax^2+bx+c}$	积分方法	分子配成 $d(ax^2+bx+c)+kdx$
	$\int \frac{P_n(x)}{Q_m(x)}dx$	积分方法	化为基本型部分分式

7.5 几种无理函数的不定积分

7.4 节我们讨论了有理函数积分,若被积函数为无理式,可通过作变量替换,将其转化为有理函数的不定积分,这样就可以用有理函数积分方法计算。下面总假设 $R(x,y)$ 表示关于变量 x,y 的有理函数。

7.5.1 情形 Ⅰ $\int R(x,\sqrt[n]{ax+b})dx$

被积函数为 $\int R(x,\sqrt[n]{ax+b})dx$ 形式的积分,其中 $R(x,u)$ 为变量 x,u 的有理函数。可令 $t=\sqrt[n]{ax+b}$,则 $x=\frac{t^n-b}{a}$,$dx=\frac{n}{a}t^{n-1}dt$,代入即可将被积函数转化成有理函数。

例 7.68 计算 $\int \frac{dx}{1+\sqrt[4]{x+1}}$。

【解】 令 $\sqrt[4]{x+1}=t$,则 $x=t^4-1$,$dx=4t^3dt$,于是所求积分为

$$\int \frac{dx}{1+\sqrt[4]{x+1}}=\int \frac{4t^3}{1+t}dt=4\int \frac{t^3+1-1}{1+t}dt$$

$$=4\int (t^2-t+1)dt-4\int \frac{dt}{1+t}$$

$$=4\left(\frac{1}{3}t^3-\frac{1}{2}t^2+t\right)-4\ln|1+t|+C$$

$$= \frac{4}{3} \sqrt[4]{(1+x)^3} - 2 \sqrt[4]{(1+x)^2} + 4 \sqrt[4]{1+x} - 4\ln(1 + \sqrt[4]{1+x}) + C$$

例 7.69　计算 $\displaystyle\int \frac{\mathrm{d}x}{\sqrt[4]{x}(\sqrt{x} + \sqrt[3]{x})}$。

【解】　被积函数中出现了三个根式 $\sqrt[4]{x}, \sqrt{x}$ 和 $\sqrt[3]{x}$，为了同时去掉根号，取根指数 4，2，3 的最小公倍数为 12。所以可设 $\sqrt[12]{x} = t$，则 $x = t^{12}$，$\mathrm{d}x = 12t^{11} \mathrm{d}t$，所以所求积分为

$$\int \frac{\mathrm{d}x}{\sqrt[4]{x}(\sqrt{x} + \sqrt[3]{x})} = \int \frac{12t^{11}}{t^3(t^6 + t^4)} \mathrm{d}t = 12 \int \frac{t^4}{t^2 + 1} \mathrm{d}t = 12 \int \left(t^2 - 1 + \frac{1}{1 + t^2}\right) \mathrm{d}t$$

$$= 4t^3 - 12t + 12\arctan t + C$$

$$= 4\sqrt[4]{x} - 12\sqrt[12]{x} + 12\arctan \sqrt[12]{x} + C$$

例 7.70　计算 $\displaystyle\int \frac{x^{\frac{1}{7}} + x^{\frac{1}{2}}}{x^{\frac{8}{7}} + x^{\frac{15}{14}}} \mathrm{d}x$。

【解】　作变量替换 $t = \sqrt[14]{x}$，即 $x = t^{14}$，$\mathrm{d}x = 14t^{13} \mathrm{d}t$，则

$$\int \frac{x^{\frac{1}{7}} + x^{\frac{1}{2}}}{x^{\frac{8}{7}} + x^{\frac{15}{14}}} \mathrm{d}x = \int \frac{t^2 + t^7}{t^{16} + t^{15}} \cdot 14t^{13} \mathrm{d}t = 14 \int \frac{1 + t^5}{t + 1} \mathrm{d}t = 14 \int \frac{1 + t^3 + t^5 - t^3}{t + 1} \mathrm{d}t$$

$$= 14 \int (t^4 - t^3 + t^2 - t + 1) \mathrm{d}t$$

$$= 14 \left(\frac{1}{5} t^5 - \frac{1}{4} t^4 + \frac{1}{3} t^3 - \frac{1}{2} t^2 + t\right) + C$$

$$= 14 \left(\frac{1}{5} \sqrt[14]{x^5} - \frac{1}{4} \sqrt[14]{x^4} + \frac{1}{3} \sqrt[14]{x^3} - \frac{1}{2} \sqrt[14]{x^2} + \sqrt[14]{x}\right) + C$$

7.5.2　情形 Ⅱ　$\displaystyle\int R\left(x, \sqrt[n]{\frac{ax + b}{cx + d}}\right) \mathrm{d}x$

$\displaystyle\int R\left(x, \sqrt[n]{\frac{ax + b}{cx + d}}\right) \mathrm{d}x$ 型函数的不定积分，其中 $ad - bc \neq 0$，对于此类型积分，我们可以作变量替换 $t = \sqrt[n]{\dfrac{ax + b}{cx + d}}$，即 $x = \dfrac{dt^n - b}{a - dt^n} = \varphi(t)$，$\mathrm{d}x = \varphi'(t)\mathrm{d}t$，于是 $\displaystyle\int R\left(x, \sqrt[n]{\frac{ax + b}{cx + d}}\right) \mathrm{d}x = \int R[\varphi(t), t]\varphi'(t)\mathrm{d}t$ 转化为有理函数的不定积分。

例 7.71　计算 $\displaystyle\int \sqrt[3]{\frac{2 - x}{2 + x}} \cdot \frac{1}{(2 - x)^2} \mathrm{d}x$。

【解】　设 $\sqrt[3]{\dfrac{2 - x}{2 + x}} = t$，则 $x = \dfrac{2 - 2t^3}{1 + t^3}$，$\mathrm{d}x = \dfrac{-12t^2}{(1 + t^3)^2} \mathrm{d}t$，所以

$$\int \sqrt[3]{\frac{2 - x}{2 + x}} \cdot \frac{1}{(2 - x)^2} \mathrm{d}x = \int t \cdot \frac{1}{\left(2 - \dfrac{2 - 2t^3}{1 + t^3}\right)^2} \cdot \frac{-12t^2}{(1 + t^3)^2} \mathrm{d}t$$

$$= -\frac{3}{4} \int \frac{1}{t^3} \mathrm{d}t = \frac{3}{8} \frac{1}{t^2} + C = \frac{3}{8} \sqrt[3]{\left(\frac{2 + x}{2 - x}\right)^2} + C$$

例 7.72　计算 $\displaystyle\int \frac{\mathrm{d}x}{\sqrt[3]{(x + 1)^2 (x - 1)^4}}$。

【解1】 先把被积函数变形

$$\int \frac{\mathrm{d}x}{\sqrt[3]{(x+1)^2(x-1)^4}} = \int \frac{\mathrm{d}x}{(x+1)(x-1)\sqrt[3]{\frac{x-1}{x+1}}}$$

令 $\sqrt[3]{\frac{x-1}{x+1}} = t$，则

$$x = \frac{1+t^3}{1-t^3}, \quad \mathrm{d}x = \frac{6t^2}{(1-t^3)^2}\mathrm{d}t, \quad (x+1)(x-1) = \frac{4t^3}{(1-t^3)^2}$$

所以有

$$\int \frac{\mathrm{d}x}{\sqrt[3]{(x+1)^2(x-1)^4}} = \int \frac{1}{\frac{4t^3}{(1-t^3)^2} \cdot t} \cdot \frac{6t^2}{(1-t^3)^2}\mathrm{d}t$$

$$= \frac{3}{2}\int \frac{1}{t^2}\mathrm{d}t = -\frac{3}{2} \cdot \frac{1}{t} + C = -\frac{3}{2}\sqrt[3]{\frac{x+1}{x-1}} + C$$

【解2】

$$\int \frac{\mathrm{d}x}{\sqrt[3]{(x+1)^2(x-1)^4}} = \int \frac{\mathrm{d}x}{\sqrt[3]{\left(\frac{x-1}{x+1}\right)^4 \cdot (x+1)^2}}$$

令 $t = \frac{x-1}{x+1}, x = \frac{1+t}{1-t}, (x+1)^2 = \frac{4}{(1-t)^2}, \mathrm{d}x = \frac{2}{(1-t)^2}\mathrm{d}t$，则

$$\int \frac{\mathrm{d}x}{\sqrt[3]{(x+1)^2(x-1)^4}} = \int \frac{1}{t^{\frac{4}{3}} \cdot \frac{4}{(1-t)^2}} \cdot \frac{2\mathrm{d}t}{(1-t)^2}$$

$$= 2\int t^{-\frac{4}{3}}\mathrm{d}t = -\frac{3}{2}t^{-\frac{1}{3}} + C = -\frac{3}{2}\sqrt[3]{\frac{x+1}{x-1}} + C$$

7.5.3   情形Ⅲ $\int R(x, \sqrt{ax^2+bx+c})\mathrm{d}x$

$\int R(x, \sqrt{ax^2+bx+c})\mathrm{d}x$ 型函数的不定积分，其中 $b^2 - 4ac \neq 0$（即方程 $ax^2 + bx + c = 0$ 无重根），我们分两种情况讨论。

（一）$b^2 - 4ac > 0$ 时，方程 $ax^2 + bx + c = 0$ 有两个不等的实数根 α, β

这时，设 $\sqrt{ax^2+bx+c} = \sqrt{a(x-\alpha)(x-\beta)} = t(x-\alpha)$，即

$$x = \frac{a\beta - \alpha t^2}{a - t^2},$$

从而有

$$\mathrm{d}x = \frac{2a(\beta-\alpha)t}{(a-t^2)^2}\mathrm{d}t, \quad \sqrt{ax^2+bx+c} = \frac{a(\beta-\alpha)t}{a-t^2}$$

于是

$$\int R(x, \sqrt{ax^2+bx+c})\mathrm{d}x = \int R\left(\frac{a\beta-\alpha t^2}{a-t^2}, \frac{a(\beta-\alpha)t}{a-t^2}\right)\frac{2a(\beta-\alpha)t}{(a-t^2)^2}\mathrm{d}t$$

这就将无理函数的不定积分化为了有理函数的不定积分。

例 7.73 计算 $\int \dfrac{\mathrm{d}x}{(1+x)\sqrt{2+x-x^2}}$。

【解】 方程 $2+x-x^2=0$ 有两个根：$x_1=-1,x_2=2$，设 $\sqrt{2+x-x^2}=t(x+1)$，

则 $t=\sqrt{\dfrac{2-x}{1+x}}$，即 $x=\dfrac{2-t^2}{1+t^2}$，于是

$$\mathrm{d}x=\frac{-6t}{(1+t^2)^2}\mathrm{d}t,\qquad \sqrt{2+x-x^2}=\frac{3t}{1+t^2}$$

$$\int \frac{\mathrm{d}x}{(1+x)\sqrt{2+x-x^2}}=\int\frac{\dfrac{-6t}{(1+t^2)^2}}{\left(1+\dfrac{2-t^2}{1+t^2}\right)\dfrac{3t}{1+t^2}}\mathrm{d}t$$

$$=-\frac{2}{3}\int \mathrm{d}u=-\frac{2}{3}t+C=-\frac{2}{3}\sqrt{\frac{2-x}{1+x}}+C$$

(二) $b^2-4ac<0$ 时，方程 $ax^2+bx+c=0$ 没有实数根

此时，a,c 同号(否则 $b^2-4ac>0$)，且 $c>0$(否则 $x=0$ 时，$\sqrt{ax^2+bx+c}$ 没有意义)，从而 $a>0$。

设 $\sqrt{ax^2+bx+c}=tx\pm\sqrt{c}$，则 $t=\dfrac{\sqrt{ax^2+bx+c}\mp\sqrt{c}}{x}$，或 $x=\dfrac{b\mp2\sqrt{c}\,t}{t^2-a}=\varphi(t)$，$\mathrm{d}x=\varphi'(t)\mathrm{d}t$，从而

$$\int R(x,\sqrt{ax^2+bx+c})\mathrm{d}x=\int R(\varphi(t),t\varphi(t)\pm\sqrt{c})\varphi'(t)\mathrm{d}t$$

这就将无理函数的不定积分化为了有理函数的不定积分。

例 7.74 计算 $\int \dfrac{1}{\sqrt{x^2-x+1}}\mathrm{d}x$。

【解】 设 $\sqrt{x^2-x+1}=tx-1$，则 $t=\dfrac{\sqrt{x^2-x+1}+1}{x}$，即 $x=\dfrac{2t-1}{t^2-1}$

有

$$\mathrm{d}x=\frac{-2(t^2-t+1)}{(t^2-1)^2}\mathrm{d}t,\qquad \sqrt{x^2-x+1}=\frac{t^2-t+1}{t^2-1},$$

所以

$$\int \frac{1}{\sqrt{x^2-x+1}}\mathrm{d}x=-2\int\frac{t^2-1}{(t^2-1)^2}\mathrm{d}t$$

$$=-2\int\frac{1}{t^2-1}\mathrm{d}t$$

$$=-2\int\frac{1}{(t-1)(t+1)}\mathrm{d}t$$

$$=-\ln\left|\frac{t-1}{t+1}\right|+C$$

$$=\ln\left|\frac{\dfrac{\sqrt{x^2-x+1}+1}{x}+1}{\dfrac{\sqrt{x^2-x+1}+1}{x}-1}\right|+C$$

$$= \ln \left| \frac{\sqrt{x^2 - x + 1} + 1 + x}{\sqrt{x^2 - x + 1} + 1 - x} \right| + C$$

对于无理函数的不定积分,我们有下列结果,见表 7.2。

表 7.2

$\int R(x, \sqrt[n]{ax + b}) \mathrm{d}x$	积分方法	令 $\sqrt[n]{ax + b} = t$
$\int R\left(x, \sqrt[n]{\dfrac{ax + b}{cx + d}}\right) \mathrm{d}x$	积分方法	$\sqrt[n]{\dfrac{ax + b}{cx + d}} = t$
$\int R(x, \sqrt{ax^2 + bx + c}) \mathrm{d}x$	积分方法	将 $x^2 + ax + b$ 配方
$\int \dfrac{mx + n}{\sqrt{x^2 + ax + b}} \mathrm{d}x$	积分方法	将 $mx + n$ 配成 $2x + a + k$

7.6　三角有理函数的不定积分

三角函数有理式:三角函数有理式是指由三角函数和常数经过有限次四则运算所构成的函数,其特点是分子分母都包含三角函数的和、差、乘积运算。由于各种三角函数都可以用 $\sin x$ 及 $\cos x$ 的有理式表示,故三角函数有理式也就是 $\sin x, \cos x$ 的有理式,可用 $R(\sin x, \cos x)$ 表示。

7.6.1　情形 I　$\int R(\sin x, \cos x) \mathrm{d}x$

对三角函数有理式积分 $\int R(\sin x, \cos x) \mathrm{d}x$ 可用"万能代换"法把它化为有理函数的积分,即令 $\tan \dfrac{x}{2} = t, x = 2\arctan t$,则

$$\mathrm{d}x = \frac{2}{1 + t^2} \mathrm{d}t; \quad \sin x = \frac{2t}{1 + t^2}; \quad \cos x = \frac{1 - t^2}{1 + t^2}$$

所以下式

$$\int R(\sin x, \cos x) \mathrm{d}x = \int R\left(\frac{2t}{1 + t^2}, \frac{1 - t^2}{1 + t^2}\right) \frac{2}{1 + t^2} \mathrm{d}t$$

就化为了对变量 t 的有理函数积分。

例 7.75　计算 $\int \dfrac{1 + \sin x}{\sin x (\cos x - 1)} \mathrm{d}x$。

【解】　用万能代换法。令 $\tan \dfrac{x}{2} = t$,则

$$\mathrm{d}x = \frac{2}{1 + t^2} \mathrm{d}t, \quad \sin x = \frac{2t}{1 + t^2}, \quad \cos x = \frac{1 - t^2}{1 + t^2}$$

$$\sin x (\cos x - 1) = \frac{2t}{1 + t^2}\left(\frac{1 - t^2}{1 + t^2} - 1\right) = -\frac{4t^3}{(1 + t^2)^2}$$

$$1 + \sin x = 1 + \frac{2t}{1+t^2} = \frac{1 + 2t + t^2}{1+t^2}$$

于是有

$$\int \frac{1+\sin x}{\sin x(\cos x - 1)} dx = \int \frac{\dfrac{1+2t+t^2}{1+t^2}}{-\dfrac{4t^3}{(1+t^2)^2}} \cdot \frac{2}{1+t^2} dt = -\frac{1}{2} \int \frac{1+2t+t^2}{t^3} dt$$

$$= -\frac{1}{2} \int \frac{1}{t^3} dt - \int \frac{1}{t^2} dt - \frac{1}{2} \int \frac{1}{t} dt$$

$$= \frac{1}{4} \cdot \frac{1}{t^2} + \frac{1}{t} - \frac{1}{2} \ln|t| + C$$

$$= \frac{1}{4} \cot^2 \frac{x}{2} + \cot \frac{x}{2} - \frac{1}{2} \ln \left| \tan \frac{x}{2} \right| + C$$

例 7.76　计算 $\displaystyle\int \frac{dx}{\sin x(\cot x + 1)}$。

【解】　$\dfrac{1}{\sin x(\cot x + 1)} = \dfrac{1}{\sin x + \cos x}$，用万能代换法，令 $\tan \dfrac{x}{2} = t$，则

$$dx = \frac{2}{1+t^2} dt,$$

$$\sin x + \cos x = \frac{2t}{1+t^2} + \frac{1-t^2}{1+t^2} = \frac{1+2t-t^2}{1+t^2},$$

于是有

$$\int \frac{dx}{\sin x(\cot x - 1)} = \int \frac{\dfrac{2}{1+t^2}}{\dfrac{1+2t-t^2}{1+t^2}} dt$$

$$= \int \frac{2}{1+2t-t^2} dt = -2 \int \frac{1}{(t-1)^2 - 2} d(t-1)$$

$$= -2 \cdot \frac{1}{2\sqrt{2}} \ln \left| \frac{t-1-\sqrt{2}}{t-1+\sqrt{2}} \right| + C$$

$$= -\frac{1}{\sqrt{2}} \ln \left| \frac{\tan \dfrac{x}{2} - 1 - \sqrt{2}}{\tan \dfrac{x}{2} - 1 + \sqrt{2}} \right| + C$$

【注】

(1) 万能代换的优点：转化为有理函数积分后，一定可以求出其原函数；

(2) 当三角函数的幂次较高时，采用万能代换计算量非常大；一般应首先考虑是否可以用其他的积分方法，如

$$\int \frac{\cos x}{\sin^3 x} dx = \int \frac{1}{\sin^3 x} d(\sin x) = -\frac{1}{2\sin^2 x} + C$$

例 7.77 计算 $\displaystyle\int \frac{\cot x}{1+\sin x}\mathrm{d}x$。

【解】 先将被积分函数变形,再用凑微分法

$$\int \frac{\cot x}{1+\sin x}\mathrm{d}x = \int \frac{\cos x}{\sin x(1+\sin x)}\mathrm{d}x = \int \left(\frac{1}{\sin x}-\frac{1}{1+\sin x}\right)\mathrm{d}(\sin x)$$

$$= \ln|\sin x| - \ln|1+\sin x| + C = \ln\left|\frac{\sin x}{1+\sin x}\right| + C$$

【注】 当被积函数具有下列特性时,可采用比万能变换更简单的变换。

(1) 如果 $R(-\cos x,\sin x)=-R(\cos x,\sin x)$,那么设 $t=\sin x$。

(2) 如果 $R(\cos x,-\sin x)=-R(\cos x,\sin x)$,那么设 $t=\cos x$。

(3) 如果 $R(-\cos x,-\sin x)=R(\cos x,\sin x)$,那么设 $t=\tan x$。

例 7.78 计算 $\displaystyle\int \frac{\cos^3 x}{\sin x}\mathrm{d}x$。

【解】

$$\int \frac{\cos^3 x}{\sin x}\mathrm{d}x = \int \frac{\cos^2 x}{\sin x}\mathrm{d}\sin x = \int \frac{1-\sin^2 x}{\sin x}\mathrm{d}\sin x = \int \left(\frac{1}{\sin x}-\sin x\right)\mathrm{d}\sin x$$

设 $t=\sin x$,则

$$原式 = \int \left(\frac{1}{t}-t\right)\mathrm{d}t = \ln|t| - \frac{1}{2}t^2 + C = \ln|\sin x| - \frac{1}{2}\sin^2 x + C$$

例 7.79 计算 $\displaystyle\int \frac{\sin^5 x}{\cos^4 x}\mathrm{d}x$。

【解】

$$\int \frac{\sin^5 x}{\cos^4 x}\mathrm{d}x = -\int \frac{(1-\cos^2 x)^2}{\cos^4 x}\mathrm{d}(\cos x)$$

$$= -\int \left(\frac{1}{\cos^4 x}-\frac{2}{\cos^2 x}+1\right)\mathrm{d}(\cos x)$$

$$= \frac{1}{3\cos^3 x}-\frac{2}{\cos x}-\cos x + C$$

例 7.80 计算 $\displaystyle\int \frac{\sin^2 x+1}{\cos^4 x}\mathrm{d}x$。

【解】

$$\int \frac{\sin^2 x+1}{\cos^4 x}\mathrm{d}x = \int \frac{\sin^2 x+1}{\cos^2 x}\mathrm{d}(\tan x)$$

$$= \int (\tan^2 x+1+\tan^2 x)\mathrm{d}(\tan x) = \frac{2}{3}\tan^3 x + \tan x + C$$

例 7.81 计算 $\displaystyle\int \frac{\mathrm{d}x}{\sin x\cos 2x}$。

【解】

$$\int \frac{\mathrm{d}x}{\sin x\cos 2x} = \int \frac{\sin x\mathrm{d}x}{(1-\cos^2 x)(2\cos^2 x-1)} \quad (令 \cos x = t)$$

$$= \int \frac{\mathrm{d}t}{(t^2-1)(2t^2-1)} = \int \frac{(2t^2-1)-2(t^2-1)}{(t^2-1)(2t^2-1)} \mathrm{d}t$$

$$= \int \frac{\mathrm{d}t}{t^2-1} - 2\int \frac{\mathrm{d}t}{2t^2-1}$$

$$= \frac{1}{2}\ln\left|\frac{t-1}{t+1}\right| - \frac{1}{\sqrt{2}}\ln\left|\frac{\sqrt{2}\,t-1}{\sqrt{2}\,t+1}\right| + C$$

$$= \ln\left|\tan\frac{x}{2}\right| - \frac{1}{\sqrt{2}}\ln\left|\frac{1-\sqrt{2}\cos x}{1+\sqrt{2}\cos x}\right| + C$$

例 7.82　计算 $\displaystyle\int \frac{1}{\sin^3 x \cos x}\mathrm{d}x$。

【解】

$$\int \frac{1}{\sin^3 x \cos x}\mathrm{d}x = \int \frac{\cos x}{\sin^3 x \cos^2 x}\mathrm{d}x = \int \frac{\mathrm{d}(\sin x)}{\sin^3 x (1-\sin^2 x)}$$

$$= \int \left(\frac{1}{\sin^3 x} + \csc x + \frac{\sin x}{1-\sin^2 x}\right)\mathrm{d}(\sin x)$$

$$= -\frac{1}{2\sin^2 x} + \ln|\csc x - \cot x| - \frac{1}{2}\ln|1-\sin^2 x| + C$$

【思考】　请读者想一想是否还有其他解法？

例 7.83　计算 $\displaystyle\int \frac{1}{1+\sin x + \cos x}\mathrm{d}x$。

【解】　因为

$$1+\sin x + \cos x = \sin x + (1+\cos x) = 2\sin\frac{x}{2}\cos\frac{x}{2} + 2\cos^2\frac{x}{2},$$

所以

$$\int \frac{1}{1+\sin x + \cos x}\mathrm{d}x = \int \frac{\mathrm{d}x}{2\sin\frac{x}{2}\cos\frac{x}{2} + 2\cos^2\frac{x}{2}} = \frac{1}{2}\int \frac{\mathrm{d}x}{\cos^2\frac{x}{2}\left(1+\tan\frac{x}{2}\right)}$$

$$= \int \frac{\sec^2\frac{x}{2}}{1+\tan\frac{x}{2}}\mathrm{d}\left(\frac{x}{2}\right) = \int \frac{\mathrm{d}\left(\tan\frac{x}{2}\right)}{1+\tan\frac{x}{2}} = \ln\left|1+\tan\frac{x}{2}\right| + C$$

7.6.2　情形Ⅱ　$\displaystyle\int \sin^n x \cos^m x\,\mathrm{d}x$

被积函数是形如 $\sin^n x \cos^m x$ 的三角函数,分两种情况。

(1) 如果 n 与 m 至少有一个是奇数,那么 n 是奇数时设 $t = \cos x$；m 是奇数时设 $t = \sin x$。

例 7.84　计算 $\displaystyle\int \sin^2 x \cos^3 x\,\mathrm{d}x$。

【解】

$$\int \sin^2 x \cos^3 x\,\mathrm{d}x = \int \sin^2 x \cos^2 x\,\mathrm{d}\sin x$$

$$= \int \sin^2 x (1 - \sin^2 x) \mathrm{d}\sin x = \int (\sin^2 x - \sin^4 x) \mathrm{d}\sin x$$

$$= \frac{1}{3}\sin^3 x - \frac{1}{5}\sin^5 x + C$$

（2）如果 n 与 m 都是偶数，则通过三角公式

$$\sin^2 x = \frac{1 - \cos 2x}{2}, \quad \cos^2 x = \frac{1 + \cos 2x}{2}, \quad \sin x \cos x = \frac{1}{2}\sin 2x$$

将被积函数降幂、化简。

例 7.85　计算 $\displaystyle\int \sin^2 x \cos^2 x \mathrm{d}x$。

【解】

$$\int \sin^2 x \cos^2 x \mathrm{d}x = \frac{1}{4}\int (\sin 2x)^2 \mathrm{d}x$$

$$= \frac{1}{4}\int \frac{1 - \cos 4x}{2} \mathrm{d}x = \frac{1}{8}x - \frac{1}{32}\sin 4x + C$$

【练习】　求下列不定积分

（1）$\displaystyle\int \frac{\cos x}{1 + \sin^2 x} \mathrm{d}x$；

（2）$\displaystyle\int \sin^3 x \mathrm{d}x$；

（3）$\displaystyle\int \sin^3 x \cos^2 x \mathrm{d}x$；

（4）$\displaystyle\int \frac{\sin x}{\cos^{10} x} \mathrm{d}x$。

7.6.3　情形 Ⅲ　$\displaystyle\int \sin mx \cos nx \, \mathrm{d}x$

如果被积函数是形如 $\sin mx \sin nx$，$\sin mx \cos nx$，$\cos mx \cos nx$ 的函数，那么就用积化和差公式将被积函数化简。

$$\sin mx \sin nx = \frac{1}{2}\left[\cos(m-n)x - \cos(m+n)x\right]$$

$$\sin mx \cos nx = \frac{1}{2}\left[\sin(m-n)x + \sin(m+n)x\right]$$

$$\cos mx \cos nx = \frac{1}{2}\left[\cos(m-n)x + \cos(m+n)x\right]$$

例 7.86　计算 $\displaystyle\int \cos(5x+1)\cos(2x+3) \mathrm{d}x$。

【解】

$$\int \cos(5x+1)\cos(2x+3) \mathrm{d}x = \int \frac{1}{2}\left[\cos(3x-2) + \cos(7x+4)\right] \mathrm{d}x$$

$$= \frac{1}{6}\sin(3x-2) + \frac{1}{14}\sin(7x+4) + C$$

7.6.4　情形 Ⅳ　$\displaystyle\int \frac{a\sin x + b\cos x}{c\sin x + d\cos x} \mathrm{d}x$

一般情形 $\displaystyle\int \frac{a\sin x + b\cos x}{c\sin x + d\cos x} \mathrm{d}x$ 的解题思路：借助于 $\displaystyle\int \frac{ax+b}{cx+d} \mathrm{d}x = \int \left(P + \frac{Q}{cx+d}\right) \mathrm{d}x =$

$Px + \dfrac{Q}{c}\ln(cx+d) + C\left(\text{其中：} P = \dfrac{a}{c}, Q = \dfrac{bc-ad}{c}\right)$ 的思路，假设 $\dfrac{a\sin x + b\cos x}{c\sin x + d\cos x} \xrightarrow{\text{可分解}}$

$P + Q\dfrac{(c\sin x + d\cos x)'}{c\sin x + d\cos x}$，其中 P,Q 为待定常数。于是有

$$\frac{a\sin x + b\cos x}{c\sin x + d\cos x} = \frac{P(c\sin x + d\cos x) + Q(c\cos x - d\sin x)}{c\sin x + d\cos x}$$

比较等式两边的分子可得

$$P = \frac{ac + bd}{c^2 + d^2} \quad Q = -\frac{ad - bc}{c^2 + d^2}$$

于是

$$\int \frac{a\sin x + b\cos x}{c\sin x + d\cos x}\mathrm{d}x = \int \left(P + Q\frac{(c\sin x + d\cos x)'}{c\sin x + d\cos x} \right)\mathrm{d}x$$

$$= \int \left(P + Q\frac{(c\sin x + d\cos x)'}{c\sin x + d\cos x} \right)\mathrm{d}x$$

$$= Px + Q\ln|c\sin x + d\cos x| + C$$

例 7.87 计算 $\displaystyle\int \frac{7\cos x - 3\sin x}{5\cos x + 2\sin x}\mathrm{d}x$。

【解】 原式 $= \displaystyle\int \frac{-3\sin x + 7\cos x}{2\sin x + 5\cos x}\mathrm{d}x = Px + Q\ln|2\sin x + 5\cos x| + C$，把 $a = -3$，

$b = 7, c = 2, d = 5$ 代入得，$P = 1, Q = 1$，所以

$$\int \frac{-3\sin x + 7\cos x}{2\sin x + 5\cos x}\mathrm{d}x = x + \ln|2\sin x + 5\cos x| + C$$

【练习】 计算积分 $\displaystyle\int \frac{\sin x}{\sin x - \cos x}\mathrm{d}x$。

一般情况下，对于三角有理函数积分我们有下列结果，见表 7.3。

表   7.3

积分表达式	积分方法	被积函数特点
$\displaystyle\int R(\sin x, \cos x)\mathrm{d}x$	令 $\tan\dfrac{x}{2} = u$	一般情况
$\displaystyle\int R(\sin x, \cos x)\mathrm{d}x$	令 $\cos x = u$	$R(-\sin x, \cos x) = -R(\sin x, \cos x)$
	令 $\sin x = u$	$R(\sin x, -\cos x) = -R(\sin x, \cos x)$
	令 $\tan x = u$	$R(-\sin x, -\cos x) = R(\sin x, \cos x)$
$\displaystyle\int \sin^n x \cos^m x\, \mathrm{d}x$	用倍角、半角公式	m, n 同为偶数
	直接凑微分	m, n 至少有一个奇数
$\displaystyle\int \sin mx \cos nx\, \mathrm{d}x$	积化和差	
$\displaystyle\int \dfrac{a\sin x + b\cos x}{c\sin x + d\cos x}\mathrm{d}x$		$\dfrac{a\sin x + b\cos x}{c\sin x + d\cos x} = A + B\dfrac{(c\sin x + d\cos x)'}{c\sin x + d\cos x}$
$\displaystyle\int \dfrac{R(\sin x, \cos x)}{1 \pm \sin x}\mathrm{d}x$		$\displaystyle\int \dfrac{R(\sin x, \cos x)(1 \mp \sin x)}{\cos^2 x}\mathrm{d}x$
$\displaystyle\int \dfrac{R(\sin x, \cos x)}{1 \pm \cos x}\mathrm{d}x$		$\displaystyle\int \dfrac{R(\sin x, \cos x)(1 \mp \cos x)}{\sin^2 x}\mathrm{d}x$

灵活运用表 7.3 中给出的公式,可以使得含有三角函数的积分变得简单。

习题 7

第一空间

1. 求下列不定积分。

(1) $\int \dfrac{1}{\sqrt{x}}\mathrm{d}x$

(2) $\int x^2 \sqrt[4]{x}\,\mathrm{d}x$

(3) $\int \dfrac{\sqrt{x}-1}{x^2}\mathrm{d}x$

(4) $\int x\sqrt{x}\,\mathrm{d}x$

(5) $\int \dfrac{\mathrm{d}h}{\sqrt{2gh}}$

(6) $\int (1-x^2)^3\,\mathrm{d}x$

(7) $\int \dfrac{\mathrm{d}x}{x\sqrt{x}}$

(8) $\int (\sqrt{x}+1)(\sqrt{x^3}-1)\,\mathrm{d}x$

(9) $\int \left(1-\dfrac{1}{x^2}\right)\sqrt{x\sqrt{x}}\,\mathrm{d}x$

(10) $\int \dfrac{\sqrt{x^3}+1}{\sqrt{x}+1}\mathrm{d}x$

(11) $\int \dfrac{x^2}{1+x^2}\mathrm{d}x$

(12) $\int (a^x+x^a+a^a)\,\mathrm{d}x \;(a>0,a\neq 1)$

(13) $\int \dfrac{3x^4+3x^2+1}{x^2+1}\mathrm{d}x$

(14) $\int \tan x(\tan x-\sec x)\,\mathrm{d}x$

(15) $\int 3^x\mathrm{e}^x\,\mathrm{d}x$

(16) $\int \dfrac{2+\sin^2 x}{\cos^2 x}\mathrm{d}x$

(17) $\int \dfrac{\cos 2x}{\sin x+\cos x}\mathrm{d}x$

(18) $\int \dfrac{1}{1+\cos 2x}\mathrm{d}x$

(19) $\int \dfrac{\mathrm{d}x}{x^2(x^2+1)}$

(20) $\int \dfrac{\mathrm{d}x}{1+\sin x}$

(21) $\int \csc x(\csc x-\cot x)\,\mathrm{d}x$

(22) $\int \dfrac{1+\cos^2 x}{1+\cos 2x}\mathrm{d}x$

2. 一曲线通过点 $(1,2)$,且在任意点处的切线斜率等于该点横坐标的 3 倍,求该曲线方程。

3. 已知函数 $f(x)=\sin x-2x+\dfrac{1}{1+x^2}$ 的一个原函数为 y,且满足条件 $y\mid_{x=0}=2$,求此函数。

4. 设 $f(x)=\begin{cases}\sin x, & x<0 \\ x, & 0\leqslant x<5\end{cases}$,求 $\int f(x)\mathrm{d}x$。

5. 填空。

(1) $\mathrm{d}x=\underline{\qquad}\;\mathrm{d}(2x+3)$

(2) $x\mathrm{d}x=\underline{\qquad}\;\mathrm{d}(2x^2+3)$

(3) $x^2\mathrm{d}x=\underline{\qquad}\;\mathrm{d}(4x^3+10)$

(4) $\sin 2x\mathrm{d}x=\underline{\qquad}\;\mathrm{d}(\cos 2x)$

(5) $2^{3x}\mathrm{d}x=\underline{\qquad}\;\mathrm{d}(5-2^{3x})$

(6) $x\mathrm{e}^{x^2}\mathrm{d}x=\underline{\qquad}\;\mathrm{d}(\mathrm{e}^{x^2}-5)$

(7) $\dfrac{x}{3+4x^2}\mathrm{d}x = $ _____ $\mathrm{d}\ln(3+4x^2)$

(8) $\sec^2 3x\mathrm{d}x = $ _____ $\mathrm{d}(\tan 3x)$

(9) $\dfrac{1}{3-4x}\mathrm{d}x = $ _____ $\mathrm{d}\ln(3-4x)$

(10) $\dfrac{1}{\sqrt{1-2x^2}}\mathrm{d}x = $ _____ $\mathrm{d}(\arcsin\sqrt{2}\,x)$

(11) $\dfrac{1}{\sqrt{1+x^2}}\mathrm{d}x = $ _____ $\mathrm{d}\ln(x+\sqrt{1+x^2}\,)$

(12) $\dfrac{x^2}{9+2x^3}\mathrm{d}x = $ _____ $\mathrm{d}(\ln(9+2x^3))$

(13) $\dfrac{\mathrm{d}x}{\sqrt{1-3x^2}} = $ _____ $\mathrm{d}(\arccos\sqrt{3}\,x)$

(14) $\cos\left(\dfrac{x}{3}-1\right)\sin\left(\dfrac{x}{3}-1\right)\mathrm{d}x = $ _____ $\mathrm{d}\left(\sin^2\left(\dfrac{x}{3}-1\right)\right)$

6. 求下列不定积分。

(1) $\displaystyle\int(2+3x)^5\mathrm{d}x$

(2) $\displaystyle\int\dfrac{\mathrm{d}x}{3-11x}$

(3) $\displaystyle\int\dfrac{1-\ln x}{x}\mathrm{d}x$

(4) $\displaystyle\int(ax+b)^{n-1}\mathrm{d}x$

(5) $\displaystyle\int e^{2x+3}\mathrm{d}x$

(6) $\displaystyle\int\dfrac{\mathrm{d}x}{1+e^x}$

(7) $\displaystyle\int\sin(2x+5)\mathrm{d}x$

(8) $\displaystyle\int\dfrac{x^3}{3+x}\mathrm{d}x$

(9) $\displaystyle\int e^{e^x+x}\mathrm{d}x$

(10) $\displaystyle\int\dfrac{\mathrm{d}x}{x\ln^2 x}$

(11) $\displaystyle\int xe^{-x^2}\mathrm{d}x$

(12) $\displaystyle\int\dfrac{x}{\sqrt{2-3x^2}}\mathrm{d}x$

(13) $\displaystyle\int\cos^2(\omega x+\varphi)\sin(\omega x+\varphi)\mathrm{d}x$

(14) $\displaystyle\int\dfrac{x}{9+x^4}\mathrm{d}x$

(15) $\displaystyle\int\dfrac{3x^2}{1-x^3}\mathrm{d}x$

(16) $\displaystyle\int\dfrac{e^x}{e^{2x}-4}\mathrm{d}x$

(17) $\displaystyle\int e^x\cos e^x\mathrm{d}x$

(18) $\displaystyle\int(x-1)\cos(x^2-2x+3)\mathrm{d}x$

(19) $\displaystyle\int\dfrac{\sec^2\dfrac{1}{x^2}}{x^3}\mathrm{d}x$

(20) $\displaystyle\int\dfrac{\arctan x}{1+x^2}\mathrm{d}x$

(21) $\displaystyle\int\dfrac{\sin x\cos x}{1+\sin^2 x}\mathrm{d}x$

(22) $\displaystyle\int\dfrac{1+\cos x}{x+\sin x}\mathrm{d}x$

(23) $\displaystyle\int x^2\csc x^3\mathrm{d}x$

(24) $\displaystyle\int\cos^3 x\mathrm{d}x$

(25) $\displaystyle\int\cos x\cos\dfrac{x}{2}\mathrm{d}x$

(26) $\displaystyle\int\dfrac{1}{\sin^2 x+5\cos^2 x}\mathrm{d}x$

(27) $\int \cos^2 3x \mathrm{d}x$

(28) $\int \dfrac{\mathrm{d}x}{(\arcsin x)^2 \sqrt{1-x^2}}$

(29) $\int \dfrac{x}{x+\sqrt{x^2-1}} \mathrm{d}x$

(30) $\int \dfrac{\mathrm{d}x}{1+\sqrt{1-x^2}}$

(31) $\int \dfrac{\mathrm{d}x}{(1-x^2)^{\frac{3}{2}}}$

(32) $\int \dfrac{\mathrm{d}x}{x^2+2x+3}$

(33) $\int \dfrac{\mathrm{d}x}{\sqrt{x-x^2}}$

7. 求下列不定积分。

(1) $\int x\cos x \mathrm{d}x$

(2) $\int \ln x \mathrm{d}x$

(3) $\int \left(\dfrac{1}{x}+\ln x\right) \mathrm{e}^x \mathrm{d}x$

(4) $\int \ln(x+\sqrt{1+x^2}) \mathrm{d}x$

(5) $\int x^2 \arctan x \mathrm{d}x$

(6) $\int (x^2+1)\sin x \mathrm{d}x$

(7) $\int x^2 \mathrm{e}^{4x} \mathrm{d}x$

(8) $\int \sin(\ln x) \mathrm{d}x$

(9) $\int \mathrm{e}^{3x} \cos 2x \mathrm{d}x$

(10) $\int (\arcsin x)^2 \mathrm{d}x$

(11) $\int \dfrac{\ln x}{\sqrt{x}} \mathrm{d}x$

(12) $\int \dfrac{\ln(\ln x)}{x} \mathrm{d}x$

(13) $\int \dfrac{\ln\sin x}{\cos^2 x} \mathrm{d}x$

(14) $\int \dfrac{x\cos x}{\sin^3 x} \mathrm{d}x$

(15) $\int \dfrac{\arcsin x \, \mathrm{e}^{\arcsin x}}{\sqrt{1-x^2}} \mathrm{d}x$

(16) $\int \dfrac{x\arcsin x}{\sqrt{1-x^2}} \mathrm{d}x$

(17) $\int \ln^2 x \mathrm{d}x$

(18) $\int \dfrac{\arctan x}{x^2} \mathrm{d}x$

(19) $\int \cos\sqrt{x} \, \mathrm{d}x$

(20) $\int \dfrac{\ln^3 x}{x^3} \mathrm{d}x$

8. 求下列不定积分。

(1) $\int \dfrac{\mathrm{d}x}{x^2+7x+12}$

(2) $\int \dfrac{x^5+x^4+1}{x^3+x} \mathrm{d}x$

(3) $\int \dfrac{x-4}{x(2x-1)(2x+1)} \mathrm{d}x$

(4) $\int \dfrac{x^2}{1-x^4} \mathrm{d}x$

(5) $\int \dfrac{x^2+1}{(x+1)^2(x-1)} \mathrm{d}x$

(6) $\int \dfrac{x^2+2}{(x+1)^3(x-2)} \mathrm{d}x$

(7) $\int \dfrac{6x^2-x+1}{x^3-1} \mathrm{d}x$

(8) $\int \dfrac{4}{x^3+4x} \mathrm{d}x$

(9) $\int \dfrac{x^2+3x+2}{x^3+2x^2+2x} \mathrm{d}x$

(10) $\int \dfrac{x-4}{4x^3-x} \mathrm{d}x$

(11) $\int \dfrac{1}{2+\sin x} \mathrm{d}x$

(12) $\int \dfrac{1+\sin x}{1+\cos x} \mathrm{d}x$

(13) $\displaystyle\int \frac{\mathrm{d}x}{4+5\cos x}$

(14) $\displaystyle\int \frac{\sin x}{\sin x+\cos x}\mathrm{d}x$

(15) $\displaystyle\int \frac{\cos x-\sin x}{\cos x+\sin x}\mathrm{d}x$

(16) $\displaystyle\int \frac{\mathrm{d}x}{(1+\cos x)^2}$

(17) $\displaystyle\int \frac{x+\sin x}{1+\cos x}\mathrm{d}x$

(18) $\displaystyle\int \frac{\mathrm{d}x}{1+\sqrt[3]{x+1}}$

(19) $\displaystyle\int \frac{\mathrm{d}x}{(1+\sqrt[3]{x})\sqrt{x}}$

(20) $\displaystyle\int \frac{1}{x}\sqrt{\frac{1+x}{x}}\mathrm{d}x$

(21) $\displaystyle\int \sqrt{\frac{1-x}{1+x}}\cdot\frac{1}{x}\mathrm{d}x$

(22) $\displaystyle\int \frac{\sqrt{x-1}-1}{\sqrt{x-1}+1}\mathrm{d}x$

(23) $\displaystyle\int \frac{(\sqrt[4]{x})^4-1}{\sqrt{x}+1}\mathrm{d}x$

🌐 第二空间

1. 求下列不定积分。

(1) $\displaystyle\int \frac{(1+x)^2}{x}\mathrm{d}x$

(2) $\displaystyle\int \left(\frac{3}{1+x^2}-\frac{2}{\sqrt{1-x^2}}\right)\mathrm{d}x$

(3) $\displaystyle\int \frac{\mathrm{e}^{2x}-1}{\mathrm{e}^x+1}\mathrm{d}x$

(4) $\displaystyle\int 3^x\mathrm{e}^{2x}\mathrm{d}x$

(5) $\displaystyle\int \frac{2\cdot 3^x-5\cdot 2^x}{3^x}\mathrm{d}x$

(6) $\displaystyle\int \frac{1+\sin 2x}{\cos x+\sin x}\mathrm{d}x$

(7) $\displaystyle\int \frac{\cos 2x\,\mathrm{d}x}{\sin^2 x\cos^2 x}$

(8) $\displaystyle\int \frac{\sqrt{1+x^2}}{\sqrt{1-x^4}}\mathrm{d}x$

(9) $\displaystyle\int (x+|x|)^2\mathrm{d}x$

(10) $\displaystyle\int \sin x\left(2\csc x+\cot x+\frac{1}{\sin^3 x}\right)\mathrm{d}x$

2. 一曲线通过点 $(\mathrm{e}^2,3)$，且在任一点处的切线的斜率等于该点横坐标的倒数，求该曲线的方程。

3. 设积分曲线族 $y=\displaystyle\int f(x)\mathrm{d}x$ 中有倾角为 $\dfrac{\pi}{4}$ 的直线，则 $f(x)$ 等于什么? $y=f(x)$ 的图形是怎样的?

4. 若 $f'(\sin^2 x)=\cos^2 x$，求 $f(x)$ 及 $f'(x)$。

5. 用凑微分法求下列不定积分。

(1) $\displaystyle\int \left(1-\frac{1}{x^2}\right)\mathrm{e}^{x+\frac{1}{x}}\mathrm{d}x$

(2) $\displaystyle\int \mathrm{e}^{3x^2+\ln x}\mathrm{d}x$

(3) $\displaystyle\int \frac{\mathrm{d}x}{\sqrt{8+2x+x^2}}$

(4) $\displaystyle\int 6x\sin 3x^2\,\mathrm{d}x$

(5) $\displaystyle\int \frac{2x-1}{\sqrt{3+2x-x^2}}\mathrm{d}x$

(6) $\displaystyle\int \tan x\sec^2 x\,\mathrm{d}x$

(7) $\displaystyle\int \cos^2 x\sin^5 x\,\mathrm{d}x$

(8) $\displaystyle\int f'(\arcsin x)\frac{\mathrm{d}x}{\sqrt{1-x^2}}$

(9) $\int \dfrac{2^x 3^x}{9^x - 4^x} dx$

(10) $\int \dfrac{e^x}{2 + e^x} dx$

(11) $\int \dfrac{x}{4 + x^4} dx$

(12) $\int \sin 2x \cos 3x dx$

(13) $\int \sqrt{\dfrac{1+x}{1-x}} dx$

(14) $\int \dfrac{dx}{x^2 + x - 2}$

6. 用换元法求下列不定积分。

(1) $\int \dfrac{dx}{x(x^6 + 4)}$

(2) $\int \dfrac{dx}{1 + \sqrt{x}}$

(3) $\int \dfrac{x^2}{\sqrt{a^2 - x^2}} dx$

(4) $\int \dfrac{dx}{x \sqrt{x^2 - 1}}$

(5) $\int \dfrac{\sqrt{x^2 - 9}}{x} dx$

7. 熟悉下列凑微分形式。

(1) $\int f(x\ln x)(1 + \ln x) dx = \int f(x\ln x) d(x\ln x)$

(2) $\int f\left(x + \dfrac{1}{x}\right)\left(1 - \dfrac{1}{x^2}\right) dx = \int f\left(x + \dfrac{1}{x}\right) d\left(x + \dfrac{1}{x}\right)$

(3) $\int f\left(x - \dfrac{1}{x}\right)\left(1 + \dfrac{1}{x^2}\right) dx = \int f\left(x - \dfrac{1}{x}\right) d\left(x - \dfrac{1}{x}\right)$

(4) $\int f(\ln\tan x) \dfrac{1}{\tan x \cos^2 x} dx = \int f(\ln\tan x) d(\ln\tan x)$

(5) $\int f(\ln\cot x) \dfrac{1}{\cot x \sin^2 x} dx = -\int f(\ln\cot x) d(\ln\cot x)$

(5) $\int f\left(\dfrac{\ln x}{x}\right) \dfrac{1 - \ln x}{x^2} dx = \int f\left(\dfrac{\ln x}{x}\right) d\left(\dfrac{\ln x}{x}\right)$

(7) $\int f(\sqrt{1+x^2}) \dfrac{x dx}{\sqrt{1+x^2}} = \int f(\sqrt{1+x^2}) d\sqrt{1+x^2}$

(8) $\int f(ax^2 + bx + c)(2ax + b) dx = \int f(ax^2 + bx + c) d(ax^2 + bx + c)$

8. 计算下列不定积分

(1) $\int \dfrac{\ln x - \ln(1+x)}{x(1+x)} dx$

(2) $\int \dfrac{dx}{x(x^{10} + 1)}$

(3) $\int x(1 - x)^6 dx$

(4) $\int \dfrac{\ln 2x}{x \sqrt{1 + \ln x}} dx$

(5) $\int \dfrac{\cos x - \sin x}{1 + \sin x \cos x} dx$

(6) $\int \dfrac{1 - \ln x}{(x - \ln x)^2} dx$

(7) $\int \dfrac{\cos 2x}{1 + \sin x \cos x} dx$

(8) $\int (x\ln x)^{\frac{3}{2}} (\ln x + 1) dx$

(9) $\int \sqrt{(x^2 + x)e^x}(x^2 + 3x + 1)e^x dx$

(10) $\int \dfrac{\ln^2(x + \sqrt{1+x^2})}{\sqrt{1+x^2}} dx$

(11) $\int \dfrac{x\mathrm{d}x}{(x+2)\sqrt{12-4x-x^2}}$

(12) $\int \dfrac{\mathrm{d}x}{(1+x+x^2)^{\frac{3}{2}}}$

(13) $\int \mathrm{e}^{\mathrm{e}^x\cos x}(\cos x-\sin x)\mathrm{e}^x\mathrm{d}x$

(14) $\int \dfrac{(\ln\tan x)^2}{\tan x\cos^2 x}\mathrm{d}x$

(15) $\int \dfrac{\sin x\cos x}{1+\sin^4 x}\mathrm{d}x$

(16) $\int \dfrac{x}{\sqrt{1-x^4}}\mathrm{d}x$

(17) $\int \dfrac{\mathrm{e}^{\arctan x}+x\ln(1+x^2)}{1+x^2}\mathrm{d}x$

(18) $\int \dfrac{\mathrm{e}^{3x}+\mathrm{e}^x}{\mathrm{e}^{4x}+2\mathrm{e}^{2x}+1}\mathrm{d}x$

(19) $\int \dfrac{\ln\sin x}{\tan x}\mathrm{d}x$

(20) $\int \dfrac{\sin x}{(1+\cos x)^2}\mathrm{d}x$

(21) $\int \dfrac{\arctan\dfrac{1+x}{1-x}}{1+x^2}\mathrm{d}x$

(22) $\int \dfrac{\ln x(1-\ln x)}{x^3}\mathrm{d}x$

9. 用分部积分法求下列不定积分。

(1) $\int x\sin x\mathrm{d}x$

(2) $\int x^n\ln x\mathrm{d}x$

(3) $\int x\mathrm{e}^{-x}\mathrm{d}x$

(4) $\int \left(\dfrac{\ln x}{x}\right)^2\mathrm{d}x$

(5) $\int x^2\cos 2x\mathrm{d}x$

(6) $\int \mathrm{e}^{\sqrt{x}}\mathrm{d}x$

(7) $\int x\tan^2 x\mathrm{d}x$

(8) $\int x\ln\dfrac{1+x}{1-x}\mathrm{d}x$

(9) $\int \mathrm{e}^x\sin^2 x\mathrm{d}x$

10. 解答题

给出 $I_n=\int \ln^n x\mathrm{d}x(n$ 为自然数$)$ 的递推公式。

11. 求有理函数的积分。

(1) $\int \dfrac{2x+3}{(x-2)(x+5)}\mathrm{d}x$

(2) $\int \dfrac{4}{x^3+4x}\mathrm{d}x$

(3) $\int \dfrac{x-3}{x^3-x}\mathrm{d}x$

(4) $\int \dfrac{4x+3}{(x-2)^3}\mathrm{d}x$

12. 求三角有理式的积分。

(1) $\int \dfrac{\mathrm{d}x}{\sin x+\cos x}$

(2) $\int \dfrac{1+\tan x}{\sin 2x}\mathrm{d}x$

(3) $\int \dfrac{\mathrm{d}x}{5-3\cos x}$

(4) $\int \dfrac{\mathrm{d}x}{2+\sin x-\cos x}$

(5) $\int \dfrac{\sin^3 x}{\cos^4 x}\mathrm{d}x$

(6) $\int \mathrm{e}^x\dfrac{1+\sin x}{1+\cos x}\mathrm{d}x$

13. 求下列无理函数的积分。

(1) $\int \dfrac{\mathrm{d}x}{\sqrt{x}+\sqrt[4]{x}}$

(2) $\int \dfrac{x-1}{x\sqrt[3]{x-2}}\mathrm{d}x$

(3) $\displaystyle\int \frac{\mathrm{d}x}{1+\sqrt{x^2+2x+2}}$ (4) $\displaystyle\int \frac{1}{x\sqrt{x^n-1}}\mathrm{d}x$

第三空间

1. 求不定积分$\displaystyle\int \frac{\mathrm{e}^{3x}+\mathrm{e}^x}{\mathrm{e}^{4x}-\mathrm{e}^{2x}+1}\mathrm{d}x$。

2. 设$f(\sin^2 x)=\dfrac{x}{\sin x}$，求$\displaystyle\int \frac{\sqrt{x}}{\sqrt{1-x}}f(x)\mathrm{d}x$。

3. 求不定积分$\displaystyle\int \frac{\arctan\sqrt{x}}{\sqrt{x}(1+x)}\mathrm{d}x$。

4. $\displaystyle\int \frac{1+x}{x(1+x\mathrm{e}^x)}\mathrm{d}x$

5. 求不定积分

(1) $\displaystyle\int \sqrt{\frac{\mathrm{e}^x-1}{\mathrm{e}^x+11}}\mathrm{d}x$ (2) $\displaystyle\int \frac{\mathrm{e}^x(1-x)}{(x-\mathrm{e}^x)^2}\mathrm{d}x$

6. 求$\displaystyle\int \frac{x^9}{\sqrt{x^5+1}}\mathrm{d}x$

7. 求$\displaystyle\int \frac{x+\sin x\cos x}{(\cos x-x\sin x)^2}\mathrm{d}x$

8. 求$\displaystyle\int \frac{\ln(2+x)-\ln(1+x)}{x^2+3x+2}\mathrm{d}x$

9. 已知$f(x)$的一个原函数为$\ln^2 x$，则$\displaystyle\int xf'(x)\mathrm{d}x=$ _____ 。

10. 计算不定积分$\displaystyle\int \frac{\ln(2+\sqrt{x})}{x+2\sqrt{x}}\mathrm{d}x$。

11. 计算不定积分$\displaystyle\int \ln\left(1+\sqrt{\frac{1+x}{x}}\right)\mathrm{d}x(x>0)$。

12. 计算不定积分$\displaystyle\int \frac{x\mathrm{e}^{\arctan x}}{(1+x^2)^{\frac{3}{2}}}\mathrm{d}x$。

13. 计算不定积分$\displaystyle\int \frac{1+x^4+x^8}{x(1-x^8)}\mathrm{d}x$。

第8章

定积分及其应用

一元函数积分学分为不定积分与定积分两部分。不定积分是求导的逆运算,而定积分则通过微积分基本定理与原函数建立联系。本章将介绍定积分的概念、性质、微积分基本定理及定积分的计算方法,然后将定积分的概念进行推广,并介绍广义微元法、广义积分,最后给出定积分的若干应用。

——内容初识——

8.1 定积分的概念

定积分的原始思想可以追溯到古希腊。古希腊人在丈量不规则形状的土地面积时,是把要丈量的土地先尽可能地分割成若干规则图形,计算出每一块小规则图形的面积,然后将它们相加,并且忽略那些边边角角的不规则的小块土地的面积,就得到土地面积的近似值。这就是积分思想的萌芽。

8.1.1 问题的提出

与定积分起源有密切关系的两个实际问题,一个是曲边梯形的面积计算,一个是变速直线运动的路程计算,下面就从这两个问题谈起。

引例 1 求曲边梯形面积。

在直角坐标系中,由连续曲线 $y=f(x)$,直线 $x=a$,$x=b$ 及 x 轴所围成的图形称为曲边梯形。其中曲线弧称为曲边梯形的曲边。设 $f(x) \geqslant 0$,求该曲边梯形的面积,如图 8.1 所示。

我们借助古希腊人丈量土地的思想,并按以下步骤进行计算。

【解】

(1) 分割:在区间 $[a,b]$ 内任意插入互不相同的 $n-1$ 个分点:

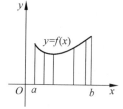

图 8.1

$$a = x_0 < x_1 < x_2 < \cdots < x_{n-1} < x_n = b$$

把区间$[a,b]$分成n个小区间$[x_0,x_1],[x_1,x_2],\cdots,[x_{i-1},x_i],\cdots,[x_{n-1},x_n]$,并用记号

$$\Delta x_i = x_i - x_{i-1} \quad (i=1,2,\cdots,n)$$

表示每个子区间以及小区间的长度。然后过每一分点作平行于y轴的直线,这样大曲边梯形就被分成n个小曲边梯形,不妨把第i个小曲边梯形面积记作$\Delta A_i(i=1,2,\cdots,n)$。

（2）近似代替：在每个小区间$[x_{i-1},x_i](i=1,2,\cdots,n)$上任取一点$\xi_i(x_{i-1}\leqslant\xi_i\leqslant x_i)$,以$f(\xi_i)$为高,$\Delta x_i$为底作小矩形,用小矩形面积$f(\xi_i)\Delta x_i$近似代替相应的小曲边梯形面积$\Delta A_i$,即

$$\Delta A_i \approx f(\xi_i)\Delta x_i, \quad (i=1,2,\cdots,n) \quad （边边角角被忽略）$$

（3）求和：把n个小矩形面积加起来,得和式$\sum_{i=1}^{n}f(\xi_i)\Delta x_i$,它就是曲边梯形面积的近似值,记作$S_n$,即$A = \sum_{i=1}^{n}\Delta A_i \approx S_n = \sum_{i=1}^{n}f(\xi_i)\Delta x_i$。

（4）取极限：显然分割越细,近似程度就越高,当无限细分时,则所有小矩形面积之和的极限就是曲边梯形面积的精确值。即当分点个数n无限增加,且小区间长度的最大值$\lambda(\lambda = \max_{1\leqslant i\leqslant n}\{\Delta x_i\})$趋近于零时,上述和式的极限就是曲边梯形面积的精确值,即

$$A = \lim_{\lambda\to 0}S_n = \lim_{\lambda\to 0}\sum_{i=1}^{n}f(\xi_i)\Delta x_i$$

由此可见,曲边梯形的面积A是一个特定结构和式的极限。一般地,设函数$f(x)$在区间$[a,b]$上有定义,则按上述前三步构造的和式$S_n = \sum_{i=1}^{n}f(\xi_i)\Delta x_i$称为函数$f(x)$在区间$[a,b]$上的黎曼（Riemann）积分和。

引例2　求变速直线运动的路程。

设一物体作直线运动,已知速度$v=v(t)$是时间t的连续函数,求在时间间隔$[T_1,T_2]$内物体所经过的路程S。

【解】

（1）分割：在时间间隔$[T_1,T_2]$内任意插入互不相同的$n-1$个分点

$$T_1 = t_0 < t_1 < t_2 < \cdots < t_{i-1} < t_i < \cdots < t_n = T_2$$

把$[T_1,T_2]$分成n个小区间

$$[t_0,t_1],[t_1,t_2],\cdots,[t_{i-1},t_i],\cdots,[t_{n-1},t_n],$$

这些小区间的长度分别记为：$\Delta t_i = t_i - t_{i-1}(i=1,2,\cdots,n)$。相应的路程$S$被分为$n$段小路程：$\Delta S_i(i=1,2,\cdots,n)$。

（2）近似代替：在每个小区间上任取一点$\xi_i(x_{i-1}\leqslant\xi_i\leqslant x_i)$,用$\xi_i$点的速度$v(\xi_i)$近似代替物体在小区间上的速度,用乘积$v(\xi_i)\Delta t_i$近似代替物体在小区间$[t_{i-1},t_i]$上所经过的路程$\Delta S_i$,即$\Delta S_i\approx v(\xi_i)\Delta t_i(i=1,2,\cdots,n)$。

（3）求和：把n个小区间上物体所经过的路程ΔS_i的近似值加起来得和式

$$S_n = \sum_{i=1}^{n}v(\xi_i)\Delta t_i$$

它就是物体在$[T_1,T_2]$上所经过路程 S 的近似值,即

$$S = \sum_{i=1}^{n} \Delta S_i \approx S_n = \sum_{i=1}^{n} v(\xi_i) \Delta t_i$$

（4）取极限：当分点个数 n 无限增加,且小区间长度的最大值 $\lambda(\lambda = \max_{1 \leqslant i \leqslant n} \{\Delta t_i\})$ 趋近于零时,上述和式极限就是物体在时间间隔$[T_1,T_2]$上所经过的路程 S 的精确值,即

$$S = \lim_{\lambda \to 0} S_n = \lim_{\lambda \to 0} \sum_{i=1}^{n} v(\xi_i) \Delta t_i$$

曲边梯形的面积和变速直线运动的路程表面上是两个毫无联系的问题,可是当我们抛开它们的几何意义和物理意义时,却发现两者是用同一个数学方法构造的同一种数学模型,换言之,两者的数学结构是完全相同的。

8.1.2 定积分的定义

定义 8.1 设函数 $f(x)$ 在区间$[a,b]$上有界, $S_n = \sum_{i=1}^{n} f(\xi_i) \Delta x_i$ 为函数 $f(x)$ 在区间$[a,b]$上的黎曼积分和,若存在实数 I,使得

$$\lim_{\lambda \to 0} S_n = \lim_{\lambda \to 0} \sum_{i=1}^{n} f(\xi_i) \Delta x_i = I \quad (\lambda = \max\{\Delta x_1, \Delta x_2, \cdots, \Delta x_n\})$$

则称此极限值 I 为函数 $f(x)$ 在$[a,b]$上的定积分,记作 $\int_a^b f(x) \mathrm{d}x$,即

$$\int_a^b f(x) \mathrm{d}x = \lim_{\lambda \to 0} \sum_{i=1}^{n} f(\xi_i) \Delta x_i$$

其中 $f(x)$ 称为被积函数, $f(x) \mathrm{d}x$ 称为被积表达式, x 称为积分变量,区间$[a,b]$称为积分区间, a 与 b 分别称为积分下限与积分上限, $\int$ 称为积分号。符号 $\int_a^b f(x) \mathrm{d}x$ 读作函数 $f(x)$ 从 a 到 b 的定积分。

【注】

（1）定积分 $\int_a^b f(x) \mathrm{d}x$ 是一个数值,它只与被积函数 $f(x)$ 以及积分区间$[a,b]$有关,而与积分变量用什么字母表示无关,即有 $\int_a^b f(x) \mathrm{d}x = \int_a^b f(t) \mathrm{d}t$。

（2）$\int_a^b f(x) \mathrm{d}x = -\int_b^a f(x) \mathrm{d}x$,即：定积分的上限与下限互换时,定积分变号。特殊地,当 $a = b$ 时,规定 $\int_a^b f(x) \mathrm{d}x = 0$。

根据定积分定义,曲边梯形面积 A 可记作

$$A = \int_a^b f(x) \mathrm{d}x$$

变速直线运动的路程可记作

$$S = \int_{T_1}^{T_2} v(t) \mathrm{d}t$$

函数 $f(x)$ 在$[a,b]$上满足什么条件可积呢？这里给出两个充分条件,不作证明。

定理 8.1　若 $f(x)$ 在 $[a,b]$ 上连续，则 $f(x)$ 在 $[a,b]$ 上可积。

定理 8.2　若 $f(x)$ 在 $[a,b]$ 上有界，且只有有限个第一类间断点，则 $f(x)$ 在 $[a,b]$ 上可积。

下面举例说明如何用定义计算定积分。

例 8.1　用定义计算定积分 $\int_0^1 x^2 \mathrm{d}x$。

【解】　函数 $y=x^2$ 在区间 $[0,1]$ 上连续，所以它在该区间上可积。由定积分的定义可知，对于可积函数来说，不论区间如何分割，ξ_i 如何选取，当 $\lambda \to 0$ 时，积分总趋近于同一个极限值。为方便计算，我们将 $[0,1]$ n 等分，分点是 $x_i = \dfrac{i-1}{n}(i=1,2,\cdots,n)$，这样每一个小区间的长度都是 $\Delta x_i = \dfrac{1}{n}$，在每一个小区间 $\left[\dfrac{i-1}{n},\dfrac{i}{n}\right]$ 上，取 $\xi_i = \dfrac{i-1}{n}(i=1,2,\cdots,n)$，则黎曼积分和式为

$$S_n = \sum_{i=1}^n f(\xi_i)\Delta x_i = \sum_{i=1}^n \left(\frac{i-1}{n}\right)^2 \frac{1}{n} = \frac{1}{n^3}\sum_{i=1}^n (i-1)^2$$
$$= \frac{1}{6n^3}n(n-1)(2n-1)$$

当 $\lambda = \max\limits_{1 \leqslant i \leqslant n}\{\Delta x_i\} = \dfrac{1}{n} \to 0$ 时，即 $n \to \infty$ 时，有

$$\int_0^1 x^2 \mathrm{d}x = \lim_{\lambda \to 0}\sum_{i=1}^{\infty} \xi_i^2 \Delta x_i = \lim_{n \to \infty} \frac{1}{6}\left(1 - \frac{1}{n}\right)\left(2 - \frac{1}{n}\right) = \frac{1}{3}$$

由例 8.1 可见，这种直接应用定义计算定积分的方法，一般来说十分复杂。因此在后续章节中我们将讨论定积分与原函数的内在联系，从而给出利用原函数计算定积分的方法。

8.1.3　定积分的几何意义

由定积分的定义知，当 $f(x) \geqslant 0$ 时，定积分在几何上表示闭区间 $[a,b]$ 上的连续曲线 $y = f(x)$，直线 $x=a$，$x=b$ 与 x 轴围成的平面图形的面积：$\int_a^b f(x)\mathrm{d}x = A$。

如果 $f(x) < 0$，这时曲边梯形在 x 轴下方，$f(\xi_i) < 0$，和式的极限值小于零，即 $\lim\limits_{\lambda \to 0}\sum\limits_{i=1}^n f(\xi_i)\Delta x_i < 0$，此时该定积分为负值，它在几何图形上表示 x 轴下方的曲边梯形面积的相反值，即 $\int_a^b f(x)\mathrm{d}x = -A$。

当 $f(x)$ 在 $[a,b]$ 上有正有负时，函数的图形有些在 x 轴上方，而另一些在 x 轴下方，如图 8.2 所示。如果我们已经知道曲线位于 x 轴上方的面积为 A_1，A_3，下方的面积为 A_2，则定积分 $\int_a^b f(x)\mathrm{d}x$ 在几何上表示这几个曲边梯形面积的代数和，即

$$\int_a^b f(x)\mathrm{d}x = A_1 - A_2 + A_3$$

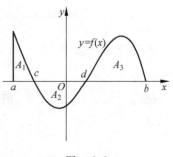

图　8.2

而 $f(x)$ 和 $x=a,x=b,x$ 轴围成的图形的面积为

$$A = \int_a^b |f(x)| \, \mathrm{d}x = A_1 + A_2 + A_3$$

例 8.2 计算 $\int_0^1 \sqrt{1-x^2} \, \mathrm{d}x$。

【解】 由定积分的几何意义知，$\int_0^1 \sqrt{1-x^2} \, \mathrm{d}x$ 就是曲线 $y = \sqrt{1-x^2}$, $x=0, x=1$,

x 轴所围成的平面图形的面积，即单位圆面积的 $\dfrac{1}{4}$，故积分结果为 $\dfrac{\pi}{4}$。

【注】 请读者记住 $\int_0^1 \sqrt{1-x^2} \, \mathrm{d}x = \dfrac{\pi}{4}$ 这个结论，以后计算定积分时可以直接引用。

【练习】 利用定积分几何意义计算下列积分。

(1) $\int_{-a}^a \sqrt{a^2-x^2} \, \mathrm{d}x$；(2) $\int_0^1 2x \, \mathrm{d}x$；(3) $\int_{-1}^1 |x| \, \mathrm{d}x$。

8.2 定积分的性质

下面各性质中的函数都假设是在 $[a,b]$ 上可积的，并且 $a < b$。

性质 8.1（线性） 设 k_1, k_2 为任意常数，则两个函数代数和的定积分等于它们定积分的代数和，即

$$\int_a^b [k_1 f(x) \pm k_2 g(x)] \, \mathrm{d}x = k_1 \int_a^b f(x) \, \mathrm{d}x \pm k_2 \int_a^b g(x) \, \mathrm{d}x$$

【证】 根据定积分的定义，有

$$\int_a^b [k_1 f(x) \pm k_2 g(x)] \, \mathrm{d}x = \lim_{\lambda \to 0} \sum_{i=1}^n [k_1 f(\xi_i) \pm k_2 g(\xi_i)] \Delta x_i$$

$$= k_1 \lim_{\lambda \to 0} \sum_{i=1}^n f(\xi_i) \Delta x_i \pm k_2 \lim_{\lambda \to 0} \sum_{i=1}^n g(\xi_i) \Delta x_i$$

$$= k_1 \int_a^b f(x) \, \mathrm{d}x \pm k_2 \int_a^b g(x) \, \mathrm{d}x$$

性质 8.1 可推广为

$$\int_a^b [k_1 f_1(x) \pm k_2 f_2(x) \pm \cdots \pm k_n f_n(x)] \, \mathrm{d}x$$

$$= k_1 \int_a^b f_1(x) \, \mathrm{d}x \pm k_2 \int_a^b f_2(x) \, \mathrm{d}x \pm \cdots \pm k_n \int_a^b f_n(x) \, \mathrm{d}x$$

性质 8.2（可加性） $\int_a^b f(x) \, \mathrm{d}x = \int_a^c f(x) \, \mathrm{d}x + \int_c^b f(x) \, \mathrm{d}x$，其中 c 可以在 $[a,b]$ 内，也可以在 $[a,b]$ 之外。

【证】 由定积分定义知，积分值与区间 $[a,b]$ 的分法无关。当 c 在 $[a,b]$ 内时，取 $c = x_k$ 作为一个分点，则

$$\int_a^b f(x) \, \mathrm{d}x = \lim_{\lambda \to 0} \sum_{i=1}^n f(\xi_i) \Delta x_i$$

$$= \lim_{\lambda \to 0} \sum_{i=1}^{k} f(\xi_i) \Delta x_i + \lim_{\lambda \to 0} \sum_{i=k+1}^{n} f(\xi_i) \Delta x_i$$

$$= \int_a^c f(x) \mathrm{d}x + \int_c^b f(x) \mathrm{d}x$$

当 c 在 $[a,b]$ 之外时,比如 $a < b < c$,根据上述证明,有

$$\int_a^c f(x) \mathrm{d}x = \int_a^b f(x) \mathrm{d}x + \int_b^c f(x) \mathrm{d}x$$

移项,得

$$\int_a^b f(x) \mathrm{d}x = \int_a^c f(x) \mathrm{d}x - \int_b^c f(x) \mathrm{d}x$$

$$= \int_a^c f(x) \mathrm{d}x + \int_c^b f(x) \mathrm{d}x$$

这条性质表明,定积分对于区间具有可加性。

【注】 定积分的(区间)可加性在定积分的计算和证明中经常使用。

性质 8.3(单位性) $\displaystyle\int_a^b 1 \mathrm{d}x = b - a$。

【注】 由定积分几何意义知 $\displaystyle\int_a^b 1 \mathrm{d}x$ 是长为 $b-a$,宽为 1 的矩形面积,在数值上等于区间 $[a,b]$ 的长度。

性质 8.4(保号性) 在区间 $[a,b]$ 上,若 $f(x) \geqslant 0$,则 $\displaystyle\int_a^b f(x) \mathrm{d}x \geqslant 0$。

性质 8.5(保序性) 在区间 $[a,b]$ 上,若 $f(x) \geqslant g(x)$,则 $\displaystyle\int_a^b f(x) \mathrm{d}x \geqslant \int_a^b g(x) \mathrm{d}x$。

性质 8.6 $\left| \displaystyle\int_a^b f(x) \mathrm{d}x \right| \leqslant \displaystyle\int_a^b |f(x)| \mathrm{d}x$。

性质 8.7(可估性) 设 M 及 m 分别是函数 $f(x)$ 在区间 $[a,b]$ 上的最大值及最小值,则 $m(b-a) \leqslant \displaystyle\int_a^b f(x) \mathrm{d}x \leqslant M(b-a)$。

【注】 性质 8.7 的几何解释是:曲线 $y = f(x)$ 在 $[a,b]$ 上的曲边梯形面积介于以区间 $[a,b]$ 长度为底、分别以 m, M 为高的两个矩形面积之间。

性质 8.8(积分中值定理) 如果函数 $f(x)$ 在闭区间 $[a,b]$ 上连续,则在积分区间 $[a,b]$ 上至少存在一个点 ξ,使得

$$\int_a^b f(x) \mathrm{d}x = f(\xi)(b-a)$$

【证】 因为 $f(x)$ 在区间 $[a,b]$ 上连续,所以 $f(x)$ 在 $[a,b]$ 上有最大值 M 和最小值 m。

由性质 8.7 得

$$m(b-a) \leqslant \int_a^b f(x) \mathrm{d}x \leqslant M(b-a)$$

从而 $m \leqslant \dfrac{1}{b-a} \displaystyle\int_a^b f(x) \mathrm{d}x \leqslant M$,由闭区间上连续函数的介值定理知 $\exists \xi \in [a,b]$,使

$$f(\xi) = \frac{1}{b-a}\int_a^b f(x)\mathrm{d}x$$

所以有

$$\int_a^b f(x)\mathrm{d}x = f(\xi)(b-a)$$

当 $b < a$ 时,上式仍成立。

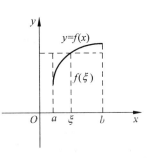

图　8.3

【注】 性质 8.8 的几何解释是:由曲线 $y = f(x)$,直线 $x = a$, $x = b$ 及 x 轴所围成的曲边梯形的面积等于以 $[a,b]$ 为底边,$[a,b]$ 中一点 ξ 的函数值为高的矩形面积。如图 8.3 所示,$f(\xi)$ 就是函数 $f(x)$ 在区间 $[a,b]$ 内函数值的平均值,也称为函数 $f(x)$ 在区间 $[a,b]$ 上的平均高度。推理过程中需要去掉定积分符号时常用积分中值定理。

例 8.3 以下不等式成立的是( )。

A. $\int_0^1 x\mathrm{d}x \leqslant \int_0^1 x^2\mathrm{d}x$ 　　　　　　B. $\int_1^e \ln x\mathrm{d}x \geqslant \int_1^e \ln^2 x\mathrm{d}x$

C. $\int_0^1 x\mathrm{d}x \leqslant \int_0^1 \sin x\mathrm{d}x$ 　　　　　D. $\int_1^2 x^2\mathrm{d}x \leqslant \int_1^2 x\mathrm{d}x$

【解】 因为 $x \in [1,e]$ 时,$\ln x \geqslant \ln^2 x$,由定积分的性质 8.5 知,$\int_1^e \ln x\mathrm{d}x \geqslant \int_1^e \ln^2 x\mathrm{d}x$,故答案为 B。

例 8.4 估计下列定积分的值。

(1) $\int_{\frac{\pi}{4}}^{\frac{5\pi}{4}}(1+\sin^2 x)\mathrm{d}x$; 　　(2) $\int_0^1 e^{x^2}\mathrm{d}x$。

【解】

(1) 当 $\dfrac{\pi}{4} \leqslant x \leqslant \dfrac{5\pi}{4}$ 时,$1 \leqslant 1+\sin^2 x \leqslant 2$,由定积分的性质 8.7 知,

$$\pi \leqslant \int_{\frac{\pi}{4}}^{\frac{5\pi}{4}}(1+\sin^2 x)\mathrm{d}x \leqslant 2\pi$$

(2) 先求 e^{x^2} 在 $[0,1]$ 上的最大值 M 与最小值 m,$f'(x) = 2xe^{x^2}$,令 $f'(x) = 0$,得驻点 $x = 0$。

计算并比较函数在驻点及区间端点处的函数值,$f(0) = 1$,$f(1) = e$,即 $M = e$,$m = 1$,于是由性质 8.7 得 $\int_0^1 1\mathrm{d}x \leqslant \int_0^1 e^{x^2}\mathrm{d}x \leqslant \int_0^1 e\mathrm{d}x$,即 $1 \leqslant \int_0^1 e^{x^2}\mathrm{d}x \leqslant e$。

【练习】 估计定积分的值(1) $\int_{-1}^1 (x^2+1)\mathrm{d}x$;(2) $\int_1^2 e^{-x^2}\mathrm{d}x$。

例 8.5 设 $f(x)$ 在 $[1,4]$ 上连续,且 $f(x)$ 在 $[1,4]$ 上的平均高度为 2,则 $\int_1^4 f(x)\mathrm{d}x = $ ( )。

【解】 由积分中值定理得

$$\int_1^4 f(x)\mathrm{d}x = f(\xi)(4-1)$$

其中,$f(\xi)$ 为 $f(x)$ 在区间 $[1,4]$ 上的平均高度,又 $f(x)$ 在 $[1,4]$ 上的平均高度为 2,故答案为 6。

8.3　微积分基本定理

8.3.1　积分上限函数

定义 8.2　设函数 $f(t)$ 在闭区间 $[a,b]$ 上连续，$x \in [a,b]$，则 $f(t)$ 在部分区间 $[a,x]$ 上的定积分

$$\int_a^x f(t)\mathrm{d}t$$

是 x 的一个函数，称为积分上限函数或变上限积分，记作 $\Phi(x)$，即

$$\Phi(x) = \int_a^x f(t)\mathrm{d}t \quad (a \leqslant x \leqslant b)$$

【注】

(1) 函数的表示方法拓广了，可用变上限积分表达函数。

(2) $\Phi(a) = 0, \Phi(b) = \int_a^b f(x)\mathrm{d}x$。

(3) $\int_a^x f(t)\mathrm{d}t$ 中积分变量使用 t 是为了区别于积分上限 x。

积分上限函数有下面的重要性质。

定理 8.3　若函数 $f(t)$ 在区间 $[a,b]$ 上连续，$\forall x \in [a,b]$，则积分上限函数 $\Phi(x) = \int_a^x f(t)\mathrm{d}t$ 在 $[a,b]$ 可导，并且它的导数等于被积函数 $f(t)$ 在上限处的函数值 $f(x)$，即

$$\Phi'(x) = \left[\int_a^x f(t)\mathrm{d}t \right]' = f(x) \quad (a \leqslant x \leqslant b)$$

【证】　对 $\forall x \in (a,b)$ 由导数定义，

$$\Phi'(x) = \lim_{\Delta x \to 0} \frac{\Phi(x + \Delta x) - \Phi(x)}{\Delta x}$$

$$= \lim_{\Delta x \to 0} \frac{\int_a^{x+\Delta x} f(t)\mathrm{d}t - \int_a^x f(t)\mathrm{d}t}{\Delta x} = \lim_{\Delta x \to 0} \frac{\int_x^{x+\Delta x} f(t)\mathrm{d}t}{\Delta x}$$

由积分中值定理 $\int_x^{x+\Delta x} f(t)\mathrm{d}t = f(\xi)\Delta x, \xi$ 介于 x 与 $x + \Delta x$ 之间。

从而

$$\Phi'(x) = \lim_{\Delta x \to 0} f(\xi) = \lim_{\xi \to x} f(\xi) = f(x)$$

若 $x = a$，取 $\Delta x > 0$，同上可证 $\Phi'_+(a) = f(a)$，若 $x = b$，取 $\Delta x < 0$，同样有 $\Phi'_-(b) = f(b)$。

定理 8.3 揭示了连续函数的原函数必存在。事实上，$\Phi(x) = \int_a^x f(t)\mathrm{d}t$ 就是 $f(x)$ 的一个原函数，我们以定理的形式对连续函数的原函数存在问题予以确认。

定理 8.4（原函数存在定理）　设 $f(x)$ 是 $[a,b]$ 上的连续函数，则函数 $\Phi(x) = \int_a^x f(t)\mathrm{d}t$ 就是 $f(x)$ 在 $[a,b]$ 上的一个原函数。

例 8.6 已知 $F(x) = \int_0^x e^{2t} dt$，求 $F'(x)$。

【解】 根据定理 8.3 可得

$$F'(x) = \left(\int_0^x e^{2t} dt \right)' = e^{2x}$$

【推广】 设 $f(t)$ 是 $[a,b]$ 上的连续函数，$g(x), v(x), u(x)$ 在 $[a,b]$ 上可导，则

(1) $\left[\int_a^{u(x)} f(t) dt \right]' = f(u(x)) u'(x)$

(2) $\left[\int_{u(x)}^b f(t) dt \right]' = -u'(x) f[u(x)]$

(3) $\left[\int_{u(x)}^{v(x)} f(t) dt \right]' = v'(x) f[v(x)] - u'(x) f[u(x)]$

(4) $\left[\int_a^{v(x)} f(t) g(x) dt \right]' = \left[g(x) \int_a^{v(x)} f(t) dt \right]'$

$$= g'(x) \int_a^{v(x)} f(t) dt + g(x) v'(x) f(v(x))$$

例 8.7 已知 $F(x) = \int_x^{x^2} \sin t \, dt$，求 $F'(x)$。

【解】

$$F(x) = \int_x^0 \sin t \, dt + \int_0^{x^2} \sin t \, dt = \int_0^{x^2} \sin t \, dt - \int_0^x \sin t \, dt$$

$$F'(x) = \left[\int_0^{x^2} \sin t \, dt \right]' - \left[\int_0^x \sin t \, dt \right]' = 2x \sin x^2 - \sin x$$

【注】 例题 8.7 可直接应用推广中的公式(3)。

【练习】 已知 $F(x) = \int_x^{x^2} \dfrac{\sin t}{\sqrt{1+t}} dt$，求 $F'(x)$。

例 8.8 求极限 $\lim\limits_{x \to 0} \dfrac{\int_0^{x^2} \cos t^2 \, dt}{x \sin x}$。

【解】 $\lim\limits_{x \to 0} \dfrac{\int_0^{x^2} \cos t^2 \, dt}{x \sin x} = \lim\limits_{x \to 0} \dfrac{\int_0^{x^2} \cos t^2 \, dt}{x^2} = \lim\limits_{x \to 0} \dfrac{2x \cdot \cos(x^2)^2}{2x} = 1$。

【练习】

(1) 已知 $F(x) = \int_x^2 \sqrt{1 + 2t^2} \, dt$，求 $F'(1)$。

(2) $\lim\limits_{x \to 0} \dfrac{\int_0^x t^2 \, dt}{x - \sin x}$。

8.3.2 微积分基本公式(牛顿-莱布尼茨公式)

定理 8.4 肯定了连续函数必有原函数，尽管这种原函数可能只能用变上限积分形式

给出。下面我们将讨论定积分与原函数的关系，推导出用原函数计算定积分的公式。

定理 8.5　　如果函数 $F(x)$ 是连续函数 $f(x)$ 在区间 $[a,b]$ 上的一个原函数，则

$$\int_a^b f(x)\mathrm{d}x = F(b) - F(a)$$

【证】　　由定理 8.4 知，$\Phi(x) = \int_a^x f(t)\mathrm{d}t$ 是 $f(x)$ 在 $[a,b]$ 上的一个原函数，又由题设知，$F(x)$ 也是 $f(x)$ 在 $[a,b]$ 上一个原函数，由原函数的性质知，同一函数的两个不同原函数相差一个常数，即

$$F(x) - \int_a^x f(t)\mathrm{d}t = C \quad (a \leqslant x \leqslant b) \tag{8.1}$$

把 $x = a$ 代入式（8.1）中，因为 $\Phi(a) = \int_a^a f(t)\mathrm{d}t = 0$，因此常数 $C = F(a)$，于是

$$F(x) - \int_a^x f(t)\mathrm{d}t = F(a)$$

令 $x = b$，代入上式中，移项，得

$$\int_a^b f(t)\mathrm{d}t = F(b) - F(a)$$

再把积分变量 t 换成 x，得

$$\int_a^b f(x)\mathrm{d}x = F(b) - F(a) \tag{8.2}$$

式（8.2）称为微积分基本公式，又称为牛顿-莱布尼茨（Newton-Leibniz）公式。

如果设 $f(x) \in C^0[a,b]$，且 $F'(x) = f(x)$，那么不难看出

$$\int_a^b f(x)\mathrm{d}x = f(\xi)(b-a) = F'(\xi)(b-a) = F(b) - F(a)$$

其中 $\int_a^b f(x)\mathrm{d}x = f(\xi)(b-a)$ 为积分中值定理，$F'(\xi)(b-a) = F(b) - F(a)$ 是微分中值定理，而

$$\int_a^b f(x)\mathrm{d}x = F(b) - F(a)$$

恰似一条纽带把两个中值定理紧密联系起来。

【注】

（1）为方便起见，今后把 $F(b) - F(a)$ 写成 $F(x)\Big|_a^b$，这样式（8.2）就可写成如下形式：

$$\int_a^b f(x)\mathrm{d}x = F(x)\Big|_a^b = F(b) - F(a)$$

（2）该公式充分表达了定积分与原函数之间的内在联系，它把定积分的计算问题转化为求原函数问题，从而给定积分的计算提供了一个简便有效的方法。

例 8.9　　求定积分 $\int_0^{\frac{\pi}{2}} (2\sin x + \cos x)\mathrm{d}x$。

【解】

$$\int_0^{\frac{\pi}{2}} (2\sin x + \cos x)\mathrm{d}x = 2\int_0^{\frac{\pi}{2}} \sin x\mathrm{d}x + \int_0^{\frac{\pi}{2}} \cos x\mathrm{d}x$$

$$= -2\cos x\Big|_0^{\frac{\pi}{2}} + \sin x\Big|_0^{\frac{\pi}{2}} = 2 + 1 = 3$$

例 8.10　求定积分 $\displaystyle\int_0^\pi \sqrt{1-\sin^2 x}\,\mathrm{d}x$。

【分析】　$\sqrt{1-\sin^2 x} = |\cos x|$，被积函数中出现了 $|\cos x|$，由于 $\cos x$ 在区间 $\left[0,\dfrac{\pi}{2}\right]$ 和 $\left[\dfrac{\pi}{2},\pi\right]$ 上符号不同，须分区间利用积分可加性来计算。

【解】

$$\int_0^\pi \sqrt{1-\sin^2 x}\,\mathrm{d}x = \int_0^\pi |\cos x|\,\mathrm{d}x = \int_0^{\frac{\pi}{2}} \cos x\,\mathrm{d}x + \int_{\frac{\pi}{2}}^\pi (-\cos x)\,\mathrm{d}x$$

$$= \sin x\,\Big|_0^{\frac{\pi}{2}} - \sin x\,\Big|_{\frac{\pi}{2}}^\pi = 2$$

经典解析

8.4　定积分的计算

直接利用牛顿-莱布尼茨公式计算定积分时,必须先求出被积函数的原函数。但是在许多情况下,原函数很难直接求出或根本不能用积分法的一般法则求出,这样就无法直接应用牛顿-莱布尼茨公式。为了进一步解决定积分的计算问题,在本节中,我们将分别介绍定积分的换元积分法与分部积分法。

8.4.1　定积分的换元积分法

定理 8.6　设函数 $f(x)$ 在区间 $[a,b]$ 上连续,函数 $x=\varphi(t)$ 在 $[\alpha,\beta]$ 上满足条件:

(1) $\varphi(\alpha)=a$, $\varphi(\beta)=b$,

(2) $\varphi(t)$ 在 $[\alpha,\beta]$(或 $[\beta,\alpha]$)上单调,且 $\varphi'(t)$ 连续,

则

$$\int_a^b f(x)\,\mathrm{d}x = \int_\alpha^\beta f[\varphi(t)]\varphi'(t)\,\mathrm{d}t \tag{8.3}$$

【证】　设 $F(x)$ 是 $f(x)$ 的一个原函数,由微积分基本公式得

$$\int_a^b f(x)\,\mathrm{d}x = F(b) - F(a)$$

由不定积分换元公式,有

$$\int_\alpha^\beta f[\varphi(t)]\varphi'(t)\,\mathrm{d}t = F[\varphi(x)]\,\Big|_\alpha^\beta = F[\varphi(\beta)] - F[\varphi(\alpha)] = F(b) - F(a)$$

定理得证。

式(8.3)称为定积分的换元公式。

【注】

(1) $\varphi(t)$ 单调可保证 $\varphi(t)$ 的值域在 $[a,b]$ 内;

(2) 定积分换元必须要更换积分上、下限,而且新的积分变量的上下积分限要与原积分变量的上下限相对应,计算时不必代回原变量;

(3) 定理 8.6 介绍的换元积分法对应不定积分的第二换元法。

例 8.11 求定积分 $\int_0^{\frac{\pi}{2}} \cos^5 x \sin x \, dx$。

【解】

$$\int_0^{\frac{\pi}{2}} \cos^5 \sin x \, dx = -\int_0^{\frac{\pi}{2}} \cos^5 x \, d\cos x = -\frac{1}{6} \cos^6 x \Big|_0^{\frac{\pi}{2}} = -\frac{1}{6}(0-1) = \frac{1}{6}$$

例 8.12 求定积分 $\int_0^3 \frac{x}{1+\sqrt{1+x}} \, dx$。

【解】 令 $\sqrt{1+x} = t$，则 $x = t^2 - 1$，$dx = 2t \, dt$，当 $x \in [0,3]$ 时，$t \in [1,2]$。于是，

$$\int_0^3 \frac{x}{1+\sqrt{1+x}} \, dx = \int_1^2 \frac{t^2-1}{1+t} 2t \, dt$$

$$= 2\int_1^2 t(t-1) \, dt - 2\left(\frac{t^3}{3} - \frac{t^2}{2}\right)\Big|_1^2 - \frac{5}{3}$$

例 8.13 求定积分 $\int_0^{\frac{1}{2}} \frac{x^2}{\sqrt{1-x^2}} \, dx$。

【解】 令 $x = \sin t$，$dx = \cos t \, dt$，$x^2 = \sin^2 t$，$\sqrt{1-x^2} = \cos t$，$x \in \left[0, \frac{1}{2}\right]$，$t \in \left[0, \frac{\pi}{6}\right]$，于是

$$\int_0^{\frac{1}{2}} \frac{x^2}{\sqrt{1-x^2}} \, dx = \int_0^{\frac{\pi}{6}} \sin^2 t \, dt = \frac{1}{2}\int_0^{\frac{\pi}{6}} (1 - \cos 2t) \, dt$$

$$= \left(\frac{t}{2} - \frac{1}{4}\sin 2t\right)\Big|_0^{\frac{\pi}{6}} = \frac{\pi}{12} - \frac{\sqrt{3}}{8}$$

【练习】 求定积分 (1) $\int_0^1 x^2 \sqrt{1-x^2} \, dx$；(2) $\int_0^a \sqrt{a^2-x^2} \, dx$。

例 8.14 求定积分 $\int_0^1 \frac{1}{1+e^x} \, dx$。

【解】 令 $e^x = t$，则 $x = \ln t$，$dx = \frac{1}{t} \, dt$，$x \in [0,1]$，$t \in [1, e]$

$$\int_0^1 \frac{1}{1+e^x} \, dx = \int_1^e \frac{1}{t(t+1)} \, dt = \int_1^e \left(\frac{1}{t} - \frac{1}{t+1}\right) dt = \ln \frac{t}{t+1} \Big|_1^e = \ln \frac{2e}{e+1}$$

例 8.15 证明

(1) 若 $f(x)$ 在 $[-a, a]$ 上连续且为奇函数，则 $\int_{-a}^a f(x) \, dx = 0$。

(2) 若 $f(x)$ 在 $[-a, a]$ 上连续且为偶函数，则 $\int_{-a}^a f(x) \, dx = 2\int_0^a f(x) \, dx$。

【证】 根据定积分性质 8.2 得

$$\int_{-a}^a f(x) \, dx = \int_{-a}^0 f(x) \, dx + \int_0^a f(x) \, dx \qquad \text{①}$$

对于积分 $\int_{-a}^0 f(x) \, dx$，作变换 $x = -t$，则有

$$\int_{-a}^0 f(x) \, dx = \int_a^0 f(-t)(-dt) = \int_0^a f(-t) \, dt = \int_0^a f(-x) \, dx \qquad \text{②}$$

把②式代入①式中,得

$$\int_{-a}^{a} f(x)\mathrm{d}x = \int_{0}^{a} f(-x)\mathrm{d}x + \int_{0}^{a} f(x)\mathrm{d}x = \int_{0}^{a} [f(x) + f(-x)]\mathrm{d}x$$

当 $f(x)$ 是偶函数,即 $f(x) = f(-x)$ 时,得

$$\int_{-a}^{a} f(x)\mathrm{d}x = \int_{0}^{a} [f(x) + f(-x)]\mathrm{d}x = 2\int_{0}^{a} f(x)\mathrm{d}x$$

当 $f(x)$ 为奇函数,即 $f(x) = -f(-x)$ 时,得

$$\int_{-a}^{a} f(x)\mathrm{d}x = \int_{0}^{a} [f(x) + f(-x)]\mathrm{d}x = 0$$

【注】 例 8.15 的结论常称为"偶倍奇零",可简化计算偶函数、奇函数在关于原点对称的区间上的定积分。

例 8.16 求定积分 $\int_{-1}^{1} x(\cos x + x\mathrm{e}^{x^3})\mathrm{d}x$。

【解】 $\int_{-1}^{1} x(\cos x + x\mathrm{e}^{x^3})\mathrm{d}x = \int_{-1}^{1} x\cos x\,\mathrm{d}x + \int_{-1}^{1} x^2 \mathrm{e}^{x^3}\mathrm{d}x = 0 + \dfrac{1}{3}\int_{-1}^{1} \mathrm{e}^{x^3}\mathrm{d}x^3$

$$= \frac{1}{3}\mathrm{e}^{x^3}\Big|_{-1}^{1} = \frac{1}{3}\left(\mathrm{e} - \frac{1}{\mathrm{e}}\right)$$

【练习】 (1) $\displaystyle\int_{-1}^{1} \frac{x}{1+x^2}\mathrm{d}x$; (2) $\displaystyle\int_{-a}^{a} \ln\frac{1+x}{1-x}\mathrm{d}x$;

(3) $\displaystyle\int_{-\sqrt{3}}^{\sqrt{3}} \frac{x^5 \sin^2 x}{1+x^2+x^4}\mathrm{d}x$; (4) $\displaystyle\int_{-1}^{1} (|x|+x)\mathrm{e}^{-|x|}\mathrm{d}x$;

(5) $\displaystyle\int_{-1}^{1} \frac{\mathrm{d}x}{1+\mathrm{e}^{\frac{1}{x}}}$; (6) $\displaystyle\int_{-1}^{1} \frac{2x^2+x^3\cos x}{1+\sqrt{1-x^2}}\mathrm{d}x$。

8.4.2 定积分的分部积分法

定积分的分部积分法是由不定积分的分部积分法直接得来的。计算以两类不同类型函数的乘积为被积函数的定积分时,常用分部积分法,至于其中 $u=u(x)$ 和 $v=v(x)$ 的选取与不定积分的情形完全相同。下面给出定积分的分部积分法。

定理 8.7 设函数 $u(x), v(x)$ 在区间 $[a,b]$ 上具有连续导函数,则

$$\int_{a}^{b} u(x)\mathrm{d}v(x) = u(x)v(x)\Big|_{a}^{b} - \int_{a}^{b} v(x)\mathrm{d}u(x) \tag{8.4}$$

式(8.4)称为定积分的分部积分公式。

【证】 由不定积分的分部积分公式

$$\int u(x)v'(x)\mathrm{d}x = u(x)v(x) - \int v(x)u'(x)\mathrm{d}x$$

得

$$\int_{a}^{b} u(x)v'(x)\mathrm{d}x = \left[u(x)v(x) - \int v(x)u'(x)\mathrm{d}x\right]\Big|_{a}^{b}$$

$$= [u(x)v(x)]\Big|_{a}^{b} - \int_{a}^{b} v(x)u'(x)\mathrm{d}x$$

简记作

$$\int_{a}^{b} uv'\mathrm{d}x = [uv]\Big|_{a}^{b} - \int_{a}^{b} vu'\mathrm{d}x$$

或

$$\int_a^b u \, \mathrm{d}v = \left[uv \right] \Big|_a^b - \int_a^b v \, \mathrm{d}u$$

定理得证。

例 8.17　求定积分 $\int_1^e x \ln x \, \mathrm{d}x$。

【解】

$$\int_1^e x \ln x \, \mathrm{d}x = \frac{1}{2} \int_1^e \ln x \, \mathrm{d}x^2 = \frac{1}{2} \left[x^2 \ln x \Big|_1^e - \int_1^e x^2 \, \mathrm{d}\ln x \right] = \frac{1}{2} \left[e^2 - \int_1^e x \, \mathrm{d}x \right]$$

$$= \frac{1}{2} \left[e^2 - \frac{1}{2} x^2 \Big|_1^e \right] = \frac{1}{4} (e^2 + 1)$$

例 8.18　求定积分 $\int_0^{\sqrt{3}} \arctan x \, \mathrm{d}x$。

【解】　根据定积分的分部积分公式,得

$$\int_0^{\sqrt{3}} \arctan x \, \mathrm{d}x = x \arctan x \Big|_0^{\sqrt{3}} - \int_0^{\sqrt{3}} x \, \mathrm{d}\arctan x$$

$$= \sqrt{3} \arctan \sqrt{3} - \int_0^{\sqrt{3}} \frac{x}{1+x^2} \, \mathrm{d}x$$

$$= \frac{\sqrt{3}}{3} \pi - \frac{1}{2} \ln(1+x^2) \Big|_0^{\sqrt{3}}$$

$$= \frac{\sqrt{3}}{3} \pi - \frac{1}{2} \ln 4 = \frac{\sqrt{3}}{3} \pi - \ln 2$$

【练习】　计算 $\int_0^{\sqrt{3}} \ln(x + \sqrt{1+x^2}) \, \mathrm{d}x$。

对于计算中需要一次以上分部积分时,利用竖式算法会比较简便。我们利用竖式算法计算下面的定积分。

例 8.19　求定积分 $\int_0^1 x^2 e^x \, \mathrm{d}x$。

【解】　选取 $u = x^2$，$\mathrm{d}v = e^x \mathrm{d}x = \mathrm{d}(e^x)$，采用竖式算法如图 8.4 所示。

$$\int_0^1 x^2 e^x \, \mathrm{d}x = (x^2 - 2x + 2) e^x \Big|_0^1 = e - 2$$

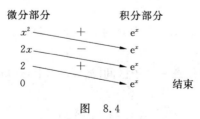

图　8.4

例 8.20　求定积分 $\int_1^2 \frac{\ln^2 x}{x^2} \mathrm{d}x$。

【解】　选取 $u = \ln^2 x$，$\mathrm{d}v = \frac{1}{x^2} \mathrm{d}x = -\mathrm{d}\left(\frac{1}{x} \right)$，采用竖式算法如图 8.5 所示。

$$\int_1^2 \frac{\ln^2 x}{x^2} \, \mathrm{d}x = \left(-\frac{1}{x}\ln^2 x - \frac{2}{x}\ln x - \frac{2}{x}\right)\Big|_1^2 = -\frac{1}{2}\ln^2 2 - \ln 2 + 1$$

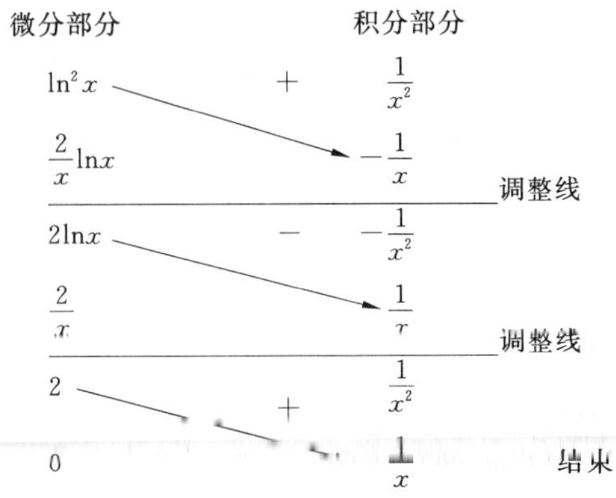

图　8.5

概念反思

8.5　广义微元法

积分学包括不定积分、定积分、二重积分、三重积分、曲线积分和曲面积分。尽管不同的积分概念来自不同的实际背景,然而它们通过数学思维抽象出来的方法是类似的。在此,我们将高等数学所涉及的各类积分定义的模式整合归一,给出宏积分定义,旨在让读者领悟数学抽象思维的魅力,并进一步理解积分概念的深刻内涵。

在给出宏积分定义之前,我们先介绍"微元法"。

8.5.1　微元法

用定积分表示一个量,如几何量,物理量或其他的量,一般分四步来考虑,下面回顾求曲边梯形面积的过程。

第一步　分割:将区间$[a,b]$任意分为n个子区间$[x_{i-1},x_i]$$(i=1,2,\cdots,n)$,其中$x_0=a,x_n=b$。

第二步　近似代替:在任意一个子区间$[x_{i-1},x_i]$上,任取一点ξ_i,作小曲边梯形面积ΔA_i的近似值,

$$\Delta A_i \approx f(\xi_i)\Delta x_i$$

第三步　求和:曲边梯形的面积A,

$$A \approx \sum_{i=1}^{n} f(\xi_i)\Delta x_i$$

第四步　取极限:$n\to\infty$,$\lambda=\max_{1\leqslant i\leqslant n}\{\Delta x_i\}\to 0$,

$$A = \lim_{\lambda \to 0} \sum_{i=1}^{n} f(\xi_i) \Delta x_i = \int_a^b f(x) \mathrm{d}x$$

对照上述四步，我们发现第二步是关键，这是因为 $f(\xi_i)\Delta x_i$ 与第四步积分 $\int_a^b f(x)\mathrm{d}x$ 中的被积分式 $f(x)\mathrm{d}x$ 形式类似，如果把第二步中的 ξ_i 用 x 替代，Δx_i 用 $\mathrm{d}x$ 替代，那么它就是第四步积分中的被积分式，基于此，我们把上述四步简化为两步：

第一步　在区间 $[a,b]$ 上任取一个微小区间 $[x,x+\mathrm{d}x]$，然后写出这个小区间上的部分量 ΔA 的近似值，$\mathrm{d}A = f(x)\mathrm{d}x$。

第二步　将所求 $\mathrm{d}A$ 在区间 $[a,b]$ 上积分，得

$$A = \int_a^b f(x)\mathrm{d}x$$

这样求曲边梯形面积的步骤就简化了许多。

一般地，如果所求的量具有以下两个特点：

(1) 所求的量（设为 U）与一个给定区间 $[a,b]$ 有关，且在该区间上具有可加性，也就是 U 确定于 $[a,b]$ 上的整体量，把 $[a,b]$ 分为许多小区间时，整体量等于各部分分量之和，即

$$U = \sum_{i=1}^{n} \Delta U_i$$

(2) 所求量 U 的大小取决于变量 x 所在的区间 $[a,b]$ 及定义在该区间上的非均匀变化的连续函数 $f(x)$，则该量可用定积分求得，具体方法如下：

第一步　在区间 $[a,b]$ 上任取一个微小区间 $[x,x+\mathrm{d}x]$，然后写出这个小区间上的部分量 ΔU 的近似值，记为 $\mathrm{d}U = f(x)\mathrm{d}x$，并称为 U 的微元或 U 的元素。

第二步　将所求微元 $\mathrm{d}U$ 在区间 $[a,b]$ 上积分，得

$$U = \int_a^b f(x)\mathrm{d}x$$

这种求量 U 的方法称为定积分的微元法（也称为元素法）。

8.5.2　宏积分定义

定义 8.3　设 $\mathbf{R}^k$ 为 k 维实空间（$k=1,2,3$），k 维区域 $\Omega^k \subset R^k$，P^k 为 Ω^k 中的点，$f(P^k)$ 是定义在区域 Ω^k 上的有界实函数，依照微元法的思想方法，构造宏积分定义如下：

(1) 分割：将 Ω^k 任意分割成 n 个小区域 $\Delta\omega_1^k, \Delta\omega_2^k, \cdots, \Delta\omega_n^k, \Delta\omega_i^k (i=1,2,\cdots,n)$，同时也代表相应区域的几何度量。

(2) 近似代替：任取 $\xi_i = (\xi_{i1}, \xi_{i2}, \cdots, \xi_{ik}) \in \Delta\omega_i^k$，当 $f(\xi_i) \cdot \Delta\omega_i^k (i=1,2,\cdots,n)$ 能够刻画 $\Delta\omega_i^k$ 的"量"（比如：面积、体积、质量等）的近似值时，我们就称 $f(\xi_i^k) \cdot \Delta\omega_i^k$ 为区域 Ω^k 的一个**核元素**，记作 $\Delta\mathfrak{M}_i$，即

$$\Delta\mathfrak{M}_i = f(\xi_i^k) \cdot \Delta\omega_i^k \quad (i=1,2,\cdots,n)$$

(3) 求和：将 n 个小区域上的核元素相加，得积分和 S_n

$$S_n = \sum_{i=1}^{n} \Delta\mathfrak{M}_i = \sum_{i=1}^{n} f(\xi_i^k) \cdot \Delta\omega_i^k ;$$

（4）取极限：当区域 Ω^k 的分割无限细密时,若存在实数 I,使得

$$\lim_{\lambda \to 0} S_n = \lim_{\lambda \to 0} \sum_{i=1}^n \Delta \mathcal{M}_i = \lim_{\lambda \to 0} \sum_{i=1}^n f(\xi_i^k) \cdot \Delta \omega_i^k = I$$

则称 I 为 $f(P^k)$ 在 Ω^k 上的 k 重积分,记作:

$$I = \underbrace{\int \cdots \int}_{\Omega^k} f(P^k) \mathrm{d}\omega^k \tag{8.5}$$

其中 λ 为 n 个小区域 $\Delta\Omega_1^k, \Delta\Omega_2^k, \cdots, \Delta\Omega_n^k$ 的最大直径,$f(P^k)$ 称为被积函数,$\mathrm{d}\omega^k$ 称为 k 维区域中的微元,按照上述定义方法构造的积分和 S_n 史上称为**黎曼积分和**。

当积分值 I 存在,即 $I = \underbrace{\int \cdots \int}_{\Omega^k} f(P^k) \mathrm{d}\omega^k$ 有意义时,我们也称 $f(P^k)$ 在 Ω^k 上可积。

特别地:

（Ⅰ）$k=1$ 的情形（**直线段上的积分**）

$$I = \underbrace{\int \cdots \int}_{\Omega^k} f(P^k) \mathrm{d}\omega^k = \lim_{\lambda \to 0} \sum_{i=1}^n f(\xi_i) \cdot \Delta x_i = \int_a^b f(x) \mathrm{d}x$$

称为一元函数 $f(x)$ 在区域 $[a,b]$ 上的一重积分,即为定积分。其中,$\Omega^1 = [a,b] \subset R, x \in [a,b], \Delta x_i = \Delta\omega_i^1, \mathrm{d}\omega = \mathrm{d}x$ 为长度微元,$f(x)\mathrm{d}x$ 为**定积分的核元素**。

（Ⅱ）$k=2$ 的情形（**平面片上的积分**）

$$I = \underbrace{\int \cdots \int}_{\Omega^k} f(P^k) \mathrm{d}\omega^k = \lim_{\lambda \to 0} \sum_{i=1}^n f(\xi_i, \eta_i) \cdot \Delta\sigma_i = \iint_D f(x,y) \mathrm{d}\sigma$$

称为二元函数 $f(x,y)$ 在区域 D 上的二重积分。其中,$\Omega^2 = D \subset \mathbf{R}^2, (x,y) \in D, \Delta\sigma_i = \Delta\omega_i^2, \mathrm{d}\omega^2 = \mathrm{d}\sigma$ 为面积微元,$f(x,y)\mathrm{d}\sigma$ 为**二重积分的核元素**。

（Ⅲ）$k=3$ 的情形（**立体块上的积分**）

$$I = \underbrace{\int \cdots \int}_{\Omega^k} f(P^k) \mathrm{d}\omega^k = \lim_{\lambda \to 0} \sum_{i=1}^n f(\xi_i, \eta_i, \varsigma_i) \cdot \Delta V_i = \iiint_V f(x,y,z) \mathrm{d}V$$

称为三元函数 $f(x,y,z)$ 在区域 V 上的三重积分。其中,$\Omega^3 = V \subset \mathbf{R}^3, (x,y,z) \in V, \Delta V_i = \Delta\omega_i^3, \mathrm{d}\omega^3 = \mathrm{d}V$ 为体积微元,$f(x,y,z)\mathrm{d}V$ 为**三重积分的核元素**。

8.5.3 宏积分定义的拓展

由广义微元法思想定义的定积分,不仅能够整合重积分的概念,而且可以拓展到积分区域为平面曲线或空间曲面的情形。

（Ⅳ）**平面曲线弧段上的积分**

定义 8.4 设 L 为 xOy 面内的一条光滑曲线弧,函数 $f(x,y)$ 在 L 上有界。如果对于曲线 L 上的黎曼积分和 $S_n = \sum_{i=1}^n f(\xi_i, \eta_i) \Delta s_i$,总存在实数 I 使得 $\lim_{\lambda \to 0} S_n = I$,则称 I 为函数 $f(x,y)$ 在曲线弧 L 上对弧长的曲线积分或第 Ⅰ 型曲线积分,记作

$$\int_L f(x,y)\mathrm{d}s$$

其中 $\Delta \mathcal{M}_i = f(\xi_i,\eta_i)\Delta s_i (i=1,2,\cdots,n)$ 称为曲线积分的核元素,即

$$I = \int_L f(x,y)\mathrm{d}s = \lim_{\lambda \to 0}S_n = \lim_{\lambda \to 0}\sum_{i=1}^n \Delta \mathcal{M}_i = \lim_{\lambda \to 0}\sum_{i=1}^n f(\xi_i,\eta_i)\Delta s_i,$$

上式中 $f(x,y)$ 称为被积函数,L 称为积分弧段,$\lambda = \max\{d(\Delta s_1),d(\Delta s_2),\cdots,d(\Delta s_n)\}$。

（Ⅴ）空间曲面片上的积分

定义 8.5 设 Σ 是光滑或分片光滑的曲面片,函数 $f(x,y,z)$ 在 Σ 上有界。如果对于 Σ 上的黎曼积分和 $S_n = \sum_{i=1}^n f(\xi_i,\eta_i,\varsigma_i)\Delta S_i$,总存在实数 I 使得 $\lim_{\lambda \to 0}S_n = I$,则称 I 为函数 $f(x,y,z)$ 在曲面片 Σ 上对面积的曲面积分或第Ⅰ型曲面积分,记作

$$\iint_\Sigma f(x,y,z)\mathrm{d}S$$

其中 $\Delta \mathcal{M}_i = f(\xi_i,\eta_i,\varsigma_i)\Delta S_i (i=1,2,\cdots,n)$ 称为曲面积分的核元素,即

$$I = \iint_\Sigma f(x,y,z)\mathrm{d}S = \lim_{\lambda \to 0}S_n = \lim_{\lambda \to 0}\sum_{i=1}^n \Delta \mathcal{M}_i = \lim_{\lambda \to 0}\sum_{i=1}^n f(\xi_i,\eta_i,\varsigma_i)\Delta S_i,$$

上式中 $f(x,y,z)$ 称为被积函数,Σ 称为积分曲面,$\lambda = \max\{d(\Delta S_1),d(\Delta S_2),\cdots,d(\Delta S_n)\}$。

（Ⅵ）向量函数在平面有向曲线弧段上的积分

定义 8.6 设 L 为 xOy 面内的一条分段光滑的有向曲线弧段,向量函数 $\vec{F} = \vec{F}(x,y) = P(x,y)\vec{i} + Q(x,y)\vec{j}$ 在 L 上有界。如果对于曲线 L 上的黎曼积分和 $S_n = \sum_{i=1}^n \vec{F}(\xi_i,\eta_i)\overrightarrow{\Delta s_i}$,总存在实数 I 使得 $\lim_{\lambda \to 0}S_n = I$,则称 I 为函数 $\vec{F}(x,y)$ 在有向曲线弧 L 上对坐标的曲线积分或第Ⅱ型曲线积分,记作

$$\int_L \vec{F}(x,y) \cdot \overrightarrow{\mathrm{d}s}$$

其中 $\overrightarrow{\Delta \mathcal{M}_i} = \vec{F}(\xi_i,\eta_i) \cdot \overrightarrow{\Delta s_i}(i=1,2,\cdots,n)$ 称为曲线积分的核元素,即

$$I = \int_L \vec{F}(x,y) \cdot \overrightarrow{\mathrm{d}s} = \lim_{\lambda \to 0}S_n = \lim_{\lambda \to 0}\sum_{i=1}^n \overrightarrow{\Delta \mathcal{M}_i} = \lim_{\lambda \to 0}\sum_{i=1}^n \vec{F}(\xi_i,\eta_i)\overrightarrow{\Delta s_i},$$

上式中 $\vec{F}(x,y)$ 称为被积函数,L 称为积分弧段,$\lambda = \max\{d(\Delta s_1),d(\Delta s_2),\cdots,d(\Delta s_n)\}$。

（Ⅶ）向量函数在空间曲面片上的积分

定义 8.7 设 Σ 是光滑或分片光滑的双侧曲面片,向量函数

$$\vec{F} = \vec{F}(x,y,z) = P(x,y,z)\vec{i} + Q(x,y,z)\vec{j} + R(x,y,z)\vec{k}$$

在 Σ 上有界。如果对于 Σ 上的黎曼积分和 $S_n = \sum_{i=1}^n \vec{F}(\xi_i,\eta_i,\varsigma_i) \cdot \overrightarrow{\Delta S_i}$,总存在实数 I 使得 $\lim_{\lambda \to 0}S_n = I$,则称 I 为函数 $\vec{F}(x,y,z)$ 在曲面片 Σ 上对坐标的曲面积分或第Ⅱ型曲面积分,记作

$$\iint\limits_{\Sigma} \vec{F}(x,y,z) \cdot \overrightarrow{\mathrm{dS}}$$

其中 $\Delta \mathfrak{M}_i = \vec{F}(\xi_i,\eta_i,\varsigma_i) \cdot \overrightarrow{\Delta S_i} (i=1,2,\cdots,n)$ 称为曲面积分的核元素,即

$$I = \iint\limits_{\Sigma} \vec{F}(x,y,z) \cdot \overrightarrow{\mathrm{dS}} = \lim_{\lambda \to 0} S_n = \lim_{\lambda \to 0} \sum_{i=1}^{n} \Delta \mathfrak{M}_i = \lim_{\lambda \to 0} \sum_{i=1}^{n} \vec{F}(\xi_i,\eta_i,\varsigma_i) \cdot \overrightarrow{\Delta S_i},$$

上式中 $\vec{F}(x,y,z)$ 称为被积函数,Σ 称为积分曲面,$\lambda = \max\{d(\Delta S_1), d(\Delta S_2), \cdots, d(\Delta S_n)\}$。

概念的抽象性是数学的特点之一。数学概念是抽象的,数学的思想方法也是抽象的(如加、减、群等),整个数学都是抽象的。但是"抽象"不是目的,不是人为地增加理解难度,而是为了抓住事物的本质。通过抽象,把复杂变得简单、混沌变得有序,无关变得统一。

为了便于读者理解宏积分定义,我们不妨取其躯干,略其枝节,简化定义 8.3 如下:

(1) 简化小区域:用 $\mathrm{d}\omega^k$ 代表 $\Delta\omega_1^k, \Delta\omega_2^k, \cdots, \Delta\omega_n^k$ 中的任一小区域;

(2) 简化核元素:用 $P^k = (x_1^k, x_2^k, \cdots, x_n^k) \in \Omega^k$ 代表任意一点 $\xi_i^k = (\xi_{i1}, \xi_{i2}, \cdots, \xi_{ik}) \in \Delta\omega_i^k (i=1,2,\cdots,n)$,则核元素 $f(\xi_i^k) \cdot \Delta\omega_i^k$ 可以简化为 $\mathrm{d}\mathfrak{M} = f(P^k) \cdot \mathrm{d}\omega^k$。

(3) 简化无限求和:用 $\underbrace{\int\cdots\int}_{\Omega^k}$ 代表无限求和 $\lim\limits_{\lambda \to 0}\sum\limits_{i=1}^{n}$,综上简化可得

$$\lim_{\lambda \to 0} \sum_{i=1}^{n} f(\xi_i^k) \cdot \Delta\omega_i^k = \underbrace{\int\cdots\int}_{\Omega^k} \mathrm{d}\mathfrak{M} = \underbrace{\int\cdots\int}_{\Omega^k} f(P^k) \mathrm{d}\omega^k$$

从抽象并简化以后的宏积分表达式不难看出,重积分的结果就是对核元素的积分,宏积分模型的核心就是核元素的结构。

可以证明,当 $f(P^k)$ 在有界闭区域 Ω^k 上连续时,一定存在实数 I,使得

$$\lim_{\lambda \to 0} S_n = \lim_{\lambda \to 0} \sum_{i=1}^{n} f(\xi_i^k) \cdot \Delta\omega_i^k = = \underbrace{\int\cdots\int}_{\Omega^k} f(P^k) \mathrm{d}\omega^k = I$$

具体地讲:

(1) 当 $f(x)$ 在闭区间 $[a,b] \subset \mathbf{R}$ 上连续时,核元素 $\mathrm{d}\mathfrak{M} = f(x)\mathrm{d}x$,一定存在实数 I 使得

$$I = \int_a^b \mathrm{d}\mathfrak{M} = \int_a^b f(x)\mathrm{d}x$$

此时也称 $f(x)$ 在闭区间 $[a,b]$ 上可积。

(2) 当 $f(x,y)$ 在有界闭区域 $D \subset \mathbf{R}^2$ 上连续时,核元素 $\mathrm{d}\mathfrak{M} = f(x,y)\mathrm{d}\sigma$,一定存在实数 I 使得

$$I = \iint\limits_{D} \mathrm{d}\mathfrak{M} = \iint\limits_{D} f(x,y)\mathrm{d}\sigma,$$

此时也称 $f(x,y)$ 在闭区域 D 上可积。

（3）当 $f(x,y,z)$ 在有界闭区域 $V\subset\mathbf{R}^3$ 上连续时,核元素 $\mathrm{d}\mathfrak{M}=f(x,y,z)\mathrm{d}V$,一定存在实数 I 使得

$$I = \iiint\limits_{V}\mathrm{d}\mathfrak{M} = \iiint\limits_{V}f(x,y,z)\mathrm{d}V$$

此时也称 $f(x,y,z)$ 在闭区域 V 上可积。

（4）当 $f(x,y)$ 在有界闭弧段 L 上连续时,核元素 $\mathrm{d}\mathfrak{M}=f(x,y)\mathrm{d}s$,一定存在实数 I 使得

$$I = \int_{L}\mathrm{d}\mathfrak{M} = \int_{L}f(x,y)\mathrm{d}s$$

此时也称 $f(x,y)$ 在有界闭弧段 L 上可积。

（5）当 $f(x,y,z)$ 在闭曲面片 Σ 上连续时,核元素 $\mathrm{d}\mathfrak{M}=f(x,y,z)\mathrm{d}S$,一定存在实数 I 使得

$$I = \iint\limits_{\Sigma}\mathrm{d}\mathfrak{M} = \iint\limits_{\Sigma}f(x,y,z)\mathrm{d}S$$

此时也称 $f(x,y,z)$ 在闭曲面片 Σ 上可积。

（6）当 $\vec{F}=\vec{F}(x,y)=P(x,y)\vec{i}+Q(x,y)\vec{j}$ 在有界闭弧段 L 上连续时,核元素 $\mathrm{d}\mathfrak{M}=\vec{F}(x,y)\cdot\vec{\mathrm{d}s}$,一定存在实数 I 使得

$$I = \int_{L}\mathrm{d}\mathfrak{M} = \int_{L}\vec{F}(x,y)\cdot\vec{\mathrm{d}s}$$

此时也称 $\vec{F}(x,y)$ 在有界闭弧段 L 上可积。

由于 $\vec{F}=\vec{F}(x,y)=\{P(x,y),Q(x,y)\}$,$\vec{\mathrm{d}s}=\{\mathrm{d}x,\mathrm{d}y\}$,所以上式通常表示为

$$I = \int_{L}\mathrm{d}\mathfrak{M} = \int_{L}\{P(x,y),Q(x,y)\}\cdot\{\mathrm{d}x,\mathrm{d}y\} = \int_{L}P(x,y)\mathrm{d}x+Q(x,y)\mathrm{d}y$$

（7）当 $\vec{F}=\vec{F}(x,y,z)=P(x,y,z)\vec{i}+Q(x,y,z)\vec{j}+R(x,y,z)\vec{k}$ 在闭曲面片 Σ 上连续时,核元素 $\mathrm{d}\mathfrak{M}=\vec{F}(x,y,z)\cdot\vec{\mathrm{d}S}$,一定存在实数 I 使得

$$I = \iint\limits_{\Sigma}\mathrm{d}\mathfrak{M} = \iint\limits_{\Sigma}\vec{F}(x,y,z)\cdot\vec{\mathrm{d}S}$$

由于 $\vec{F}=\vec{F}(x,y,z)=\{P(x,y,z),Q(x,y,z),R(x,y,z)\}$,$\vec{\mathrm{d}S}=\{\cos\alpha\mathrm{d}S,\cos\beta\mathrm{d}S,\cos\gamma\mathrm{d}S\}$,所以上式通常表示为

$$I = \iint\limits_{\Sigma}\mathrm{d}\mathfrak{M} = \iint\limits_{\Sigma}\{P(x,y,z),Q(x,y,z),R(x,y,z)\}\cdot\{\cos\alpha\mathrm{d}S,\cos\beta\mathrm{d}S,\cos\gamma\mathrm{d}S\}$$

$$= \iint\limits_{\Sigma}(P\cos\alpha+Q\cos\beta+R\cos\gamma)\mathrm{d}S$$

为计算方便,引入记号 $\mathrm{d}y\mathrm{d}z=\cos\alpha\mathrm{d}S$,$\mathrm{d}z\mathrm{d}x=\cos\beta\mathrm{d}S$,$\mathrm{d}x\mathrm{d}y=\cos\gamma\mathrm{d}S$,如此第 II 型曲面积分还可表示为

$$I = \iint\limits_{\Sigma}\mathrm{d}\mathfrak{M} = \iint\limits_{\Sigma}\vec{F}(x,y,z)\cdot\vec{\mathrm{d}S} = \iint\limits_{\Sigma}P\mathrm{d}y\mathrm{d}z+Q\mathrm{d}z\mathrm{d}x+R\mathrm{d}x\mathrm{d}y$$

此时也称 $\vec{F}(x,y,z)$ 在闭曲面片 Σ 上可积。

一言以蔽之,闭区域上的连续函数必可积。

【注】　无论是函数 $f(x),f(x,y),f(x,y,z)$,还是向量函数 $\vec{F}(x,y),\vec{F}(x,y,z)$,本书总是假设它们在所定义的闭区域上是连续的。

8.5.4　定积分性质

假设 $f(P^k)$ 在区域 Ω^k 上可积($k=1,2,3$),下面我们不加证明地给出宏积分 $I = \underbrace{\int\cdots\int}_{\Omega^k} f(P^k)\mathrm{d}\omega^k$ 具有的性质。

性质 8.9(线性)

$$I = \underbrace{\int\cdots\int}_{\Omega^k}(af(P^k)\pm bg(P^k))\mathrm{d}\omega^k = a\underbrace{\int\cdots\int}_{\Omega^k}f(P^k)\mathrm{d}\omega^k \pm b\underbrace{\int\cdots\int}_{\Omega^k}g(P^k)\mathrm{d}\omega^k$$

性质 8.10(可加性)　如果区域 Ω^k 可分为 Ω_1^k,Ω_2^k,且 $\Omega_1^k\bigcap\Omega_2^k=\phi,\Omega_1^k\bigcup\Omega_2^k=\Omega^k$ 则

$$\underbrace{\int\cdots\int}_{\Omega^k}f(P^k)\mathrm{d}\omega^k = \underbrace{\int\cdots\int}_{\Omega_1^k}f(P^k)\mathrm{d}\omega^k + \underbrace{\int\cdots\int}_{\Omega_2^k}f(P^k)\mathrm{d}\omega^k。$$

性质 8.11(单位性)　如果在区域 Ω^k 上 $f(P^k)\equiv1$,ω^k 为区域 Ω^k 的度量,则

$$\underbrace{\int\cdots\int}_{\Omega^k}1\mathrm{d}\omega^k = \omega^k$$

性质 8.12(保号性)　在区域 Ω^k 上,$f(P^k)\geqslant0$,则有 $I = \underbrace{\int\cdots\int}_{\Omega^k}f(P^k)\mathrm{d}\omega^k \geqslant 0$。

性质 8.13(保序性)　在区域 Ω^k 上,$f(P^k)\leqslant g(P^k)$,则有

$$\underbrace{\int\cdots\int}_{\Omega^k}f(P^k)\mathrm{d}\omega^k \leqslant \underbrace{\int\cdots\int}_{\Omega^k}g(P^k)\mathrm{d}\omega^k$$

性质 8.14(积分中值定理)　在区域 Ω^k 上,$\underbrace{\int\cdots\int}_{\Omega^k}f(P^k)\mathrm{d}\omega^k = f(\xi^k)\omega^k,\xi^k \in \Omega^k$。

【注】　上述性质适用于定积分、二重积分和三重积分。由于曲线积分和曲面积分的性质与重积分性质有一定区别,本书第 10 章将详细介绍。

8.5.5　利用定积分定义求极限

由定义 8.3 知,积分实质上是特殊和式的极限,因此,可以反过来利用积分求和式的极限。

(1) $f(x) \in C^0[0,1]$，将区间$[0,1]$ n等分，对每一个$[x_{i-1}, x_i] = \left[\dfrac{i-1}{n}, \dfrac{i}{n}\right]$，有

$\Delta \bar{\omega}_i = \dfrac{1}{n}$，取$f(\xi_i) = f\left(\dfrac{i}{n}\right)$，则所求和式的极限，化为$\displaystyle\sum_{i=1}^{n} f\left(\dfrac{i}{n}\right)\dfrac{1}{n}$的形式，即

$$\lim_{n \to \infty} \sum_{i=1}^{n} f\left(\frac{i}{n}\right)\frac{1}{n} = \int_0^1 f(x)\mathrm{d}x \quad (f(x) \text{ 在}[0,1]\text{上连续})$$

例 8.21 求极限$\displaystyle\lim_{n \to \infty} \frac{1}{n}\left[\sqrt{1-\left(\frac{1}{n}\right)^2} + \sqrt{1-\left(\frac{2}{n}\right)^2} + \cdots + \sqrt{1-\left(\frac{n-1}{n}\right)^2}\right]$。

【分析】 所求极限可化为$\displaystyle\sum_{i=1}^{n} f\left(\frac{i}{n}\right)\frac{1}{n}$的形式，其中$f\left(\dfrac{i}{n}\right) = \sqrt{1-\left(\dfrac{i}{n}\right)^2}$，则积分核元素为$\sqrt{1-x^2}\,\mathrm{d}x$。

【解】

$$\lim_{n \to \infty} \frac{1}{n}\left[\sqrt{1-\left(\frac{1}{n}\right)^2} + \sqrt{1-\left(\frac{2}{n}\right)^2} + \cdots + \sqrt{1-\left(\frac{n-1}{n}\right)^2}\right]$$
$$= \int_0^1 \sqrt{1-x^2}\,\mathrm{d}x = \frac{\pi}{4}$$

【练习】

① 求极限

$$\lim_{n \to \infty} \frac{1}{n}\left[\frac{1}{\sqrt{1+4\left(\frac{1}{n}\right)^2}} + \frac{1}{\sqrt{1+4\left(\frac{2}{n}\right)^2}} + \cdots + \frac{1}{\sqrt{1+4\left(\frac{n}{n}\right)^2}}\right]。$$

② 求极限$\displaystyle\lim_{n \to \infty}\left(\frac{n}{n^2+1} + \frac{n}{n^2+2^2} + \cdots + \frac{n}{n^2+n^2}\right)$ $\left(\text{提示：原式变形为}\dfrac{1}{n}\displaystyle\sum_{i=1}^{n}\dfrac{1}{1+(i/n)^2}\right)$。

③ 求极限$\displaystyle\lim_{n \to \infty}\frac{1}{n^2}(\sqrt{n} + \sqrt{2n} + \cdots + \sqrt{n^2})$ $\left(\text{提示：原式变形为}\dfrac{1}{n}\displaystyle\sum_{i=1}^{n}\sqrt{\dfrac{i}{n}}\right)$。

有些极限则需用两边夹定理后再应用定积分定义，看下面这个例题。

例 8.22 设$x_n = \dfrac{n}{n^2+n+1} + \dfrac{n}{n^2+2n+2} + \cdots + \dfrac{n}{n^2+mn+n}$ $(n = 1,2,\cdots)$，

求$\displaystyle\lim_{n \to \infty} x_n$。

【解】

$$x_n < \frac{1}{n+1} + \frac{1}{n+2} + \cdots + \frac{1}{n+n} = \sum_{k=1}^{n} \frac{1}{1+\frac{k}{n}} \cdot \frac{1}{n} = y_n$$

$$x_n > \frac{n}{n^2+n+n} + \frac{n}{n^2+2n+n} + \cdots + \frac{n}{n^2+n\cdot n+n}$$
$$= \sum_{k=1}^{n} \frac{1}{n+k+1} > \sum_{k=1}^{n-1} \frac{1}{n+k+1} = \sum_{k=2}^{n} \frac{1}{n+k} = y_n - \frac{1}{n+1}$$

由于$\displaystyle\lim_{n \to \infty} y_n = \int_0^1 \frac{\mathrm{d}x}{1+x} = \ln 2$，故$\displaystyle\lim_{n \to \infty} x_n = \ln 2$。

(2) $f(x) \in C^0[a,b]$ 将区间 $[a,b]$ n 等分，对每一个 $[x_{i-1}, x_i] = \left[\dfrac{i-1}{n}(b-a), \dfrac{i}{n}(b-a) \right]$，有 $\Delta \bar{\omega}_i = \dfrac{b-a}{n}$，取 $f(\xi_i) = f\left[a + \dfrac{i}{n}(b-a) \right]$，则所求和式的极限化为

$\sum\limits_{i=1}^{n} f\left[a + \dfrac{i(b-a)}{n} \right] \dfrac{b-a}{n}$ 的形式，则 $\lim\limits_{n \to \infty} \sum\limits_{i=1}^{n} f\left[a + \dfrac{i(b-a)}{n} \right] \dfrac{b-a}{n} = \int_a^b f(x) \mathrm{d}x$，其中 $f(x)$ 在 $[a,b]$ 上连续。

例 8.23 求极限 $\lim\limits_{n \to \infty} \dfrac{1}{n} \left[\sin \dfrac{\pi}{n} + \sin \dfrac{2\pi}{n} + \cdots + \sin \dfrac{(n-1)\pi}{n} \right]$。

【分析】 $f(\xi_i) = f\left[a + \dfrac{i}{n}(b-a) \right] = \sin \dfrac{i}{n}\pi,\ \Delta \bar{\omega}_i = \dfrac{b-u}{n} = \dfrac{\pi}{n}$，积分核元素为 $\sin x \mathrm{d}x$。

【解】 原式 $= \lim\limits_{n \to \infty} \dfrac{1}{n} \left[\sin \dfrac{\pi}{n} + \sin \dfrac{2\pi}{n} + \cdots + \sin \dfrac{(n-1)\pi}{n} + \sin \dfrac{n\pi}{n} \right]$

$= \lim\limits_{n \to \infty} \dfrac{1}{n} \sum\limits_{i=1}^{n} \sin \dfrac{i}{n}\pi = \dfrac{1}{\pi} \lim\limits_{n \to \infty} \sum\limits_{i=1}^{n} \left(\sin \dfrac{i\pi}{n} \right) \cdot \dfrac{\pi}{n} = \dfrac{1}{\pi} \int_0^\pi \sin x \mathrm{d}x = \dfrac{2}{\pi}$

8.6 广义积分

前面讨论的定积分的一系列结论和方法都是在两个假设条件下进行的：一是定积分的积分区间是有限的；二是被积函数有界。实际上常常需要突破这两个条件，从而产生了推广意义下的定积分 —— 广义积分。下面我们借助变限积分与函数极限的概念将定积分 $\int_a^b f(x)\mathrm{d}x$ 推广到广义积分，并介绍广义积分的基本概念和计算方法。

8.6.1 无穷积分

定义 8.8 设函数 $f(x)$ 在 $[a, +\infty)$ 上连续，若对于每一个 $b \geqslant a$，定积分 $\int_a^b f(x)\mathrm{d}x$ 存在，定义一个新的函数

$$I(b) = \int_a^b f(x)\mathrm{d}x$$

并规定

$$\int_a^{+\infty} f(x)\mathrm{d}x = \lim_{b \to +\infty} I(b) = I(+\infty)$$

无论极限 $\lim\limits_{b \to +\infty} I(b)$ 是否存在，均称 $\int_a^{+\infty} f(x)\mathrm{d}x$ 为第一类广义积分，也称无穷积分。若极限 $\lim\limits_{b \to +\infty} I(b)$ 存在，则称无穷积分 $\int_a^{+\infty} f(x)\mathrm{d}x$ 收敛，否则称无穷积分 $\int_a^{+\infty} f(x)\mathrm{d}x$ 发散。

定义 8.9 设函数 $f(x)$ 在 $(-\infty, b]$ 上连续，若对于每一个 $a \leqslant b$，定积分 $\int_a^b f(x)\mathrm{d}x$ 存在，定义一个新的函数

$$I(a) = \int_a^b f(x)\mathrm{d}x$$

并规定

$$\int_{-\infty}^{b} f(x)\mathrm{d}x = \lim_{a \to -\infty} I(a) = I(-\infty)$$

无论极限 $\lim\limits_{a \to -\infty} I(a)$ 是否存在,均称 $\int_{-\infty}^{b} f(x)\mathrm{d}x$ 为第一类广义积分,也称无穷积分。若极限

$\lim\limits_{a \to -\infty} I(a)$ 存在,则称无穷积分 $\int_{-\infty}^{b} f(x)\mathrm{d}x$ 收敛,否则称无穷积分 $\int_{-\infty}^{b} f(x)\mathrm{d}x$ 发散。

【注】

(1) 类似地,函数 $f(x)$ 在 $(-\infty, +\infty)$ 上的广义积分定义为

$$\int_{-\infty}^{+\infty} f(x)\mathrm{d}x = \int_{-\infty}^{c} f(x)\mathrm{d}x + \int_{c}^{+\infty} f(x)\mathrm{d}x$$

其中 c 为任意常数,当 $\int_{-\infty}^{c} f(x)\mathrm{d}x$ 与 $\int_{c}^{+\infty} f(x)\mathrm{d}x$ 都收敛时,广义积分 $\int_{-\infty}^{+\infty} f(x)\mathrm{d}x$ 才是收敛的。

(2) 为了方便,规定广义积分可使用如下记号:$\int_{a}^{+\infty} f(x)\mathrm{d}x = F(x)\Big|_{a}^{+\infty}$,其中 $F(x)$ 是 $f(x)$ 在 $[a, b]$

上的一个原函数,而 $F(x)\Big|_{a}^{+\infty}$ 表示 $\lim\limits_{b \to +\infty} F(x)\Big|_{a}^{b}$。

例 8.24 计算广义积分 $\int_{2}^{+\infty} \dfrac{\mathrm{d}x}{x^2 + x - 2}$。

【解】

$$\int_{2}^{+\infty} \frac{\mathrm{d}x}{x^2 + x - 2} = \lim_{b \to +\infty} \int_{2}^{b} \frac{\mathrm{d}x}{x^2 + x - 2} = \frac{1}{3} \lim_{b \to +\infty}\left[\ln\left(\frac{x-1}{x+2}\right)\Big|_{2}^{b} \right]$$

$$= \frac{1}{3} \lim_{b \to +\infty}\left[\ln\left(\frac{b-1}{b+2}\right) + 2\ln 2 \right] = \frac{2}{3}\ln 2$$

也可表示为

$$\int_{2}^{+\infty} \frac{\mathrm{d}x}{x^2 + x - 2} = \frac{1}{3} \ln \frac{x-1}{x+2} \Big|_{2}^{+\infty} = \frac{2}{3}\ln 2$$

例 8.25 判定广义积分 $\int_{0}^{+\infty} \sin x\,\mathrm{d}x$ 的敛散性。

【解】

$$\int_{0}^{+\infty} \sin x\,\mathrm{d}x = \lim_{b \to +\infty} \int_{0}^{b} \sin x\,\mathrm{d}x = -\lim_{b \to +\infty}\left[(\cos x)\Big|_{0}^{b} \right] = \lim_{b \to +\infty} (1 - \cos b)$$

上述极限不存在,故广义积分 $\int_{0}^{+\infty} \sin x\,\mathrm{d}x$ 发散。

【练习】 计算 (1) $\int_{0}^{+\infty} \mathrm{e}^{-2x}\mathrm{d}x$; (2) $\int_{-\infty}^{+\infty} \dfrac{x}{1+x^2}\mathrm{d}x$。

例 8.26 讨论广义积分 $\int_{1}^{+\infty} \dfrac{1}{x^p}\mathrm{d}x$ 的敛散性。

【解】 当 $p = 1$ 时,

$$\int_{1}^{+\infty} \frac{1}{x}\mathrm{d}x = \lim_{b \to +\infty} \int_{1}^{b} \frac{1}{x}\mathrm{d}x = \lim_{b \to +\infty} [\ln x]\Big|_{1}^{b} = +\infty$$

当 $p \neq 1$ 时,

$$\int_1^{+\infty} \frac{1}{x^p} \mathrm{d}x = \lim_{b \to +\infty} \int_1^b \frac{1}{x^p} \mathrm{d}x = \lim_{b \to +\infty} \left(\frac{x^{1-p}}{1-p} \right) \Big|_1^b = \begin{cases} +\infty & p < 1 \\ \dfrac{1}{p-1} & p > 1 \end{cases}$$

因此,广义积分 $\int_1^{+\infty} \frac{1}{x^p} \mathrm{d}x$,当 $p > 1$ 收敛于 $\frac{1}{p-1}$;当 $p \leqslant 1$ 时发散。

【注】 此积分也被称为 p 积分,结论常被引用。

8.6.2 瑕积分

定义 8.10 设函数 $f(x)$ 在区间 $(a,b]$ 上连续,且 $\lim\limits_{x \to a^+} f(x) = \infty$,若对于任意的 $x \in (a,b]$,定积分 $\int_x^b f(x)\mathrm{d}x$ 存在,定义一个新的函数

$$I(x) = \int_x^b f(x)\mathrm{d}x$$

并规定

$$\int_a^b f(x)\mathrm{d}x = \lim_{x \to a+0} I(x) = I(a+0)$$

无论极限 $\lim\limits_{x \to a+0} I(x)$ 是否存在,均称 $\int_a^b f(x)\mathrm{d}x$ 为第二类广义积分,也称瑕积分,a 称为瑕点。若极限 $\lim\limits_{x \to a+0} I(x)$ 存在,则称瑕积分 $\int_a^b f(x)\mathrm{d}x$ 收敛,否则称瑕积分 $\int_a^b f(x)\mathrm{d}x$ 发散。

定义 8.11 设函数 $f(x)$ 在区间 $[a,b)$ 上连续,且 $\lim\limits_{x \to b^-} f(x) = \infty$,若对于任意的 $x \in [a,b)$,定积分 $\int_a^x f(x)\mathrm{d}x$ 存在,定义一个新的函数

$$I(x) = \int_a^x f(x)\mathrm{d}x$$

并规定

$$\int_a^b f(x)\mathrm{d}x = \lim_{x \to b-0} I(x) = I(b-0)$$

无论极限 $\lim\limits_{x \to b-0} I(x)$ 是否存在,均称 $\int_a^b f(x)\mathrm{d}x$ 为第二类广义积分,也称瑕积分,b 称为瑕点。若极限 $\lim\limits_{x \to b-0} I(x)$ 存在,则称瑕积分 $\int_a^b f(x)\mathrm{d}x$ 收敛,否则称瑕积分 $\int_a^b f(x)\mathrm{d}x$ 发散。

【注】 当函数 $f(x)$ 在区间 $[a,b]$ 上除点 $c \in (a,b)$ 外连续,且 $\lim\limits_{x \to c} f(x) = \infty$,若 $\int_a^c f(x)\mathrm{d}x$ 与 $\int_c^b f(x)\mathrm{d}x$ 都收敛,则称广义积分 $\int_a^b f(x)\mathrm{d}x = \int_a^c f(x)\mathrm{d}x + \int_c^b f(x)\mathrm{d}x$ 收敛。

例 8.27 计算广义积分 $\int_0^1 \frac{1}{\sqrt{x}} \mathrm{d}x$。

【解】

$$\int_0^1 \frac{\mathrm{d}x}{\sqrt{x}} = \lim_{c \to 0^+} \int_c^1 \frac{1}{\sqrt{x}} \mathrm{d}x = \lim_{c \to 0^+} \left(2\sqrt{x} \Big|_c^1 \right) = \lim_{c \to 0^+} (2 - 2\sqrt{c}) = 2$$

讨论瑕积分的敛散性,首先在挖去瑕点的区间上计算定积分,然后取极限,以判断它们的敛散性。

例 8.28　计算广义积分 $\int_{-1}^{1} \frac{1}{x} \mathrm{d}x$。

【解】　因为 $\lim\limits_{x\to 0} \frac{1}{x} = \infty$,所以 $\int_{-1}^{1} \frac{1}{x} \mathrm{d}x$ 是瑕积分,而 $\int_{-1}^{1} \frac{1}{x} \mathrm{d}x = \int_{-1}^{0} \frac{1}{x} \mathrm{d}x + \int_{0}^{1} \frac{1}{x} \mathrm{d}x$,

由于 $\int_{0}^{1} \frac{1}{x} \mathrm{d}x = \ln|x| \Big|_{0}^{1} = +\infty$,发散,所以 $\int_{-1}^{1} \frac{1}{x} \mathrm{d}x$ 发散。

例 8.29　证明广义积分 $\int_{0}^{1} \frac{1}{x^q} \mathrm{d}x$,当 $q < 1$ 时收敛,当 $q \geqslant 1$ 时发散(这里 $q > 0$)。

【证】　当 $q = 1$ 时,

$$\int_{0}^{1} \frac{1}{x} \mathrm{d}x = \lim_{c\to 0^+} \int_{c}^{1} \frac{1}{x} \mathrm{d}x = \lim_{c\to 0^+} \left[\ln x \Big|_{c}^{1} \right] = -\lim_{c\to 0^+} \ln c = +\infty$$

当 $q \neq 1$ 时,

$$\int_{0}^{1} \frac{1}{x^q} \mathrm{d}x = \lim_{c\to 0^+} \int_{c}^{1} \frac{1}{x^q} \mathrm{d}x = \lim_{c\to 0^+} \left[\frac{x^{1-q}}{1-q} \Big|_{c}^{1} \right] = \begin{cases} \dfrac{1}{1-q} & q < 1 \\ +\infty & q > 1 \end{cases}$$

因此,广义积分 $\int_{0}^{1} \frac{1}{x^q} \mathrm{d}x$,当 $q < 1$ 时收敛于 $\frac{1}{1-q}$;当 $q \geqslant 1$ 时发散。

【注】　此积分也称为 q 积分,结论常被引用。

【练习】　判断下列积分的敛散性

(1) $\int_{1}^{+\infty} \frac{1}{\sqrt{x}} \mathrm{d}x$; (2) $\int_{1}^{+\infty} \frac{1}{x^{\frac{3}{2}}} \mathrm{d}x$; (3) $\int_{0}^{1} \frac{1}{\sqrt[8]{x^5}} \mathrm{d}x$。

方法纵横

8.7　定积分方法拓展

定积分是积分学的重要组成部分,我们前面介绍的定积分的定义、性质、几何意义、换元积分法、分部积分法等是计算定积分的基本方法,汇总如图8.6所示。这些方法读者易掌握,本节总结了几种特殊定积分的计算方法与技巧,供读者参考。

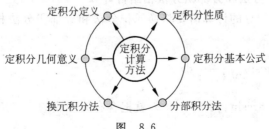

图　8.6

（一）利用函数周期性计算

结论　设 $f(x) \in C^0(-\infty, +\infty)$，且以 T 为周期，则

$$\int_a^{a+T} f(x)\mathrm{d}x = \int_0^T f(x)\mathrm{d}x$$

【证】　把等式左边一分为三，其中有一部分恰好等于右边，即

$$\int_a^{a+T} f(x)\mathrm{d}x = \int_a^0 f(x)\mathrm{d}x + \int_0^T f(x)\mathrm{d}x + \int_T^{a+T} f(x)\mathrm{d}x$$

因为 $f(x)$ 以 T 为周期，所以不难看出积分 $\int_T^{a+T} f(x)\mathrm{d}x$ 等于 $\int_0^a f(t)\mathrm{d}t$，事实上，

$$\int_T^{a+T} f(x)\mathrm{d}x \xlongequal{\text{令}\, x=T+t} \int_0^a f(t)\mathrm{d}t = -\int_a^0 f(x)\mathrm{d}x$$

所以

$$\int_a^{a+T} f(x)\mathrm{d}x = \int_a^0 f(x)\mathrm{d}x + \int_0^T f(x)\mathrm{d}x - \int_a^0 f(x)\mathrm{d}x = \int_0^T f(x)\mathrm{d}x$$

结论得证。

【思考】　$\displaystyle\int_a^{a+nT} f(x)\mathrm{d}x = n\int_0^T f(x)\mathrm{d}x$

例 8.30　求 $\displaystyle\int_0^{2\pi} \sin^{99}x\,\mathrm{d}x$。

【解】　因为 $\sin x$ 的周期为 $T=2\pi$，$\sin^{99}x$ 也以 $T=2\pi$ 为周期，故有

$$\int_0^{2\pi} \sin^{99}x\,\mathrm{d}x = \int_{-\pi}^{-\pi+2\pi} \sin^{99}x\,\mathrm{d}x = \int_{-\pi}^{\pi} \sin^{99}x\,\mathrm{d}x = 0$$

【练习】

（1）计算积分 $I = \displaystyle\int_0^{n\pi} \sqrt{1-\sin 2x}\,\mathrm{d}x\,(n \in \mathbb{N})$

【提示】

$$I = \int_0^{n\pi} \sqrt{1-\sin 2x}\,\mathrm{d}x$$

$$= \int_0^{n\pi} |\sin x - \cos x|\,\mathrm{d}x = n\int_0^{\pi} |\sin x - \cos x|\,\mathrm{d}x$$

$$= n\left[\int_0^{\frac{\pi}{4}} (\cos x - \sin x)\,\mathrm{d}x + \int_{\frac{\pi}{4}}^{\pi} (\sin x - \cos x)\,\mathrm{d}x\right] = 2\sqrt{2}\,n$$

（2）证明 $F(x) = \displaystyle\int_x^{x+2\pi} \mathrm{e}^{\sin t}\sin t\,\mathrm{d}t \equiv$ 常数。

【提示】　$F(x) = \displaystyle\int_x^{x+2\pi} \mathrm{e}^{\sin t}\sin t\,\mathrm{d}t = \int_0^{2\pi} \mathrm{e}^{\sin t}\sin t\,\mathrm{d}t$ 与 x 无关。

（二）利用换元积分法和分部积分法相结合计算

有些复杂函数定积分的计算需要将换元积分法和分部积分法相结合使用，如下面的例题。

例 8.31　求 $\displaystyle\int_0^3 \arcsin\sqrt{\dfrac{x}{1+x}}\,\mathrm{d}x$。

【分析】　如果令 $\arcsin\sqrt{\dfrac{x}{1+x}} = u$，就把含有无理式的反三角函数转化为三角函数

与有理函数乘积的积分。

【解】 令 $\arcsin\sqrt{\dfrac{x}{1+x}}=u$，则 $x=\tan^2u$，且当 $x=0$ 时，$u=0$；$x=3$ 时，$u=\dfrac{\pi}{3}$。于是

$$\int_0^3\arcsin\sqrt{\frac{x}{1+x}}dx=\int_0^{\frac{\pi}{3}}ud\tan^2u=u\tan^2u\Big|_0^{\frac{\pi}{3}}-\int_0^{\frac{\pi}{3}}\tan^2udu$$

$$=\pi-(\tan u-u)\Big|_0^{\frac{\pi}{3}}=\frac{4\pi}{3}-\sqrt{3}$$

例 8.32 求 $\displaystyle\int_{\frac{1}{4}}^{\frac{3}{4}}\frac{\arccos\sqrt{x}}{\sqrt{x(1-x)}}dx$。

【解1】 令 $\arccos\sqrt{x}=u$，则 $x=\cos^2u$，$dx=-2\cos u\sin udu$，且当 $x=\dfrac{1}{4}$ 时，$u=\dfrac{\pi}{3}$；$x=\dfrac{3}{4}$ 时，$u=\dfrac{\pi}{6}$。于是，

$$\int_{\frac{1}{4}}^{\frac{3}{4}}\frac{\arccos\sqrt{x}}{\sqrt{x(1-x)}}dx=-2\int_{\frac{\pi}{3}}^{\frac{\pi}{6}}\frac{u}{\sqrt{\cos^2u(1-\cos^2u)}}\cos u\sin udu$$

$$=2\int_{\frac{\pi}{6}}^{\frac{\pi}{3}}\frac{u}{\cos u\sin u}\cos u\sin udu=u^2\Big|_{\frac{\pi}{6}}^{\frac{\pi}{3}}=\frac{\pi^2}{12}$$

【解2】 $\displaystyle\int_{\frac{1}{4}}^{\frac{3}{4}}\frac{\arccos\sqrt{x}}{\sqrt{x(1-x)}}dx=2\int_{\frac{1}{4}}^{\frac{3}{4}}\frac{\arccos\sqrt{x}}{\sqrt{1-(\sqrt{x})^2}}d\sqrt{x}$

$$=-2\int_{\frac{1}{4}}^{\frac{3}{4}}\arccos\sqrt{x}d\arccos\sqrt{x}$$

$$=-(\arccos\sqrt{x})^2\Big|_{\frac{1}{4}}^{\frac{3}{4}}=\frac{\pi^2}{12}$$

【注】 计算反三角函数的定积分时，一般考虑用换元法，但若能用凑微分法将更简便灵活。

【练习】

(1) $\displaystyle\int_0^{\frac{\pi}{2}}e^x\frac{\left(\sin\dfrac{x}{2}+\cos\dfrac{x}{2}\right)^2}{2\cos^2\dfrac{x}{2}}dx$；

(2) $\displaystyle\int_0^{\frac{\pi}{2}}\frac{\sin^p x}{\sin^p x+\cos^p x}dx$。

(三) 利用含参变量积分计算

例 8.33 设 $f(\pi)=2$，$\displaystyle\int_0^\pi[f(x)+f''(x)]\sin xdx=5$，求 $f(0)$。

【解】 由

$$\int_0^\pi f(x)\sin xdx=-f(x)\cos x\Big|_0^\pi+\int_0^\pi f'(x)\cos xdx$$

$$=f(\pi)+f(0)+f'(x)\sin x\Big|_0^\pi-\int_0^\pi f''(x)\sin xdx$$

$$= f(\pi) + f(0) - \int_0^\pi f''(x)\sin x \mathrm{d}x$$

即

$$\int_0^\pi [f(x) + f''(x)]\sin x \mathrm{d}x = f(\pi) + f(0)$$

于是 $f(\pi) + f(0) = 5$，所以 $f(0) = 5 - f(\pi) = 5 - 2 = 3$。

例 8.34　设 $f(x) = \int_1^{x^2} \dfrac{\sin t}{t}\mathrm{d}t$，求 $\int_0^1 x f(x)\mathrm{d}x$。

【解】　$f'(x) = 2x \cdot \dfrac{\sin(x^2)}{x^2} = \dfrac{2\sin(x^2)}{x}$，应用分部积分法得

$$\int_0^1 x f(x)\mathrm{d}x = \frac{1}{2}\int_0^1 f(x)\mathrm{d}x^2 = \frac{1}{2}x^2 f(x)\Big|_0^1 - \frac{1}{2}\int_0^1 x^2 f'(x)\mathrm{d}x$$

因为 $f(1) = 0$，所以原式 $= -\dfrac{1}{2}\int_0^1 2x\sin(x^2)\mathrm{d}x = \dfrac{1}{2}\cos x^2\Big|_0^1 = \dfrac{1}{2}\cos 1 - \dfrac{1}{2}$

【注】　计算含有积分上限函数的定积分时，一般先对积分上限函数求导。

例 8.35　设 $f(x)$ 在 $[0, +\infty)$ 上连续，且 $f(x) > 0(x \geqslant 0)$，证明

$$\psi(x) = \frac{\displaystyle\int_0^x t f(t)\mathrm{d}t}{\displaystyle\int_0^x f(t)\mathrm{d}t}$$

在 $(0, +\infty)$ 上是单调增加的。

【证】

$$\psi'(x) = \frac{x f(x)\displaystyle\int_0^x f(t)\mathrm{d}t - f(x)\displaystyle\int_0^x t f(t)\mathrm{d}t}{\left[\displaystyle\int_0^x f(t)\mathrm{d}t\right]^2}$$

$$= \frac{f(x)\displaystyle\int_0^x (x-t)f(t)\mathrm{d}t}{\left[\displaystyle\int_0^x f(t)\mathrm{d}t\right]^2}\quad t \in [0, x],$$

由 $x - t \geqslant 0, f(t) > 0$，则 $\int_0^x (x-t)f(t)\mathrm{d}t > 0$，从而 $\psi'(x) > 0(x > 0)$，所以 $\psi(x)$ 在 $(0, +\infty)$ 上单调增加。

例 8.36　设 $f(x)$ 有连续的二阶导数，证明

$$f(x) = f(0) + f'(0)x + \int_0^x t f''(x-t)\mathrm{d}t$$

【证】

$$\int_0^x t f''(x-t)\mathrm{d}t = -t f'(x-t)\Big|_0^x + \int_0^x f'(x-t)\mathrm{d}t$$

$$= -x f'(0) - f(x-t)\Big|_0^x = -x f'(0) - f(0) + f(x)$$

即

$$f(x) = f(0) + x f'(0) + \int_0^x t f''(x-t)\mathrm{d}t$$

【练习】　设 $f(0)=1, f(2)=3, f'(2)=5, f''(x)$ 连续，求 $\int_0^1 x f''(2x)\mathrm{d}x$。

例 8.37　设 $f(x)=x^2-x\int_0^2 f(x)\mathrm{d}x+2\int_0^1 f(x)\mathrm{d}x$，求 $f(x)$。

【解】　设 $\int_0^1 f(x)\mathrm{d}x=a, \int_0^2 f(x)\mathrm{d}x=b$，则 $f(x)=x^2-bx+2a$。

对上式两端分别在区间 $[0,1], [0,2]$ 上计算积分得

$$a=\int_0^1 f(x)\mathrm{d}x=\int_0^1 (x^2-bx+2a)\mathrm{d}x$$

$$=\left(\frac{1}{3}x^3-\frac{b}{2}x^2+2ax\right)\Big|_0^1=\frac{1}{3}-\frac{b}{2}+2a$$

同理 $b=\int_0^2 f(x)\mathrm{d}x=\left(\frac{1}{3}x^3-\frac{b}{2}x^2+2ax\right)\Big|_0^2=\frac{8}{3}-2b+4a$，解得 $a=\frac{1}{3}, b=\frac{4}{3}$，所以

$$f(x)=x^2-\frac{4}{3}x+\frac{2}{3}$$

【注】　当函数表达式中含有定积分时，一般将定积分设为某一常数，再进行求导或积分计算。

（四）利用公式计算

公式　（1）$\displaystyle\int_a^b f(x)\mathrm{d}x=\int_a^b f(a+b-x)\mathrm{d}x$

　　　（2）$\displaystyle\int_{-a}^a f(x)\mathrm{d}x=\int_0^a [f(x)+f(-x)]\mathrm{d}x$

　　　（3）$\displaystyle\int_0^{2a} f(x)\mathrm{d}x=\int_0^a [f(x)+f(2a-x)]\mathrm{d}x$

上述三个公式利用换元法可证，此处不再给出证明过程。

例 8.38　求 $\displaystyle\int_0^{\frac{\pi}{4}} \frac{1-\sin 2x}{1+\sin 2x}\mathrm{d}x$。

【解】　由公式（1）得

$$\int_0^{\frac{\pi}{4}} \frac{1-\sin 2x}{1+\sin 2x}\mathrm{d}x=\int_0^{\frac{\pi}{4}} \frac{1-\sin 2\left(\frac{\pi}{4}-x\right)}{1+\sin 2\left(\frac{\pi}{4}-x\right)}\mathrm{d}x=\int_0^{\frac{\pi}{4}} \frac{1-\cos 2x}{1+\cos 2x}\mathrm{d}x$$

$$=\int_0^{\frac{\pi}{4}} \frac{2\sin^2 x}{2\cos^2 x}\mathrm{d}x=\int_0^{\frac{\pi}{4}} (\sec^2 x-1)\mathrm{d}x=1-\frac{\pi}{4}$$

例 8.39　求 $\displaystyle\int_0^{\pi} \frac{x\sin x}{1+\cos^2 x}\mathrm{d}x$。

由公式（3）得

$$\int_0^{\pi} \frac{x\sin x}{1+\cos^2 x}\mathrm{d}x=\int_0^{\frac{\pi}{2}} \left[\frac{x\sin x}{1+\cos^2 x}+\frac{(\pi-x)\sin(\pi-x)}{1+\cos^2(\pi-x)}\right]\mathrm{d}x$$

$$=\pi\int_0^{\frac{\pi}{2}} \frac{\sin x}{1+\cos^2 x}\mathrm{d}x=-\pi\int_0^{\frac{\pi}{2}} \frac{\mathrm{d}\cos x}{1+\cos^2 x}=\frac{\pi^2}{4}$$

【练习】　$\displaystyle\int_{-\frac{\pi}{4}}^{\frac{\pi}{4}} \frac{1}{1+\sin x}\mathrm{d}x$（提示：利用式（2））。

关于定积分的计算，我们有一系列的常用积分的结论，望读者好好收藏。

收藏夹

第一组：

(1) $\int_0^a \sqrt{a^2-x^2}\,\mathrm{d}x = \frac{1}{4}\pi a^2$ 　　　　 (2) $\int_0^a \frac{1}{\sqrt{a^2-x^2}}\,\mathrm{d}x = \frac{1}{2}\pi$

(3) $\int_0^a x\sqrt{a^2-x^2}\,\mathrm{d}x = \frac{1}{3}a^3$ 　　　 (4) $\int_0^a \frac{x}{\sqrt{a^2-x^2}}\,\mathrm{d}x = a$

(5) $\int_0^a x^2\sqrt{a^2-x^2}\,\mathrm{d}x = \frac{\pi}{16}a^4$ 　　　 (6) $\int_0^a \frac{x^2}{\sqrt{a^2-x^2}}\,\mathrm{d}x = \frac{\pi}{4}a^2$

第二组：

(1) 设 $f(x) \in C^0[-a,a]$，则 $\int_{-a}^{a} f(x)\,\mathrm{d}x = \begin{cases} 2\int_0^a f(x)\,\mathrm{d}x, & f(x) \text{ 偶函数} \\ 0 & f(x) \text{ 奇函数} \end{cases}$

(2) 设 $f(x) \in C^0(-\infty, +\infty)$，若 $f(x+T) = f(x)$，则

$$\int_a^{a+nT} f(x)\,\mathrm{d}x = n\int_0^T f(x)\,\mathrm{d}x$$

第三组：

(1) $\int_0^{\frac{\pi}{2}} \sin^n x\,\mathrm{d}x = \int_0^{\frac{\pi}{2}} \cos^n x\,\mathrm{d}x$

(2) $\int_0^{\frac{\pi}{2}} \sin^n x\,\mathrm{d}x = \int_0^{\frac{\pi}{2}} \cos^n x\,\mathrm{d}x = \begin{cases} \dfrac{n-1}{n}\cdot\dfrac{n-3}{n-2}\cdots\dfrac{3}{4}\cdot\dfrac{1}{2}\cdot\dfrac{\pi}{2} & n \text{ 为偶数} \\[2mm] \dfrac{n-1}{n}\cdot\dfrac{n-3}{n-2}\cdots\dfrac{4}{5}\cdot\dfrac{2}{3}\cdot 1 & n \text{ 为奇数} \end{cases}$

(3) $\int_0^{\pi} \sin^n x\,\mathrm{d}x = 2\int_0^{\frac{\pi}{2}} \sin^n x\,\mathrm{d}x$

(4) $\int_{-\pi}^{\pi} \sin^n x\,\mathrm{d}x = \begin{cases} 0 & n \text{ 为奇数} \\[2mm] 4\int_0^{\frac{\pi}{2}} \sin^n x\,\mathrm{d}x & n \text{ 为偶数} \end{cases}$

(5) $\int_0^{\pi} x f(\sin x)\,\mathrm{d}x = \frac{\pi}{2}\int_0^{\pi} f(\sin x)\,\mathrm{d}x$

第四组：

请观察下面的三角函数集合

$$U = \{1, \sin x, \cos x, \sin 2x, \cos 2x, \cdots, \sin kx, \cos kx, \cdots\}, \quad k \in \mathbb{N},$$

该集合有两个特征：

(1) 任取元素 $\alpha, \beta \in U$，只要 $\alpha \neq \beta$，就有 $\int_{-\pi}^{\pi} (\alpha \times \beta)\,\mathrm{d}x \equiv 0$；

(2) 任取元素 $\alpha \in U$，只要 $\alpha \neq 1$，就有 $\int_{-\pi}^{\pi} \alpha^2\,\mathrm{d}x \equiv \pi$ $\left(\int_{-\pi}^{\pi} 1^2\,\mathrm{d}x = 2\pi \text{ 除外}\right)$。

$\left(\text{如果用 } \otimes \text{ 表示 } \int_{-\pi}^{\pi} \text{ 这种运算，我们说集合 } U \text{ 关于运算 } \otimes \text{ 具有正交性。}\right)$

事实上，

情形 1：在 U 中任取元素 $\alpha = \sin mx, \beta = \cos nx, \gamma = \sin nx$ 当 $m \neq n$ 时，显然有 $\alpha \neq \beta \neq \gamma$，

$$\int_{-\pi}^{\pi} (\alpha \times \beta) \mathrm{d}x = \int_{-\pi}^{\pi} \sin mx \cos nx \, \mathrm{d}x = 0 \qquad \text{（被积函数为奇函数）}$$

$$\int_{-\pi}^{\pi} (\alpha \times \gamma) \mathrm{d}x = \int_{-\pi}^{\pi} \sin mx \sin nx \, \mathrm{d}x = -\frac{1}{2} \int_{-\pi}^{\pi} [\cos(m+n)x - \cos(m-n)x] \mathrm{d}x = 0$$

类似地，当 $m \neq n$ 时，有

$$\int_{-\pi}^{\pi} \cos mx \cos nx \, \mathrm{d}x = \frac{1}{2} \int_{-\pi}^{\pi} [\cos(m+n)x + \cos(m-n)x] \mathrm{d}x = 0$$

特别地，对于任何 $\lambda \in U, \lambda \neq 1, \int_{-\pi}^{\pi} (1 \times \lambda) \mathrm{d}x = 0$

从而对任意的常数 m，有

$$\int_{-\pi}^{\pi} \sin mx \, \mathrm{d}x = 0$$

$$\int_{-\pi}^{\pi} \cos mx \, \mathrm{d}x = 0$$

情形 2：任取元素 $\alpha = \sin mx \in U$，

$$\int_{-\pi}^{\pi} \alpha^2 \mathrm{d}x = \int_{-\pi}^{\pi} \sin^2 mx \, \mathrm{d}x = \frac{1}{2} \int_{-\pi}^{\pi} (1 - \cos 2mx) \mathrm{d}x = \pi,$$

类似地，

$$\int_{-\pi}^{\pi} \alpha^2 \mathrm{d}x = \int_{-\pi}^{\pi} \cos^2 mx \, \mathrm{d}x = \frac{1}{2} \int_{-\pi}^{\pi} (1 + \cos 2mx) \mathrm{d}x = \pi。$$

综上所述，可以立即得到下列积分结果

(1) $\displaystyle\int_{-\pi}^{\pi} \sin mx \cos nx \, \mathrm{d}x \equiv 0 \quad (\forall m, n \in \mathbb{N}, m, n \neq 0)$

(2) $\displaystyle\int_{-\pi}^{\pi} \sin mx \sin nx \, \mathrm{d}x = \begin{cases} 0 & m \neq n \\ \pi & m = n \end{cases} \quad (\forall m, n \in \mathbb{N}, m, n \neq 0)$

(3) $\displaystyle\int_{-\pi}^{\pi} \cos mx \cos nx \, \mathrm{d}x = \begin{cases} 0 & m \neq n \\ \pi & m = n \end{cases} \quad (\forall m, n \in \mathbb{N}, m, n \neq 0)$

(4) $\displaystyle\int_{-\pi}^{\pi} \sin^2 mx \, \mathrm{d}x = \pi \quad (\forall m \in \mathbb{N}, m \neq 0)$

(5) $\displaystyle\int_{-\pi}^{\pi} \cos^2 mx \, \mathrm{d}x = \pi \quad (\forall m \in \mathbb{N}, m \neq 0)$

🌑 **第五组：**

(1) $\displaystyle\int_{-\pi}^{\pi} \sin^{2k+1} x \, \mathrm{d}x \equiv 0 \quad \forall k \in \mathbb{N}$

(2) $\displaystyle\int_{-\pi}^{\pi} \cos^{2k+1} x \, \mathrm{d}x \equiv 0 \quad \forall k \in \mathbb{N}$

(3) $\displaystyle\int_{-\pi}^{\pi} \sin^n x \cos x \, \mathrm{d}x \equiv 0 \quad \forall n \in \mathbb{N}$

(4) $\displaystyle\int_{-\pi}^{\pi} \cos^n x \sin x \, \mathrm{d}x \equiv 0 \quad \forall n \in \mathbb{N}$

【注】 希望读者在学习高等数学的过程中,留心积累类似的结论,日积月累对于贯通数学知识,提高灵活应用数学知识的能力是十分有益的。

【练习】 计算下列积分(注意利用已知的积分结果)

(1) $\int_{-a}^{a} (\sqrt{a^2-x^2}+x)^2 \,\mathrm{d}x$;

(2) $\int_{-\pi}^{\pi} (\sin 3x + \cos 5x)^2 \,\mathrm{d}x$;

(3) $\int_{-\pi}^{\pi} (\cos^5 x + x)^2 \,\mathrm{d}x$;

(4) $\int_{-4}^{4} (x-9) \sqrt{16-x^2} \,\mathrm{d}x$。

应用欣赏

8.8 定积分应用

定积分在几何、物理、经济等方面都有着广泛的应用,本节将利用 8.5 节广义微元法所介绍的宏积分中 $k=1$ 时的方法解决一些实际应用的问题。

8.8.1 定积分的几何应用

本节中所讨论的函数,都假定是连续的,以后不再声明。

(一)平面图形的面积

(1) 直角坐标情形

如图 8.7 所示,如果 $f(x) \geqslant 0$,则曲线 $y=f(x)$ 与直线 $x=a,x=b$ 及 x 轴所围成的平面图形的面积 A 的核元素是 $\mathrm{d}A=f(x)\mathrm{d}x$。

如果 $f(x)$ 在 $[a,b]$ 上不是非负的,那么它的面积 A 的核元素是

$$\mathrm{d}A = |f(x)| \,\mathrm{d}x$$

于是,不论 $f(x)$ 是否为非负的,曲边梯形面积均可表示为

$$A = \int_{a}^{b} |f(x)| \,\mathrm{d}x$$

如果函数 $f_1(x)$ 与 $f_2(x)$ 在区间 $[a,b]$ 上总有 $f_2(x) \geqslant f_1(x)$,则由连续曲线 $y=f_1(x),y=f_2(x)$ 与直线 $x=a,x=b$ 所围成的平面图形的面积 $A=\int_{a}^{b} [f_2(x)-f_1(x)]\mathrm{d}x$ 如图 8.8 所示。

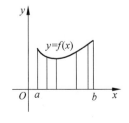

图　8.7

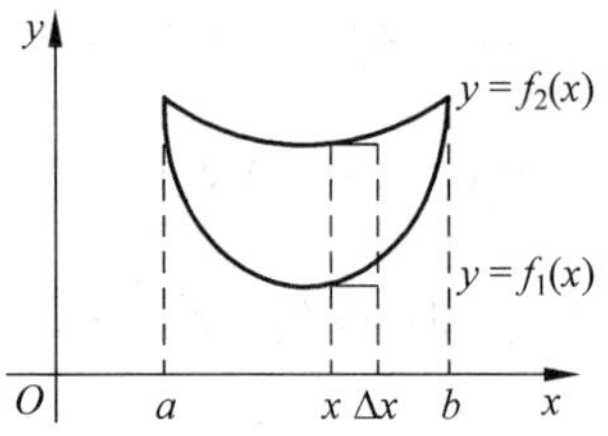

图　8.8

事实上,面积核元素为 $dA = [f_2(x) - f_1(x)]dx (\Delta x = dx)$,所以

$$A = \int_a^b [f_2(x) - f_1(x)]dx$$

【注】 求平面图形面积的步骤:

(1) 画图找出图形所在范围;

(2) 求围成平面图形的各条曲线的交点坐标;

(3) 确定关于 x 积分还是关于 y 积分或需分成几部分,然后定出积分限;

(4) 寻求核元素;

(5) 对核元素计算积分即为面积。

例 8.40 求由曲线 $y = x^2, x = y^2$ 所围成的平面图形的面积(如图 8.9 所示)。

【解】 $y = x^2$ 与 $x = y^2$ 交点为 $(0,0)$ 和 $(1,1)$,核元素 $dA = (\sqrt{x} - x^2)dx$,对核元素积分得

$$A = \int_0^1 (\sqrt{x} - x^2)dx = \left(\frac{2}{3} x^{\frac{3}{2}} - \frac{1}{3} x^3 \right) \Big|_0^1 = \frac{1}{3}$$

【注】 此题也可以选取 y 为积分变量。

例 8.41 求由抛物线 $y^2 = 2x$ 和直线 $y = x - 4$ 所围成的平面图形的面积(如图 8.10 所示)。

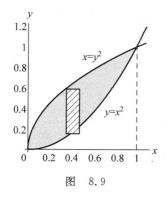

图 8.9

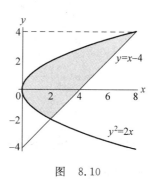

图 8.10

【解】 解方程组 $\begin{cases} y^2 = 2x \\ y = x - 4 \end{cases}$ 得交点 $(2, -2)$ 和 $(8, 4)$,核元素 $dA = \left(y + 4 - \frac{y^2}{2} \right)dy$

于是 $A = \int_{-2}^4 \left[(y + 4) - \frac{y^2}{2} \right]dy = 18$。

例 8.42 求椭圆 $\frac{x^2}{a^2} + \frac{y^2}{b^2} = 1$ 所围成的图形的面积(如图 8.11 所示)。

【解】 因为图形关于 x 轴,y 轴对称,所以椭圆面积是它在第一象限部分的面积的 4 倍。核元素 $dA = \frac{b}{a} \sqrt{a^2 - x^2} dx$,于是

$$A = 4 \int_0^a \frac{b}{a} \sqrt{a^2 - x^2} dx = 4 \int_{\frac{\pi}{2}}^0 b\sin t (-a\sin t)dt$$

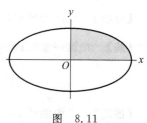

图 8.11

$$= 4ab \int_0^{\frac{\pi}{2}} \sin^2 t \, dt = \pi ab$$

特别地,$a=b$ 时,得到半径为 a 的圆的面积公式 $A=\pi a^2$。

（2）极坐标情形

当一个图形的边界曲线容易用极坐标方程 $\rho = \rho(\theta)$ 来表示时,如果能在极坐标系中求它的面积,就不必把它换为直角坐标系中去求面积。为了阐明这种方法的实质,我们从最简单的"曲边扇形"的面积求法谈起。由曲线 $\rho = \rho(\theta)$ 及两条半直线 $\theta = \alpha, \theta = \beta (\alpha < \beta)$ 所围成的图形称为曲边扇形（如图 8.12 所示）。

面积核元素为

$$dA = \frac{1}{2} [\rho(\theta)]^2 d\theta$$

得到曲边扇形的面积

$$A = \frac{1}{2} \int_\alpha^\beta [\rho(\theta)]^2 d\theta$$

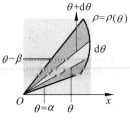

图 8.12

例 8.43 计算心形线 $\rho = a(1+\cos\theta)$ $(a>0)$ 所围成的图形的面积（如图 8.13 所示）。

【解】 由上述公式,再利用图形的对称性,得

$$A = 2 \int_0^\pi \frac{1}{2} a^2 (1+\cos\theta)^2 d\theta = a^2 \int_0^\pi (1+\cos\theta)^2 d\theta$$

$$= a^2 \int_0^\pi (1 + 2\cos\theta + \cos^2\theta) d\theta$$

$$= a^2 \int_0^\pi \left(\frac{3}{2} + 2\cos\theta + \frac{1}{2}\cos2\theta \right) d\theta$$

$$= a^2 \left(\frac{3}{2}\theta + 2\sin\theta + \frac{1}{4}\sin2\theta \right) \Big|_0^\pi = \frac{3}{2}\pi a^2$$

例 8.44 求双纽线 $\rho^2 = 2\cos2\theta$ 所围成的图形的面积（如图 8.14 所示）。

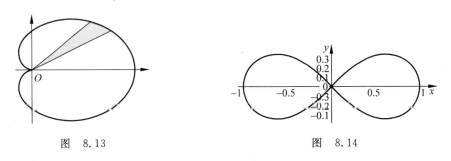

图 8.13　　　　　　　　　图 8.14

【分析】 由图形的对称性,只需求出第一象限的面积,然后 4 倍即可。

【解】 在第一象限内,双纽线的极角 θ 从 0 变化到 $\frac{\pi}{4}$,因此双纽线围成图形的面积为

$$A = 4 \int_0^{\frac{\pi}{4}} \frac{1}{2} \cdot 2\cos2\theta \, d\theta = 2\sin2\theta \Big|_0^{\frac{\pi}{4}} = 2$$

【练习】 求由曲线 $\rho = 3\cos\theta$ 和 $\rho = 1+\cos\theta$ 所围成的公共部分的面积。

（二）旋转体的体积

车床切削加工出来的工件,很多都是旋转体。常见的立体如圆柱体、圆锥体、圆台体和球体等依次可以看成是矩形绕它的一条边,直角三角形绕它的一条直角边,直角梯形绕它的直角腰和圆绕它的任意一条直径旋转而成。怎样求旋转体的体积呢? 有如下两种方法。

切片法：如果用垂直旋转轴的平面截旋转体,其截面就是一个圆,只要求得它的半径,则截面面积就容易知道,具体解法如下。

设旋转体是由曲线 $y=f(x)$ 与直线 $x=a,x=b$ 及 x 轴所围成的曲边梯形绕 x 轴旋转而成（如图 8.15 所示）。任取 $x\in[a,b]$,用过点 x 且垂直于 x 轴的平面截该旋转体所得的截面是半径为 $|f(x)|$ 的圆,截面面积

$$A(x) = \pi\,|\,f(x)\,|^2 = \pi[f(x)]^2$$

所以体积核元素为

$$\mathrm{d}V = \pi[f(x)]^2\mathrm{d}x$$

于是旋转体的体积为

$$V = \int_a^b \pi[f(x)]^2\mathrm{d}x \tag{8.6}$$

类似地可以求得,由曲线 $x=\varphi(y)$ 与直线 $y=c,y=d$ 及 y 轴所围成的曲边梯形绕 y 轴旋转而成的旋转体的体积（如图 8.16 所示）为

$$V = \int_c^d \pi[\varphi(y)]^2\mathrm{d}y \tag{8.7}$$

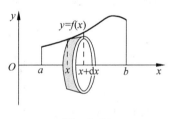

图　8.15

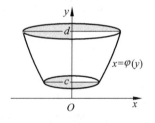

图　8.16

例 8.45　求由椭圆 $\dfrac{x^2}{a^2}+\dfrac{y^2}{b^2}=1$ 所围成图形绕 x 轴旋转一周而成的椭球体的体积。

【解】　这个旋转体可以看作是由上半椭圆 $y=\dfrac{b}{a}\sqrt{a^2-x^2}$ 及 x 轴围成的平面图形绕 x 轴旋转而成,则

$$V_x = \pi\int_{-a}^a \left(\frac{b}{a}\sqrt{a^2-x^2}\right)^2\mathrm{d}x = \frac{\pi b^2}{a^2}\int_{-a}^a (a^2-x^2)\mathrm{d}x$$

$$= \frac{\pi b^2}{a^2}\left(a^2 x - \frac{x^3}{3}\right)\Big|_{-a}^a = \frac{4}{3}\pi ab^2$$

当 $a=b$ 时,便得半径为 a 的球体的体积 $V=\dfrac{4}{3}\pi a^3$,类似地可求出绕 y 轴旋转所成椭球体体积。

薄壳法：设所求的旋转体是由曲线 $y=f(x)$ 与直线 $x=a,x=b$ 及 x 轴所围成的曲边梯形绕 y 轴旋转而成(如图 8.17 所示)。如果仍然选择 x 为积分变量，而把在 $[a,b]$ 中的任意子区间 $[x,x+\mathrm{d}x]$ 上所对应的窄曲边梯形绕 y 轴旋转所生成的薄壳近似看作是一个中空圆柱体(如图 8.18 所示)。沿着中空圆柱体的高剪开展平，它近似于一块长方形的薄片(如图 8.19 所示)，于是薄壳的体积近似等于长、宽、高分别为 $f(x)$、$2\pi x$、$\mathrm{d}x$ 的长方体的薄片体积，此即为旋转体的体积核元素

$$\mathrm{d}V=2\pi x f(x)\mathrm{d}x$$

所以

$$V=\int_a^b 2\pi x f(x)\mathrm{d}x \tag{8.8}$$

图　8.17

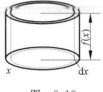
图　8.18

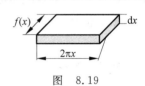
图　8.19

用同样的方法可得，由曲线 $x=\varphi(y)$ 与直线 $y=c$、$y=d$ 及 y 围成的曲边梯形绕 x 轴旋转所生成的旋转体的体积 V 为

$$V=\int_c^d 2\pi y\varphi(y)\mathrm{d}y \tag{8.9}$$

例 8.46　用薄壳法求 $y=x^2$ 和直线 $y=x$ 所围成的平面图形绕 x 轴旋转而成的旋转体的体积。

【解】　先求出两曲线的交点：解方程组 $\begin{cases} y=x^2 \\ y=x \end{cases}$ 得交点 $O(0,0),P(1,1)$，如图 8.20 所示。

用薄壳法求该旋转体的体积 V，则需把该旋转体的体积看作是由曲边三角形 OPB 绕 x 轴旋转而成的旋转体的体积 V_1 减去由直角三角形 OPB 绕 x 轴旋转而成的旋转体的体积 V_2，即

$$V=V_1-V_2$$

由公式(8.9)，得

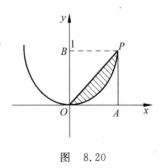
图　8.20

$$V_1=\int_0^1 2\pi y\sqrt{y}\,\mathrm{d}y,\quad V_2=\int_0^1 2\pi y\cdot y\mathrm{d}y$$

所以

$$V=\int_0^1 2\pi y^{\frac{3}{2}}\mathrm{d}y-\int_0^1 2\pi y^2\mathrm{d}y=\frac{2}{15}\pi$$

（三）平行截面面积为已知的立体的体积

设一物体，它被垂直于直线(设为 x 轴)的平面所截的面积 $S(x)$ 是 x 的连续函数，且

此物体的位置在 $x=a$ 与 $x=b(a<b)$ 之间,则此物体的体积为 $\int_a^b S(x)\mathrm{d}x$(如图 8.21 所示)。

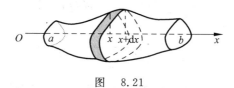

图 8.21

事实上,体积核元素为 $\mathrm{d}V=A(x)\mathrm{d}x$,从而体积 $V=\int_a^b A(x)\mathrm{d}x$。

例 8.47 一平面经过半径为 R 的圆柱体的底圆中心,并与底面交成角 α,计算这平面截圆柱体所得立体的体积(如图 8.22 所示)。

【解】 取平面与圆柱体底面的交线为 x 轴,底面的中心为坐标原点,建立坐标系(如图 8.22 所示)。那么底圆方程为 $x^2+y^2=R^2$,在区间 $[-R,R]$ 上任取一点 x,过这点作垂直于 x 轴的平面,与待求体积的立体相截,得截面为直角三角形,其体积核元素为 $\mathrm{d}V=S(x)\mathrm{d}x=\dfrac{1}{2}(R^2-x^2)\tan\alpha\,\mathrm{d}x$,于是

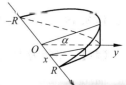

图 8.22

$$V=\int_{-R}^R \frac{1}{2}(R^2-x^2)\tan\alpha\,\mathrm{d}x=\tan\alpha\int_0^R (R^2-x^2)\mathrm{d}x$$

$$=\tan\alpha\left(R^2 x-\frac{1}{3}x^3\right)\Big|_0^R=\frac{2}{3}R^3\tan\alpha$$

此题也可以过 $[0,R]$ 上的点 y 作垂直于 y 轴的平行截面来计算这个立体的体积,读者不妨一试。

(四)平面曲线的弧长

(1)直角坐标的情形

设函数 $y=f(x)$ 在 $[a,b]$ 上具有一阶连续的导数,在 $[a,b]$ 中任取子区间 $[x,x+\mathrm{d}x]$,其上一段弧 MN 的长度为 Δs,由图 8.23 知,它可以用曲线在点 $M(x,f(x))$ 处的切线上相应该子区间的小线段 MT 的长度近似。由第 3 章微分的几何意义,可知弧长核元素为

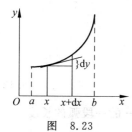

图 8.23

$$\mathrm{d}s=\sqrt{(\mathrm{d}x)^2+(\mathrm{d}y)^2}=\sqrt{1+\left(\frac{\mathrm{d}y}{\mathrm{d}x}\right)^2}\,\mathrm{d}x$$

所以

$$s=\int_a^b \sqrt{1+(y')^2}\,\mathrm{d}x \tag{8.10}$$

若曲线是由参数方程

$$\begin{cases} x=\varphi(t), \\ y=\psi(t), \end{cases} \quad (\alpha\leqslant t\leqslant\beta)$$

表示,则弧长核元素

$$ds = \sqrt{(dx)^2 + (dy)^2}$$
$$= \sqrt{[\varphi'(t)dt]^2 + [\psi'(t)dt]^2}$$
$$= \sqrt{[\varphi'(t)]^2 + [\psi'(t)]^2} dt$$

弧长

$$s = \int_\alpha^\beta \sqrt{[\varphi'(t)]^2 + [\psi'(t)]^2} dt \qquad (8.11)$$

例 8.48 求曲线 $y = \dfrac{2}{3}x^{\frac{3}{2}}$ 上相应于 x 从 0 到 3 的一段弧的长度。

【解】 $y' = x^{\frac{1}{2}}$，$\sqrt{1+y'^2} = \sqrt{1+x}$，由弧长公式得

$$S = \int_0^3 \sqrt{1+x}\,dx = \frac{2}{3}(1+x)^{\frac{3}{2}}\bigg|_0^3 = \frac{14}{3}$$

例 8.49 求半径为 R 的圆的周长。

【解】 半径为 R 的圆的方程为 $\begin{cases} x = R\cos t \\ y = R\sin t \end{cases} \quad 0 \leqslant t \leqslant R$

$$S = \int_0^{2\pi} \sqrt{(-R\sin t)^2 + (R\cos t)^2}\,dt = \int_0^{2\pi} R\,dt = 2\pi R$$

例 8.50 求摆线 $\begin{cases} x = a(t-\sin t) \\ y = a(1-\cos t) \end{cases}$ 一拱 $(0 \leqslant t \leqslant 2\pi)$ 的弧长。

【解】

$$S = \int_0^{2\pi} \sqrt{x'^2(t) + y'^2(t)}\,dt = \int_0^{2\pi} \sqrt{a^2(1-\cos t)^2 + a^2\sin^2 t}\,dt$$
$$= a\int_0^{2\pi} \sqrt{2-2\cos t}\,dt = 2a\int_0^{2\pi} \sin\frac{t}{2}\,dt = 8a$$

(2) 极坐标情形

若曲线由极坐标方程

$$\rho = \rho(\theta) \qquad (\theta_1 \leqslant \theta \leqslant \theta_2)$$

表示,则弧长核元素为

$$ds = \sqrt{[\rho(\theta)]^2 + [\rho'(\theta)]^2}\,d\theta,$$

故弧长为

$$s = \int_{\theta_1}^{\theta_2} \sqrt{[\rho(\theta)]^2 + [\rho'(\theta)]^2}\,d\theta \qquad (8.12)$$

例 8.51 求阿基米德螺线 $\rho = a\theta(a>0)$ 上从 $\theta=0$ 变到 $\theta=2\pi$ 的一段弧的长度。

【解】 因为 $\rho'(\theta) = a$ 代入式(8.12),得

$$s = \int_0^{2\pi} \sqrt{(a\theta)^2 + a^2}\,d\theta$$
$$= a\int_0^{2\pi} \sqrt{1+\theta^2}\,d\theta$$
$$= a\left[\frac{\theta}{2}\sqrt{1+\theta^2} + \frac{1}{2}\ln(\theta+\sqrt{1+\theta^2})\right]\bigg|_0^{2\pi}$$

$$= a\left[\pi\ \sqrt{1+4\pi^2} + \frac{1}{2}\ln\left(2\pi + \sqrt{1+4\pi^2}\right)\right]$$

8.8.2　定积分的物理应用

（一）引力

由物理学知道，质量分别为 m_1、m_2，相距为 r 的两个质点间的引力的大小为 $F = k\dfrac{m_1 m_2}{r^2}$，其中 k 为引力系数，引力的方向沿着两质点的连线方向。

如果要计算一根细棒对一个质点的引力，那么，由于细棒上各点与该质点的距离是变化的，且各点对该质点的引力方向也是变化的，就不能用此公式计算，但可以用定积分的微元法来加以解决。

例 8.52　一根长为 l 的均匀细杆，质量为 M，在其中垂线上相距细杆为 a 处有一质量为 m 的质点，试求细杆对质点的万有引力。

【解】　设细杆位于 x 轴上的 $\left[-\dfrac{l}{2}, \dfrac{l}{2}\right]$ 处，质点位于 y 轴上的点 a，其质量核元素为 $\mathrm{d}M = \dfrac{M}{l}\mathrm{d}x$ 于是它对质点 m 的引力核元素为

$$\mathrm{d}F = \frac{km\,\mathrm{d}M}{r^2} = \frac{km}{a^2 + x^2}\cdot\frac{M}{l}\mathrm{d}x$$

由于细杆上各点对质点 m 的引力方向各不相同，因此不能直接对 $\mathrm{d}F$ 进行积分。而 $\mathrm{d}F$ 在 x 轴和 y 轴上的分力为

$$\mathrm{d}F_x = \mathrm{d}F\cdot\sin\theta,\quad \mathrm{d}F_y = -\mathrm{d}F\cdot\cos\theta$$

由于质点 m 位于细杆的中垂线上，所以水平合力为零，即

$$F_x = \int_{-\frac{l}{2}}^{\frac{l}{2}} \mathrm{d}F_x = 0$$

$$F_y = \int_{-\frac{l}{2}}^{\frac{l}{2}} \mathrm{d}F_y = -2\int_0^{\frac{l}{2}} \frac{kmMa}{l}\left(a^2 + x^2\right)^{-\frac{3}{2}}\mathrm{d}x$$

$$= -\frac{2kmMa}{l}\cdot\frac{1}{a^2}\cdot\frac{x}{\sqrt{a^2 + x^2}}\bigg|_0^{\frac{l}{2}} = -\frac{2kmM}{a\ \sqrt{4a^2 + l^2}}$$

负号表示合力方向与 y 轴方向相反。

（二）变力所做的功

由物理学知道，某一物体受到一个不变力 F 的作用，沿力的方向移动了距离 S 时，则力对物体所做的功 W 为

$$W = FS$$

当物体在移动过程中力的大小是变化的，可用定积分计算变力对物体所做的功。

设变力 $F(x)$ 是连续变化的，由广义微元法，可知功的核元素为

$$\mathrm{d}W = F(x)\mathrm{d}x$$

则

$$W = \int_a^b F(x)\mathrm{d}x$$

例 8.53 一圆台形水池(如图 8.24 所示),深 15m,上下口半径分别为 20m 和 10m,水的比重为 γ,如果把其中盛满的水全部抽干,需要做多少功?

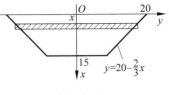

图 8.24

【解】 水是被"一层层"地抽出去的,在这个过程中,不但每层水的重力在变,提升的高度也在连续地变化,从中抽出任意一层水(x 处厚为 $\mathrm{d}x$ 的扁圆柱体),抽水做功的核元素为

$$\mathrm{d}W = \mathrm{d}m \cdot g \cdot x = \mathrm{d}V \cdot \gamma \cdot g \cdot x = \gamma g x \left(20 - \frac{2}{3}x\right)^2 \pi \mathrm{d}x$$

则

$$
\begin{aligned}
W &= \int_0^{15} \gamma g x \left(20 - \frac{2}{3}x\right)^2 \pi \mathrm{d}x \\
&= \gamma g \pi \int_0^{15} x \left(20 - \frac{2}{3}x\right)^2 \mathrm{d}x \\
&= \gamma g \pi \left(200x^2 - \frac{80}{9}x^3 + \frac{1}{9}x^4\right)\Big|_0^{15} \\
&= 202\,125\,000\pi (\mathrm{J})
\end{aligned}
$$

(三) 平均值

在直流电路中,通过电阻 R 的电流为 I 时,则所消耗的功率为

$$P = I^2 R$$

在交流电路中,电流 I 是时间 t 的函数:$I = I(t)$,则

$$P = I^2(t)R$$

表示电阻 R 所消耗的瞬时功率,它在一个周期 $[0, T]$ 上的平均功率为 $\overline{P} = \frac{1}{T}\int_0^T I^2(t)R\mathrm{d}t$。

家用电器上所标明的功率指的就是这种平均功率。

例 8.54 计算正弦交流电 $I = I_m \sin wt$ 通过电阻 R 的平均功率,其中 I_m 是电流的峰值。

【解】 周期 $T = \dfrac{2\pi}{w}$,$\overline{P} = \dfrac{1}{\frac{2\pi}{w}}\int_0^T I_m^2 \sin^2 wt \cdot R\mathrm{d}t = \dfrac{w}{2\pi}RI_m^2\int_0^{\frac{2\pi}{w}} \sin^2(wt)\mathrm{d}t = \dfrac{1}{2}RI_m^2$

8.8.3 定积分的经济学应用

定积分的思想已融入到经济学之中,并在解决经济问题中起着重要作用,下面我们仅从两个方面介绍一下定积分在经济领域的简单应用。

(一) 由边际函数求经济总量及其改变量

例 8.55 设某产品在时刻 t 总产量的变化率 $Q'(t) = 100 + 12t - 0.6t^2$(单位/小时),试求从 $t = 2$ 到 $t = 4$ 这两个小时的总产量。

【解】　因为总产量 $Q(t)$ 是它的变化率的原函数,所以从 $t=2$ 到 $t=4$ 这两个小时的总产量为

$$Q(t) = \int_2^4 Q'(t)\mathrm{d}t = \int_2^4 (100 + 12t - 0.6t^2)\mathrm{d}t = 260.8$$

例 8.56　已知生产某产品 x 单位时,边际收益函数为 $R'(x) = 200 - \dfrac{x}{50}$(元/单位),试求生产 x 单位这种产品时总收益 $R(x)$ 及平均单位收益 $\bar{R}(x)$,并求生产这种产品 2000 单位时的总收益及平均单位收益。

【解】　因为总收益是边际收益函数在 $[0, x]$ 上的定积分,所以生产 x 单位这种产品时总收益

$$R(x) = \int_0^x \left(200 - \frac{x}{50}\right)\mathrm{d}x = 200x - \frac{x^2}{100}$$

则平均单位收益为

$$\bar{R}(x) = \frac{R(x)}{x} = 200 - \frac{x}{100}$$

生产这种产品 2000 单位时,总收益为

$$R(2000) = 200 \times 2000 - \frac{2000^2}{100} = 360\,000(元)$$

平均单位收益为

$$\bar{R}(2000) = 200 - \frac{2000}{100} = 180(元)$$

(二) 投资问题

已知有 a 元货币,按年利率 r 作连续复利计算,t 年后的本息共为 $a\mathrm{e}^{rt}$;反过来,若 t 年后有货币 a 元,则按连续复利计算,现在应有资金 $a\mathrm{e}^{-rt}$ 元,这称之为资本现值。

设在时间段 $[0, T]$ 内 t 时刻的收入率 $f(t)$ 是均匀的,即 $f(t) = A$,(A 为常数),按年利率 r 也为常数,按连续复利计算,则在 $[0, T]$ 内的总收入现值为 $R = \int_0^T A\mathrm{e}^{-rt}\mathrm{d}t = \dfrac{A}{r}(1 - \mathrm{e}^{-rT})$

例 8.57　设连续 3 年内保持收入率每年 15 000 元不变,且利率稳定在 7.5% 连续复利,问其收入现值是多少?

【解】　由已知 $A = 15\,000$,$r = 0.075$,则

$$R = \int_0^3 15\,000\mathrm{e}^{-0.075t}\mathrm{d}t = 200\,000(1 - 0.7985) = 40\,300(元)$$

习题 8

🌐 第一空间

1. 不计算积分,比较下列各组积分值的大小。

(1) $\displaystyle\int_0^1 \mathrm{e}^x \mathrm{d}x$ 和 $\displaystyle\int_0^1 \mathrm{e}^{x^2} \mathrm{d}x$　　　　(2) $\displaystyle\int_0^{\frac{\pi}{2}} x \mathrm{d}x$ 和 $\displaystyle\int_0^{\frac{\pi}{2}} \sin x \mathrm{d}x$

2. 估计下列各积分的值。

(1) $\int_1^4 (x^2+1)\mathrm{d}x$ (2) $\int_1^2 (2x^3-x^4)\mathrm{d}x$

3. 求函数 $f(x)=\sqrt{a^2-x^2}$ 在区间 $[-a,a]$ 的平均值。

4. 求下列函数的导数

(1) $F(x)=\int_x^1 t^2 \mathrm{e}^{-t^2}\mathrm{d}t$ (2) $F(x)=\int_1^{\mathrm{e}^x} \dfrac{\ln t}{t}\mathrm{d}t$

(3) $F(x)=\int_{-x}^{\sin x} \cos t^2 \mathrm{d}t$

5. 求下列定积分

(1) $\int_{-1}^1 \dfrac{1}{1+x^2}\mathrm{d}x$ (2) $\int_0^1 \left(\dfrac{1}{\sqrt{x}}+x^2\right)\mathrm{d}x$

(3) $\int_{-2}^3 \mathrm{e}^{-|x|}\mathrm{d}x$ (4) $\int_1^{\sqrt{3}} \dfrac{\mathrm{d}x}{x^2(1+x^2)}$

(5) $\int_{-\frac{1}{2}}^{\frac{1}{2}} \dfrac{1}{\sqrt{1-x^2}}\mathrm{d}x$ (6) $\int_0^{\frac{\pi}{4}} \tan^2\theta\,\mathrm{d}\theta$

(7) $\int_{-\mathrm{e}-1}^{-2} \dfrac{\mathrm{d}x}{1+x}$ (8) $\int_0^2 f(x)\mathrm{d}x$，其中 $f(x)=\begin{cases} x+1 & 0\leqslant x\leqslant 1 \\ \dfrac{1}{2}x^2 & 1<x\leqslant 2 \end{cases}$

(9) $\int_1^{10} \dfrac{\sqrt{x-1}}{x}\mathrm{d}x$ (10) $\int_{-2}^2 (x-2)\sqrt{4-x^2}\mathrm{d}x$

(11) $\int_0^{\sqrt{3}} \dfrac{1}{\sqrt{x^2+1}}\mathrm{d}x$ (12) $\int_1^{64} \dfrac{1}{\sqrt{x}+\sqrt[3]{x}}\mathrm{d}x$

(13) $\int_{\mathrm{e}}^{\mathrm{e}^3} \dfrac{\sqrt{1+\ln x}}{x}\mathrm{d}x$ (14) $\int_0^a x^2\sqrt{a^2-x^2}\mathrm{d}x \quad (a>0)$

(15) $\int_0^1 \dfrac{x^2}{(1+x^2)^2}\mathrm{d}x$ (16) $\int_0^1 \dfrac{\mathrm{d}x}{\sqrt{(1+x^2)^3}}$

(17) $\int_0^{\mathrm{e}-1} x\ln(x+1)\mathrm{d}x$ (18) $\int_0^1 x\mathrm{e}^{-x}\mathrm{d}x$

(19) $\int_1^{\mathrm{e}} (\ln x)^3\mathrm{d}x$ (20) $\int_0^{\frac{\pi}{2}} x\sin x\mathrm{d}x$

(21) $\int_0^1 x\arctan x\mathrm{d}x$ (22) $\int_0^1 (\arccos x)^2\mathrm{d}x$

6. 设 $f(\pi)=1,\int_0^{\pi}[f(x)+f''(x)]\sin x\mathrm{d}x=3$，求 $f(0)$。

7. 证明 $\int_0^1 x^m(1-x)^n\mathrm{d}x=\int_0^1 x^n(1-x)^m\mathrm{d}x$。

8. 求下列各题中平面图形的面积

(1) 曲线 $y=x^2$ 与 $y=2-x^2$ 所围成的图形；

(2) 曲线 $y=\dfrac{1}{x}$ 与直线 $y=x,x=2$ 所围成的图形；

(3) 曲线 $y=x^2-8$ 与直线 $2x+y+8=0$，$y=-4$ 所围成的图形；

(4) 曲线 $y=x^3-3x+2$ 介于两极值点之间部分与 x 轴所围的曲边梯形；

(5) 圆 $r=1$ 与心脏线 $r=1+\sin\theta$ 所围成的平面图形的公共部分。

9. 单选题

(1) $\displaystyle\int_0^{+\infty} xe^{-x}\mathrm{d}x=(\quad)$

    (A) 1   (B) -1 (C) -2 (D) 2

(2) $\displaystyle\int_{-\infty}^{+\infty} \frac{\mathrm{d}x}{1+x^2}=(\quad)$

    (A) $-\pi$ (B) 0   (C) $\dfrac{1}{2}$ (D) π

10. 填空

(1) $\displaystyle\int_0^5 x\ln x\,\mathrm{d}x=(\quad)$ (2) $\displaystyle\int_0^1 \frac{x\,\mathrm{d}x}{\sqrt{1-x^2}}=(\quad)$

(3) $\displaystyle\int_0^2 \frac{\mathrm{d}x}{(1-x)^2}=(\quad)$ (4) $\displaystyle\int_1^e \frac{\mathrm{d}x}{x\sqrt{1-\ln^2 x}}=(\quad)$

11. 因为 $f(x)=\dfrac{x}{1+x^2}$ 是奇函数，所以 $\displaystyle\int_{-\infty}^{+\infty} \frac{x}{1+x^2}\mathrm{d}x=0$，对吗？

12. 判断下列各广义积分的敛散性，如果收敛，则计算广义积分的值。

(1) $\displaystyle\int_1^{+\infty} \frac{1}{(1+x)\sqrt{x}}\mathrm{d}x$ (2) $\displaystyle\int_{-\infty}^{+\infty} \frac{1}{x^2+2x+2}\mathrm{d}x$

(3) $\displaystyle\int_1^2 \frac{x}{\sqrt{x-1}}\mathrm{d}x$ (4) $\displaystyle\int_{-\frac{\pi}{4}}^{\frac{3}{4}\pi} \frac{1}{\cos^2 x}\mathrm{d}x$

13. 求下列极限

(1) $\displaystyle\lim_{x\to 1} \frac{\displaystyle\int_1^x t(t-1)\mathrm{d}t}{x-1}$ (2) $\displaystyle\lim_{x\to 0} \frac{\displaystyle\int_0^x (\sqrt{1+t}-\sqrt{1-t})\mathrm{d}t}{x^2}$

14. 求 $F(x)=\displaystyle\int_0^x t(t-2)\mathrm{d}t$ 在区间 $[-1,3]$ 上的最大值和最小值。

15. 利用定积分定义计算积分 $\displaystyle\int_a^b x\,\mathrm{d}x\,(a<b)$。

16. 求下列定积分

(1) $\displaystyle\int_0^\pi (1-\sin^3\theta)\mathrm{d}\theta$ (2) $\displaystyle\int_0^\pi \sqrt{\sin^3\theta-\sin^5\theta}\,\mathrm{d}\theta$

(3) $\displaystyle\int_{\frac{\pi}{4}}^{\frac{\pi}{3}} \frac{\ln(\tan x)}{\cos x\sin x}\mathrm{d}x$ (4) $\displaystyle\int_0^\pi \sin^2 \frac{x}{2}\mathrm{d}x$

(5) $\displaystyle\int_1^2 \frac{1}{x^2}e^{\frac{1}{x}}\mathrm{d}x$ (6) $\displaystyle\int_0^1 \frac{2x+3}{1+x^2}\mathrm{d}x$

(7) $\displaystyle\int_1^{\sqrt{3}} \frac{\mathrm{d}x}{x^2\sqrt{1+x^2}}$

17. 求下列平面图形分别绕 x 轴，y 轴旋转所产生的立体的体积

(1) 曲线 $y = \sqrt{x}$ 于直线 $x = 1, x = 4, y = 0$ 所围成的图形；

(2) 曲线 $y = x^3$ 与直线 $x = 2, y = 0$ 所围成的图形。

18. 求以半径 R 的圆为底，平行且等于底圆直径的线段为顶，高为 h 的正劈锥体的体积(如图 8.25 所示)。

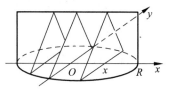

图　8.25

19. 求下列曲线段的弧长

(1) 曲线 $y = \ln x$ 上相应于 $\sqrt{3} \leqslant x \leqslant \sqrt{8}$ 的一段弧；

(2) 星形线 $\begin{cases} x = a\cos^3 t \\ y = a\sin^3 t \end{cases}$ 的全长；

(3) 心形线 $r = a(1 + \cos\theta)$ 的全长。

🌀 第二空间

1. 利用定积分的性质证明

(1) $\dfrac{\pi}{2} \leqslant \displaystyle\int_0^{\frac{\pi}{2}} e^{\sin x} \, dx \leqslant \dfrac{e\pi}{2}$

(2) $\dfrac{1}{\sqrt[4]{e}} \leqslant \displaystyle\int_0^1 e^{-x+x^2} \, dx \leqslant 1$

2. 设 $f(x)$ 在 $[a, b]$ 上连续，证明：若在 $[a, b]$ 上，$f(x) \geqslant 0$，且 $\displaystyle\int_a^b f(x) \, dx = 0$，则在 $[a, b]$ 上 $f(x) \equiv 0$。

3. 由定积分性质，比较下列积分值的大小

(1) $\displaystyle\int_1^2 e^x \, dx$ 和 $\displaystyle\int_1^2 (1 + x) \, dx$

(2) $\displaystyle\int_1^2 x^7 \, dx$ 和 $\displaystyle\int_1^2 (\ln x)^7 \, dx$

4. 计算下列各导数。

(1) $\dfrac{d}{dx} \displaystyle\int_0^{x^2} \sqrt{1 + t^2} \, dt$

(2) $\dfrac{d}{dx} \left[x^2 \displaystyle\int_{2x}^0 \cos t^2 \, dt \right]$

5. 设 $f(x) = \displaystyle\int_0^x e^{-t} \cos t \, dt$，求 $f'(0)$ 与 $f''(0)$。

6. 设 $f(\pi) = 1$，$\displaystyle\int_0^\pi [f(x) + f''(x)] \sin x \, dx = 3$，求 $f(0)$。

7. 已知 $f(2x + 1) = x e^x$，求 $\displaystyle\int_3^5 f(t) \, dt$。

8. (1) 设 $f(t)$ 为连续的奇函数，求证：$\Phi(x) = \displaystyle\int_0^x f(t) \, dt$ 是偶函数。

(2) 设 $f(t)$ 为连续的偶函数，求证：$\Phi(x) = \displaystyle\int_0^x f(t) \, dt$ 是奇函数。

9. 设 $f(x)$ 是以 T 为周期的连续函数，证明 $\displaystyle\int_a^{a+T} f(x) \, dx$ 的值与 a 无关。

10. 设 $f(x)$ 在 $[0, 1]$ 上连续，求证：$\displaystyle\int_0^{\frac{\pi}{2}} f(\sin x) \, dx = \displaystyle\int_0^{\frac{\pi}{2}} f(\cos x) \, dx$。

11. 求由抛物线 $y = x(x - a)(a > 0)$ 与直线 $y = x$ 所围平面图形的面积。

12. 求曲线 $y = \ln x, x = \dfrac{1}{e}, x = e$ 和 x 轴所围成的图形的面积。

13. 求由 $y^2 = 2x + 1$ 及 $x - y - 1 = 0$ 所围成的图形的面积。

14. 求由曲线 $y = e^{-x}$ 与过点 $(-1, e)$ 的切线及 x 轴所夹图形的面积。

15. 求由下列各曲线所围成的图形的面积。

(1) $y = \lim\limits_{n \to +\infty} \dfrac{x}{1 + x^2 - e^{nx}}, y = \dfrac{1}{2}x, x = 1$

(2) $x = a\cos^3 t, y = a\sin^3 t$

16. 求对数螺线 $r = ae^{\theta}$ 相应于 θ 从 $-\dfrac{3}{4}\pi$ 到 $\dfrac{3}{4}\pi$ 一段与 $\theta = -\dfrac{3}{4}\pi, \theta = \dfrac{3}{4}\pi$ 所围成的图形的面积。

17. 求下列各曲线所围成图形的公共部分的面积
$$r = a(1 + \cos\theta) \quad \text{及} \quad r = a$$

18. 一抛物线 $y = ax^2 + bx + c$ 通过点 $(0, 0), (1, 2)$ 两点,且 $a < 0$,确定 a, b, c 的值,使抛物线与 x 轴所围成图形的面积为最小。

19. 判断下列各广义积分的敛散性,如果收敛,则计算广义积分

(1) $\displaystyle\int_0^{+\infty} x e^{-x} \mathrm{d}t$ 　　　(2) $\displaystyle\int_0^{+\infty} e^{-xt} \sin x \mathrm{d}x$

20. 讨论广义积分 $\displaystyle\int_2^{+\infty} \dfrac{\mathrm{d}x}{x \ln^k x}$ 的敛散性。

21. 求由 $\displaystyle\int_0^{y^2} e^{-t} \mathrm{d}t + \int_x^0 \cos t^2 \mathrm{d}t = a$ 所确定的隐函数对 x 的导数 $y'(x)$。

22. 设 $\begin{cases} x = \displaystyle\int_0^t \sin u \mathrm{d}u \\ y = \displaystyle\int_t^{t^2} \cos u \mathrm{d}u \end{cases}$ 求 $\dfrac{\mathrm{d}y}{\mathrm{d}x}$。

23. 设 $f(x) = \displaystyle\int_0^x e^t \sin t \mathrm{d}t$,求 $f'(0)$ 与 $f''(0)$。

24. 求 $y = \displaystyle\int_0^x (1 + t) \arctan t \mathrm{d}t$ 的极小值。

25. 设 $\displaystyle\int_0^x (x - t) f(t) \mathrm{d}t = 1 - \cos x$,求证: $\displaystyle\int_0^{\frac{\pi}{2}} f(x) \mathrm{d}x = 1$。

26. 求极限 $\lim\limits_{x \to +\infty} \dfrac{\left(\displaystyle\int_0^x e^{t^2} \mathrm{d}t \right)^2}{\displaystyle\int_0^x e^{2t^2} \mathrm{d}t}$。

27. 已知 $f(x) = \begin{cases} \displaystyle\int_0^x t \cos t \mathrm{d}t & x \geqslant 0 \\ x^2 & x < 0 \end{cases}$

(1) 考察 $f(x)$ 的连续性,写出它的连续区间;

(2) 考察 $f(x)$ 在 $x = 0$ 处是否可导,若可导求 $f'(0)$。

28. 设 $f(x)$ 在 $[a, b]$ 上连续,在 (a, b) 内可导且 $f'(x) \geqslant 0$,试用积分中值定理证明:
当 $x \in (a, b)$ 时,(1) $F(x) \leqslant f(x)$; (2) $F'(x) \geqslant 0$ 其中 $F(x) = \dfrac{1}{x - a} \displaystyle\int_a^x f(t) \mathrm{d}t$。

29. 一抛物线 $y=ax^2+bx+c$ 通过点 $(0,0),(1,2)$ 两点,且 $a<0$,确定 a,b,c 的值,使抛物线与 x 轴所围成图形的面积为最小。

30. 求由抛物线 $y=x^2$ 和 $y=2-x^2$ 所围图形绕 x 轴旋转一周所成立体的体积。

31. 求由抛物线 $y^2=x-1$,直线 $y=2$ 与 x 轴,y 轴所围成图形分别绕 x 轴,y 轴旋转所成立体的体积。

32. 计算抛物线 $y^2=2px$ 从顶点到这曲线上的一点 $M(x,y)$ 的弧长。

33. 计算曲线 $\begin{cases} x=\int_1^t \dfrac{\cos u}{u}\mathrm{d}u, \\ y=\int_1^t \dfrac{\sin u}{u}\mathrm{d}u, \end{cases}$ 在 $1\leqslant t\leqslant \dfrac{\pi}{2}$ 的一段弧长。

◆ 第二空间

1. 如图 8.26,连续函数 $y=f(x)$ 在区间 $[-3,-2]$,$[2,3]$ 上的图形分别是直径为 1 的上、下半圆周,在区间 $[-2,0]$,$[0,2]$ 的图形分别是直径为 2 的下、上半圆周。设 $F(x)=\int_0^x f(t)\mathrm{d}t$,则下列结论正确的是(   )。

(A) $F(3)=-\dfrac{3}{4}F(-2)$

(B) $F(3)=\dfrac{5}{4}F(2)$

(C) $F(3)=\dfrac{3}{4}F(2)$

(D) $F(3)=-\dfrac{5}{4}F(-2)$

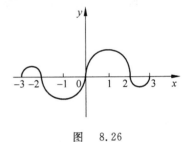

图 8.26

2. 使不等式 $\int_1^x \dfrac{\sin t}{t}\mathrm{d}t > \ln x$ 成立的 x 的范围是(   )。

(A) $(0,1)$ (B) $\left(1,\dfrac{\pi}{2}\right)$ (C) $\left(\dfrac{\pi}{2},\pi\right)$ (D) $(\pi,+\infty)$

3. $\lim\limits_{n\to\infty}\int_0^1 \mathrm{e}^{-x}\sin nx\,\mathrm{d}x=$ _____。

4. 设 $I=\int_0^{\frac{\pi}{4}}\ln\sin x\mathrm{d}x$,$J=\int_0^{\frac{\pi}{4}}\ln\cot x\mathrm{d}x$,$K=\int_0^{\frac{\pi}{4}}\ln\cos x\mathrm{d}x$,则 I,J,K 的大小关系是(   )。

(A) $I<J<K$ (B) $I<K<J$

(C) $J<I<K$ (D) $K<J<I$

5. $\int_1^2 \dfrac{1}{x^2}\mathrm{e}^{\frac{1}{x}}\mathrm{d}x=$ _____。

6. 求积分 $\int_0^1 \dfrac{x^2\arcsin x}{\sqrt{1-x^2}}\mathrm{d}x$。

7. 设 $I_k=\int_0^{k\pi}\mathrm{e}^{x^2}\sin x\mathrm{d}x(k=1,2,3)$,则有(   )。

(A) $I_1<I_2<I_3$ (B) $I_3<I_2<I_1$

(C) $I_2 < I_3 < I_1$ （D) $I_2 < I_1 < I_3$

8. $\displaystyle\int_0^2 x\sqrt{2x-x^2}\,\mathrm{d}x$ _____。

9. 下列结论中正确的是（　）。

(A) $\displaystyle\int_1^{+\infty}\frac{1}{x(x+1)}\mathrm{d}x$ 与 $\displaystyle\int_0^1\frac{1}{x(x+1)}\mathrm{d}x$ 都收敛

(B) $\displaystyle\int_1^{+\infty}\frac{1}{x(x+1)}\mathrm{d}x$ 与 $\displaystyle\int_0^1\frac{1}{x(x+1)}\mathrm{d}x$ 都发散

(C) $\displaystyle\int_1^{+\infty}\frac{1}{x(x+1)}\mathrm{d}x$ 发散，$\displaystyle\int_0^1\frac{1}{x(x+1)}\mathrm{d}x$ 收敛

(D) $\displaystyle\int_1^{+\infty}\frac{1}{x(x+1)}\mathrm{d}x$ 收敛，$\displaystyle\int_0^1\frac{1}{x(x+1)}\mathrm{d}x$ 发散

10. 设 $f(x)=\displaystyle\int_0^{\sin x}\sin x^2\,\mathrm{d}x, g(x)=x^3+x^4$，则当 $x\to 0$ 时，（　）。

11. 计算 $\displaystyle\int_0^{+\infty}\frac{x\mathrm{e}^{-x}}{(1+\mathrm{e}^{-x})^2}\mathrm{d}x$。

12. 若当 $x\to 0$ 时，$F(x)=\displaystyle\int_0^x(x^2-t^2)f''(t)\mathrm{d}t$ 的导数与 x^2 为等价无穷小，求 $f''(0)$。

13. 设函数 $f(x)$ 在区间 $[-1,1]$ 上连续，则 $x=0$ 是函数 $g(x)=\dfrac{\displaystyle\int_0^x f(t)\mathrm{d}t}{x}$ 的（　）。

　　(A) 跳跃间断点　(B) 可去间断点　　(C) 无穷间断点　　(D) 振荡间断点

14. 已知 $\displaystyle\int_{-\infty}^{+\infty}\mathrm{e}^{k|x|}\mathrm{d}x=1$，则 $k=$ _____。

15. 曲线 $y=\displaystyle\int_0^x\tan t\,\mathrm{d}t\left(0\leqslant x\leqslant\dfrac{\pi}{4}\right)$ 的弧长 $s=$ _____。

第9章

重 积 分

在科学技术中往往需要计算与多元函数及平面或空间区域有关的量,例如,物体的体积、质量、重心、转动惯量等,解决这类问题需要多元函数积分学的理论。多元函数积分学的思想方法与定积分类似,在第 8 章中我们已经给出了它们统一的定义——宏积分,并且知道闭区域上的连续函数一定可积。

本章所研究的对象是多元函数在平面区域 $\mathbf{R}^2$ 和空间区域 $\mathbf{R}^3$ 上的积分,统称为重积分。主要介绍重积分的相关概念、性质、计算方法,最后给出了重积分的一些应用。学习中要抓住重积分与定积分之间的联系,注意比较它们的异同之处。

内容初识

9.1 重积分的概念

早在 16 世纪中叶,英国数学家牛顿(1642—1727)为了研究球及球壳作用于质点上的万有引力,在他的著作《自然哲学的数学原理》中曾涉及到二重积分,但由于当时数学知识的局限性,只能用几何来描述。1771 年,欧拉(1707—1783)对重积分进行了系统的研究,首次给出了用二次积分计算二重积分的方法。与此同时,拉格朗日(1736—1813)在有关旋转椭球引力的研究中,用三重积分表示引力,采用了极坐标形式,解决了用直角坐标计算重积分带来的困难。为了克服计算中的困难,他转用球坐标,建立了有关的积分变换公式,开始了多重积分变换的研究。与此同时,拉普拉斯也使用了球坐标变换。将一元函数积分思想推广到多元函数。建立多重积分理论的主要是 18 世纪的数学家。1841 年,雅可比(1804—1851)研究了重积分的变量代换,使重积分的计算更加简便有效。

在第 8.5 节,我们给出了宏积分的概念,同时给出了二重积分和三重积分的定义。下面介绍重积分的相关概念及意义。

9.1.1 二重积分的相关概念

设 $d\sigma$ 是有界闭区域 D 内的任意小区域,任取一点 $(x,y) \in d\sigma$,对于定义在 D 上的连

续函数 $f(x,y)$，一定存在实数 I，使得函数 $f(x,y)$ 在区域 D 上的二重积分存在，即

$$I = \iint\limits_D f(x,y)\mathrm{d}\sigma$$

其中 $f(x,y)$ 称为**被积函数**，D 称为**积分区域**，$f(x,y)\mathrm{d}\sigma$ 称为**被积表达式**，$\mathrm{d}\sigma$ 称为**面积微元**，x 与 y 称为**积分变量**。

【注】 当 $f(x,y)$ 在有界闭区域 D 上连续时，二重积分一定存在。

二重积分的几何意义——曲顶柱体的体积

设 $z=f(x,y)$ 是定义在 xOy 平面内的有界闭区域 D 上的连续函数，且 $f(x,y)\geqslant 0$。在空间直角坐标系中，$z=f(x,y)$ 表示曲面。所谓曲顶柱体是以 $z=f(x,y)$ 为曲顶，以有界闭区域 D 为底，以 D 的边界曲线为准线而母线平行于 z 轴的柱面为侧面的立体，如图 9.1 所示。

按照核元素的定义，对于任意小区域 $\mathrm{d}\sigma \subset D$，任取 $(x,y)\in \mathrm{d}\sigma$，体积核元素 $\mathrm{d}V = f(x,y)\mathrm{d}\sigma$，如图 9.2 所示，则体积核元素的二重积分

$$V = \iint\limits_D f(x,y)\mathrm{d}\sigma$$

即为曲顶柱体的体积。

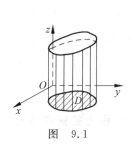

图 9.1

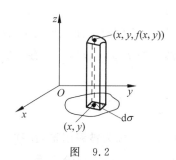

图 9.2

也就是说，二重积分在几何上表示曲顶柱体的体积。

特别地，当 $f(x,y)\geqslant 0$ 时，$\iint\limits_D f(x,y)\mathrm{d}\sigma$ 表示以区域 D 为底，以 $z=f(x,y)$ 为顶的曲顶柱体的体积。当 $f(x,y)\leqslant 0$ 时，$\iint\limits_D f(x,y)\mathrm{d}\sigma$ 表示以区域 D 为底，以 $z=-f(x,y)$ 为顶的曲顶柱体体积的负值。如果 $f(x,y)$ 在 D 的若干部分区域上是正的，而在其他的部分区域上是负的，则 $\iint\limits_D f(x,y)\mathrm{d}\sigma$ 就等于这些部分区域上的柱体体积的代数和。

在许多实际问题中，凡是计算在平面有界闭区域上非均匀分布的量的总和，如某区域 G 上渗出强度不均匀的渗出水量问题、非均匀薄片的质量等许多物理量或几何量，都可以依据核元素的思想表示成二重积分的形式。

二重积分的物理意义——平面薄片的质量

设一平面薄片占有 xOy 平面内的闭区域 D，它在点 (x,y) 的面密度 $\rho(x,y)\geqslant 0$ 且连

续,$d\sigma$ 是 D 内的任意小区域,任取 $(x,y)\in d\sigma$,质量核元素 $dM = \rho(x,y)d\sigma$,如图 9.3 所示,则质量核元素的二重积分

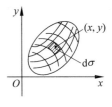

$$M = \iint\limits_D \rho(x,y)d\sigma$$

即为平面薄片的质量。

也就是说,二重积分在物理上可以表示平面非均匀薄片的质量。

图　9.3

【注】

(1) 此处仅以平面薄片的质量为例,说明二重积分具有物理意义,如果在二重积分中赋予 $f(x,y)$ 其他不同的意义,则可用于解决其他一些物理量或几何量的计算,二重积分也就具有相应的物理意义。

(2) 二重积分是一个确定的数,这个数的大小与被积函数 $f(x,y)$ 及积分区域 D 有关,而与积分变量的记号无关,即

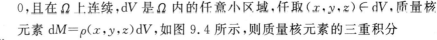

$$\iint\limits_D f(x,y)d\sigma = \iint\limits_D f(u,v)d\sigma$$

9.1.2　三重积分的相关概念

二重积分是二元函数在平面闭区域上的积分,三重积分则是三元函数在空间闭区域上的积分。

设 dV 是空间有界闭区域 Ω 内的任意小区域,任取一点 $(x,y,z)\in dV$,对于定义在 Ω 上的连续函数 $f(x,y,z)$,一定存在实数 I,使得函数 $f(x,y,z)$ 在区域 D 上的三重积分存在,即

$$I = \iiint\limits_\Omega f(x,y,z)dV$$

其中 $f(x,y,z)$ 称为**被积函数**,Ω 称为积分区域,$f(x,y,z)dV$ 称为**被积表达式**,dV 称为**体积微元**,x,y,z 称为积分变量。

【注】　当 $f(x,y,z)$ 在空间有界闭区域 Ω 上连续时,三重积分一定存在。

三重积分的物理意义——非均匀物体的质量

设一非均匀物体所占空间为有界闭区域 Ω,它在点 (x,y,z) 处的体密度 $\rho(x,y,z) > 0$,且在 Ω 上连续,dV 是 Ω 内的任意小区域,任取 $(x,y,z)\in dV$,质量核元素 $dM = \rho(x,y,z)dV$,如图 9.4 所示,则质量核元素的三重积分

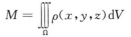

$$M = \iiint\limits_\Omega \rho(x,y,z)dV$$

即为立体 Ω 的质量。

也就是说,三重积分在物理上可以表示空间非均匀物体的质量。

图　9.4

【注】

(1) 在物理、几何及工程技术中,有许多物理量或几何量都可以归结为三重积分的形式,三重积分也就具有相应的物理意义。

（2）与二重积分一样,三重积分也是一个确定的数,这个数的大小与被积函数 $f(x,y,z)$ 及积分区域 Ω 有关,而与积分变量的记号无关,即

$$\iiint\limits_{\Omega} f(x,y,z)\mathrm{d}V = \iiint\limits_{\Omega} f(u,v,w)\mathrm{d}V$$

（3）定积分与二重积分均有几何意义,一般地三重积分无法给出几何解释。但是,当被积函数 $f(x,y,z)\equiv 1$ 时, $\iiint\limits_{\Omega}\mathrm{d}V$ 有明确的几何意义,它表示积分区域 Ω 的体积。

9.1.3　重积分的性质

二重积分的性质

二重积分的定义与定积分的定义类似,所以二重积分与定积分具有类似的性质,这里只给出结论,有兴趣的读者可自证。

设二元函数 $f(x,y),g(x,y)$ 在有界闭区域 D 上都可积,二重积分的性质如下。

性质 9.1（线性性）　设 k_1,k_2 为任意常数,则有

$$\iint\limits_{D}[k_1 f(x,y)\pm k_2 g(x,y)]\mathrm{d}\sigma = k_1\iint\limits_{D} f(x,y)\mathrm{d}\sigma \pm k_2\iint\limits_{D} g(x,y)\mathrm{d}\sigma$$

性质 9.2（可加性）　如果区域 D 被连续曲线分为 D_1 与 D_2,则有

$$\iint\limits_{D} f(x,y)\mathrm{d}\sigma = \iint\limits_{D_1} f(x,y)\mathrm{d}\sigma + \iint\limits_{D_2} f(x,y)\mathrm{d}\sigma$$

性质 9.3（单位性）　如果在区域 D 上 $f(x,y)\equiv 1$, σ 为区域 D 的面积,那么

$$\iint\limits_{D} 1\mathrm{d}\sigma = \iint\limits_{D}\mathrm{d}\sigma = \sigma$$

【注】 $\iint\limits_{D} 1\mathrm{d}\sigma = \iint\limits_{D}\mathrm{d}\sigma = \sigma$,这里只是说积分值在数值上等于积分区域 D 的面积,但是实质上, $\iint\limits_{D} 1\mathrm{d}\sigma$ 的几何意义仍然表示以区域 D 为底,高为 1 的平顶柱体的体积。

根据单位性可立得结论:

若 $D: x^2 + y^2 \leqslant R^2$,则 $\iint\limits_{D} 1\mathrm{d}\sigma = \pi R^2$。

性质 9.4（保号性）　若在区域 D 上 $f(x,y)\geqslant 0$,则有

$$\iint\limits_{D} f(x,y)\mathrm{d}\sigma \geqslant 0$$

性质 9.5（保序性）　若在区域 D 上, $f(x,y)\leqslant g(x,y)$,则有

$$\iint\limits_{D} f(x,y)\mathrm{d}\sigma \leqslant \iint\limits_{D} g(x,y)\mathrm{d}\sigma$$

该性质说明：当两个相同区域上的二重积分比较大小时,可以由它们的被积函数在积分区域上的大小而确定。

推论 1　二重积分的绝对值小于等于函数绝对值的二重积分

$$\left|\iint\limits_{D} f(x,y)\mathrm{d}\sigma\right| \leqslant \iint\limits_{D} |f(x,y)|\mathrm{d}\sigma$$

性质 9.6(有界性—估值定理)　设 M 与 m 是 $f(x,y)$ 在有界闭区域 D 上的最大值和最小值,则

$$m\sigma \leqslant \iint\limits_{D} f(x,y)\mathrm{d}\sigma \leqslant M\sigma$$

其中 σ 为区域 D 的面积,该不等式称为二重积分的估值不等式。

性质 9.7(中值定理)　设函数 $f(x,y)$ 在有界闭区域 D 上连续,σ 为区域 D 的面积,则在 D 上至少存在一点 (ξ,η),使得

$$\iint\limits_{D} f(x,y)\mathrm{d}\sigma = f(\xi,\eta)\sigma$$

中值定理几何解释:如果 $f(x,y)\geqslant 0$,曲顶柱体体积等于与它同底而高为曲顶上某点的竖坐标的平顶柱体的体积。

性质 9.8(奇偶对称性)　记 $I = \iint\limits_{D} f(x,y)\mathrm{d}\sigma, I_1 = \iint\limits_{D_1} f(x,y)\mathrm{d}\sigma$,其中 $D = D_1 \bigcup D_2$,$D_1 \bigcap D_2 = \phi$,结论如表 9.1 所示。

表　9.1

积分类型	积分区域对称性	被积函数的奇偶性	简化结果
二重积分	D_1 和 D_2 关于 $y=0$(x 轴)对称	$f(x,-y)=f(x,y)$	$I=2I_1$
		$f(x,-y)=-f(x,y)$	$I=0$
	D_1 和 D_2 关于 $x=0$(y 轴)对称	$f(-x,y)=f(x,y)$	$I=2I_1$
		$f(-x,y)=-f(x,y)$	$I=0$

三重积分的奇偶对称性

三重积分的性质与二重积分完全类似,其他性质这里就不再赘述,只给出三重积分计算的奇偶对称性。

奇偶对称性:记 $I = \iiint\limits_{\Omega} f(x,y,z)\mathrm{d}V, I_1 = \iiint\limits_{\Omega_1} f(x,y,z)\mathrm{d}V$,其中 $\Omega = \Omega_1 \bigcup \Omega_2$,$\Omega_1 \bigcap \Omega_2 = \phi$,结论如表 9.2 所示。

表　9.2

积分类型	积分区域对称性	被积函数的奇偶性	简化结果
三重积分	Ω_1 和 Ω_2 关于 $z=0$(即 xOy 面)平面对称	$f(x,y,-z)=f(x,y,z)$	$I=2I_1$
		$f(x,y,-z)=-f(x,y,z)$	$I=0$
	Ω_1 和 Ω_2 关于 $y=0$(即 zOx 面)平面对称	$f(x,-y,z)=f(x,y,z)$	$I=2I_1$
		$f(x,-y,z)=-f(x,y,z)$	$I=0$
	Ω_1 和 Ω_2 关于 $x=0$(即 yOz 面)平面对称	$f(-x,y,z)=f(x,y,z)$	$I=2I_1$
		$f(-x,y,z)=-f(x,y,z)$	$I=0$

经典解析

9.2 二重积分的计算

在一般情形下,单纯依靠定义或者性质来计算重积分的值是极其困难的,所以也要像定积分那样寻求实际可行的计算方法。通常的方法是化重积分为累次积分。

重积分的计算主要是根据积分区域选择积分次序,然后确定变量的积分上下限,将重积分转化为累次积分。并且,当积分区域或被积函数具有某种对称性时,若利用对称性进行合理地搭配,就能变难为易,简化解题过程,提高解题效率。重积分的对称性有两种:变量轮换对称性和奇偶对称性。

9.2.1 直角坐标系下二重积分的计算

为了将二重积分化为二次积分,首先将平面积分区域进行划分。

(一) X-型区域

若 D 可以用不等式

$$y_1(x) \leqslant y \leqslant y_2(x), \quad a \leqslant x \leqslant b$$

来表示,如图 9.5 所示,其中 $y_1(x), y_2(x)$ 在 $[a,b]$ 上连续,则称 D 是 X-型区域。

(二) Y-型区域

若 D 可以用不等式

$$x_1(y) \leqslant x \leqslant x_2(y), \quad c \leqslant y \leqslant d$$

来表示,如图 9.6 所示,其中 $x_1(y), x_2(y)$ 在区间 $[c,d]$ 上连续,则称 D 是 Y-型区域。

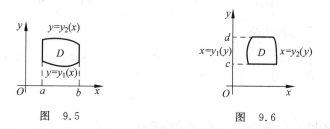

图 9.5　　　　　　　图 9.6

【练习】 判断下列区域的类型,并用不等式表示。

(1) 区域 D 由半圆 $y = \sqrt{4-x^2}$ 及 x 轴所围成。

(2) 区域 D 由抛物线 $y^2 = x$ 及直线 $x - y = 2$ 所围成。

在直角坐标系中计算二重积分,可取面积微元为 $\mathrm{d}\sigma = \mathrm{d}x\mathrm{d}y$,故二重积分可以记为

$$\iint\limits_{D} f(x,y)\mathrm{d}\sigma = \iint\limits_{D} f(x,y)\mathrm{d}x\mathrm{d}y$$

根据二重积分的几何意义,当 $f(x,y) \geqslant 0$ 时,$\iint\limits_{D} f(x,y)\mathrm{d}\sigma$ 的值等于以 D 为底,以 $z = f(x,y)$ 为顶的曲顶柱体的体积。而此曲顶柱体的体积也可用"平行截面面积已知的立体体积"的方法来计算。

当 D 是 X-型区域时,如果取体积微元是以 $\mathrm{d}x$ 为高,$A(x)$ 为底的体积,就是 $\mathrm{d}V = A(x)\mathrm{d}x$,又由微元法有

$$A(x) = \int_{y_1(x)}^{y_2(x)} f(x,y)\mathrm{d}y$$

如图 9.7 所示。从而得到

$$V = \iint\limits_{D} f(x,y)\mathrm{d}\sigma = \int_a^b A(x)\mathrm{d}x = \int_a^b \left[\int_{y_1(x)}^{y_2(x)} f(x,y)\mathrm{d}y \right]\mathrm{d}x$$

$$\xlongequal{\text{记作}} \int_a^b \mathrm{d}x \int_{y_1(x)}^{y_2(x)} f(x,y)\mathrm{d}y \tag{9.1}$$

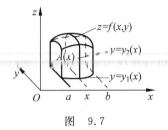

图 9.7

称式(9.1)为把二重积分化为了先对 y 后对 x 的二次积分,也叫累次积分。

【注】 在式(9.1)第一个积分 $\int_{y_1(x)}^{y_2(x)} f(x,y)\mathrm{d}y$ 中把 x 看作常数,对 y 计算从 $y_1(x)$ 到 $y_2(x)$ 的定积分,这时计算结果是一个 x 的函数;然后再计算第二次积分时,x 是积分变量,对 x 计算在 $[a,b]$ 上的定积分,计算结果是一个定值。

在上述讨论中,我们假定曲顶柱体的曲顶 $f(x,y) \geqslant 0$,但在一般情况下,$f(x,y)$ 取值任意时,式(9.1)同样成立。

类似地,如果区域 D 是 Y-型区域,则有

$$\iint\limits_{D} f(x,y)\mathrm{d}\sigma = \int_c^d \left[\int_{x_1(y)}^{x_2(y)} f(x,y)\mathrm{d}x \right]\mathrm{d}y$$

即

$$\iint\limits_{D} f(x,y)\mathrm{d}x\mathrm{d}y = \int_c^d \mathrm{d}y \int_{x_1(y)}^{x_2(y)} f(x,y)\mathrm{d}x \tag{9.2}$$

称为先对 x 后对 y 的二次积分。

【注】 二重积分化为二次积分时,两次积分的下限必须不大于上限,先对 y 积分的积分限中不能含有积分变量 y,后对 x 积分的积分限必定是常数。

注意:

(1) 若积分区域 D 既是 X-型又是 Y-型,则有

$$\iint\limits_{D} f(x,y)\mathrm{d}\sigma = \int_a^b \mathrm{d}x \int_{y_1(x)}^{y_2(x)} f(x,y)\mathrm{d}y = \int_c^d \mathrm{d}y \int_{x_1(y)}^{x_2(y)} f(x,y)\mathrm{d}x$$

这说明二次积分可交换积分次序。

(2) 若积分区域 D 是矩形:$a \leqslant x \leqslant b, c \leqslant y \leqslant d$,则有

$$\iint\limits_{D} f(x,y)\mathrm{d}\sigma = \int_a^b \mathrm{d}x \int_c^d f(x,y)\mathrm{d}y = \int_c^d \mathrm{d}y \int_a^b f(x,y)\mathrm{d}x$$

此时交换积分次序,积分限不变。

（3）若积分区域 D 既不是 X-型又不是 Y-型,可用平行于坐标轴的直线将 D 分成几个部分区域,使得每部分都属于 X-型或 Y-型,如此,D 上的积分就可化成各部分区域上积分的和,如图 9.8 所示。

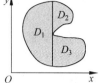

图 9.8

例 9.1　求二重积分 $\iint\limits_{D}(1-x-y)\mathrm{d}\sigma$,其中 D：$-1\leqslant x\leqslant 1$, $-2\leqslant y\leqslant 2$。

【解】　积分区域是矩形,积分变量 x,y 之间没有依赖关系,则先对 y 后对 x 积分,有

$$\iint\limits_{D}(1-x-y)\mathrm{d}\sigma=\int_{-1}^{1}\mathrm{d}x\int_{-2}^{2}(1-x-y)\mathrm{d}y=\int_{-1}^{1}4(1-x)\mathrm{d}x=8$$

先对 x 后对 y 积分,有

$$\iint\limits_{D}(1-x-y)\mathrm{d}\sigma=\int_{-2}^{2}\mathrm{d}y\int_{-1}^{1}(1-x-y)\mathrm{d}x=\int_{-2}^{2}2(1-y)\mathrm{d}y=8$$

例 9.2　计算 $\iint\limits_{D}x\mathrm{d}\sigma$,其中 D 是由直线 $y=1,x=2,y=2x$ 所围成的区域。

【分析】　二重积分化为二次积分的关键是根据区域确定二次积分的积分限。确定积分限时,请记住定限口诀:

后积先定限,域内划条线,先交是下限,后交是上限。

【解】　如图 9.9 所示,积分区域 D 是三角形,先对 y 后对 x 积分或者先对 x 后对 y 积分都是比较容易的。若将 D 表示成 X-型域,则 D：$\dfrac{1}{2}\leqslant x\leqslant 2,1\leqslant y\leqslant 2x$,于是有

$$\iint\limits_{D}x\mathrm{d}\sigma=\int_{\frac{1}{2}}^{2}\mathrm{d}x\int_{1}^{2x}x\mathrm{d}y=\int_{\frac{1}{2}}^{2}x(2x-1)\mathrm{d}x=\frac{27}{8}$$

若将 D 表示成 Y-型域,则 D：$1\leqslant y\leqslant 4,\dfrac{y}{2}\leqslant x\leqslant 2$,于是有

$$\iint\limits_{D}x\mathrm{d}\sigma=\int_{1}^{4}\mathrm{d}y\int_{\frac{y}{2}}^{2}x\mathrm{d}x=\int_{1}^{4}\left(2-\frac{y^2}{8}\right)\mathrm{d}y=\frac{27}{8}$$

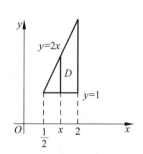 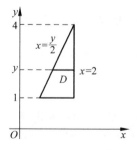

图 9.9

【练习】　计算 $\iint\limits_{D}xy\mathrm{d}x\mathrm{d}y$,其中 D：$x^2+y^2\leqslant 1,x\geqslant 0,y\geqslant 0$。

例 9.3　计算 $\iint\limits_{D}2xy\mathrm{d}x\mathrm{d}y$,其中 D 是抛物线 $y^2=x$ 及直线 $y=x-2$ 所围成的闭

区域。

【分析】 积分区域如图 9.10(a)所示,本题若按 X-型积分区域计算(即先对 y 积分后对 x 积分),就必须用线段将区域 D 分成 D_1 和 D_2 两部分,同时积分要分成两部分进行,这样计算起来要比较麻烦。如果按 Y-型积分区域计算(即先对 x 积分后对 y 积分),则计算会相对简单。

【解】 如图 9.10(b)所示,求出抛物线 $y^2=x$ 与直线 $y=x-2$ 的交点 $A(1,-1)$ 和 $B(4,2)$,积分区域 D 可表示为

$$D: \begin{cases} y^2 \leqslant x \leqslant y+2 \\ -1 \leqslant y \leqslant 2 \end{cases}$$

所以

$$\iint\limits_{D} 2xy\,\mathrm{d}\sigma = \int_{-1}^{2}\mathrm{d}y\int_{y^2}^{y+2} 2xy\,\mathrm{d}x = \int_{-1}^{2}(x^2 y)\Big|_{y^2}^{y+2}\,\mathrm{d}y$$

$$= \int_{-1}^{2}\big[y(y+2)^2 - y^5\big]\mathrm{d}y = \frac{45}{4}$$

【注】 积分次序选择的依据之一是积分区域分割越少越好,这样化成的二次积分部分也就越少,计算越简单。

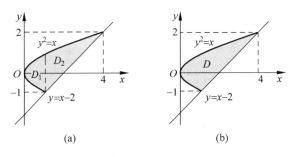

图　9.10

9.2.2　极坐标系下二重积分的计算

对于二重积分的积分区域为圆形、扇形、环形等情况,有时表示成 X-型域或者 Y-型域是比较复杂的,而在极坐标系下表示则比较简单。下面介绍这种计算方法。

在极坐标系中,积分区域 D 的分割可用下述两族曲线:一族是以极点为顶点的射线,一族是以极点为中心的同心圆,如图 9.11 所示。此时 $\mathrm{d}\sigma$ 是半径为 ρ 和 $\rho+\mathrm{d}\rho$ 的两圆弧与极角等于 θ 和 $\theta+\mathrm{d}\theta$ 的两条射线所形成的小区域,其面积(也用 $\mathrm{d}\sigma$ 来表示)近似于边长为 $\rho\mathrm{d}\theta$ 和 $\mathrm{d}\rho$ 的小矩形的面积,如图 9.12 所示,于是在极坐标中面积元素为 $\mathrm{d}\sigma=\rho\mathrm{d}\rho\mathrm{d}\theta$,再分别用 $x=\rho\cos\theta, y=\rho\sin\theta$ 代替被积函数 $f(x,y)$ 中的 x 和 y,便得到二重积分在极坐标系下的表达式

$$\iint\limits_{D} f(x,y)\,\mathrm{d}\sigma = \iint\limits_{D} f(\rho\cos\theta,\rho\sin\theta)\rho\,\mathrm{d}\rho\,\mathrm{d}\theta$$

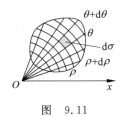

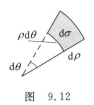

图 9.11   图 9.12

【注】 面积元素的极坐标形式中有一个因子 ρ,运用时切勿遗漏!

实际计算时,极坐标系下的二重积分,同样可以化成二次积分来计算,下面分三种情况讨论。

(1) 极点 O 在区域 D 之外,如图 9.13 所示。

设区域 D:$\rho_1(\theta) \leqslant \rho \leqslant \rho_2(\theta)$,$\alpha \leqslant \theta \leqslant \beta$,$\rho_1(\theta)$,$\rho_2(\theta)$ 在 $[\alpha,\beta]$ 上连续。先在 $[\alpha,\beta]$ 上任意取定一个 θ 值,对应于这个 θ 值,区域 D 上点 ρ 坐标从 $\rho_1(\theta)$ 变到 $\rho_2(\theta)$,则有

$$\iint\limits_{D} f(\rho\cos\theta,\rho\sin\theta)\rho\,\mathrm{d}\rho\,\mathrm{d}\theta = \int_{\alpha}^{\beta} \mathrm{d}\theta \int_{\rho_1(\theta)}^{\rho_2(\theta)} f(\rho\cos\theta,\rho\sin\theta)\rho\,\mathrm{d}\rho$$

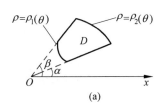

(a)

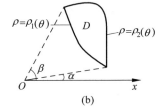

(b)

图 9.13

(2) 极点 O 在区域 D 的边界上,如图 9.14 所示。

此时 D:$0 \leqslant \rho \leqslant \rho(\theta)$,$\alpha \leqslant \theta \leqslant \beta$,则有

$$\iint\limits_{D} f(\rho\cos\theta,\rho\sin\theta)\rho\,\mathrm{d}\rho\,\mathrm{d}\theta = \int_{\alpha}^{\beta} \mathrm{d}\theta \int_{0}^{\rho(\theta)} f(\rho\cos\theta,\rho\sin\theta)\rho\,\mathrm{d}\rho$$

(3) 极点 O 在区域 D 的内部,如图 9.15 所示。

此时 D:$0 \leqslant \rho \leqslant \rho(\theta)$,$0 \leqslant \theta \leqslant 2\pi$,则有

$$\iint\limits_{D} f(\rho\cos\theta,\rho\sin\theta)\rho\,\mathrm{d}\rho\,\mathrm{d}\theta = \int_{0}^{2\pi} \mathrm{d}\theta \int_{0}^{\rho(\theta)} f(\rho\cos\theta,\rho\sin\theta)\rho\,\mathrm{d}\rho$$

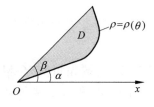

图 9.14

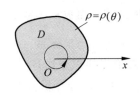

图 9.15

【注】 因为在极坐标系中,区域 D 的边界曲线方程通常总是用 $\rho=\rho(\theta)$ 来表示,即区域 $D:\rho_1(\theta)\leqslant\rho\leqslant\rho_2(\theta),\alpha\leqslant\theta\leqslant\beta$,所以一般是选择先积 ρ 后积 θ 的次序。先积 θ 后积 ρ 的次序不太常用。

例 9.4 计算二重积分 $\iint\limits_D \sqrt{x^2+y^2}\,\mathrm{d}x\mathrm{d}y$,其中 D 是由 $x^2+y^2=1$ 和 $x^2+y^2=4$ 所围成的环形区域在第一象限的部分。

【解】 极坐标系下 $x^2+y^2=\rho^2$,且 D 可表示为:$0\leqslant\theta\leqslant\dfrac{\pi}{2},1\leqslant\rho\leqslant2$,所以

$$\iint\limits_D \sqrt{x^2+y^2}\,\mathrm{d}x\mathrm{d}y = \int_0^{\frac{\pi}{2}}\mathrm{d}\theta\int_1^2 \rho\cdot\rho\mathrm{d}\rho = \int_0^{\frac{\pi}{2}}\frac{7}{3}\mathrm{d}\theta = \frac{7}{6}\pi$$

例 9.5 计算 $\iint\limits_D \mathrm{e}^{-x^2-y^2}\,\mathrm{d}\sigma$,$D$ 为圆域 $x^2+y^2\leqslant a^2$。

【解】 采用极坐标,则积分区域 $D:0\leqslant\theta\leqslant2\pi,0\leqslant\rho\leqslant a$,故有

$$\iint\limits_D \mathrm{e}^{-x^2-y^2}\,\mathrm{d}\sigma = \iint\limits_D \mathrm{e}^{-\rho^2}\rho\mathrm{d}\rho\mathrm{d}\theta = \int_0^{2\pi}\mathrm{d}\theta\int_0^a \mathrm{e}^{-\rho^2}\rho\mathrm{d}\rho$$

$$= \int_0^{2\pi}\left(-\frac{1}{2}\mathrm{e}^{-\rho^2}\right)\Big|_0^a\mathrm{d}\theta = \pi(1-\mathrm{e}^{-a^2})$$

【思考】 读者不妨用直角坐标来计算一下,看看运算过程将会变得怎样,并思考一下为什么本题适合用极坐标进行计算。

【练习】

(1) 计算二重积分 $\iint\limits_D xy^2\mathrm{d}\sigma$,其中 D 是单位圆在第一象限的部分。

(2) 计算二重积分 $\iint\limits_D x^2\mathrm{d}\sigma$,其中 D 是由 $x^2+y^2=\dfrac{1}{4}$ 和 $x^2+y^2=1$ 所围成的环形区域。

【思考】 在极坐标系下,积分区域有什么特点时两次积分的积分限都是常数?

由上述例题分析可见,能否成功地完成二重积分的计算,关键在于掌握以下计算二重积分的步骤:

(1) 作出积分区域 D 的图形,借助积分区域图可以选定合适的坐标系、积分顺序,明确是否使用对称性,更重要的是积分区域图有助于准确确定积分限。

(2) 充分利用奇偶对称性。

(3) 选择适当的坐标系。一般地,当积分区域 D 是圆域、圆环域或圆域、环域的一部分(例如扇形区域),而被积函数形如 $f(x,y)=f(x^2+y^2)$ 或 $f\left(\dfrac{y}{x}\right)$ 时,采用极坐标系较为简单,其余多采用直角坐标系。

(4) 选择恰当的积分次序。一般地,在直角坐标系,X-型域先积 y,Y-型域先积 x;在极坐标下,先积 ρ。选择积分次序的原则是使计算尽量简单,积分区域分块要少,累次积分好算为妙。

(5) 确定正确的积分限。请牢记定限口诀:后积先定限,域内划条线,先交是下限,

后交是上限。

特别注意,先积分变量的积分上下限通常是后积分的变量的函数(个别情况为常数),而后积分的变量的积分上下限一定是常数,二重积分最后的结果是一个数值。

9.2.3 利用对称性计算二重积分

当积分区域或被积函数具有某种对称性时,利用对称性计算二重积分,能够极大地减少计算量。对称性包括奇偶对称性和轮换对称性。

例 9.6 计算二重积分 $\iint\limits_{D}(xe^{\cos x}+x^2y^3)d\sigma$,其中积分区域 D:$|x|+|y|\leqslant 1$。

【解】 积分区域如图 9.16 所示,由于积分区域关于 y 轴对称,而被积函数 $xe^{\cos x}$ 关于 x 是奇函数,又 D 关于 x 轴对称,x^2y^3 关于 y 是奇函数,利用奇偶对称性可知,原积分 $I=0$。

【练习】 计算二重积分 $\iint\limits_{D}(x^3-2x+y^5+3y+2)d\sigma$,其中积分区域 D:$x^2+y^2\leqslant 4$。

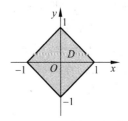

图 9.16

坐标的轮换对称性,简单的说就是将坐标轴重新命名,如果积分区域的函数表达式不变,则被积函数中的 x,y,z 也同样作变化后,积分值保持不变。

例 9.7 计算二重积分 $I=\iint\limits_{D}\dfrac{x^2}{x^2+y^2}dxdy$,其中 D:$x^2+y^2\leqslant 1$。

【解】 积分区域 D 关于变量 x,y 具有轮换对称性,因此

$$\iint\limits_{D}\frac{x^2}{x^2+y^2}dxdy=\iint\limits_{D}\frac{y^2}{x^2+y^2}dxdy$$

原积分

$$I=\frac{1}{2}\left(\iint\limits_{D}\frac{x^2}{x^2+y^2}dxdy+\iint\limits_{D}\frac{y^2}{x^2+y^2}dxdy\right)=\frac{\pi}{2}$$

9.3 三重积分的计算

9.3.1 直角坐标系下三重积分的计算

与二重积分计算类似,三重积分的计算是化三重积分为定积分与二重积分,从而进一步将三重积分化为三次定积分。关键是根据积分区域 Ω 来确定三次积分的积分次序与积分上、下限。

(一)投影法("先一后二"法)

三重积分的计算主要是找体积微元 dV。如果积分和的极限存在,在直角坐标系下,用平行于坐标面的三组平面来分割区域 Ω,于是在直角坐标系下体积元素可取为 $dV=dxdydz$,故

$$\iiint\limits_{\Omega} f(x,y,z)\mathrm{d}V = \iiint\limits_{\Omega} f(x,y,z)\mathrm{d}x\mathrm{d}y\mathrm{d}z$$

二重积分化为二次积分来计算,并且根据积分区域(平面区域)来确定二次积分的上、下限。同样三重积分化为三次积分来计算,并且根据积分区域(空间区域)来确定三次积分的上、下限。下面介绍把三重积分化为三次积分的方法,关键是确定三次积分的积分次序与积分上、下限。

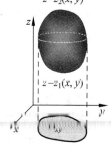

图　9.17

设函数 $f(x,y,z)$ 在空间区域 Ω 上连续。如图 9.17 所示,平行于 z 轴的任何直线与 Ω 的边界曲面的交点不多于两个,且 Ω 在 xOy 面上的投影 D_{xy} 是一个有界闭区域。以 D_{xy} 的边界曲线为准线作母线平行于 z 轴的柱面,此柱面与区域 Ω 的交线将 Ω 的边界曲面分为上、下两部分,设其方程分别为 $z=z_1(x,y)$, $z=z_2(x,y)$, z_1,z_2 都在 D_{xy} 上连续,且 $z_1(x,y) \leqslant z_2(x,y)$。先将 x,y 看作常数,函数 $f(x,y,z)$ 在 $[z_1(x,y),z_2(x,y)]$ 上对 z 积分,其结果为 x,y 的函数,记为

$$F(x,y) = \int_{z_1(x,y)}^{z_2(x,y)} f(x,y,z)\mathrm{d}z$$

然后再按二重积分的计算方法计算 $F(x,y)$ 在 D_{xy} 上的二重积分,则

$$\iiint\limits_{\Omega} f(x,y,z)\mathrm{d}x\mathrm{d}y\mathrm{d}z = \iint\limits_{D_{xy}} F(x,y)\mathrm{d}x\mathrm{d}y$$

$$= \iint\limits_{D_{xy}} \left[\int_{z_1(x,y)}^{z_2(x,y)} f(x,y,z)\mathrm{d}z \right] \mathrm{d}x\mathrm{d}y \tag{9.3}$$

这种方法是将三重积分化为先定积分后二重积分来进行计算,因此叫做"先一后二"法也称为"投影法"。

如果 D_{xy} 可以用不等式组 $y_1(x) \leqslant y \leqslant y_2(x)$, $a \leqslant x \leqslant b$ 来表示,则可将二重积分化为先 y 后 x 的二次积分,于是得到三重积分的计算公式

$$\iiint\limits_{\Omega} f(x,y,z)\mathrm{d}x\mathrm{d}y\mathrm{d}z = \int_a^b \mathrm{d}x \int_{y_1(x)}^{y_2(x)} \mathrm{d}y \int_{z_1(x,y)}^{z_2(x,y)} f(x,y,z)\mathrm{d}z \tag{9.4}$$

这样,就把三重积分化为先对 z 积分,后对 y 积分,最后对 x 的三次积分。

如果 D_{xy} 可以用不等式组 $x_1(y) \leqslant x \leqslant x_2(y)$, $c \leqslant y \leqslant d$ 来表示,则可将二重积分化为先 x 后 y 的二次积分,于是得到三重积分的计算公式

$$\iiint\limits_{\Omega} f(x,y,z)\mathrm{d}x\mathrm{d}y\mathrm{d}z = \int_c^d \mathrm{d}y \int_{x_1(y)}^{x_2(y)} \mathrm{d}x \int_{z_1(x,y)}^{z_2(x,y)} f(x,y,z)\mathrm{d}z \tag{9.5}$$

这样,就把三重积分化为先对 z 积分,后对 x 积分,最后对 y 的三次积分。

【注】　有时为了计算方便,也可以将 Ω 投影到 xoz 面或 yoz 面上,计算方法与上述类似,不再重述。

例 9.8　计算 $\iiint\limits_{\Omega} x\mathrm{d}x\mathrm{d}y\mathrm{d}z$,其中 Ω 由三个坐标平面及平面 $x+y+z=1$ 所围成。

【解】　首先画出积分区域 Ω,如图 9.18 所示。显然,Ω 可以看作是一个上曲面为 $z=1-x-y$,下曲面为 $z=0$ 的柱体,Ω 在 xOy 面的投影区域 D_{xy} 可表示为 $0 \leqslant y \leqslant 1-x$,

$0 \leqslant x \leqslant 1$，所以

$$\iiint\limits_{\Omega} x \mathrm{d}x \mathrm{d}y \mathrm{d}z = \iint\limits_{D_{xy}} \mathrm{d}x \mathrm{d}y \int_0^{1-x-y} x \mathrm{d}z = \iint\limits_{D_{xy}} x(1-x-y)\mathrm{d}x \mathrm{d}y$$

$$= \int_0^1 x \mathrm{d}x \int_0^{1-x}(1-x-y)\mathrm{d}y$$

$$= \frac{1}{2}\int_0^1 (x - 2x^2 + x^3)\mathrm{d}x = \frac{1}{24}$$

例 9.9　计算三重积分 $I = \iiint\limits_{\Omega} z \mathrm{d}x \mathrm{d}y \mathrm{d}z$，其中 Ω 是上半球体：$x^2 + y^2 + z^2 \leqslant a^2, z \geqslant 0$。

【解】　如图 9.19 所示，积分区域在 xOy 平面的投影区域 D：$x^2 + y^2 \leqslant a^2$。Ω 由曲面 $z = 0$ 与 $z = \sqrt{a^2 - x^2 - y^2}$ 围成，因此有

$$I = \iiint\limits_{\Omega} z \mathrm{d}x \mathrm{d}y \mathrm{d}z = \iint\limits_{D} \mathrm{d}x \mathrm{d}y \int_0^{\sqrt{a^2 - x^2 - y^2}} z \mathrm{d}z = \iint\limits_{D} \frac{1}{2}(a^2 - x^2 - y^2)\mathrm{d}x \mathrm{d}y$$

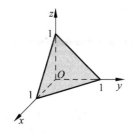
图　9.18

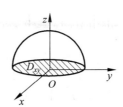
图　9.19

再利用极坐标计算此二重积分得

$$I = \frac{1}{2}\int_0^{2\pi} \mathrm{d}\theta \int_0^a (a^2 - \rho^2)\rho \mathrm{d}\rho = \pi\left(\frac{1}{2}a^2\rho^2 - \frac{1}{4}\rho^4\right)\Big|_0^a = \frac{1}{4}\pi a^4$$

（二）截面法（"先二后一"法）

截面法与投影法的计算顺序恰好相反，即先二重积分再定积分，简称"先二后一"法。

假设积分区域 Ω 如图 9.20 所示，Ω 由两平面 $z = c, z = d$ 夹住，截面法的具体步骤为：

第一步：作积分区域 Ω 的图形，把 Ω 投影到 z 轴上，得到一个投影区间 $[c, d]$。

第二步：在区间 $[c, d]$ 内任意一点 z 处，作平行于 xOy 面的平面，截区域 Ω 得一平面截面 $D(z)$。固定 z，先求 $D(z)$ 上的二重积分

$$\iint\limits_{D(z)} f(x, y, z)\mathrm{d}x \mathrm{d}y$$

得到结果为 z 的函数。

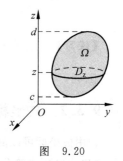
图　9.20

第三步：在区间 $[c, d]$ 上对 z 求定积分，

$$\int_c^d \mathrm{d}z \iint\limits_{D(z)} f(x, y, z)\mathrm{d}x \mathrm{d}y$$

这样就将三重积分化为先二重积分后定积分的方法来进行计算,即

$$\iiint\limits_{\Omega} f(x,y,z)\mathrm{d}x\mathrm{d}y\mathrm{d}z = \int_c^d \mathrm{d}z \iint\limits_{D(z)} f(x,y,z)\mathrm{d}x\mathrm{d}y \tag{9.6}$$

这种方法称为"先二后一"法也称为"截面法"。

【注】 对被积函数只含变量 z 的积分 $\iiint\limits_{\Omega} f(z)\mathrm{d}x\mathrm{d}y\mathrm{d}z$ 或者二重积分 $\iint\limits_{D(z)} f(x,y,z)\mathrm{d}x\mathrm{d}y$ 容易积分,并且截面面积易求时使用截面法。利用截面法可直接将三重积分化为定积分,因而计算十分简便。

例 9.10 用"截面法"计算例 9.9。

【解】 如图 9.21 所示,积分区域 Ω 在 z 轴上的投影区间为 $[0,a]$,对于 $[0,a]$ 中任一点 z,做平面 $z=z$ 与球面的截面 $D(z)$ 为圆域 $x^2+y^2 \leqslant a^2-z^2$,则

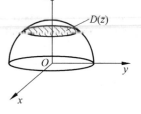

$$\iint\limits_{D(z)} \mathrm{d}x\mathrm{d}y = \pi(a^2-z^2)$$

于是

$$\iiint\limits_{\Omega} z\,\mathrm{d}x\mathrm{d}y\mathrm{d}z = \int_0^a z\,\mathrm{d}z \iint\limits_{D(z)} \mathrm{d}x\mathrm{d}y = \int_0^a \pi z(a^2-z^2)\mathrm{d}z = \frac{1}{4}\pi a^4$$

图 9.21

例 9.11 计算 $\int_0^1 \mathrm{d}x \int_0^{1-x} \mathrm{d}y \int_{x+y}^1 \frac{\sin z}{z}\mathrm{d}z$。

【解】 根据三次积分的上下限找出积分区域 Ω,它是由 $z=x+y$,$x=0$,$y=0$ 和 $z=1$ 所围成的区域,如图 9.22 所示。Ω 在 z 轴上的投影区间为 $[0,1]$,对 $[0,1]$ 上的任一点,区域 Ω 内相应的截面 $D(z)$ 为一个三角形区域,其斜边为 $z=x+y$,面积为 $\frac{1}{2}z^2$。于是可得

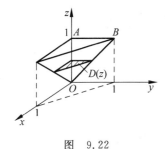

图 9.22

$$\int_0^1 \mathrm{d}x \int_0^{1-x} \mathrm{d}y \int_{x+y}^1 \frac{\sin z}{z}\mathrm{d}z = \int_0^1 \frac{\sin z}{z}\mathrm{d}z \iint\limits_{D(z)} \mathrm{d}x\mathrm{d}y$$

$$= \int_0^1 \frac{1}{2}z\sin z\,\mathrm{d}z = \frac{1}{2}(\sin 1 - \cos 1)$$

【练习】 计算三重积分 $I = \iiint\limits_{\Omega}(1+z^2)\mathrm{d}x\mathrm{d}y\mathrm{d}z$,其中 Ω 由曲面 $z^2=x^2+y^2$,$z=1$,$z=2$ 围成。

9.3.2 柱坐标系下三重积分的计算

利用极坐标可以简化一些二重积分的计算,同样,三重积分也可以用柱坐标(如图 9.23 所示)和球坐标来简化计算。

在计算三重积分时,当被积函数具有特点:

$$f(x,y,z) = F(x^2+y^2,z) \qquad f(x,y,z) = F\left(\arctan\frac{y}{x},z\right)$$

并且积分区域 Ω 的投影区域是圆形、圆柱形、扇形、弓形时,一般使用柱坐标相对简便。

下面介绍在柱坐标下如何计算三重积分。

用柱坐标计算三重积分,关键是求柱坐标中的体积微元 dV。用三组坐标面(如图 9.24 所示)ρ＝常数、θ＝常数、z＝常数,把 Ω 分成许多小闭区域,除了靠近 Ω 的边界曲面的一些不规则小闭区域外,这种小区域都是柱体,如图 9.25 所示。

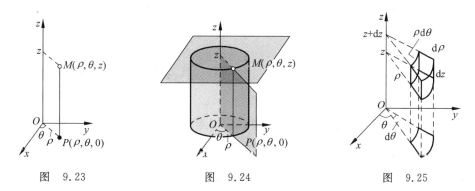

图 9.23   图 9.24   图 9.25

现考虑由 ρ,θ,z 各取得微小增量 $d\rho,d\theta,dz$ 所成的柱体的体积,这个体积等于高与底面积的乘积,现在高为 dz,底面积在不计高阶无穷小时为 $\rho d\rho d\theta$(即极坐标中的面积元素),于是得 $dV=\rho d\rho d\theta dz$,从而有

$$\iiint f(x,y,z)dV = \iiint f(\rho\cos\theta,\rho\sin\theta,z)\rho d\rho d\theta dz$$

按照直角坐标系中化三重积分为三次积分的方法,可将上式化为对 ρ,θ,z 的三次积分。

【注】 柱坐标下三重积分化为三次积分的次序一般是:先对 z 积分,再对 ρ 积分,最后对 θ 积分。

此外,用柱面坐标进行计算时,应将 Ω 的边界曲面的直角坐标系下的方程转化为柱面坐标下的方程。例如,下列曲面的直角方程在柱坐标系中对应的方程为

(1) $x^2+y^2=a^2 \Leftrightarrow \rho=a$ （圆柱面）

(2) $x^2+y^2+z^2=a^2 \Leftrightarrow \rho^2+z^2=a^2$ （球面）

(3) $x^2+y^2=z \Leftrightarrow z=\rho^2$ （旋转抛物面）

(4) $x^2+(y-a)^2+z^2=a^2 \Leftrightarrow x^2+y^2+z^2=2ay \Leftrightarrow \rho^2+z^2=2a\rho\sin\theta$ （球面）

如图 9.26～图 9.29 所示。

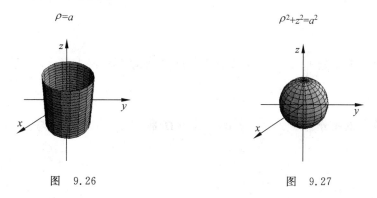

图 9.26   图 9.27

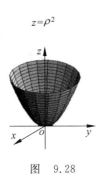

$z=\rho^2$

图 9.28

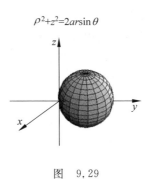

$\rho^2+z^2=2ar\sin\theta$

图 9.29

例 9.12 计算三重积分 $\iiint\limits_{\Omega}\sqrt{x^2+y^2}\,dV$，其中 Ω 是由圆锥面 $z=\sqrt{x^2+y^2}$ 与平面 $z=h(h>0)$ 所围成的区域。

【解】 积分区域如图 9.30 所示。采用柱坐标，则圆锥面 $z=\sqrt{x^2+y^2}$ 的柱面方程为 $z=\rho$，积分区域 Ω 可用不等式组

$$0\leqslant\theta\leqslant 2\pi,\quad 0\leqslant\rho\leqslant h,\quad \rho\leqslant z\leqslant h$$

表示，所以

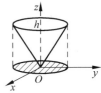

图 9.30

$$\iiint\limits_{\Omega}\sqrt{x^2+y^2}\,dV=\int_0^{2\pi}d\theta\int_0^h\rho^2\,d\rho\int_\rho^h dz=2\pi\int_0^h\rho^2(h-\rho)\,d\rho=\frac{\pi}{6}h^4。$$

例 9.13 计算 $\iiint\limits_{\Omega}(x^2+y^2)\,dV$，其中 Ω 为旋转抛物面 $z=x^2+y^2$ 与平面 $z=1$ 所围成的立体。

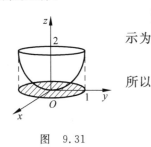

图 9.31

【解】 积分区域如图 9.31 所示，在柱坐标下，积分区域 Ω 可表示为

$$0\leqslant\theta\leqslant 2\pi,\quad 0\leqslant\rho\leqslant 1,\quad \rho^2\leqslant z\leqslant 1$$

所以

$$\iiint\limits_{\Omega}(x^2+y^2)\,dV=\int_0^{2\pi}d\theta\int_0^1\rho^2\cdot\rho\,d\rho\int_{\rho^2}^1 dz$$

$$=2\pi\int_0^1\rho^3(1-\rho^2)\,d\rho=\frac{\pi}{6}$$

【练习】

(1) 计算三重积分 $\iiint\limits_{\Omega}(x^2+y^2)\,dV$，其中 Ω 是由圆柱面 $x^2+y^2=1$ 与平面 $z=0,z=2$ 所围成的区域。

(2) 计算三重积分 $\iiint\limits_{\Omega}z\sqrt{x^2+y^2}\,dV$，其中 Ω 是曲面 $z=x^2+y^2$ 与 $z=2-\sqrt{x^2+y^2}$ 围成的区域。

9.3.3 利用对称性计算三重积分

三重积分的对称性有**变量轮换对称性**和**奇偶对称性**。在三重积分计算中,当积分区域或被积函数具有某种对称性时,若利用对称性进行合理地搭配,就能变难为易,简化解题过程,提高解题效率。

例 9.14 计算三重积分 $\iiint\limits_{\Omega}(x^3+y^2z+y^7+z^5)\mathrm{d}V$,其中积分区域为球体 $\Omega: x^2+y^2+z^2\leqslant1$。

【解】 如图 9.32 所示,由于积分区域关于 xOy 面对称,而被积函数 y^2z+z^5 关于 z 是奇函数,又 Ω 关于 yOz 面对称,x^3 关于 x 是奇函数,最后 Ω 关于 xOz 面对称,y^7 关于 y 是奇函数,故原积分 $I=0$。

例 9.15 计算三重积分 $\iiint\limits_{\Omega}\dfrac{z\ln(x^2+y^2+z^2+1)}{x^2+y^2+z^2+1}\mathrm{d}V$,其中 Ω 是球体 $x^2+y^2+z^2\leqslant1$。

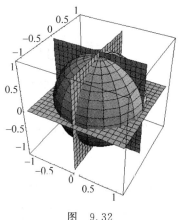

图 9.32

【解】 因为积分区域关于 xOy 面对称,而被积函数关于变量 z 为奇函数,根据奇偶对称性可得 $I=0$。

例 9.16 计算 $I=\iiint\limits_{\Omega}(ax+by+cz)\mathrm{d}V$,其中 $\Omega: x^2+y^2+z^2\leqslant2z$。

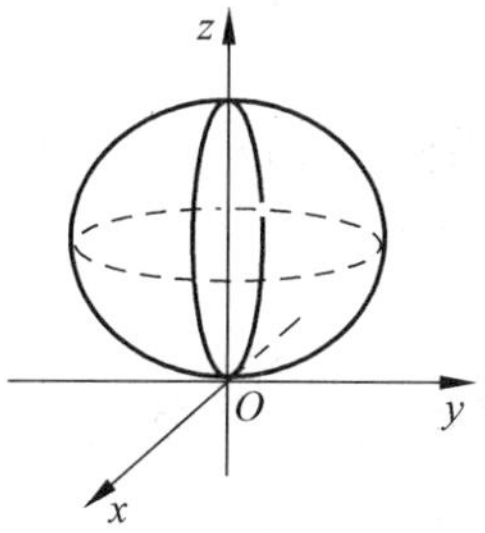

图 9.33

【解】 如图 9.33 所示,因为 Ω 关于平面 $x=0,y=0$ 都对称,函数 ax,by 分别关于 x 和 y 为奇函数,则 $\iiint\limits_{\Omega}ax\mathrm{d}V=\iiint\limits_{\Omega}by\mathrm{d}V=0$,于是

$$I=c\iiint\limits_{\Omega}z\mathrm{d}V=c\int_0^2z\mathrm{d}z\iint\limits_{x^2+y^2\leqslant2z-z^2}\mathrm{d}x\mathrm{d}y$$

$$=c\pi\int_0^2(2z^2-z^3)\mathrm{d}z=\frac{4}{3}c\pi$$

例 9.17 计算三重积分 $\iiint\limits_{\Omega}(x+y+z)\mathrm{d}V$,其中 $\Omega: x^2+y^2+z^2\leqslant R^2$ $(x\geqslant0,y\geqslant0,z\geqslant0)$。

【解】 根据变量轮换对称性,有

$$\iiint\limits_{\Omega}x\mathrm{d}V=\iiint\limits_{\Omega}y\mathrm{d}V=\iiint\limits_{\Omega}z\mathrm{d}V$$

设 $D(z): x^2+y^2\leqslant R^2-z^2$ $(x\geqslant0,y\geqslant0)$,则

$$\iiint\limits_{\Omega}(x+y+z)\mathrm{d}V=3\iiint\limits_{\Omega}z\mathrm{d}V=3\int_0^R z\mathrm{d}z\iint\limits_{D(z)}\mathrm{d}x\mathrm{d}y$$

$$=\frac{3}{4}\int_0^R z\pi(R^2-z^2)\mathrm{d}z=\frac{3}{16}\pi R^4$$

【注】 使用对称性来简化重积分的计算,能够使重积分计算过程更方便,更简单,在重积分计算中具有很好的应用价值。

方法纵横

9.4　二重积分的计算方法拓展

（一）利用性质计算二重积分

在二重积分的计算过程中,巧妙的利用性质进行计算常能化难为易,简化计算。

例 9.18　比较下列积分的大小

$$I_1 = \iint\limits_D (x+y)^2 \, d\sigma, \quad I_2 = \iint\limits_D (x+y)^3 \, d\sigma$$

其中积分区域 D: $(x-2)^2+(y-1)^2 \leqslant 2$。

【解】　利用保序性进行比较,无需计算积分的值,简单易行。

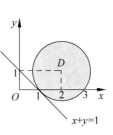

如图 9.34 所示,积分域 D 的边界为圆周 $(x-2)^2+(y-1)^2=2$,它与 x 轴交于点 $(1,0)$ 与直线 $x+y=1$ 相切,而区域 D 位于直线的上方,故在 D 上 $x+y \geqslant 1$,从而 $(x+y)^2 \leqslant (x+y)^3$,故有

$$\iint\limits_D (x+y)^2 \, d\sigma \leqslant \iint\limits_D (x+y)^3 \, d\sigma$$

图　9.34

【练习】　(1) 比较二重积分 $\iint\limits_D e^{x^2+y^2} \, d\sigma$ 与 $\iint\limits_D e^{(x^2+y^2)^2} \, d\sigma$ 的大小,其中积分区域 D: $x^2+y^2 \leqslant 1$。

(2) 二重积分

$$I_1 = \iint\limits_D \ln^3(x+y) \, dx dy, \quad I_2 = \iint\limits_D (x+y)^3 \, dx dy, \quad I_3 = \iint\limits_D [\sin(x+y)]^3 \, dx dy$$

其中 D 由 $x=0, y=0, x+y=\dfrac{1}{2}$ 和 $x+y=1$ 围成,试比较 I_1, I_2, I_3 之间的大小顺序。

例 9.19　估计积分 $\iint\limits_D (\cos y^2 + \sin x^2) \, dx dy$ 的值,其中 D 是正方形 $[0,1] \times [0,1]$。

【解】　区域 D 具有轮换对称性,故有

$$\iint\limits_D \cos y^2 \, dx dy = \iint\limits_D \cos x^2 \, dx dy$$

于是

$$\iint\limits_D (\cos y^2 + \sin x^2) \, dx dy = \iint\limits_D (\cos x^2 + \sin x^2) \, dx dy$$

因为 $\cos x^2 + \sin x^2 = \sqrt{2} \sin\left(x^2 + \dfrac{\pi}{4}\right)$, $0 \leqslant x^2 \leqslant 1$,所以

$$\frac{1}{\sqrt{2}} \leqslant \sin\left(x^2 + \frac{\pi}{4}\right) \leqslant 1$$

从而 $1 \leqslant \sqrt{2} \sin\left(x^2 + \dfrac{\pi}{4}\right) \leqslant \sqrt{2}$,因此

$$1 \leqslant \iint\limits_{D}(\cos y^2 + \sin x^2)\mathrm{d}x\mathrm{d}y \leqslant \sqrt{2}\iint\limits_{D}\mathrm{d}x\mathrm{d}y = \sqrt{2}$$

例 9.20 设 $f(x,y)$ 在区域 $D: x^2 + y^2 \leqslant t^2$ 上连续,则当 $t \to 0$ 时,求

$$\lim_{t \to 0} \frac{1}{\pi t^2}\iint\limits_{D}f(x,y)\mathrm{d}x\mathrm{d}y$$

【解】 利用积分中值定理:$\iint\limits_{D}f(x,y)\mathrm{d}x\mathrm{d}y = \pi t^2 f(\xi,\eta)$,其中 (ξ,η) 为 D 内一点,显然,当 $t \to 0$ 时,$(\xi,\eta) \to (0,0)$。由 $f(x,y)$ 的连续性得

$$\lim_{t \to 0} \frac{1}{\pi t^2}\iint\limits_{D}f(x,y)\mathrm{d}x\mathrm{d}y = \lim_{t \to 0}f(\xi,\eta) = f(0,0)$$

例 9.21 计算 $I = \iint\limits_{D}x[1 + yf(x^2 + y^2)]\mathrm{d}x\mathrm{d}y$,其中 D 由 $y = x^3, y = 1, x = -1$ 所围成,f 是 D 上的连续函数。

【解】 积分区域本身不具有对称性,但若添加辅助线 $y = -x^3$,将区域 D 分成两部分 D_1 和 D_2,如图 9.35 所示,则

$$I = \iint\limits_{D_1}x[1 + yf(x^2 + y^2)]\mathrm{d}x\mathrm{d}y$$

$$+ \iint\limits_{D_2}x[1 + yf(x^2 + y^2)]\mathrm{d}x\mathrm{d}y$$

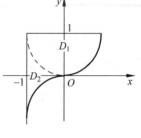

图 9.35

其中 D_1:关于 y 轴对称,故

$$\iint\limits_{D_1}x[1 + yf(x^2 + y^2)]\mathrm{d}x\mathrm{d}y = 0$$

D_2:关于 x 轴对称,故

$$\iint\limits_{D_2}x[1 + yf(x^2 + y^2)]\mathrm{d}x\mathrm{d}y = \iint\limits_{D_2}x\mathrm{d}x\mathrm{d}y = \int_{-1}^{0}\mathrm{d}x\int_{x^3}^{-x^3}x\mathrm{d}y = -\frac{2}{5}$$

【注】 利用对称性计算二重积分,要同时考虑被积函数的奇偶性和积分区域的对称性,不能只注意积分区域关于坐标轴的对称性,而忽视了被积函数应具有相应的奇偶性。

(二)积分次序的选取问题

有时为了计算简便,需要将一种二次积分的积分次序更换为另一种积分次序,其关键步骤为:

(1) 由所给累次积分的积分限画出积分区域 D 的图形;

(2) 交换积分次序,按照新积分次序重新将积分区域 D 表示成另一种联立不等式。

例 9.22 交换积分 $\int_0^1\mathrm{d}y\int_0^{y^2}f(x,y)\mathrm{d}x + \int_1^2\mathrm{d}y\int_0^{\sqrt{1-(y-1)^2}}f(x,y)\mathrm{d}x$ 的积分次序。

【解】 观察两个积分的上、下限,它们的积分区域可分别用联立不等式表示为

$$D_1 : \begin{cases} 0 \leqslant y \leqslant 1 \\ 0 \leqslant x \leqslant y^2 \end{cases} \quad 和 \quad D_2 : \begin{cases} 1 \leqslant y \leqslant 2 \\ 0 \leqslant x \leqslant \sqrt{1-(y-1)^2} \end{cases}$$

由此可知,$D = D_1 \bigcup D_2$ 是由曲线 $y^2 = x, x^2 + (y-1)^2 = 1$ 及 $x = 0$ 所围成的,如图 9.36 所示。D 可表示为 X-型域

$$D : \begin{cases} 0 \leqslant x \leqslant 1 \\ \sqrt{x} \leqslant y \leqslant 1 + \sqrt{1-x^2} \end{cases}$$

于是

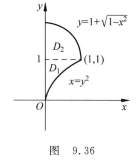

图　9.36

$$\int_0^1 \mathrm{d}y \int_0^{y^2} f(x,y) \mathrm{d}x + \int_1^2 \mathrm{d}y \int_0^{\sqrt{1-(y-1)^2}} f(x,y) \mathrm{d}x$$

$$= \int_0^1 \mathrm{d}x \int_{\sqrt{x}}^{1+\sqrt{1-x^2}} f(x,y) \mathrm{d}y$$

在二重积分的计算中,有时被积函数对某个变量的积分的原函数可能不是初等函数,因此积分次序的选取在二重积分化为二次积分时是关键的。选择积分先后顺序的依据有两条:一是积分区域被分割得越少越好;二是看被积函数先对哪个自变量的积分比较简单、容易。

一般地,遇到如下形式的积分:$\int \dfrac{\sin x}{x} \mathrm{d}x, \int \sin x^2 \mathrm{d}x, \int \cos x^2 \mathrm{d}x, \int \mathrm{e}^{\frac{y}{x}} \mathrm{d}x, \int \mathrm{e}^{x^2} \mathrm{d}x, \int \dfrac{1}{\ln x} \mathrm{d}x$ 等,一定要将其放在后面积分。

例 9.23　计算 $\iint\limits_D \dfrac{\sin y}{y} \mathrm{d}x \mathrm{d}y$,$D$ 是由直线 $y = x$ 及抛物线 $x = y^2$ 所围成的区域。

【分析】　如图 9.37 所示,若按 X-型区域计算,此时区域 D 可表示成

$$D : x \leqslant y \leqslant \sqrt{x}, \quad 0 \leqslant x \leqslant 1$$

则有

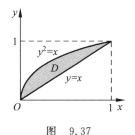

图　9.37

$$\iint\limits_D \dfrac{\sin y}{y} \mathrm{d}x \mathrm{d}y = \int_0^1 \mathrm{d}x \int_x^{\sqrt{x}} \dfrac{\sin y}{y} \mathrm{d}y$$

由于被积函数 $\dfrac{\sin y}{y}$ 的原函数不能用初等函数表示,积分无法进行。

【解】　由上述分析可知,只能选择按 Y 型域进行计算,则

$$D : y^2 \leqslant x \leqslant y, \quad 0 \leqslant y \leqslant 1,$$

故

$$\iint\limits_D \dfrac{\sin y}{y} \mathrm{d}x \mathrm{d}y = \int_0^1 \mathrm{d}y \int_{y^2}^y \dfrac{\sin y}{y} \mathrm{d}x$$

$$= \int_0^1 \dfrac{\sin y}{y} (y - y^2) \mathrm{d}y$$

$$= \int_0^1 \sin y \mathrm{d}y - \int_0^1 y \sin y \mathrm{d}y$$

$$= (-\cos y)\Big|_0^1 - (-y\cos y + \sin y)\Big|_0^1 = 1 - \sin 1$$

【练习】 计算 $\iint\limits_D e^{-y^2} dxdy$，其中 D 由直线 $y = x, y = 1$ 与 y 轴所围成。

【注】 选择积分顺序应充分考虑积分区域的形状和被积函数的形式。积分顺序选择不当，有时会导致计算复杂或无法进行。

例 9.24 计算积分 $\iint\limits_D x^2 e^{-y^2} dxdy$，其中 D 是以 $(0,0),(1,1),(0,1)$ 为顶点的三角形。

【解】 因为 $\int e^{-y^2} dy$ 不能用有限形式表示出其结果，所以不能先积分，故

$$\iint\limits_D x^2 e^{-y^2} dxdy = \int_0^1 e^{-y^2} dy \int_0^y x^2 dx = \frac{1}{3} \int_0^1 y^3 e^{-y^2} dy$$

$$= -\frac{1}{6} \int_0^1 y^2 d(e^{-y^2}) = \frac{1}{6}\left(1 - \frac{2}{e}\right)$$

（三）坐标系的选取问题

例 9.25 计算 $\int_0^a dx \int_{-x}^{-a+\sqrt{a^2-x^2}} \dfrac{dy}{\sqrt{x^2+y^2} \cdot \sqrt{4a^2 - x^2 - y^2}}$ $(a > 0)$。

【解】 该二次积分直接计算较复杂，交换积分次序之后仍然比较复杂。根据被积函数和积分区域的特点，可以考虑化为极坐标下的二次积分来计算。如图 9.38 所示，所给积分区域 D 可表示为

$$D: \begin{cases} 0 \leqslant \rho \leqslant -2a\sin\theta \\ -\dfrac{\pi}{4} \leqslant \theta \leqslant 0 \end{cases}$$

于是

$$原式 = \int_{-\frac{\pi}{4}}^0 d\theta \int_0^{-2a\sin\theta} \frac{1}{\sqrt{4a^2 - \rho^2}} d\rho = \int_{-\frac{\pi}{4}}^0 \arcsin\frac{\rho}{2a}\Big|_0^{-2a\sin\theta} d\theta$$

$$= \int_{-\frac{\pi}{4}}^0 (-\theta) d\theta = \frac{\pi^2}{32}$$

例 9.26 计算广义积分 $I = \int_0^{+\infty} e^{-x^2} dx$。

【解】 本题若用直角坐标计算，这个积分是"积不出"的。如图 9.39 所示，根据积分的变量不变性，利用二重积分，并选择极坐标进行计算，有

$$I^2 = \int_0^{+\infty} e^{-x^2} dx \int_0^{+\infty} e^{-y^2} dy = \int_0^{+\infty}\int_0^{+\infty} e^{-x^2-y^2} dxdy$$

$$= \int_0^{\frac{\pi}{2}} d\theta \int_0^{+\infty} e^{-\rho^2} \rho d\rho = \frac{\pi}{2}\left(-\frac{e^{-\rho^2}}{2}\right)\Big|_0^{+\infty} = \frac{\pi}{4}$$

故

$$I = \int_0^{+\infty} e^{-x^2} dx = \frac{\sqrt{\pi}}{2}（概率积分）$$

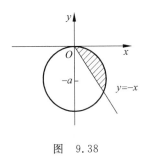

图 9.38

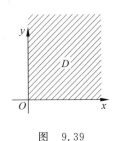

图 9.39

（四）几种特殊积分区域下的二重积分

对于某些形式的二重积分，其积分区域的边界曲线用直角坐标方程表示比较复杂，例如双纽线、心脏线等，而在极坐标系下的方程则相对简单。或者被积函数用极坐标表示能使计算简便，因此选用极坐标系进行计算。

例 9.27 求曲线 $\rho = 2\sin\theta$ 与直线 $\theta = \dfrac{\pi}{6}$ 及 $\theta = \dfrac{\pi}{3}$ 所围成平面图形的面积。

【解】 设所求图形的面积为 A，所占区域为 D，如图 9.40 所示，则

$$A = \iint_D \mathrm{d}\sigma$$

区域 D 在极坐标下可表示为

$$D: \quad 0 \leqslant \rho \leqslant 2\sin\theta, \quad \frac{\pi}{6} \leqslant \theta \leqslant \frac{\pi}{3}$$

于是

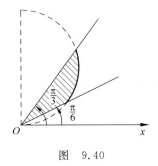

图 9.40

$$A = \iint_D \mathrm{d}\sigma = \int_{\frac{\pi}{6}}^{\frac{\pi}{3}} \mathrm{d}\theta \int_0^{2\sin\theta} \rho\,\mathrm{d}\rho = \int_{\frac{\pi}{6}}^{\frac{\pi}{3}} 2\sin^2\theta\,\mathrm{d}\theta = \frac{\pi}{6}$$

【注】 积分区域虽然是圆，但圆心不在原点，用直角坐标表示方程较复杂。

【练习】 求曲线 $(x^2 + y^2)^2 = 2a^2(x^2 - y^2)$ 和 $x^2 + y^2 \geqslant a^2$ 所围成的图形的面积。

例 9.28 计算 $\displaystyle\iint_D \sqrt{x^2 + y^2}\,\mathrm{d}\sigma$，其中 D 由心脏线 $\rho = 1 + \cos\theta$ 和圆 $\rho \geqslant 1$ 所围成。

【解】 积分区域如图 9.41 所示，故有

$$\iint_D \sqrt{x^2 + y^2}\,\mathrm{d}\sigma = \int_{-\frac{\pi}{2}}^{\frac{\pi}{2}} \mathrm{d}\theta \int_1^{1+\cos\theta} \rho \cdot \rho\,\mathrm{d}\rho$$

$$= \frac{1}{3} \int_{-\frac{\pi}{2}}^{\frac{\pi}{2}} \left[(1+\cos\theta)^3 - 1 \right] \mathrm{d}\theta$$

$$= \left(\frac{22}{9} + \frac{\pi}{2} \right)$$

【注】 心脏线方程 $x^2 + y^2 = a(x + \sqrt{x^2 + y^2})$ 在直角坐标下表示比较复杂，但若用极坐标表示则相对简单。

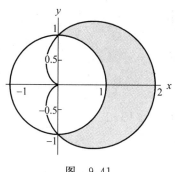

图 9.41

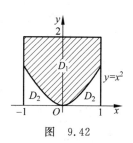

图 9.42

（五）分段函数的二重积分

被积函数是绝对值的重积分，需要借助积分区域将被积函数表示成分段函数，然后根据几何图形的性质分区域进行积分。

例 9.29 计算二重积分 $\iint\limits_{D} \sqrt{|y-x^2|}\,\mathrm{d}x\mathrm{d}y$，其中 $D:-1\leqslant x\leqslant 1,0\leqslant y\leqslant 2$。

【解】 $\sqrt{|y-x^2|}=\begin{cases}\sqrt{y-x^2} & y\geqslant x^2 \\ \sqrt{x^2-y} & y<x^2\end{cases}$，如图 9.42 所示，

$$\iint\limits_{D}\sqrt{|y-x^2|}\,\mathrm{d}x\mathrm{d}y=\iint\limits_{D_1}\sqrt{y-x^2}\,\mathrm{d}x\mathrm{d}y+\iint\limits_{D_2}\sqrt{x^2-y}\,\mathrm{d}x\mathrm{d}y$$

$$=\int_{-1}^{1}\mathrm{d}x\int_{x^2}^{2}\sqrt{y-x^2}\,\mathrm{d}y+\int_{-1}^{1}\mathrm{d}x\int_{0}^{x^2}\sqrt{x^2-y}\,\mathrm{d}y$$

$$=\int_{-1}^{1}\frac{2}{3}(y-x^2)^{\frac{3}{2}}\Big|_{x^2}^{2}\mathrm{d}x+\int_{-1}^{1}\frac{2}{3}(x^2-y)^{\frac{3}{2}}\Big|_{x^2}^{0}\mathrm{d}x$$

$$=\frac{4}{3}\int_{0}^{1}(2-x^2)^{\frac{3}{2}}\mathrm{d}x+\frac{4}{3}\int_{0}^{1}x^3\,\mathrm{d}x$$

$$=\frac{4}{3}\int_{0}^{\frac{\pi}{4}}(2-(\sqrt{2}\sin t)^2)^{\frac{3}{2}}\cdot\sqrt{2}\cos t\,\mathrm{d}t+\frac{1}{3}$$

$$=\frac{16}{3}\int_{0}^{\frac{\pi}{4}}\cos^4 t\,\mathrm{d}t+\frac{1}{3}=\frac{5}{3}+\frac{\pi}{2}$$

（六）二重积分不等式的证明

在证明二重积分的不等式时，通常会用到重积分的保序性和估值性质以及公式

$$f^2(x)+g^2(x)\geqslant 2f(x)g(x)$$

常用的方法有估值法、判别式法、辅助函数法。

例 9.30 设 $f(x)$ 为 $[0,1]$ 上的单调增加的连续函数，证明

$$\frac{\int_0^1 xf^3(x)\mathrm{d}x}{\int_0^1 xf^2(x)\mathrm{d}x}\geqslant\frac{\int_0^1 f^3(x)\mathrm{d}x}{\int_0^1 f^2(x)\mathrm{d}x}$$

【证】 令

$$I=\int_0^1 xf^3(x)\mathrm{d}x\int_0^1 f^2(x)\mathrm{d}x-\int_0^1 f^3(x)\mathrm{d}x\int_0^1 xf^2(x)\mathrm{d}x$$

$$= \iint\limits_{D} x f^{3}(x) f^{2}(y) \mathrm{d}x \mathrm{d}y - \iint\limits_{D} f^{3}(x) y f^{2}(y) \mathrm{d}x \mathrm{d}y$$

$$= \iint\limits_{D} f^{3}(x) f^{2}(y)(x-y) \mathrm{d}x \mathrm{d}y \tag{9.7}$$

类似地,有

$$I = \iint\limits_{D} f^{3}(y) f^{2}(x)(y-x) \mathrm{d}x \mathrm{d}y \tag{9.8}$$

将式(9.7)、式(9.8)相加,得

$$2I = \iint\limits_{D} \lfloor f^{3}(x) f^{2}(y)(x-y) + f^{3}(y) f^{2}(x)(y-x) \rfloor \mathrm{d}x \mathrm{d}y$$

$$= \iint\limits_{D} f^{2}(x) f^{2}(y) \lfloor f(x)(x-y) + f(y)(y-x) \rfloor \mathrm{d}x \mathrm{d}y$$

$$= \iint\limits_{D} f^{2}(x) f^{2}(y)(x-y)(f(x)-f(y)) \mathrm{d}x \mathrm{d}y$$

注意到 $f(x)$ 为单调增加的,故有

$$(x-y)(f(x)-f(y)) \geqslant 0$$

即 $I \geqslant 0$,所以

$$\frac{\int_{0}^{1} x f^{3}(x) \mathrm{d}x}{\int_{0}^{1} x f^{2}(x) \mathrm{d}x} \geqslant \frac{\int_{0}^{1} f^{3}(x) \mathrm{d}x}{\int_{0}^{1} f^{2}(x) \mathrm{d}x}$$

例 9.31 设在区间 $[a,b]$ 上 $f(x)$ 连续且大于零,试用二重积分证明不等式

$$\int_{a}^{b} f(x) \mathrm{d}x \cdot \int_{a}^{b} \frac{\mathrm{d}x}{f(x)} \geqslant (b-a)^{2}$$

【解】 设 $D = \{(x,y) \mid a \leqslant x \leqslant b, a \leqslant y \leqslant b\}$ 则

$$\iint\limits_{D} f(x) \frac{1}{f(y)} \mathrm{d}x \mathrm{d}y = \int_{a}^{b} f(x) \mathrm{d}x \int_{a}^{b} \frac{1}{f(y)} \mathrm{d}y$$

$$= \int_{a}^{b} f(x) \mathrm{d}x \cdot \int_{a}^{b} \frac{1}{f(x)} \mathrm{d}x$$

$$\iint\limits_{D} f(y) \frac{1}{f(x)} \mathrm{d}x \mathrm{d}y = \int_{a}^{b} f(y) \mathrm{d}y \cdot \int_{a}^{b} \frac{1}{f(x)} \mathrm{d}x$$

$$= \int_{a}^{b} f(x) \mathrm{d}x \cdot \int_{a}^{b} \frac{1}{f(x)} \mathrm{d}x$$

所以

$$\int_{a}^{b} f(x) \mathrm{d}x \cdot \int_{a}^{b} \frac{1}{f(x)} \mathrm{d}x = \frac{1}{2} \iint\limits_{D} \left(\frac{f(x)}{f(y)} + \frac{f(y)}{f(x)} \right) \mathrm{d}x \mathrm{d}y$$

$$\geqslant \frac{1}{2} \iint\limits_{D} 2 \sqrt{\frac{f(x)}{f(y)} \cdot \frac{f(y)}{f(x)}} \mathrm{d}x \mathrm{d}y = \iint\limits_{D} \mathrm{d}x \mathrm{d}y$$

$$= (b-a)^{2}$$

9.5 三重积分的计算方法拓展

（一）球坐标系下三重积分的计算

前面已经介绍了在直角坐标系和柱坐标系下计算三重积分的方法,但是当被积函数中含有 $x^2+y^2+z^2$,积分区域为球、半球、球锥或两球面围成的立体时,使用球坐标(如图 9.43 所示)计算相对简便。下面介绍在球坐标下如何计算三重积分。

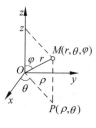

图　9.43

用三组坐标面(如图 9.44 所示)$r=$ 常数,$\theta=$ 常数,$\varphi=$ 常数,把积分区域 Ω 分成许多小闭区域。考虑由 r,θ,φ 各取得微小增量 $dr,d\theta,d\varphi$ 所成的六面体的体积,如图 9.45 所示。不计高阶无穷小,可把六面体看作以 $r\sin\varphi d\theta, rd\varphi, dr$ 为棱长的长方体,于是,在球坐标系中的体积微元为

$$dV = r^2\sin\varphi dr d\theta d\varphi$$

从而得到三重积分在球坐标系中的表达式

$$\iiint\limits_\Omega f(x,y,z)dV = \iiint\limits_\Omega f(r\sin\varphi\cos\theta, r\sin\varphi\sin\theta, r\cos\varphi)r^2\sin\varphi dr d\theta d\varphi$$

计算时,再进一步将上式化为三次积分即可。

图　9.44

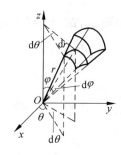

图　9.45

【注】 用球坐标进行计算时,应将 Ω 的边界曲面的直角坐标系下的方程转化为球坐标系下的方程。

此外,用球坐标系进行计算时,应将 Ω 的边界曲面的直角坐标系下的方程转化为球坐标系下的方程。例如下列曲面的直角方程在球坐标系中对应的方程为

（1）$x^2+y^2+z^2=a^2 \Leftrightarrow r=a$ （球面见图 9.46）

（2）$x^2+y^2=z \Leftrightarrow r^2\sin^2\varphi=r\cos\varphi \Leftrightarrow r=\dfrac{\cos\varphi}{\sin^2\varphi}$ （旋转抛物面,见图 9.47）

（3）$x^2+(y-a)^2+z^2=a^2 \Leftrightarrow x^2+y^2+z^2=2ay \Leftrightarrow r=2a\sin\varphi\sin\theta$ （球面,见图 9.48）

（4）$z=\sqrt{x^2+y^2} \Leftrightarrow r\cos\varphi=r\sin\varphi \Leftrightarrow \tan\varphi=1 \Leftrightarrow \varphi=\dfrac{\pi}{4}$ （圆锥面,见图 9.49）

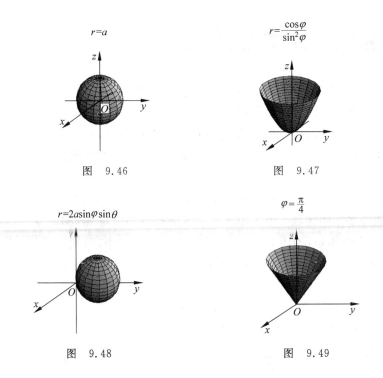

图 9.46

图 9.47

图 9.48

图 9.49

例 9.32 计算三重积分 $\iiint\limits_{\Omega}(x^2+y^2+z^2)\mathrm{d}V$，其中 Ω 是：$x^2+y^2+z^2\leqslant 2z$。

【解】 如图 9.50 所示，在球坐标下，此球面方程为 $r=2\cos\varphi$，Ω 在球坐标下表示为

$$0\leqslant\theta\leqslant 2\pi,\quad 0\leqslant\varphi\leqslant\frac{\pi}{2},\quad 0\leqslant r\leqslant 2\cos\varphi$$

于是

$$\iiint\limits_{\Omega}(x^2+y^2+z^2)\mathrm{d}V=\iiint\limits_{\Omega}r^2\cdot r^2\sin\varphi\mathrm{d}r\mathrm{d}\theta\mathrm{d}\varphi$$

$$=\int_0^{2\pi}\mathrm{d}\theta\int_0^{\frac{\pi}{2}}\sin\varphi\mathrm{d}\varphi\int_0^{2\cos\varphi}r^4\mathrm{d}r$$

$$=\int_0^{2\pi}\mathrm{d}\theta\int_0^{\frac{\pi}{2}}\frac{32}{5}\cos^5\varphi\sin\varphi\mathrm{d}\varphi$$

$$=\frac{64}{5}\pi\left(-\frac{1}{6}\cos^6\varphi\right)\Big|_0^{\frac{\pi}{2}}=\frac{32}{15}\pi$$

例 9.33 计算三重积分 $\iiint\limits_{\Omega}z\mathrm{d}V$，其中 Ω 是由球面 $z=\sqrt{1-x^2-y^2}$ 与锥面 $z=\sqrt{x^2+y^2}$ 所围成的区域。

【分析】 球面与锥面方程的公共部分构成了球锥，积分区域为球锥时用球坐标计算简便。

【解】 如图 9.51 所示，球面坐标系下，锥面方程可化为

$$r\cos\varphi=r\sin\varphi,\quad 即\quad \varphi=\frac{\pi}{4},$$

球面方程可化为 $r=1$。故 Ω 可用不等式组表示为

$$0 \leqslant \theta \leqslant 2\pi, \quad 0 \leqslant \varphi \leqslant \frac{\pi}{4}, \quad 0 \leqslant r \leqslant 1$$

所以

$$\iiint\limits_{\Omega} z\,\mathrm{d}V = \int_0^{2\pi}\mathrm{d}\theta\int_0^{\frac{\pi}{4}}\mathrm{d}\varphi\int_0^1 r\cos\varphi \cdot r^2\sin\varphi\,\mathrm{d}r = \frac{\pi}{2}\int_0^{\frac{\pi}{4}}\sin\varphi\,\mathrm{d}\sin\varphi = \frac{\pi}{8}$$

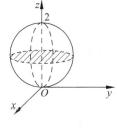

图 9.50

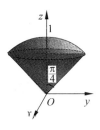

图 9.51

(二)三重积分的计算方法拓展

三重积分的计算是化为三次积分进行的。直角坐标系下有"先一后二"的投影法和"先二后一"的截面法。当被积函数 $f(z)$ 仅为 z 的函数(与 x,y 无关),且 D_z 的面积 $\sigma(z)$ 容易求出时,"截面法"尤为方便。另外还有柱坐标系和球坐标系。为了简化积分的计算,需要选择适当的坐标系进行计算。将积分区域 Ω 投影到 xOy 面,得到投影区域 D,可以考虑以下几点:

(1)D 是 X-型域或 Y-型域,可选择直角坐标系计算(当 Ω 的边界曲面中有较多的平面时,常用直角坐标系计算)。

(2)D 是圆域(或其部分),且被积函数形如 $f(x^2+y^2)$,$f\left(\dfrac{y}{x}\right)$ 时,可选择柱面坐标系计算(当 Ω 为圆柱体或圆锥体时,常用柱面坐标计算)。

(3)Ω 是球体或球顶锥体,且被积函数形如 $f(x^2+y^2+z^2)$ 时,可选择球坐标系计算。

以上是一般常见的三重积分的计算方法。对 Ω 向其他坐标面投影的情形类似。

对于某些形式的三重积分,有时为了计算方便,也可以将 Ω 投影到 xOz 面或 yOz 面上。下面通过例子来简单介绍利用柱坐标计算的情形。

例9.34 计算三重积分 $\iiint\limits_{\Omega}(y^2+z^2)\mathrm{d}V$,其中 Ω 是由 xOy 平面上曲线 $y^2=2x$ 绕 x 轴旋转而成的曲面与平面 $x=5$ 所围成的闭区域。

【解】 被积函数中含有 y^2+z^2,投影区域是圆,用柱坐标计算较简单。积分区域如图 9.52 所示,根据区域的特点,应向 yOz 面投影计算比较简单。利用柱坐标

$$\begin{cases} x = x \\ y = \rho\cos\theta \\ z = \rho\sin\theta \end{cases}$$

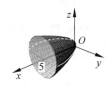

图 9.52

区域 Ω 可表示为

$$\Omega:\begin{cases} \dfrac{1}{2}\rho^2 \leqslant x \leqslant 5 \\ 0 \leqslant \rho \leqslant \sqrt{10} \\ 0 \leqslant \theta \leqslant 2\pi \end{cases}$$

因此

$$\iiint\limits_{\Omega}(y^2+z^2)\mathrm{d}V = \int_0^{2\pi}\mathrm{d}\theta\int_0^{\sqrt{10}}\rho^3\,\mathrm{d}\rho\int_{\frac{\rho^2}{2}}^{5}\mathrm{d}x = \frac{250}{3}\pi$$

例 9.35 计算 $I=\iiint\limits_{\Omega}z^2\mathrm{d}V$，其中积分区域 Ω 是椭球 $\dfrac{x^2}{a^2}+\dfrac{y^2}{b^2}+\dfrac{z^2}{c^2}=1$。

【解】 积分区域如图 9.53 所示，引入广义球坐标：

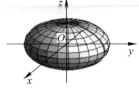

图 9.53

$$\begin{cases} x = ar\sin\varphi\cos\theta \\ y = br\sin\varphi\sin\theta \\ z = cr\cos\varphi \end{cases}$$

广义球坐标系下的体积元素：

$$\mathrm{d}V = abcr^2\sin\varphi\,\mathrm{d}\theta\,\mathrm{d}\varphi\,\mathrm{d}r$$

代入计算得

$$I = abc^3\int_0^{2\pi}\mathrm{d}\theta\int_0^{\pi}\sin\varphi\cos^2\varphi\,\mathrm{d}\varphi\int_0^1 r^4\,\mathrm{d}r = \frac{4}{15}\pi abc^3$$

例 9.36 设 Ω 由锥面 $z=\sqrt{x^2+y^2}$ 和球面 $z=\sqrt{1-x^2-y^2}$ 所围成，计算三重积分 $I=\iiint\limits_{\Omega}(x+z)\mathrm{d}V$。

【解】

$$I = \iiint\limits_{\Omega}(x+z)\mathrm{d}V = \iiint\limits_{\Omega}x\,\mathrm{d}V + \iiint\limits_{\Omega}z\,\mathrm{d}V = I_1 + I_2$$

考虑 I_1：因为被积函数是关于 x 的奇函数，且 Ω 关于 $x=0(yOz$ 面$)$ 对称，所以 $I_1 = \iiint\limits_{\Omega}x\,\mathrm{d}V = 0$。

考虑 I_2：用球坐标

$$I_2 = \iiint\limits_{\Omega}z\,\mathrm{d}V = \int_0^{2\pi}\mathrm{d}\theta\int_0^{\frac{\pi}{4}}\sin\varphi\cos\varphi\,\mathrm{d}\varphi\int_0^1 r^3\,\mathrm{d}r = \frac{\pi}{8}$$

【思考】 这里，虽然积分区域是球体，但是请思考是否可以用截面法计算积分 $I=c\iiint\limits_{\Omega}z\,\mathrm{d}V$，与球坐标相比，哪个计算简单些？

例 9.37 已知 Ω 由 $x^2+y^2+z^2=1$ 围成，计算下列积分。

(1) $I_1 = \iiint\limits_{\Omega}(x^2+y^2+z^2)\mathrm{d}x\mathrm{d}y\mathrm{d}z$；

(2) $I_2 = \iiint\limits_{\Omega}\left(\dfrac{x^2}{a^2}+\dfrac{y^2}{b^2}+\dfrac{z^2}{c^2}\right)\mathrm{d}x\mathrm{d}y\mathrm{d}z$；

(3) $I_3 = \iiint\limits_{\Omega} \left(\dfrac{x}{a^2} + \dfrac{y}{b^2} + \dfrac{z}{c^2} \right) \mathrm{d}x\mathrm{d}y\mathrm{d}z$。

【解】

（1）直接选取球坐标进行计算

$$I_1 = \iiint\limits_{\Omega} (x^2 + y^2 + z^2)\mathrm{d}x\mathrm{d}y\mathrm{d}z$$

$$= \int_0^{2\pi}\mathrm{d}\theta\int_0^{\pi}\sin\varphi\mathrm{d}\varphi\int_0^1 r^4\mathrm{d}r = \frac{4}{5}\pi$$

（2）$I_2 = \dfrac{1}{a^2}\iiint\limits_{\Omega} x^2\mathrm{d}x\mathrm{d}y\mathrm{d}z + \dfrac{1}{b^2}\iiint\limits_{\Omega} y^2\mathrm{d}x\mathrm{d}y\mathrm{d}z + \dfrac{1}{c^2}\iiint\limits_{\Omega} z^2\mathrm{d}x\mathrm{d}y\mathrm{d}z$

由积分区域 Ω 的轮换对称性，可得

$$\iiint\limits_{\Omega} x^2\mathrm{d}x\mathrm{d}y\mathrm{d}z = \iiint\limits_{\Omega} y^2\mathrm{d}x\mathrm{d}y\mathrm{d}z = \iiint\limits_{\Omega} z^2\mathrm{d}x\mathrm{d}y\mathrm{d}z$$

$$= \frac{1}{3}\iiint\limits_{\Omega} (x^2 + y^2 + z^2)\mathrm{d}x\mathrm{d}y\mathrm{d}z$$

$$I_2 = \left(\frac{1}{3a^2} + \frac{1}{3b^2} + \frac{1}{3c^2}\right)I_1 = \frac{4}{15}\pi\left(\frac{1}{a^2} + \frac{1}{b^2} + \frac{1}{c^2}\right)。$$

（3）$I_3 = \iiint\limits_{\Omega} \dfrac{x}{a^2}\mathrm{d}x\mathrm{d}y\mathrm{d}z + \iiint\limits_{\Omega} \dfrac{y}{b^2}\mathrm{d}x\mathrm{d}y\mathrm{d}z + \iiint\limits_{\Omega} \dfrac{z}{c^2}\mathrm{d}x\mathrm{d}y\mathrm{d}z$

根据奇偶对称性可知，$I_3 = 0$。

例 9.38　计算 Ω 的体积 V，其中 Ω 是由 $z=R$ 及 $z=\sqrt{x^2+y^2}$ 所围成的立体。

【解】　根据三重积分的性质可知，所求体积为

$$\iiint\limits_{\Omega}\mathrm{d}V$$

如图 9.54 所示，两曲面的交线为

$$\begin{cases} z = R \\ z = \sqrt{x^2+y^2} \end{cases}$$

得 Ω 在 xOy 面的投影域为

$$D_{xy}: x^2 + y^2 \leqslant R^2$$

方法一：按直角坐标（二重）计算 $V = \int_{-R}^{R}\mathrm{d}x\int_{-\sqrt{R^2-x^2}}^{\sqrt{R^2-x^2}}(R - \sqrt{x^2+y^2})\mathrm{d}y$。

方法二：按直角坐标（三重）计算 $V = \int_{-R}^{R}\mathrm{d}x\int_{-\sqrt{R^2-x^2}}^{\sqrt{R^2-x^2}}\mathrm{d}y\int_{\sqrt{x^2+y^2}}^{R}\mathrm{d}z$。

方法三：按柱坐标计算 $V = \int_0^{2\pi}\mathrm{d}\theta\int_0^{R}\rho\mathrm{d}\rho\int_{\rho}^{R}\mathrm{d}z$。

方法四：按极坐标计算：$V = \int_0^{2\pi}\mathrm{d}\theta\int_0^{R}(R-\rho)\rho\mathrm{d}\rho$。

方法五：按球坐标计算，如图 9.55 所示，$V = \int_0^{2\pi}\mathrm{d}\theta\int_0^{\frac{\pi}{4}}\sin\varphi\mathrm{d}\varphi\int_0^{R/\cos\varphi} r^2\mathrm{d}r$。

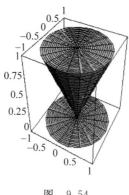

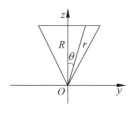

图 9.54　　　　　　　　　　　　图 9.55

方法六：按先二后一法计算 $V = \int_0^R \mathrm{d}z \iint\limits_{D_z} \mathrm{d}x\mathrm{d}y = \int_0^R \pi z^2 \mathrm{d}z$。

方法七：按定积分计算 $V = \pi \int_0^R z^2 \mathrm{d}z$。

最终结果都为 $V = \dfrac{\pi R^3}{3}$。

例 9.39　求由曲面 $z = \sqrt{5-x^2-y^2}$，$4z = x^2+y^2$ 围成的立体 Ω 的体积。

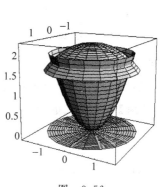

【解】 如图 9.56 所示，区域为球顶抛物底。

方法一：按直角坐标计算

$$V = 4\int_0^2 \mathrm{d}x \int_0^{\sqrt{4-x^2}} \mathrm{d}y \int_{\frac{x^2+y^2}{4}}^{\sqrt{5-x^2-y^2}} \mathrm{d}z = \frac{2\pi(5\sqrt{5}-4)}{3}$$

方法二：按柱坐标计算

$$V = \int_0^{2\pi} \mathrm{d}\theta \int_0^2 \rho\mathrm{d}\rho \int_{\frac{\rho^2}{4}}^{\sqrt{5-\rho^2}} \mathrm{d}z = \frac{2\pi(5\sqrt{5}-4)}{3}$$

图 9.56

方法三：按球坐标计算

$$V = \int_0^{2\pi} \mathrm{d}\theta \int_0^{\arctan 2} \sin\varphi\mathrm{d}\varphi \int_0^{\sqrt{5}} r^2 \mathrm{d}r + \int_0^{2\pi} \mathrm{d}\theta \int_{\arctan 2}^{\frac{\pi}{2}} \sin\varphi\mathrm{d}\varphi \int_0^{\frac{4\cos\varphi}{\sin^2\varphi}} r^2 \mathrm{d}r = \frac{2\pi(5\sqrt{5}-4)}{3}$$

方法四：按定积分计算，因为该立体是旋转体，可以利用旋转体的体积公式

$$V = \pi \int_0^1 4z\mathrm{d}z + \pi \int_1^{\sqrt{5}} (5-z^2)\mathrm{d}z = \frac{2\pi(5\sqrt{5}-1)}{3}$$

方法五：按二重积分计算

$$V = \int_0^{2\pi} \mathrm{d}\theta \int_0^2 \rho\left(\sqrt{5-\rho^2} - \frac{\rho^2}{4}\right)\mathrm{d}\rho = \frac{2\pi(5\sqrt{5}-4)}{3}$$

例 9.40　计算 $I = \iiint\limits_{\Omega} (x^2 + 5xy^2 \sin\sqrt{x^2+y^2})\mathrm{d}x\mathrm{d}y\mathrm{d}z$，其中 Ω 由 $z = \dfrac{1}{2}(x^2+y^2)$，$z = 1$，$z = 4$ 围成。

图 9.57

【解】 如图 9.57 所示，

$$I = \iiint\limits_{\Omega} x^2 \mathrm{d}x\mathrm{d}y\mathrm{d}z + 5\iiint\limits_{\Omega} xy^2 \sin \sqrt{x^2+y^2} \, \mathrm{d}x\mathrm{d}y\mathrm{d}z$$

$$= \frac{1}{2}\iiint\limits_{\Omega} (x^2+y^2)\mathrm{d}x\mathrm{d}y\mathrm{d}z + 0$$

$$= \frac{1}{2}\int_1^4 \mathrm{d}z \iint\limits_{D_z} (x^2+y^2)\mathrm{d}x\mathrm{d}y$$

$$= \frac{1}{2}\int_1^4 \mathrm{d}z \int_0^{2\pi} \mathrm{d}\theta \int_0^{\sqrt{2z}} r^3 \mathrm{d}r = 21\pi$$

【思考】 本题如果用柱坐标系如何计算？与直角坐标系比较,哪种方法更简单？

例 9.41 计算三重积分 $\iiint\limits_{\Omega} y\sqrt{1-x^2}\,\mathrm{d}x\mathrm{d}y\mathrm{d}z$,其中 Ω 由曲面 $y=-\sqrt{1-x^2-z^2}$, x^2+z^2-1,$y-1$ 所围成。

【解】 如图 9.58 所示,Ω 在 xoz 平面的投影 D_{xz}:$x^2+z^2 \leqslant 1$,先对 y 积分,再求 D_{xz} 上二重积分,

$$原式 = \iint\limits_{D_{xz}} \sqrt{1-x^2}\,\mathrm{d}x\mathrm{d}z \int_{-\sqrt{1-x^2-z^2}}^{1} y\mathrm{d}y = \int_{-1}^{1} \mathrm{d}x \int_{-\sqrt{1-x^2}}^{\sqrt{1-x^2}} \sqrt{1-x^2} \cdot \frac{x^2+z^2}{2}\mathrm{d}z$$

$$= \frac{1}{2}\int_{-1}^{1} \left[\sqrt{1-x^2}\left(x^2 z + \frac{z^3}{3}\right) \right]\Big|_{-\sqrt{1-x^2}}^{\sqrt{1-x^2}} \mathrm{d}x = \int_{-1}^{1} \frac{1}{3}(1+x^2-2x^4)\mathrm{d}x = \frac{28}{45}$$

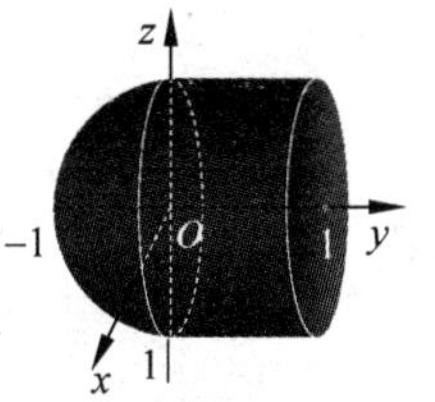

图 9.58 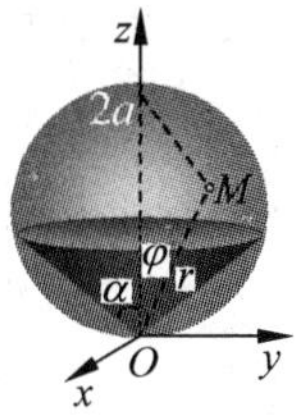   图 9.59

例 9.42 求半径为 a 的球面与半顶角为 α 的内接锥面所围成的立体的体积。

【解】 如图 9.59 所示,在球坐标系下空间立体所占区域为

$$\Omega : \begin{cases} 0 \leqslant r \leqslant 2a\cos\varphi \\ 0 \leqslant \varphi \leqslant \alpha \\ 0 \leqslant \theta \leqslant 2\pi \end{cases}$$

则立体体积为

$$V = \iiint\limits_{\Omega} \mathrm{d}x\mathrm{d}y\mathrm{d}z = \int_0^{2\pi} \mathrm{d}\theta \int_0^{\alpha} \sin\varphi\mathrm{d}\varphi \int_0^{2a\cos\varphi} r^2 \mathrm{d}r$$

$$= \frac{16\pi a^3}{3}\int_0^{\alpha} \cos^3\varphi\sin\varphi\mathrm{d}\varphi = \frac{4\pi a^3}{3}(1-\cos^4\alpha)$$

例 9.43 计算 $I = \iiint\limits_{\Omega} (x^2+y^2)\mathrm{d}x\mathrm{d}y\mathrm{d}z$,其中 Ω 是曲线 $y^2=2z$,$x=0$ 绕 z 轴旋转一周而成的曲面与两平面 $z=2$,$z=8$ 所围的立体。

【解一】 由 $\begin{cases} y^2 = 2z \\ x = 0 \end{cases}$ 绕 z 轴旋转得,旋转面方程为 $x^2 + y^2 = 2z$,所围成立体的投影

区域如图 9.60 所示,

$$D_1: x^2 + y^2 = 16, \quad \Omega_1: \begin{cases} 0 \leqslant \theta \leqslant 2\pi \\ 0 \leqslant r \leqslant 4 \\ \dfrac{\rho^2}{2} \leqslant z \leqslant 8 \end{cases}$$

$$D_2: x^2 + y^2 = 4, \quad \Omega_2: \begin{cases} 0 \leqslant \theta \leqslant 2\pi \\ 0 \leqslant r \leqslant 2 \\ \dfrac{\rho^2}{2} \leqslant r \leqslant 2 \end{cases}$$

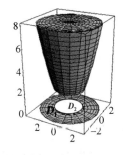

图　9.60

$$I = I_1 - I_2 = \iiint\limits_{\Omega_1} (x^2 + y^2)\, dxdydz - \iiint\limits_{\Omega_2} (x^2 + y^2)\, dxdydz$$

$$I_1 = \int_0^{2\pi} d\theta \int_0^4 d\rho \int_{\frac{\rho^2}{2}}^8 \rho \cdot \rho^2\, dz = \frac{4^5}{3}\pi$$

$$I_2 = \int_0^{2\pi} d\theta \int_0^2 d\rho \int_{\frac{r^2}{2}}^2 \rho \cdot \rho^2\, dz = \frac{2^5}{6}\pi$$

原式 $I = \dfrac{4^5}{3}\pi - \dfrac{2^5}{6}\pi = 336\pi$

【解二】

$$I = \int_0^{2\pi} d\theta \int_0^2 \rho d\rho \int_2^8 \rho^2\, dz + \int_0^{2\pi} d\theta \int_2^4 \rho d\rho \int_{\frac{\rho^2}{2}}^8 \rho^2\, dz = 336\pi$$

应用欣赏

9.6　重积分的应用

二重积分除了可以应用于计算曲顶柱体体积外,在物理、经济等其他方面也有广泛的应用,下面简单介绍其应用。

9.6.1　平均利润问题

经济数学中的平均利润就是计算利润函数的平均值,其实质就是利用积分中值定理。

例 9.44 某公司销售 A 商品 x 个单位,B 商品 y 个单位的利润为

$$P(x, y) = -(x - 200)^2 - (y - 100)^2 + 5000$$

现已知一周内 A 商品的销售数量在 150—200 个单位之间变化,一周内 B 商品的销售数

量在 80—100 个单位之间变化。求销售这两种商品一周的平均利润。

【解】 由于 x,y 的变化范围 $D=\{(x,y)\,|\,150\leqslant x\leqslant200,80\leqslant y\leqslant100\}$，所以 D 的面积 $\sigma=50\times20=1000$。由二重积分的中值定理，该公司销售这两种商品一周的平均利润为

$$
\begin{aligned}
\frac{1}{\sigma}\iint\limits_{D}P(x,y)\mathrm{d}\sigma &= \frac{1}{1000}\iint\limits_{D}[-(x-200)^2-(y-100)^2+5000]\mathrm{d}\sigma \\
&= \frac{1}{1000}\int_{150}^{200}\mathrm{d}x\int_{80}^{100}[-(x-200)^2-(y-100)^2+5000]\mathrm{d}y \\
&= \frac{1}{1000}\int_{150}^{200}\left[-(x-200)^2-(y-100)^2+5000\right]\Big|_{80}^{100}\mathrm{d}x \\
&= \frac{1}{3000}\int_{150}^{200}\left[-20(x-200)^2+\frac{292\,000}{3}x\right]\mathrm{d}x \\
&= 4033(\vec{\pi})
\end{aligned}
$$

9.6.2 质量问题

根据二重积分的物理意义可知平面薄片的质量公式

$$
M=\iint\limits_{D}f(x,y)\mathrm{d}x\mathrm{d}y
$$

其中 D 为非均匀薄片所占的区域，$f(x,y)$ 为薄片面密度。

例 9.45 设一薄板占有的区域为中心在坐标原点，半径为 a 的圆域，其面密度 $\mu=x^2+y^2$，求薄板的质量。

【解】 根据二重积分物理意义可得质量公式

$$
M=\iint\limits_{D}f(x,y)\mathrm{d}x\mathrm{d}y=\iint\limits_{x^2+y^2\leqslant a^2}(x^2+y^2)\mathrm{d}x\mathrm{d}y=\int_{0}^{2\pi}\mathrm{d}\theta\int_{0}^{a}\rho^3\mathrm{d}\rho=\frac{1}{2}\pi a^4
$$

9.6.3 质心问题

（一）平面薄片的质心

在物理学上，研究质点系或刚体的运动时，常常用到质心的概念，质心是质点系或刚体的质量中心简称。设 xOy 平面上有一质点系，有 n 个质点 $(x_1,y_1),(x_2,y_2),\cdots,(x_n,y_n)$，其质量分别为 $m_1,m_2,\cdots,m_n$，则该质点系的质心坐标为

$$
\bar{x}=\frac{M_y}{M}=\frac{\sum\limits_{i=1}^{n}m_ix_i}{\sum\limits_{i=1}^{n}m_i},\quad \bar{y}=\frac{M_x}{M}=\frac{\sum\limits_{i=1}^{n}m_iy_i}{\sum\limits_{i=1}^{n}m_i}
$$

其中 $M=\sum\limits_{i=1}^{n}m_i$ 为质点系统的总质量，M_y、M_x 分别为该质点系对 y 轴、x 轴的静力矩。

利用广义微元法可以把质点系的转动惯量公式推广到平面薄片或空间物体的情形。

设有一平面薄板，在 xOy 平面上占有区域 D，在点 (x,y) 处的面密度为 $\rho(x,y)$，且 $\rho(x,y)$ 在 D 上连续，则平面薄片的质心坐标为

$$\bar{x} = \frac{\iint\limits_{D} x\rho(x,y)\mathrm{d}\sigma}{\iint\limits_{D} \rho(x,y)\mathrm{d}\sigma}, \quad \bar{y} = \frac{\iint\limits_{D} y\rho(x,y)\mathrm{d}\sigma}{\iint\limits_{D} \rho(x,y)\mathrm{d}\sigma}$$

$\mathrm{d}\sigma$ 关于 x 轴、y 轴的静力矩为

$$\mathrm{d}M_x = y\rho(x,y)\mathrm{d}\sigma, \quad \mathrm{d}M_y = x\rho(x,y)\mathrm{d}\sigma$$

所以此薄板关于 x 轴、y 轴的静力矩为

$$M_x = \iint\limits_{D} y\rho(x,y)\mathrm{d}\sigma, \quad M_y = \iint\limits_{D} x\rho(x,y)\mathrm{d}\sigma$$

特别地,如果平面薄片是均匀的,即面密度是常数,则

$$\bar{x} = \frac{1}{A}\iint\limits_{D} x\,\mathrm{d}\sigma, \quad \bar{y} = \frac{1}{A}\iint\limits_{D} y\,\mathrm{d}\sigma$$

其中 A 为区域 D 的面积。

(二) 空间立体的质心

设物体占有空间闭区域 Ω,其体密度 $\rho(x,y,z)$ 是 Ω 上的连续函数,则物体的质心坐标为

$$\bar{x} = \frac{1}{M}\iiint\limits_{\Omega} x\rho(x,y,z)\mathrm{d}V$$

$$\bar{y} = \frac{1}{M}\iiint\limits_{\Omega} y\rho(x,y,z)\mathrm{d}V$$

$$\bar{z} = \frac{1}{M}\iiint\limits_{\Omega} z\rho(x,y,z)\mathrm{d}V$$

其中 $M = \iiint\limits_{\Omega} \rho(x,y,z)\mathrm{d}V$ 是物体的质量。

特别地,如果物体是均匀的,则物体体积 $V = \iiint\limits_{\Omega}\mathrm{d}V$,

$$\bar{x} = \frac{1}{V}\iiint\limits_{\Omega} x\,\mathrm{d}V, \quad \bar{y} = \frac{1}{V}\iiint\limits_{\Omega} y\,\mathrm{d}V, \quad \bar{z} = \frac{1}{V}\iiint\limits_{\Omega} z\,\mathrm{d}V$$

例 9.46 求位于两圆 $r = 2\sin\theta$ 和 $r = 4\sin\theta$ 之间的均匀薄片的质心。

【解】 因为薄片均匀,故用简化的质心公式。如图 9.61 所示,因为闭区域 D 关于 y 轴对称,所以质心 $C(\bar{x},\bar{y})$ 必位于 y 轴上,于是 $\bar{x} = 0$。

由于闭区域 D 的面积 $A = 3\pi$,则

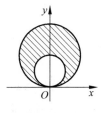

图 9.61

$$\bar{y} = \frac{1}{A}\iint\limits_{D} y\,\mathrm{d}\sigma = \frac{1}{3\pi}\iint\limits_{D} r^2\sin\theta\,\mathrm{d}r\mathrm{d}\theta$$

$$= \frac{1}{3\pi}\int_0^\pi \sin\theta\,\mathrm{d}\theta\int_{2\sin\theta}^{4\sin\theta} r^2\,\mathrm{d}r$$

$$= \frac{56}{3}\cdot\frac{1}{3\pi}\int_0^\pi \sin^4\theta\,\mathrm{d}\theta = \frac{7}{3}$$

因此,所求质心为 $C\left(0,\dfrac{7}{3}\right)$。

9.6.4 转动惯量问题

(一)平面薄片的转动惯量

设 xOy 面上有 n 个质点,其质量分别为 $m_i(i=1,2,\cdots,n)$,坐标为 $(x_i,y_i)(i=1,2,\cdots,n)$,该质点系对于 x 轴以及 y 轴的转动惯量分别为

$$I_x = \sum_{i=1}^n y_i^2 m_i, \quad I_y = \sum_{i=1}^n x_i^2 m_i$$

对于原点的转动惯量为 $I_0 = \sum_{i=1}^n (x_i^2 + y_i^2) m_i$。

与求质心时的方法类似,用广义微元法可以把质点系的转动惯量公式推广到平面薄片或空间物体的情形。

设有一平面薄片,占有 xOy 平面上的区域 D,点 (x,y) 处的面密度为 D 上的连续函数 $\rho(x,y)$,则该薄片对 x 轴、y 轴及原点的转动惯量为

$$I_x = \iint\limits_D y^2 \rho(x,y)\mathrm{d}\sigma$$

$$I_y = \iint\limits_D x^2 \rho(x,y)\mathrm{d}\sigma$$

$$I_0 = \iint\limits_D (x^2 + y^2)\rho(x,y)\mathrm{d}\sigma$$

(二)空间立体的转动惯量

给定物体 Ω 对于 xOy 平面,对于 x 轴以及对于原点 O 的转动惯量分别是

$$I_{xOy} = \iiint\limits_\Omega z^2 \rho(x,y,z)\mathrm{d}V$$

$$I_x = \iiint\limits_\Omega (y^2 + z^2)\rho(x,y,z)\mathrm{d}V$$

$$I_0 = \iiint\limits_\Omega (x^2 + y^2 + z^2)\rho(x,y,z)\mathrm{d}V$$

【注】 物体对于 xOz 平面,yOz 平面以及对于 y 轴,z 轴的转动惯量与此类似,读者可自己试着将其写出。

例 9.47 设一高为 h,底边长为 $2b$ 的等腰三角形均匀薄片的密度是 ρ,求它对底边的转动惯量。

【解】 如图 9.62 所示建立坐标系,等腰三角形薄片关于高 AC 对称,并且是均匀的,所以所求转动惯量等于薄片 OAC 的两倍,

$$I = 2\iint\limits_D \rho y^2 \mathrm{d}\sigma$$

直线 OA 的方程为

$$y = \frac{h}{b}x$$

所以

$$I = 2\rho \int_0^b \mathrm{d}x \int_0^{\frac{h}{b}x} y^2 \mathrm{d}y = \frac{1}{6}\rho h^3 b$$

例 9.48 求半径为 a 的均匀薄片(面密度为常量 μ)对于其直径边的转动惯量。

【解】 如图 9.63 所示建立坐标系,则薄片所占闭区域 D 可表示为

$$x^2 + y^2 \leqslant a^2, \quad y \geqslant 0$$

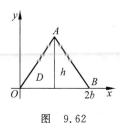

图 9.62   图 9.63

而所求转动惯量即半圆薄片对于 x 轴的转动惯量 I_x 为

$$I_x = \iint\limits_D \mu y^2 \mathrm{d}\sigma$$

$$= \mu \int_0^\pi \mathrm{d}\theta \int_0^a r^3 \sin^2\theta \mathrm{d}r$$

$$= \mu \frac{a^4}{4} \int_0^\pi \sin^2\theta \mathrm{d}\theta = \frac{\pi}{8}\mu a^4$$

9.6.5 引力问题

（一）平面薄片对质点的引力

设有一平面薄片,占有 xOy 平面上的闭区域 D,在点 (x,y) 处的面密度为 $\rho(x,y)$,假定 $\rho(x,y)$ 在 D 上连续。现在要求该薄片对位于 z 轴上的点 $M_0(0,0,a)(a>0)$ 处的单位质量的质点的引力。

我们还是利用广义微元法来分析:在 D 上任取一块闭区域 $\mathrm{d}\sigma$(其面积也记作 $\mathrm{d}\sigma$)。薄片中相应于 $\mathrm{d}\sigma$ 部分的质量可看作集中于某点 (x,y) 处,近似等于 $\rho(x,y)\mathrm{d}\sigma$。由两质点间的引力公式可得出这部分薄片对该质点的引力为 $G\dfrac{\rho(x,y)\mathrm{d}\sigma}{r^2}$,方向与 $\{x,y,0-a\}$ 一致,其中 $r = \sqrt{x^2+y^2+z^2}$,G 为引力常数。于是薄片对该质点的引力在三个坐标轴上的投影 F_x, F_y, F_z 的元素分别为

$$\mathrm{d}F_x = G\frac{\rho(x,y)x\mathrm{d}\sigma}{r^3}$$

$$\mathrm{d}F_y = G\frac{\rho(x,y)y\mathrm{d}\sigma}{r^3}$$

$$\mathrm{d}F_z = G\,\frac{\rho(x,y)(0-a)\mathrm{d}\sigma}{r^3}$$

以这些元素为被积表达式,在闭区域 D 上积分,便有

$$F_x = G\iint_D \frac{\rho(x,y)x}{(x^2+y^2+a^2)^{\frac{3}{2}}}\mathrm{d}\sigma$$

$$F_y = G\iint_D \frac{\rho(x,y)y}{(x^2+y^2+a^2)^{\frac{3}{2}}}\mathrm{d}\sigma$$

$$F_z = -Ga\iint_D \frac{\rho(x,y)}{(x^2+y^2+a^2)^{\frac{3}{2}}}\mathrm{d}\sigma$$

（二）空间物体的引力

设有一物体,占有空间闭区域 Ω,在点 (x,y,z) 处的密度为 $\rho(x,y,z)$,假定 $\rho(x,y,z)$ 在 Ω 上连续,现在要计算该物体对于其外部一点 $M_0(x_0,y_0,z_0)$ 处的质量为 m 的质点的引力。

我们像前面那样,把物体近似地看作是由 n 个质点组成的质点系,这个质点系对质点 m 的引力为 $\sum\limits_{i=1}^{n}\Delta F_i$,它在三个坐标轴上的分量为

$$Gm\sum_{i=1}^{n}\frac{x^i-x_0}{r_i^3}\rho(x_i,y_i,z_i)\Delta V_i$$

$$Gm\sum_{i=1}^{n}\frac{y^i-y_0}{r_i^3}\rho(x_i,y_i,z_i)\Delta V_i$$

$$Gm\sum_{i=1}^{n}\frac{z^i-z_0}{r_i^3}\rho(x_i,y_i,z_i)\Delta V_i$$

取极限后,得到引力 F 在三个坐标轴上的分量

$$F_x = Gm\iiint_\Omega \frac{x-x_0}{r^3}\rho(x,y,z)\mathrm{d}V$$

$$F_y = Gm\iiint_\Omega \frac{y-y_0}{r^3}\rho(x,y,z)\mathrm{d}V$$

$$F_z = Gm\iiint_\Omega \frac{z-z_0}{r^3}\rho(x,y,z)\mathrm{d}V$$

其中 G 为引力常数。

例 9.49 求半径为 R 的均匀球体: $x^2+y^2+z^2\leqslant R^2$ 对位于点 $A(0,0,a)$ 处的单位质量的质点的引力。

【解】 设均匀球体的密度为 ρ,由球体的对称性有,$F_x = F_y = 0$。而

$$F_z = G\iiint_\Omega \frac{z-a}{[x^2+y^2+(z-a)^2]^{\frac{3}{2}}}\rho\mathrm{d}V$$

$$= G\rho\int_{-\pi}^{\pi}(z-a)\mathrm{d}z\iint_{x^2+y^2\leqslant R^2-z^2}\frac{1}{[x^2+y^2+(z-a)^2]^{\frac{3}{2}}}\mathrm{d}x\mathrm{d}y$$

$$= G\rho \int_{-\pi}^{\pi} (z-a) \mathrm{d}z \int_{0}^{2\pi} \mathrm{d}\theta \int_{0}^{\sqrt{R^2-z^2}} \frac{1}{\left[r^2 + (z-a)^2\right]^{\frac{3}{2}}} r \mathrm{d}r$$

$$= -G \frac{4\pi R^3}{3} \rho \frac{1}{a^2} = -G \frac{M}{a^2}$$

其中 $M = \dfrac{4\pi R^3}{3}\rho$ 为球体的质量。

习题 9

⊕ 第一空间

1. 利用二重积分的几何意义计算下列二重积分。

(1) $\displaystyle\iint_{D} \mathrm{d}\sigma$ $D: \dfrac{x^2}{9} + \dfrac{y^2}{4} \leqslant 1$

(2) $\displaystyle\iint_{D} \sqrt{R^2 - x^2 - y^2} \, \mathrm{d}\sigma$ $D: x^2 + y^2 \leqslant R^2$

2. 根据二重积分的性质,比较下列积分的大小。

(1) $\displaystyle\iint_{D} P(x,y) \mathrm{d}\sigma$ 与 $\displaystyle\iint_{D} Q(x,y) \mathrm{d}\sigma$ 的大小,其中 $P(x,y) = x^2 y$,$Q(x,y) = x^3 y^2$,积分区域 $D: 0 < x < 1, 0 < y < 1$。

(2) $\displaystyle\iint_{D} (x+y)^2 \mathrm{d}\sigma$ 与 $\displaystyle\iint_{D} (x+y)^3 \mathrm{d}\sigma$,其中积分区域 D 由 x 轴,y 轴以及直线 $x+y=1$ 所围成。

3. 利用二重积分性质,估计积分 $I = \displaystyle\iint_{D} (2x^2 + 2y^2 + 9) \mathrm{d}\sigma$ 的值,其中 D 是圆形闭区域 $x^2 + y^2 \leqslant 4$。

4. 不计算,求积分值 $\displaystyle\iint_{x^2+y^2 \leqslant 4} (xy + y^3 \cos x) \mathrm{d}x\mathrm{d}y$。

5. 选择题:

(1) 设 Ω 是球域 $x^2 + y^2 + z^2 \leqslant 1$,则三重积分 $\displaystyle\iiint \dfrac{xyz\ln(x^2+y^2+z^2+1)}{x^2+y^2+z^2+1} \mathrm{d}V = ($ $)$。

    (A) 1   (B) -1 (C) 2   (D) 0

(2) 设 $\Omega: x^2 + y^2 + z^2 \leqslant 1$,在下列三重积分为零的是(   )。

    (A) $\displaystyle\iiint_{\Omega} x^2 \mathrm{d}x\mathrm{d}y\mathrm{d}z$ (B) $\displaystyle\iiint_{\Omega} y^2 \mathrm{d}x\mathrm{d}y\mathrm{d}z$

    (C) $\displaystyle\iiint_{\Omega} \ln(x + \sqrt{x^2+1}) \mathrm{d}x\mathrm{d}y\mathrm{d}z$ (D) $\displaystyle\iiint_{\Omega} x\sin x \mathrm{d}x\mathrm{d}y\mathrm{d}z$

(3) 设 Ω 是立方体区域: $-1 \leqslant x \leqslant 1, -1 \leqslant y \leqslant 1, -1 \leqslant z \leqslant 1$,则 $\displaystyle\iiint_{\Omega} (x^2 + 2y^2 + 3z^2) \mathrm{d}x\mathrm{d}y\mathrm{d}z = ($ $)$。

(A) $4\displaystyle\int_0^1 \mathrm{d}x \int_0^1 \mathrm{d}y \int_0^1 (x^2 + 2y^2 + 3z^2)\mathrm{d}z$ (B) $48\displaystyle\int_0^1 \mathrm{d}x \int_0^1 \mathrm{d}y \int_0^1 z^2 \mathrm{d}z$

(C) $24\displaystyle\int_0^1 \mathrm{d}x \int_0^1 \mathrm{d}y \int_0^1 z^2 \mathrm{d}z$ (D) $64\displaystyle\int_0^1 \mathrm{d}x \int_0^1 \mathrm{d}y \int_0^1 z^2 \mathrm{d}z$

6. 利用直角坐标计算下列二重积分。

(1) 计算 $\displaystyle\iint_D (3x + 2y)\mathrm{d}\sigma$，其中 D 是由 x 轴、y 轴及直线 $x + y = 2$ 所围成的闭区域。

(2) 计算 $\displaystyle\iint_D x\cos(x + y)\mathrm{d}\sigma$，其中 D 是顶点分别为 $(0,0)$，$(\pi,0)$ 和 (π,π) 的三角形区域。

(3) 计算 $\displaystyle\iint_D \mathrm{d}x\mathrm{d}y$，其中区域 D 由曲线 $y = 1 - x^2$ 与 $y = x^2 - 1$ 围成。

(4) 计算 $\displaystyle\iint_D xy^2 \mathrm{d}\sigma$，其中 D 是由圆周 $x^2 + y^2 = 4$ 及 y 轴所围成的右半闭区域。

(5) 计算 $\displaystyle\iint_D (x^2 + y^2 - x)\mathrm{d}\sigma$，其中 D 是由直线 $y = 2$，$y = x$ 及 $y = 2x$ 所围成的闭区域。

(6) 计算 $\displaystyle\iint_D (x^2 + y^2)\mathrm{d}\sigma$，其中 $D: y = x, y = x + 1, y = 1, y = 3$ 所围成的区域。

7. 利用极坐标计算下列二重积分。

(1) 计算 $\displaystyle\iint_D \frac{\mathrm{d}\sigma}{\sqrt{x^2 + y^2}}$，其中 D 是圆环域 $1 \leqslant x^2 + y^2 \leqslant 4$；

(2) 计算 $\displaystyle\iint_D \ln(1 + x^2 + y^2)\mathrm{d}\sigma, D: x^2 + y^2 \leqslant 1, x \geqslant 0, y \geqslant 0$；

(3) 计算二重积分 $\displaystyle\iint_D \sqrt{x^2 + y^2}\,\mathrm{d}x\mathrm{d}y$，其中 $D: x^2 + y^2 \leqslant 2x$；

(4) 计算 $\displaystyle\iint_D \mathrm{e}^{-x^2 - y^2}\mathrm{d}\sigma$，其中 $D = \{(x,y) \mid R^2 \leqslant x^2 + y^2 \leqslant 4R^2\}$。

8. 利用对称性计算下列二重积分。

(1) 计算 $\displaystyle\iint_D (x^2 - 2x + 3y + 2)\mathrm{d}x\mathrm{d}y$，其中 $D: x^2 + y^2 \leqslant a^2$；

(2) 计算 $\displaystyle\iint_D |xy|\,\mathrm{d}x\mathrm{d}y$，其中 $D: x^2 + y^2 \leqslant a^2$。

9. 求二重积分 $\displaystyle\iint_D (|x| + y)\mathrm{d}x\mathrm{d}y$，其中 D 是由 $|x| + |y| \leqslant 1$ 所围成的区域。

10. 计算 $\displaystyle\iiint_\Omega \frac{1}{x^2 + y^2}\mathrm{d}x\mathrm{d}y\mathrm{d}z$，其中 Ω 为由平面 $x = 1, x = 2, z = 0, y = x$ 与 $z = y$ 所围的区域。

11. 用两种方法计算三重积分 $I = \displaystyle\iiint_\Omega z\mathrm{d}x\mathrm{d}y\mathrm{d}z$，其中 Ω 为平面 $x + y + z = 1$ 与三个坐标面 $x = 0, y = 0, z = 0$ 围成的闭区域。

12. 利用柱坐标系计算下列三重积分。

(1) $\iiint\limits_{\Omega}(x^2+y^2+z)\mathrm{d}x\mathrm{d}y\mathrm{d}z$,其中 Ω 为第一卦限中由旋转抛物面 $z=x^2+y^2$ 与圆柱面 $x^2+y^2=1$ 所围成的部分。

(2) $\iiint\limits_{\Omega}z\mathrm{d}V$,其中 Ω 是由 $z=x^2+y^2,z=4$ 所围成的立体。

13. 计算 $\iiint\limits_{\Omega}z\mathrm{d}x\mathrm{d}y\mathrm{d}z$,其中 Ω 为球体 $x^2+y^2+z^2\leqslant 1$ 在第一卦限的部分。

14. 将下列二重积分 $I=\iint\limits_{D}f(x,y)\mathrm{d}\sigma$ 化为累次积分(两种形式),其中 D 给定如下。

(1) D:由 $y^2=8x$ 与 $x^2=8y$ 所围成的区域;

(2) D:由 $x=3,x=5,x-2y+1=0$ 及 $x-2y+7=0$ 所围成的区域;

(3) D:由 $y\geqslant x$ 及 $x>0$ 所围成的区域。

15. 将二重积分 $\iint\limits_{D}f(x,y)\mathrm{d}\sigma$ 化为直角坐标系下的二次积分,积分区域 D 如下。

(1) 由直线 $y=x$ 及抛物线 $y^2=4x$ 所围成的区域;

(2) 由直线 $y=x,x=2$ 及双曲线 $y=\dfrac{1}{x}(x>0)$ 所围成的区域;

(3) 由直线 $y=x,y=3x,x=1,x=3$ 所围成的区域;

(4) 由 $x=0,y=2,y=\mathrm{e}^x$ 所围成的区域。

16. 计算三重积分 $\iiint\limits_{\Omega}(x^2+y^2+z^2)\mathrm{d}x\mathrm{d}y\mathrm{d}z$,其中 Ω 是球面 $x^2+y^2+z^2=1$ 所围成的区域。

第二空间

1. 改变下列积分次序

(1) $\displaystyle\int_0^1\mathrm{d}x\int_{\sqrt{x-x^2}}^{\sqrt{x}}f(x,y)\mathrm{d}y$

(2) $\displaystyle\int_0^a\mathrm{d}x\int_{\frac{a^2-x^2}{2a}}^{\sqrt{a^2-x^2}}f(x,y)\mathrm{d}y$

(3) $\displaystyle\int_0^1\mathrm{d}x\int_0^{x^2}f(x,y)\mathrm{d}y+\int_1^3\mathrm{d}x\int_0^{\frac{3-x}{2}}f(x,y)\mathrm{d}y$

(4) $\displaystyle\int_{-1}^0\mathrm{d}x\int_{-x}^{2-x^2}f(x,y)\mathrm{d}y+\int_0^1\mathrm{d}x\int_x^{2-x^2}f(x,y)\mathrm{d}y$

2. 化二重积分 $I=\iint\limits_{D}f(x,y)\mathrm{d}\sigma$ 为二次积分,其中 D 是由 $|x|+|y|\leqslant 1$ 所围成的区域。

3. 计算二重积分 $\iint\limits_{D}\mathrm{d}\sigma$,其中 D 是由直线 $y=2x,x=2y$ 及 $x+y=3$ 围成的三角形区域。

4. 计算 $\iint\limits_{D} e^{\frac{y}{x}} dxdy$，$D$ 是由 $y = x^2$，$y = 0$，$x = 1$ 所围成的区域。

5. 计算二重积分 $\iint\limits_{D} ye^{xy} dxdy$，其中 D 是由直线 $x = 1$，$x = 2$，$y = 2$ 及双曲线 $xy = 1$ 所围成的区域。

6. 若区域 D 由 $x^2 + y^2 = -2x$ 所围成，则 $\iint\limits_{D} (x + y) \sqrt{x^2 + y^2} dxdy = ($　　$)$。

(A) $\iint\limits_{D} (x + y) \sqrt{2x} dxdy$

(B) $\int_{\frac{\pi}{2}}^{-\frac{\pi}{2}} (\sin\theta + \cos\theta) d\theta \int_{0}^{-2\cos\theta} \rho^3 d\rho$

(C) $2\int_{\pi/2}^{\pi} (\sin\theta + \cos\theta) d\theta \int_{0}^{-2\cos\theta} \rho^3 d\rho$

(D) $\int_{\frac{\pi}{2}}^{\frac{3\pi}{2}} (\sin\theta + \cos\theta) d\theta \int_{0}^{-2\cos\theta} \rho^3 d\rho$

7. 若区域 D 由 $x^2 + y^2 = 2y$ 所围成，则 $\iint\limits_{D} (x + y) \sqrt{x^2 + y^2} dxdy = ($　　$)$。

(A) $\int_{0}^{\pi} (\sin\theta + \cos\theta) d\theta \int_{0}^{2\sin\theta} \rho^3 d\rho$

(B) $\int_{-\pi/2}^{\pi/2} (\sin\theta + \cos\theta) d\theta \int_{0}^{2\sin\theta} \rho^3 d\rho$

(C) $2\int_{0}^{\pi/2} (\sin\theta + \cos\theta) d\theta \int_{0}^{2\sin\theta} \rho^3 d\rho$

(D) $\iint\limits_{D} (x + y) \sqrt{2y} dxdy$

8. 设 D：$y = x^3$，$y = 1$，$x = -1$ 围成的有限区域，而 D_1 为 D 的第一象限部分，则 $\iint\limits_{D} (xy + e^{-x^2} \sin y) dxdy = ($　　$)$。

(A) $2\iint\limits_{D_1} e^{-x^2} \sin y dxdy$　　　　　　(B) $2\iint\limits_{D_1} xy dxdy$

(C) $4\iint\limits_{D_1} (xy + e^{-x^2} \sin y) dxdy$　　　　(D) 0

9. 选择适当的坐标系计算下列二重积分

(1) $\iint\limits_{D} \frac{xy}{x^2 + y^2} dxdy$，其中 D：$y \geqslant x$，$1 \leqslant x^2 + y^2 \leqslant 2$；

(2) $\iint\limits_{D} |x| d\sigma$，其中 D：$x^2 + y^2 \leqslant 2y$；

(3) $\iint\limits_{D} x(y + 1) dxdy$，其中 D：$x^2 + y^2 \geqslant 1$，$x^2 + y^2 \leqslant 2x$；

(4) $\iint\limits_{D} \frac{x + y}{x^2 + y^2} dxdy$，其中 D：$x^2 + y^2 \leqslant 1$，$x + y \geqslant 1$。

10. 求 $\iint\limits_{|x|+|y|\leqslant 1} |xy| \mathrm{d}x\mathrm{d}y$。

11. 计算二重积分 $\iint\limits_{D} |x^2+y^2-1| \mathrm{d}\sigma$,其中 $D=\{(x,y) \mid 0\leqslant x\leqslant 1, 0\leqslant y\leqslant 1\}$。

12. $\iint\limits_{D}(\sqrt{x^2+y^2}+2y^3)\mathrm{d}\sigma$,其中 D 是由圆 $x^2+y^2=4$ 和 $(x-1)^2+y^2=1$ 所围成的平面区域。

13. 设函数 $f(x)$ 连续,$f(0)=0$,且在 $x=0$ 处可导,求极限
$$\lim_{t\to 0^+}\frac{1}{t^4}\iint\limits_{x^2+y^2\leqslant t^2}f(x^2+y^2)\mathrm{d}x\mathrm{d}y$$

14 计算下列三重积分。

(1) $\iiint\limits_{\Omega}x\mathrm{d}V$,其中 Ω 由三个坐标面与平面 $2x+y+z=1$ 所围成;

(2) $\iiint\limits_{\Omega}\sin(x+y+z)\mathrm{d}x\mathrm{d}y\mathrm{d}z$,其中 Ω 是平面 $x+y+z=\frac{\pi}{2}$ 和三个坐标平面所围成的区域。

15. 计算三重积分 $\iiint\limits_{\Omega}z\mathrm{d}V$,其中 Ω 是由曲面 $z=x^2+y^2$ 与 $z=\sqrt{2-x^2-y^2}$ 所围成的区域。

16. 计算三重积分 $\iiint\limits_{\Omega}(x^2+y)\mathrm{d}x\mathrm{d}y\mathrm{d}z$,其中 Ω 是由 $z=x^2+y^2, z=4$ 所围成的立体。

17. 计算积分 $\iiint\limits_{\Omega}(x+y+z^2)\mathrm{d}x\mathrm{d}y\mathrm{d}z$,其中 Ω 为立体 $x^2+y^2+z^2\leqslant 4$ 的上半部。

18. 计算 $I=\iiint\limits_{\Omega}z\mathrm{d}x\mathrm{d}y\mathrm{d}z$,$\Omega$ 是由锥面 $z=\sqrt{x^2+y^2}$ 与平面 $z=1$ 所围成的闭区域。

19. 设空间区域 $\Omega: z\geqslant\sqrt{3(x^2+y^2)}, x^2+y^2+z^2\leqslant 1$,则 $\iiint\limits_{\Omega}z^2\mathrm{d}V=($　　$)$。

(A) $\int_0^{2\pi}\mathrm{d}\theta\int_0^{\frac{\pi}{3}}\sin\varphi\cos^2\varphi\mathrm{d}\varphi\int_0^1\rho^4\mathrm{d}\rho$

(B) $\int_0^{2\pi}\mathrm{d}\theta\int_0^{\frac{\pi}{6}}\sin\varphi\cos^2\varphi\mathrm{d}\varphi\int_0^1\rho^4\mathrm{d}\rho$

(C) $\int_0^{2\pi}\mathrm{d}\theta\int_0^{\frac{\pi}{3}}\sin\varphi\cos\varphi\mathrm{d}\varphi\int_0^1\rho^3\mathrm{d}\rho$

(D) $\int_0^{2\pi}\mathrm{d}\theta\int_0^{\frac{\pi}{6}}\sin\varphi\cos\varphi\mathrm{d}\varphi\int_0^1\rho^2\mathrm{d}\rho$

20. 设空间区域 $\Omega_1: x^2+y^2+z^2\leqslant R^2, z\geqslant 0$,$\Omega_2: x^2+y^2+z^2\leqslant R^2, x\geqslant 0, y\geqslant 0, z\geqslant 0$,则($　$)。

(A) $\iiint\limits_{\Omega_1}z\mathrm{d}V=4\iiint\limits_{\Omega_2}\mathrm{d}V$ 　　　　　　　　(B) $\iiint\limits_{\Omega_1}\mathrm{d}V=4\iiint\limits_{\Omega_2}\mathrm{d}V$

(C) $\iiint\limits_{\Omega_1} y\mathrm{d}V = 2\iiint\limits_{\Omega_2} y\mathrm{d}V$ (D) $\iiint\limits_{\Omega_1}\mathrm{d}V = \iiint\limits_{\Omega_2} z\mathrm{d}V$

21. 计算 $\iiint\limits_{\Omega}(x^2+z^2)\mathrm{d}V$，其中 Ω 是球 $x^2+y^2+z^2 \leqslant 4$。

22. Ω 由 $z=x^2+y^2$ 与 $z=1$ 围成的闭区域，计算 $\iiint\limits_{\Omega}(x+y+2z)\mathrm{d}V$。

23. 计算 $\iiint\limits_{\Omega}(3x^2+y^2+2z^2)\mathrm{d}V$，其中 Ω 是球 $x^2+y^2+z^2 \leqslant R^2$。

24. 利用三重积分求各曲面所为立体的体积。

(1) 由 $z=x+y, z=xy, x+y=1, x=0, y=0$ 所围成的立体体积。

(2) 由曲面 $x^2+y^2+z^2=R^2$ 与曲面 $x^2+y^2+z^2=4R^2$ 所围成的立体体积。

(3) 由椭圆抛物面 $z=4-x^2-\dfrac{y^2}{4}$ 与平面 $z=0$ 所围成的立体体积。

25. 求由 $y=2x, y=\dfrac{x}{2}, xy=2$ 围成的平面图形的面积。

第三空间

1. 根据二重积分性质，比较 $\iint\limits_{D}\ln(x+y)\mathrm{d}\sigma$ 与 $\iint\limits_{D}[\ln(x+y)]^2\mathrm{d}\sigma$ 的大小，其中 D 是三角形区域，三顶点分别为 $(1,0),(1,1),(2,0)$。

2. 估计积分 $I=\iint\limits_{D}(x+y+10)\mathrm{d}\sigma$ 的值，其中 D 是由圆周 $x^2+y^2=4$ 所围成的区域。

3. 改变积分次序 $\int_0^1\mathrm{d}y\int_{\frac{1}{2}y^2}^{\sqrt{3-y^2}}f(x,y)\mathrm{d}y$。

4. 计算下列二重积分

(1) $\int_0^1\mathrm{d}x\int_0^{\sqrt{x}}\mathrm{e}^{-\frac{y^2}{2}}\mathrm{d}y$ (2) $\int_0^1 x^2\mathrm{d}x\int_x^1\mathrm{e}^{-y^2}\mathrm{d}y$

(3) $\int_0^1\mathrm{d}y\int_y^1 x^2\sin xy\,\mathrm{d}x$

5. 计算 $\iint\limits_{\substack{-1\leqslant x\leqslant 1\\0\leqslant y\leqslant 1}}|y-x^2|\mathrm{d}x\mathrm{d}y$。

6. 求 $\iint\limits_{D}(\sqrt{x^2+y^2}+y)\mathrm{d}\sigma$，其中 D 是由圆 $x^2+y^2=4$ 和 $(x+1)^2+y^2=1$ 所围成的平面区域。

7. $\iint\limits_{D}(x^2+y^2)\mathrm{d}x\mathrm{d}y$，其中 $D: x^2+y^2\leqslant ax, x^2+y^2\leqslant ay(a>0)$ 的公共部分。

8. 设 $f(x),g(x)$ 在 $[a,b]$ 上连续且单调增加，求证
$$(b-a)\int_a^b g(x)f(x)\mathrm{d}x \geqslant \int_a^b f(x)\mathrm{d}x\int_a^b g(x)\mathrm{d}x$$

9. 设函数 $f(x)$ 为 $[0,1]$ 上的单调减少且大于 0 的连续函数,求证:

$$\frac{\int_0^1 xf^2(x)\mathrm{d}x}{\int_0^1 xf(x)\mathrm{d}x} \leqslant \frac{\int_0^1 f^2(x)\mathrm{d}x}{\int_0^1 f(x)\mathrm{d}x}$$

10. 曲线 $\begin{cases} x^2 = 2z \\ y = 0 \end{cases}$ 绕 z 轴一周生成的曲面与 $z = 1, z = 2$ 所围成的立体区域为 Ω。

(1) 计算 $\iiint\limits_{\Omega} \dfrac{1}{x^2 + y^2 + z^2}\mathrm{d}x\mathrm{d}y\mathrm{d}z$;

(2) 计算 $\iiint\limits_{\Omega} (x^2 + y^2 + z^2)\mathrm{d}x\mathrm{d}y\mathrm{d}z$。

11. 求椭球面 $\dfrac{x^2}{a^2} + \dfrac{y^2}{b^2} + \dfrac{z^2}{c^2} = 1$ 所围成的椭球的体积。

12. 计算 $\iiint\limits_{\Omega} \left(\dfrac{x^2}{a^2} + \dfrac{y^2}{b^2} + \dfrac{z^2}{c^2}\right)\mathrm{d}x\mathrm{d}y\mathrm{d}z$,其中 Ω 为 $\dfrac{x^2}{a^2} + \dfrac{y^2}{b^2} + \dfrac{z^2}{c^2} \leqslant 1$。

13. 计算 $\iiint\limits_{\Omega} (x^2 + y^2 + z^2)\mathrm{d}V$,其中 Ω 为 $\dfrac{x^2}{a^2} + \dfrac{y^2}{b^2} + \dfrac{z^2}{c^2} \leqslant 1$。

14. 计算 $I = \iiint\limits_{\Omega} z\mathrm{d}x\mathrm{d}y\mathrm{d}z$,其中 Ω 为由 $\dfrac{x^2}{a^2} + \dfrac{y^2}{b^2} + \dfrac{z^2}{c^2} \leqslant 1$ 与 $z \geqslant 0$ 所围区域。

15. 设 $F(t) = \iiint\limits_{x^2+y^2+z^2 \leqslant t^2} f(x^2 + y^2 + z^2)\mathrm{d}x\mathrm{d}y\mathrm{d}z$,其中 $f(u)$ 为连续函数,$f'(0)$ 存在,且 $f(0) = 0, f'(0) = 1$,求 $\lim\limits_{t \to 0} \dfrac{F(t)}{t^5}$。

16. 设平面薄片所占的闭区域 D 是由螺线 $\gamma = 2\theta$ 上一段弧 $\left(0 \leqslant \theta \leqslant \dfrac{\pi}{2}\right)$ 与直线 $\theta = \dfrac{\pi}{2}$ 所围成,它的面密度为 $\rho(x,y) = x^2 + y^2$,求该薄片的质量。

17. 求密度均匀半球体的质心。

18. 求质量为 M,长和宽分别为 a, b 的长方形均匀薄板对长边的转动惯量。

19. 求密度为 ρ 的均匀球体对于过球心的一条轴 l 的转动惯量。

20. 设面密度为 μ,半径为 R 的圆形薄片 $x^2 + y^2 \leqslant R^2, z = 0$,求它对位于 $M_0(0, 0, a)$ $(a > 0)$ 处的单位质量的质点的引力。

第10章

曲线积分与曲面积分

积分学按其积分区域的类型可分为定积分、二重积分、三重积分、曲线积分和曲面积分。定积分与重积分是讨论定义在直线段、平面闭区域或空间有界区域上的函数的积分问题。本章将研究定义在曲线段和曲面块上函数的积分,即曲线积分和曲面积分。曲线积分和曲面积分有着非常丰富的物理应用背景,尤其是本章将要介绍的格林公式、高斯公式、斯托克斯公式,它们和牛顿-莱布尼茨公式相似,揭示了不同维空间闭区域内部的积分与边界上积分的等量关系,是微积分的精彩篇章。

内容初识

10.1 预备知识

10.1.1 场的概念

定义 10.1 定义在某一空间区域 Ω 上的一个场就是一种对应规则,当它将 Ω 中的一个点对应到一个数时,这样的场是一个**数量场**;当它将 Ω 中的一个点对应到一个向量时,这样的场是一个**向量场**。

例如,湍急的水流中,水中每个点的运动速度都不同,那么整个水流的速度的分布就是一个向量场(此时是速度场)。

当 Ω 是平面区域时,平面上的点与二维数组 (x,y) 一一对应,定义在 Ω 上的函数 $f(x,y)$ 称为平面数量场,定义在 Ω 上的向量函数

$$\vec{F}(x,y) = P(x,y)\vec{i} + Q(x,y)\vec{j}$$

称为平面向量场。

如此,三维空间中区域 Ω 上的一个数量场可以用定义在 Ω 上的一个函数 $f(x,y,z)$ 来表示,区域 Ω 上的一个向量场可以用定义在 Ω 上的一个向量函数

$$\vec{F}(x,y,z) = P(x,y,z)\vec{i} + Q(x,y,z)\vec{j} + R(x,y,z)\vec{k}$$

来表示,$P(x,y,z)$,$Q(x,y,z)$,$R(x,y,z)$ 在 Ω 上连续时,称该向量场是连续的。

10.1.2 单连通与复连通区域

定义 10.2 设 D 为平面区域,如果 D 内任一闭曲线所围的部分都属于 D,则称 D 为平面单连通区域,否则称为复连通区域,如图 10.1 所示。

单连通区域　　　　　　复连通区域

图　10.1

【注】　通俗地讲,单连通区域内没有"洞",复连通区域内至少有一个"洞"。

10.1.3 平面区域 D 的边界曲线 L 的正向

定义 10.3 对平面区域 D 的边界曲线 C,我们规定 C 的正向如下:当观察者沿曲线 C 的如图 10.2 所示的这个方向行走时,区域 D 总在他的左侧;反之,区域 D 总在他的右侧时,称曲线 C 的这个方向是负向的。

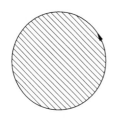
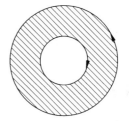

区域 D_1: $x^2+y^2\leqslant1$　　　　　　　　　D_2: $1\leqslant x^2+y^2\leqslant4$

D_1 的边界曲线正向是逆时针方向; D_2 的边界曲线正向:外围是逆时针方向,内围是顺时针方向

图　10.2

10.1.4 曲面的侧与有向曲面

定义 10.4 在光滑的曲面 Σ 上任取一点 M_0,过点 M_0 作曲面 Σ 的法向量,它的指向选择有两种,选定一个方向为正向。当动点 M 从定点 M_0 出发在曲面 Σ 上连续移动(不越过曲面的边界)时,法向量也连续变动,当动点 M 沿着曲面 Σ 上任意一条闭曲线又回到 M_0 时,如果法向量的正向与出发时的正向相同时,这种曲面就称为双侧曲面,否则就是单侧曲面。

图 10.3　莫比乌斯带

【注】　通常我们遇到的曲面都是双侧曲面,莫比乌斯带是单侧曲面典型的例子(将长方形的纸条一端扭转 180°,再与另一端粘合,就形成这个单侧曲面,如图 10.3 所示,本章仅讨论双侧曲面。

定义 10.5　选定了侧的曲面称为有向曲面。

首先,规定曲面法向量的指向为曲面的正向,具体如下:

(1) 对于封闭曲面,规定指向外侧的法向量方向为曲面的正向;

(2) 对于开曲面,

当 $z=z(x,y),(x,y)\in D_{xy}$ 时,规定上侧为正,其正向的法向量为 $\vec{n}=\{-z_x,-z_y,1\}$,此时,

$$\cos\gamma=\frac{\vec{n}\cdot\vec{k}}{|\vec{n}|\cdot|\vec{k}|}=\frac{1}{\sqrt{1+z_x^2+z_y^2}}>0$$

法向量正向与 z 轴正向的夹角 γ 为锐角。

当 $y=y(z,x),(z,x)\in D_{zx}$ 时,规定右侧为正,其正向的法向量为 $\vec{n}=\{-y_x,1,-y_z\}$,此时,

$$\cos\beta=\frac{\vec{n}\cdot\vec{j}}{|\vec{n}|\,|\vec{j}|}=\frac{1}{\sqrt{1+y_x^2+y_z^2}}>0$$

法向量正向与 y 轴正向的夹角 β 为锐角。

当 $x=x(y,z),(y,z)\in D_{yz}$ 时,规定前侧为正,其正向的法向量为 $\vec{n}=\{1,-x_y,-x_z\}$,此时

$$\cos\alpha=\frac{\vec{n}\cdot\vec{i}}{|\vec{n}|\,|\vec{i}|}=\frac{1}{\sqrt{1+x_y^2+x_z^2}}>0$$

法向量正向与 x 轴正向的夹角 α 为锐角。

10.2　曲线积分与曲面积分的概念

在第 8.5 节,我们给出了宏积分的概念,同时给出了曲线积分和曲面积分的定义,接下来我们介绍曲线积分、曲面积分的相关概念和物理意义。

10.2.1　第 I 型曲线积分的相关概念

设 ds 是光滑曲线 L 上的任意小弧段,在 ds 上任取一点 (x,y),对于 L 上的连续函数 $f(x,y)$,一定存在实数 I,使得函数 $f(x,y)$ 在 L 上的第 I 型曲线积分存在,即

$$\int_L f(x,y)ds \tag{10.1}$$

其中,L 称为积分曲线,$f(x,y)$ 称为**被积函数**,$f(x,y)\cdot ds$ 称为**被积表达式**,ds 称为**弧微元**。

【注】　若函数 $f(x,y)$ 在光滑曲线弧 L 上连续,则对弧长的曲线积分 $\int_L f(x,y)ds$ 一定存在。

第 I 型曲线积分的物理意义——曲线构件的质量

设质量分布不均匀的平面曲线弧状的构件 $L=\overset{\frown}{AB}$(如图 10.4),其线密度为 $\rho(x,y)$,ds 是光滑曲线 L 上任意小

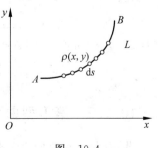

图　10.4

弧段,任取 ds 上的点 (x,y),质量核元素 $dM = \rho(x,y)ds$,则曲线弧 L 的质量可表示为

$$M = \int_L \rho(x,y)\,ds$$

也就是说,第 Ⅰ 型曲线积分在物理上可以表示为曲线构件的质量。

10.2.2　第 Ⅱ 型曲线积分的相关概念

设 $\vec{ds}$ 是光滑有向曲线 L 上的任意有向弧段,在 $\vec{ds}$ 上任取一点 (x,y),对于 L 上连续的向量函数 $\vec{F}(x,y)$,一定存在实数 I,使得向量函数 $\vec{F}(x,y)$ 在 L 上的第 Ⅱ 型曲线积分存在,即

$$\int_L \vec{F}(x,y) \cdot \vec{ds} \qquad (10.2)$$

其中,L 称为有向积分弧段,

$$\vec{F}(x,y) = P(x,y)\vec{i} + Q(x,y)\vec{j}, \quad \vec{ds} = \{dx, dy\}$$

式(10.2)相应的坐标形式为

$$\int_L \vec{F}(x,y) \cdot \vec{ds} = \int_L \{P(x,y), Q(x,y)\} \cdot \{dx, dy\}$$

$$= \int_L P(x,y)dx + Q(x,y)dy \xrightarrow{\text{简记为}} \int_L Pdx + Qdy \qquad (10.3)$$

所以第 Ⅱ 型曲线积分也称**对坐标的曲线积分**。

【注】　若函数 $\vec{F}(x,y)$ 在有向光滑曲线弧 L 上连续,则对坐标的曲线积分 $\int_L \vec{F}(x,y) \cdot \vec{ds}$ 一定存在。

第 Ⅱ 型曲线积分的物理意义——变力沿曲线做功

设 xOy 面内的一个质点在变力 $\vec{F}(x,y) = P(x,y)\vec{i} + Q(x,y)\vec{j}$ 的作用下从点 A 沿光滑曲线弧 L 移动到点 B(如图 10.5 所示),$\vec{ds}$ 是光滑曲线 L 上的任意有向小弧段,任取小弧段上一点 (x,y),变力做功的核元素 $dW = \vec{F}(x,y) \cdot \vec{ds}$,则变力 $\vec{F}(x,y)$ 在曲线弧 L 上所做功为

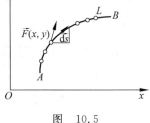

$$W = \int_L \vec{F}(x,y) \cdot \vec{ds}$$

也就是说,第 Ⅱ 型曲线积分在物理上表示变力沿着光滑有向曲线弧所做的功。

图　10.5

【注】　在对坐标的曲线积分中,若 L 为空间内一条光滑有向曲线,变力为

$$\vec{F}(x,y,z) = P(x,y,z)\vec{i} + Q(x,y,z)\vec{j} + R(x,y,z)\vec{k}$$

则相应的空间第 Ⅱ 型曲线积分形式为

$$\int_L \vec{F}(x,y,z) \cdot \vec{ds} = \int_L P(x,y,z)dx + Q(x,y,z)dy + R(x,y,z)dz \qquad (10.4)$$

10.2.3　第 Ⅰ 型曲面积分的相关概念

设 dS 是光滑或分片光滑曲面 Σ 上的任意曲面片,任取 $(x,y,z) \in dS$,对于曲面 Σ 上

的连续函数 $f(x,y,z)$，一定存在实数 I，使得函数 $f(x,y,z)$ 在 Σ 上的第 I 型曲面积分存在，即

$$\iint_{\Sigma} f(x,y,z)\mathrm{d}S \tag{10.5}$$

其中 $f(x,y,z)$ 称为**被积函数**，Σ 称为**积分曲面**。

【注】　若函数 $f(x,y,z)$ 在光滑曲面 Σ 上连续，则对面积的曲面积分一定存在。

第 I 型曲面积分的物理意义——曲面构件的质量

设 $\mathbf{R}^3$ 中的曲面 Σ 质量分布不均匀，其面密度为 $\rho(x,y,z)$，$\mathrm{d}S$ 为任意小曲面片，任取其上一点 (x,y,z)，质量核元素 $\mathrm{d}M=\rho(x,y,z)\mathrm{d}S$，则整个曲面 Σ 的质量

$$M=\iint_{\Sigma}\rho(x,y,z)\mathrm{d}S$$

10.2.4　第 II 型曲面积分的相关概念

设 $\overrightarrow{\mathrm{d}S}$ 是光滑或者分片光滑的有向曲面 Σ 上的任意有向曲面片，任取其上一点 (x,y,z)，对于向量函数

$$\vec{F}(x,y,z)=\{P(x,y,z),Q(x,y,z),R(x,y,z)\}$$

其中 $P(x,y,z),Q(x,y,z),R(x,y,z)$ 在 Σ 上连续，一定存在实数 I，使得函数 $\vec{F}(x,y,z)$ 在 Σ 上的第 II 型曲面积分存在，即

$$\iint_{\Sigma}\vec{F}\cdot\overrightarrow{\mathrm{d}S} \tag{10.6}$$

其中 $P(x,y,z),Q(x,y,z),R(x,y,z)$ 称为**被积函数**，Σ 称为**积分曲面**。

第 II 型曲面积分可以写成如下形式

$$\iint_{\Sigma}\vec{F}\cdot\overrightarrow{\mathrm{d}S}=\iint_{\Sigma}P\mathrm{d}y\mathrm{d}z+Q\mathrm{d}z\mathrm{d}x+R\mathrm{d}x\mathrm{d}y \tag{10.7}$$

因此，第 II 型曲面积分也称为**对坐标的曲面积分**。

【注】　若函数 $\vec{F}(x,y,z)$ 在光滑有向曲面 Σ 上连续，则对坐标的曲面积分一定存在。

第 II 型曲面积分的物理意义——流量问题

设稳定流动的不可压缩流体（假定密度为 1）的速度场由

$$\vec{v}(x,y,z)=P(x,y,z)\vec{i}+Q(x,y,z)\vec{j}+R(x,y,z)\vec{k}$$

给出，Σ 是速度场中的有向曲面，函数 $P(x,y,z),Q(x,y,z),R(x,y,z)$ 都在 Σ 上连续，$\overrightarrow{\mathrm{d}S}$ 是 Σ 上任意有向小曲面片，任取其上一点 (x,y,z)，流量核元素 $\mathrm{d}\Phi=\vec{v}(x,y,z)\cdot\overrightarrow{\mathrm{d}S}$，则所求流量为

$$\iint_{\Sigma}\vec{v}(x,y,z)\cdot\overrightarrow{\mathrm{d}S}$$

也就是说，第 II 型曲面积分在物理上可以表示流速场中通过有向曲面的流量。

【注】　如果流量场是常向量场时，即 $\vec{v}(x,y,z)=\vec{v}_0$，由物理学知识知，若 $\vec{n}^0$ 为曲面 Σ 的单位法向

量时,单位时间内流过闭区域 Σ 的流体将组成一个底面积为 S、斜高为 $|\vec{v_0}|\cos\theta$ 的斜柱体,其中 $\theta=\langle\vec{n}^0,\vec{v_0}\rangle$,当 $\theta<\dfrac{\pi}{2}$ 时,这个斜柱体的体积为

$$S \cdot |\vec{v_0}|\cos\theta = S\vec{v_0} \cdot \vec{n}^0 = \vec{v_0} \cdot S\vec{n}^0 = \vec{v_0} \cdot \vec{S}$$

其中 $\vec{S}$ 表示有向曲面,如图 10.6 所示。

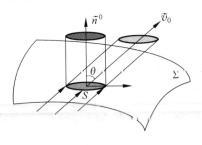

图 10.6

10.3 曲线积分与曲面积分的性质

从两类曲线积分和曲面积分的定义上看,第 Ⅰ 型曲线积分和第 Ⅰ 型曲面积分定义中的积分核元素的两部分有相同的特点,即没有方向,而第 Ⅱ 型曲线积分和第 Ⅱ 型曲面积分的定义中的积分核元素的两部分是有方向性的,按照这样的特点,下面分别给出第 Ⅰ 型线面积分和第 Ⅱ 型曲线积分与曲面积分的性质。

10.3.1 第 Ⅰ 型曲线积分与曲面积分的性质

性质 10.1（线性） 设 k_1、k_2 为常数,则

第 Ⅰ 型曲线积分:

$$\int_L [k_1 f(x,y) \pm k_2 g(x,y)]\mathrm{d}s = k_1\int_L f(x,y)\mathrm{d}s \pm k_2\int_L g(x,y)\mathrm{d}s$$

第 Ⅰ 型曲面积分:

$$\iint_\Sigma [k_1 f(x,y,z) + k_2 g(x,y,z)]\mathrm{d}S = k_1\iint_\Sigma f(x,y,z)\mathrm{d}S + k_2\iint_\Sigma g(x,y,z)\mathrm{d}S$$

性质 10.2（可加性）

第 Ⅰ 型曲线积分:若积分弧段 L 可分成两段光滑曲线弧 L_1 和 L_2,则

$$\int_L f(x,y)\mathrm{d}s = \int_{L_1} f(x,y)\mathrm{d}s + \int_{L_2} f(x,y)\mathrm{d}s$$

第 Ⅰ 型曲面积分:若曲面 Σ 可分成两片光滑曲面 Σ_1 及 Σ_2,则

$$\iint_\Sigma f(x,y,z)\mathrm{d}S = \iint_{\Sigma_1} f(x,y,z)\mathrm{d}S + \iint_{\Sigma_2} f(x,y,z)\mathrm{d}S$$

性质 10.3（无向性）

第 Ⅰ 型曲线积分:若 L^+,L^- 分别表示曲线的正向和负向,则

$$\int_{L^+} f(x,y)\mathrm{d}s = \int_{L^-} f(x,y)\mathrm{d}s$$

第 Ⅰ 型曲面积分：若 Σ^+，Σ^- 分别表示曲面 Σ 的正侧和负侧，则

$$\iint_{\Sigma^+} f(x,y,z)\mathrm{d}S = \iint_{\Sigma^-} f(x,y,z)\mathrm{d}S$$

性质 10.4（单位性）

第 Ⅰ 型曲线积分：当被积函数恒等于 1 时，$\int_L 1\mathrm{d}s = L$（L 的弧长）。

第 Ⅰ 型曲面积分：当被积函数恒等于 1 时，$\iint_\Sigma 1\mathrm{d}S = S$（$\Sigma$ 的面积）。

【注】 单位性往往被用来求曲线的弧长或者曲面的面积。

性质 10.5（保序性）

第 Ⅰ 型曲线积分：设在 L 上 $f(x,y) \leqslant g(x,y)$，则

$$\int_L f(x,y)\mathrm{d}s \leqslant \int_L g(x,y)\mathrm{d}s$$

特别地，有

$$\left| \int_L f(x,y)\mathrm{d}s \right| \leqslant \int_L |f(x,y)|\,\mathrm{d}s$$

第 Ⅰ 型曲面积分：设在曲面 Σ 上 $f(x,y,z) \leqslant g(x,y,z)$，则

$$\iint_\Sigma f(x,y,z)\mathrm{d}S \leqslant \iint_\Sigma g(x,y,z)\mathrm{d}S$$

10.3.2 第 Ⅱ 型曲线积分与曲面积分的性质

性质 10.6（线性） 设 k_1、k_2 为常数，则

第 Ⅱ 型曲线积分：

$$\int_L [k_1 P_1 \mathrm{d}x \pm k_2 Q_1 \mathrm{d}y] + \int_L [k_1 P_2 \mathrm{d}x \pm k_2 Q_2 \mathrm{d}y]$$
$$= k_1 \int_L (P_1 + P_2)\mathrm{d}x \pm k_2 \int_L (Q_1 + Q_2)\mathrm{d}y$$

第 Ⅱ 型曲面积分：

$$\iint_\Sigma k_1 P_1 \mathrm{d}y\mathrm{d}z + k_2 Q_1 \mathrm{d}z\mathrm{d}x + k_3 R_1 \mathrm{d}x\mathrm{d}y \pm \iint_\Sigma k_1 P_2 \mathrm{d}y\mathrm{d}z + k_2 Q_2 \mathrm{d}z\mathrm{d}x + k_3 R_2 \mathrm{d}x\mathrm{d}y$$
$$= k_1 \iint_\Sigma (P_1 \pm P_2)\mathrm{d}y\mathrm{d}z + k_2 \iint_\Sigma (Q_1 \pm Q_2)\mathrm{d}z\mathrm{d}x + k_3 \iint_\Sigma (R_1 \pm R_2)\mathrm{d}x\mathrm{d}y$$

性质 10.7（可加性）

第 Ⅱ 型曲线积分：若积分弧段 L 可分成两段光滑曲线弧 L_1 和 L_2，则

$$\int_L P\mathrm{d}x + Q\mathrm{d}y = \int_{L_1} P\mathrm{d}x + Q\mathrm{d}y + \int_{L_2} P\mathrm{d}x + Q\mathrm{d}y$$

第 Ⅱ 型曲面积分：若有向曲面 Σ 可分成两片光滑曲面 Σ_1 及 Σ_2，则

$$\iint\limits_{\Sigma}P\mathrm{d}y\mathrm{d}z + Q\mathrm{d}z\mathrm{d}x + R\mathrm{d}x\mathrm{d}y$$

$$=\iint\limits_{\Sigma_1}P\mathrm{d}y\mathrm{d}z + Q\mathrm{d}z\mathrm{d}x + R\mathrm{d}x\mathrm{d}y + \iint\limits_{\Sigma_2}P\mathrm{d}y\mathrm{d}z + Q\mathrm{d}z\mathrm{d}x + R\mathrm{d}x\mathrm{d}y$$

性质 10.8（有向性）

第 Ⅱ 型曲线积分：若 L^+，L^- 分别表示曲线的正向和负向，则

$$\int_{L^+}P\mathrm{d}x + Q\mathrm{d}y = -\int_{L^-}P\mathrm{d}x + Q\mathrm{d}y$$

第 Ⅱ 型曲面积分：若 Σ^+，Σ^- 分别表示曲面 Σ 的正侧和负侧，则

$$\iint\limits_{\Sigma^-}P\mathrm{d}y\mathrm{d}z + Q\mathrm{d}z\mathrm{d}x + R\mathrm{d}x\mathrm{d}y = -\iint\limits_{\Sigma^+}P\mathrm{d}y\mathrm{d}z + Q\mathrm{d}z\mathrm{d}x + R\mathrm{d}x\mathrm{d}y$$

经典解析

10.4　曲线积分的计算

10.4.1　第 Ⅰ 型曲线积分的计算

定理 10.1　设 $f(x,y)$ 在曲线弧 L 上有定义且连续，L 的参数方程为
$$x = x(t), \quad y = y(t) \quad (\alpha \leqslant t \leqslant \beta)$$

其中 $x(t)$，$y(t)$ 在 $[\alpha,\beta]$ 上具有一阶连续导数，且 $x'^2(t) + y'^2(t) \neq 0$，则曲线积分 $\int_L f(x, y)\mathrm{d}s$ 存在，且

$$\int_L f(x,y)\mathrm{d}s = \int_{\alpha}^{\beta}f[x(t),y(t)]\sqrt{x'^2(t)+y'^2(t)}\,\mathrm{d}t \quad (\alpha < \beta) \tag{10.8}$$

【注】

(1) 如果曲线 L 是封闭曲线，则 $f(x,y)$ 在曲线 L 上的积分表示为 $\oint_L f(x,y)\mathrm{d}s$；

(2) 如果曲线不是参数形式，仍然可以用公式求解。

（一）曲线为显函数形式

① 若曲线 L 的方程为：$y = \psi(x)(a\leqslant x\leqslant b)$，则

$$\int_L f(x,y)\mathrm{d}s = \int_a^b f[x,\psi(x)]\sqrt{1+\psi'^2(x)}\,\mathrm{d}x \tag{10.9}$$

② 若曲线 L 的方程为：$x = \varphi(y)(c\leqslant y\leqslant d)$，则

$$\int_L f(x,y)\mathrm{d}s = \int_c^d f[\varphi(y),y]\sqrt{\varphi'^2(y)+1}\,\mathrm{d}y \tag{10.10}$$

（二）曲线为极坐标形式

若曲线 L 的方程为 $L: \rho = \rho(\theta)(\alpha\leqslant\theta\leqslant\beta)$，则

$$\int_L f(x,y)\mathrm{d}s = \int_\alpha^\beta f(\rho(\theta)\cos\theta,\rho(\theta)\sin\theta)\ \sqrt{\rho^2(\theta)+\rho'^2(\theta)}\ \mathrm{d}\theta \qquad (10.11)$$

推广：若曲线 Γ 的方程为：$x=x(t),y=y(t),z=z(t)(\alpha\leqslant t\leqslant\beta)$，则

$$\int_\Gamma f(x,y,z)\mathrm{d}s = \int_\alpha^\beta f[x(t),y(t),z(t)]\ \sqrt{x'^2(t)+y'^2(t)+z'^2(t)}\ \mathrm{d}t \qquad (10.12)$$

计算方法与步骤

(1) 画出积分路线图形；

(2) 写出积分曲线 L 的参数方程：$\begin{cases} x=x(t) \\ y=y(t) \end{cases}(\alpha\leqslant t\leqslant\beta)$；

(3) 利用代换将其化为定积分

① 将曲线 L 参数方程 $\begin{cases} x=x(t) \\ y=y(t) \end{cases}$ 代入被积函数；

② 弧长元素 $\mathrm{d}s=\sqrt{x'^2(t)+y'^2(t)}\ \mathrm{d}t$；

③ 积分曲线 L 上的曲线积分转化为定积分，即

$$\int_L f(x,y)\mathrm{d}s = \int_\alpha^\beta f(x(t),y(t))\ \sqrt{x'^2(t)+y'^2(t)}\ \mathrm{d}t$$

【注】 求解过程："一代、二换、三定限"；上限＞下限。

例 10.1 计算 $\displaystyle\int_L x\mathrm{d}s$，其中 L 是抛物线 $y=x^2$ 上点 $O(0,0)$ 与点 $B(1,1)$ 之间的一段弧，如图 10.7 所示。

【解】 积分曲线 L：$y=x^2(0\leqslant x\leqslant 1)$，

$$\mathrm{d}s = \sqrt{1+(2x)^2}\ \mathrm{d}x$$

$$\int_L x\mathrm{d}s = \int_0^1 x\cdot\sqrt{1+(2x)^2}\ \mathrm{d}x$$

$$= \int_0^1 x\sqrt{1+4x^2}\ \mathrm{d}x$$

$$= \frac{1}{12}(1+4x^2)^{\frac{3}{2}}\Big|_0^1 = \frac{1}{12}(5\sqrt{5}-1)$$

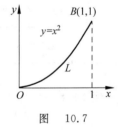

图　10.7

例 10.2 已知半径为 R、中心角为 2α 的圆弧 L 的线密度为 $\rho(x,y)=y^2$，求圆弧 L 的质量 M。

【解】 根据曲线积分的定义可知：$M=\displaystyle\int_L y^2\mathrm{d}s$。设曲线 L 的方程为

$$x=R\cos\theta, \quad y=R\sin\theta \quad (-\alpha\leqslant\theta\leqslant\alpha)$$

于是

$$M=\int_L y^2\mathrm{d}s = \int_{-\alpha}^\alpha R^2\sin^2\theta\ \sqrt{(-R\sin\theta)^2+(R\cos\theta)^2}\ \mathrm{d}\theta$$

$$= R^3\int_{-\alpha}^\alpha \sin^2\theta\mathrm{d}\theta = R^3(\alpha-\sin\alpha\cos\alpha)$$

例 10.3 计算曲线积分 $\displaystyle\int_\Gamma (x^2+y^2+z^2)\mathrm{d}s$，其中 Γ 为螺旋线 $x=a\cos t,y=a\sin t,$

$z = kt$ 上相应于 t 从 0 到 2π 的一段弧。

【解】 在曲线 Γ 上有 $x^2 + y^2 + z^2 = (a\cos t)^2 + (a\sin t)^2 + (kt)^2$，并且

$$ds = \sqrt{(-a\sin t)^2 + (a\cos t)^2 + k^2}\,dt = \sqrt{a^2 + k^2}\,dt,$$

于是

$$\int_\Gamma (x^2 + y^2 + z^2)\,ds = \int_0^{2\pi} (a^2 + k^2 t^2)\sqrt{a^2 + k^2}\,dt$$

$$= \frac{2}{3}\pi\sqrt{a^2 + k^2}(3a^2 + 4\pi^2 k^2)$$

在计算中经常会遇到积分曲线关于某个坐标轴（或原点）对称，被积函数关于 x 或 y 具有相应的奇偶性的问题，这时候可以利用下面对称性的结论来简化计算，见表 10.1。

表 10.1 第 I 型曲线积分的对称性

对称轴（中心）	函数的特点	积分的值	说　明
y 轴 ($x=0$)	$f(-x,y) = -f(x,y)$	$\int_L f(x,y)\,ds = 0$	L 关于 y 轴对称的部分弧: $L_1 = \{(x,y)\,|\,(x,y)\in L, x\geqslant 0\}$
	$f(-x,y) = f(x,y)$	$\int_L f(x,y)\,ds = 2\int_{L_1} f(x,y)\,ds$	
x 轴 ($y=0$)	$f(x,-y) = -f(x,y)$	$\int_L f(x,y)\,ds = 0$	L 关于 x 轴对称的部分弧: $L_2 = \{(x,y)\,|\,(x,y)\in L, y\geqslant 0\}$
	$f(x,-y) = f(x,y)$	$\int_L f(x,y)\,ds = 2\int_{L_2} f(x,y)\,ds$	
原点	$f(-x,-y) = -f(x,y)$	$\int_L f(x,y)\,ds = 0$	L 关于原点对称的部分弧: $L_3 = \{(x,y)\,|\,(x,y)\in L, x\geqslant 0; y\geqslant 0\}$
	$f(-x,-y) = f(x,y)$	$\int_L f(x,y)\,ds = 2\int_{L_3} f(x,y)\,ds$	

例 10.4 计算 $I = \int_L |x|\,ds$，其中 L 为双纽线

$$(x^2 + y^2)^2 = a^2(x^2 - y^2) \quad (a > 0)$$

【解】 如图 10.8 所示，在极坐标系下

$$L: \rho^2 = a^2\cos 2\theta$$

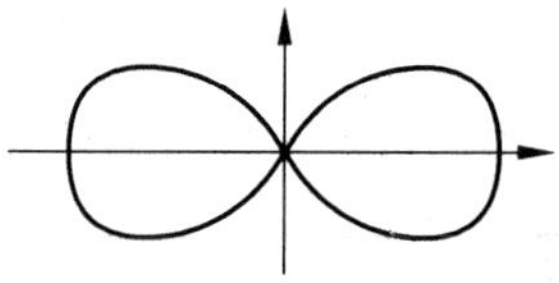

它在第一象限部分为

$$L_1: \rho = a\sqrt{\cos 2\theta} \quad \left(0 \leqslant \theta \leqslant \frac{\pi}{4}\right)$$

利用对称性，得

图　10.8

$$I = 4\int_{L_1} x\,ds = 4\int_0^{\frac{\pi}{4}} \rho\cos\theta\sqrt{\rho^2(\theta) + \rho'^2(\theta)}\,d\theta$$

$$= 4\int_0^{\frac{\pi}{4}} a^2\cos\theta\,d\theta = 2\sqrt{2}\,a^2$$

例 10.5 设 l 为椭圆 $\dfrac{x^2}{4} + \dfrac{y^2}{3} = 1$，其周长为 a，求 $\oint_l (2xy + 3x^2 + 4y^2)\,ds$。

【分析】 利用曲线积分的概念及曲线积分的对称性化简曲线积分后进行计算。

【解】
$$\oint_l (2xy + 3x^2 + 4y^2)\,\mathrm{d}s = \oint_l \left[2xy + 12\left(\frac{x^2}{4} + \frac{y^2}{3} \right) \right]\mathrm{d}s$$
$$= 2\oint_l xy\,\mathrm{d}s + 12\oint_l \mathrm{d}s$$

由于 l 关于 $x=0$ 对称,而 xy 关于 x 是奇函数,所以 $\oint_l xy\,\mathrm{d}s = 0$; 此外,可以利用单位性知,$12\oint_l \mathrm{d}s = 12a$,所以,

$$\oint_l (2xy + 3x^2 + 4y^2)\,\mathrm{d}s = 12a$$

例 10.6 求 $I = \int_\Gamma x^2 \,\mathrm{d}s$,其中 Γ 为圆周: $\begin{cases} x^2 + y^2 + z^2 = a^2 \\ x + y + z = 0 \end{cases}$。

【解】 注意到曲线 Γ 的方程具有轮换对称性,(即 x, y, z 相互交换方程不变),所以有

$$\int_\Gamma x^2 \,\mathrm{d}s = \int_\Gamma y^2 \,\mathrm{d}s = \int_\Gamma z^2 \,\mathrm{d}s$$

原积分可以写成

$$I = \frac{1}{3}\int_\Gamma (x^2 + y^2 + z^2)\,\mathrm{d}s = \frac{a^2}{3}\int_\Gamma \mathrm{d}s = \frac{2\pi a^3}{3}$$

$$\left(\int_\Gamma \mathrm{d}s = 2\pi a \text{ 球面大圆的周长} \right)$$

【练习】 计算 $\int_L (x^2 + y^3)\,\mathrm{d}s$,其中 L: $x^2 + y^2 \leqslant a^2$。

10.4.2 第 II 型曲线积分的计算

定理 10.2 设 $P(x,y)$、$Q(x,y)$ 是定义在光滑有向平面曲线 L: $x = \varphi(t)$,$y = \psi(t)$ 上的连续函数,当参数 t 单调地由 α 变到 β 时,点 $M(x,y)$ 从 L 的起点 A 沿 L 运动到终点 B,则

$$\int_L P(x,y)\,\mathrm{d}x + Q(x,y)\,\mathrm{d}y$$
$$= \int_\alpha^\beta \{P[\varphi(t), \psi(t)]\varphi'(t) + Q[\varphi(t), \psi(t)]\psi'(t)\}\,\mathrm{d}t \qquad (10.13)$$

【证】 不妨设 $\alpha \leqslant \beta$。对应于 t 点与曲线 L 的方向一致的切向量为 $\vec{T} = \{\varphi'(t), \psi'(t)\}$,所以

$$\cos\tau = \frac{\varphi'(t)}{\sqrt{\varphi'^2(t) + \psi'^2(t)}}$$

其中 τ 为 $\vec{T}$ 与 x 轴正向的夹角,从而

$$\int_L P(x,y)\,\mathrm{d}x = \int_L P(x,y)\cos\tau\,\mathrm{d}s$$

$$= \int_\alpha^\beta P[\varphi(t),\psi(t)] \frac{\varphi'(t)}{\sqrt{\varphi'^2(t)+\psi'^2(t)}} \sqrt{\varphi'^2(t)+\psi'^2(t)} \, dt$$

$$= \int_\alpha^\beta P[\varphi(t),\psi(t)]\varphi'(t)dt$$

类似可证

$$\int_L Q(x,y)dy = \int_\alpha^\beta Q[\varphi(t),\psi(t)]\psi'(t)dt$$

两者相加,即可得式(10.13)。

例 10.7 $I = \int_L \frac{(x+y)dx-(x-y)dy}{x^2+y^2}$,其中 L 是从 $A(1,0)$ 沿 $y=\sqrt{1-x^2}$ 到 $B(-1,0)$ 的圆弧。

【解】 如图 10.9 所示

L 的参数方程为 $\begin{cases} x=\cos t \\ y=\sin t \end{cases}$ $(0 \leqslant t \leqslant \pi)$。

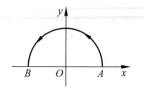

图 10.9

故有

$$I = \int_L (x+y)dx - (x-y)dy$$

$$= \int_0^\pi [(\cos t+\sin t)(-\sin t)-(\cos t-\sin t)\cos t]dt$$

$$= -\int_0^\pi dt = -\pi$$

例 10.8 $I = \oint_L xy\,dx$,其中 L 为逆时针方向的圆周 $x^2+y^2=2ax(a>0)$。

【解】 如图 10.10 所示,L 的参数方程为

$$\begin{cases} x=a(1+\cos t) \\ y=a\sin t \end{cases} \quad (0 \leqslant t \leqslant 2\pi)$$

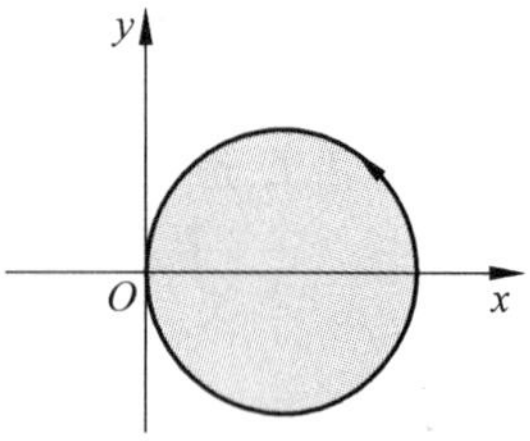

图 10.10

故有

$$I = \int_0^{2\pi} a(1+\cos t)a\sin t(-a\sin t)dt$$

$$= -a^3 \int_0^{2\pi}(1+\cos t)\sin^2 t\,dt$$

$$= -a^3 \int_0^{2\pi} \frac{1-\cos 2t}{2}dt - a^3\int_0^{2\pi}\sin^2 t\,d\sin t = -\pi a^3$$

【注】 如果积分曲线以显函数形式给出时,我们可以把曲线方程看成是以自变量为参数的参数方程。

若积分曲线直角坐标方程为 $L: y=\varphi(x)$,则

$$\int_L P(x,y)dx + Q(x,y)dy = \int_a^b \{P[x,\varphi(x)]+Q[x,\varphi(x)]\varphi'(x)\}dx \quad (10.14)$$

下限 a 对应 L 的起点,上限 b 对应 L 的终点。

若积分曲线直角坐标方程为 L：$x=\psi(y)$，则

$$\int_L P(x,y)\mathrm{d}x+Q(x,y)\mathrm{d}y=\int_c^d\{P[\psi(y),y]\psi'(y)+Q[\psi(y),y]\}\mathrm{d}y \quad (10.15)$$

下限 c 对应 L 的起点，上限 d 对应 L 的终点。

例 10.9　计算 $I=\displaystyle\int_L(x^2-y^2)\mathrm{d}x+xy\mathrm{d}y$，其中 L 分别沿下列曲线从 $O(0,0)$ 到 $B(1,1)$：
(1) $y=x^2$；(2) $y=0,x=1$ 的折线段。

【解】

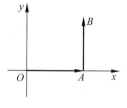

(1) $I=\displaystyle\int_L(x^2-y^2)\mathrm{d}x+xy\mathrm{d}y$

$$=\int_0^1(x^2-x^4+x\cdot x^2\cdot 2x)\mathrm{d}x=\int_0^1(x^2+x^4)\mathrm{d}x=\frac{8}{15}$$

图　10.11

(2) 如图 10.11 所示，

$$I=\int_{OA}+\int_{AB}=\int_0^1 x^2\mathrm{d}x+\int_0^1 y\mathrm{d}y=\frac{5}{6}$$

推广：若空间曲线 Γ 由参数方程 $x=\varphi(t),y=\psi(t),z=\omega(t)$ 给出，那么曲线积分

$$\int_\Gamma P(x,y,z)\mathrm{d}x+Q(x,y,z)\mathrm{d}y+R(x,y,z)\mathrm{d}z$$

$$=\int_\alpha^\beta\{P[\varphi(t),\psi(t),\omega(t)]\varphi'(t)$$

$$+Q[\varphi(t),\psi(t),\omega(t)]\psi'(t)+R[\varphi(t),\psi(t),\omega(t)]\omega'(t)\}\mathrm{d}t \quad (10.16)$$

其中 α 对应于 Γ 的起点，β 对应于 Γ 的终点。

例 10.10　计算空间曲线积分

$$I=\oint_L(y-z)\mathrm{d}x+(z-x)\mathrm{d}y+(x-y)\mathrm{d}z$$

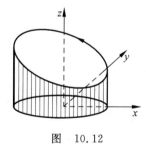

其中曲线 L 为圆柱面 $x^2+y^2=a^2$ 与平面 $\dfrac{x}{a}+\dfrac{z}{h}=1(a>0,$ $h>0)$ 的交线，从 z 轴正向看去，曲线是逆时针方向（如图 10.12 所示）。

图　10.12

【解】　令 $x=a\cos t,y=a\sin t$，则

$$z=h\left(1-\frac{x}{a}\right)=h(1-\cos t)$$

于是，

$$I=\int_0^{2\pi}\{[a\sin t-h(1-\cos t)]\cdot(-a\sin t)$$

$$+[h(1-\cos t)-a\cos t]\cdot a\cos t+(a\cos t-a\sin t)h\sin t\}\mathrm{d}t$$

$$=-a(a+h)$$

【注】　两类曲线积分的关系：

设平面曲线 L_{AB} 在点 (x,y) 的切向量方向余弦为 $\cos\alpha,\cos\beta$，则

$$\int_{L_{AB}} P\,\mathrm{d}x + Q\,\mathrm{d}y = \int_{L_{AB}} \left(P\frac{\mathrm{d}x}{\mathrm{d}s} + Q\frac{\mathrm{d}y}{\mathrm{d}s}\right)\mathrm{d}s = \int_{L_{AB}} (P\cos\alpha + Q\cos\beta)\,\mathrm{d}s$$

设空间曲线 Γ_{AB} 在点 (x,y,z) 的切向量方向余弦 $\cos\alpha,\cos\beta,\cos\gamma$，则

$$\int_{\Gamma_{AB}} P\,\mathrm{d}x + Q\,\mathrm{d}y + R\,\mathrm{d}z = \int_{\Gamma_{AB}} \left(P\frac{\mathrm{d}x}{\mathrm{d}s} + Q\frac{\mathrm{d}y}{\mathrm{d}s} + R\frac{\mathrm{d}z}{\mathrm{d}s}\right)\mathrm{d}s$$

$$= \int_{\Gamma_{AB}} (P\cos\alpha + Q\cos\beta + R\cos\gamma)\,\mathrm{d}s$$

10.5 曲面积分的计算

10.5.1 第 Ⅰ 型曲面积分的计算

对面积的曲面积分 $\iint_{\Sigma} f(x,y,z)\,\mathrm{d}S$，其计算的基本思想是转化为二重积分。为了寻找转化的途径，下面首先研究当 $f(x,y,z) = 1$ 时，曲面积分 $\iint_{\Sigma} 1\,\mathrm{d}S$ 的计算公式。

设空间曲面 S 的方程为 $z = f(x,y)$，它在 xOy 平面的投影区域为 D_{xy}，函数 $f(x,y)$ 在 D_{xy} 上有连续的一阶偏导数 $\frac{\partial f}{\partial x},\frac{\partial f}{\partial y}$（这样的曲面称为光滑曲面，光滑曲面在每一点处都有切平面），下面求该曲面的面积。

在区域 D_{xy} 上任取一直径很小的区域 $\mathrm{d}\sigma$（符号 $\mathrm{d}\sigma$ 也表示它的面积），在 $\mathrm{d}\sigma$ 上任取一点 $M(x,y)$，对应的曲面 S 上有一点 $P(x,y,f(x,y))$，过点 P 作曲面 S 的切平面，以小区域 $\mathrm{d}\sigma$ 的边界曲线为准线，作母线平行于 z 轴的柱面，该柱面在曲面 S 上截下一小曲面记作 ΔS，该柱面在曲面 S 过 P 点的切平面上截下一小平面记作 $\mathrm{d}S$，如图 10.13 所示。

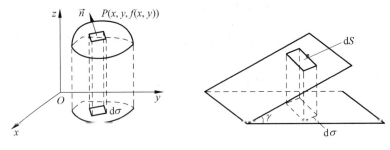

图　10.13

显然，$\mathrm{d}\sigma$ 同时是 ΔS 和 $\mathrm{d}S$ 在 xOy 平面的投影。由于 $\mathrm{d}\sigma$ 直径很小，所以 $\mathrm{d}S \approx \Delta S$。设在点 P 处曲面 S 上的法向量 $\vec{n} = \{-f_x(x,y), -f_y(x,y), 1\}$（指向朝上）与 z 轴所夹的角为 γ，则

$$\mathrm{d}S = \frac{\mathrm{d}\sigma}{\cos\gamma}$$

其中

$$\cos\gamma = \frac{\vec{n} \cdot \vec{k}}{|\vec{n}||\vec{k}|} = \frac{1}{\sqrt{1 + f_x^2(x,y) + f_y^2(x,y)}}$$

所以

$$dS = \sqrt{1 + f_x^2(x,y) + f_y^2(x,y)}\, d\sigma$$

这就是曲面 S 的面积元素,以它为被积表达式在区域 D_{xy} 上积分,就得到曲面的面积

$$S = \iint\limits_{D_{xy}} dS = \iint\limits_{D_{xy}} \sqrt{1 + f_x^2(x,y) + f_y^2(x,y)}\, d\sigma$$

$$= \iint\limits_{D_{xy}} \sqrt{1 + f_x^2(x,y) + f_y^2(x,y)}\, dx dy \tag{10.17}$$

如果曲面 S 的方程为 $x = g(y,z)$ 或 $y = h(z,x)$,则可将曲面投影到 yOz 面和 zOx 面,相应地有曲面的面积公式

$$S = \iint\limits_{D_{yz}} \sqrt{1 + g_y^2(y,z) + g_z^2(y,z)}\, dy dz \tag{10.18}$$

和

$$S = \iint\limits_{D_{zx}} \sqrt{1 + h_x^2(z,x) + h_z^2(z,x)}\, dz dx \tag{10.19}$$

其中 D_{yz}, D_{zx} 分别为曲面在 yOz 和 zOx 面上的投影区域。

例 10.11　求球面 $x^2 + y^2 + z^2 = R^2$ 的面积 S。

【解】　只需求出上半球面的面积 $S_{\pm}$,则 $S = 2S_{\pm}$。上半球面的方程为

$$z = \sqrt{R^2 - x^2 - y^2}$$

于是

$$f_x = \frac{-x}{\sqrt{R^2 - x^2 - y^2}}, \quad f_y = \frac{-y}{\sqrt{R^2 - x^2 - y^2}},$$

$$\sqrt{1 + f_x^2 + f_y^2} = \frac{R}{\sqrt{R^2 - x^2 - y^2}}$$

所以

$$S = 2S_{\pm} = 2\iint\limits_{D} \frac{R}{\sqrt{R^2 - x^2 - y^2}}\, d\sigma$$

$$= 2R \int_0^{2\pi} d\theta \int_0^R \frac{\rho}{\sqrt{R^2 - \rho^2}}\, d\rho$$

$$= 4\pi R^2$$

如果光滑曲面 Σ 由方程 $z = z(x,y), (x,y) \in D$ 给出,函数 $f(x,y,z)$ 在包含 Σ 的空间区域上连续,则

$$\iint\limits_{\Sigma} f(x,y,z)\, dS = \iint\limits_{D_{xy}} f[x,y,z(x,y)] \sqrt{1 + z_x^2(x,y) + z_y^2(x,y)}\, dx dy \tag{10.20}$$

类似地有

$$\iint_{\Sigma} f(x,y,z)\mathrm{d}S \xlongequal{y=y(z,x)} \iint_{D_{zx}} f[x,y(z,x),z]\sqrt{1+y_x^2(z,x)+y_z^2(z,x)}\,\mathrm{d}z\mathrm{d}x$$

$$(10.21)$$

$$\iint_{\Sigma} f(x,y,z)\mathrm{d}S \xlongequal{x=x(y,z)} \iint_{D_{yz}} f[x(y,z),y,z]\sqrt{1+x_y^2(y,z)+x_z^2(y,z)}\,\mathrm{d}y\mathrm{d}z$$

$$(10.22)$$

【注】 在使用公式时,应注意三处转变:

(1) 积分的转变:曲面积分 $\iint_{\Sigma} f\mathrm{d}S$ 要根据曲面 Σ 的投影区域转化成相对应的二重积分

$$\iint_{D_{xy}} f\sqrt{\cdots}\mathrm{d}x\mathrm{d}y,\quad \text{或}\quad \iint_{D_{zx}} f\sqrt{\cdots}\mathrm{d}z\mathrm{d}x,\quad \text{或}\quad \iint_{D_{yz}} f\sqrt{\cdots}\mathrm{d}y\mathrm{d}z$$

(2) 面积元素的转变:对于 $\Sigma: z=z(x,y)$，$\mathrm{d}S=\sqrt{1+z_x^2(x,y)+z_y^2(x,y)}\,\mathrm{d}x\mathrm{d}y$

对于 $\Sigma: y=y(z,x)$，$\mathrm{d}S=\sqrt{1+y_z^2(z,x)+y_x^2(z,x)}\,\mathrm{d}z\mathrm{d}x$

对于 $\Sigma: x=x(y,z)$，$\mathrm{d}S=\sqrt{1+x_y^2(y,z)+x_z^2(y,z)}\,\mathrm{d}y\mathrm{d}z$

(3) 被积函数的转变:被积函数要用曲面的方程进行化简(把曲面的方程代入被积函数)。

例 10.12 计算 $\iint_{\Sigma} x\mathrm{d}S$，其中 Σ 是以 $(1,0,0)$，$(0,1,0)$ 和 $(0,0,1)$ 为顶点的三角形。

【解】 Σ 的方程为 $x+y+z=1$，或 $z=1-x-y$，如图 10.14 所示。

$$\mathrm{d}S=\sqrt{1+(-1)^2+(-1)^2}\,\mathrm{d}x\mathrm{d}y=\sqrt{3}\,\mathrm{d}x\mathrm{d}y$$

投影区域

$$D=\{(x,y)\,|\,0\leqslant x\leqslant 1,0\leqslant y\leqslant 1-x\}$$

故

$$\iint_{\Sigma} x\mathrm{d}S=\int_0^1\mathrm{d}x\int_0^{1-x} x\sqrt{3}\,\mathrm{d}y=\int_0^1\left(\sqrt{3}\,xy\right)\Big|_0^{1-x}\mathrm{d}x$$

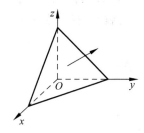

图 10.14

$$=\sqrt{3}\int_0^1 x(1-x)\mathrm{d}x=\frac{\sqrt{3}}{6}$$

例 10.13 计算 $\iint_{\Sigma}(x+y+z)\mathrm{d}S$ 其中 Σ 为球面 $x^2+y^2+z^2=a^2$ 在 $z\geqslant\dfrac{a}{2}$ 的那部分曲面，a 为正数。

【解】 Σ 的方程为:

$$z=\sqrt{a^2-x^2-y^2},$$

Σ 在 xOy 面上的投影域为

$$D:x^2+y^2\leqslant\left(\frac{\sqrt{3}}{2}a\right)^2$$

面积元素为

$$\mathrm{d}S=\sqrt{1+z_x^2+z_y^2}\,\mathrm{d}x\mathrm{d}y=\frac{a}{\sqrt{a^2-x^2-y^2}}\mathrm{d}x\mathrm{d}y=\frac{a}{z}\mathrm{d}x\mathrm{d}y$$

由对称性,

$$\iint\limits_{\Sigma} x \, \mathrm{d}S = 0, \quad \iint\limits_{\Sigma} y \, \mathrm{d}S = 0$$

因此

$$\iint\limits_{\Sigma} (x + y + z) \, \mathrm{d}S = \iint\limits_{\Sigma} z \, \mathrm{d}S = a \iint\limits_{\Sigma} \mathrm{d}x \mathrm{d}y = \frac{3}{4} \pi a^3$$

例 10.14 计算 $\oiint\limits_{\Sigma} x \, \mathrm{d}S$,其中 Σ 是由 $x^2 + y^2 = 1, z = x + 2$ 及 $z = 0$ 所围成的空间立体的表面。

【解】 如图 10.15 所示,设 $\Sigma_1 : z = 0, \Sigma_2 : z = x + 2,$ $\Sigma_3 : x^2 + y^2 = 1$,它们围成的区域为 Ω。Ω 在坐标面上的投影域为 $D_{xy} : x^2 + y^2 \leqslant 1$,由积分的可加性得 $\oiint\limits_{\Sigma} = \iint\limits_{\Sigma_1} + \iint\limits_{\Sigma_2} + \iint\limits_{\Sigma_3}$。

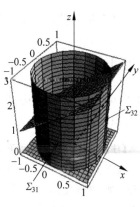

图 10.15

在 Σ_1 上:$\iint\limits_{\Sigma_1} x \, \mathrm{d}S = \iint\limits_{D_{xy}} x \, \mathrm{d}x \mathrm{d}y = 0$,

在 Σ_2 上:$\iint\limits_{\Sigma_2} x \, \mathrm{d}S = \iint\limits_{D_{xy}} x \sqrt{1+1} \, \mathrm{d}x \mathrm{d}y = 0$,

在 Σ_3 上,由于 Σ_3 投影域选在 xOz 面上,

故有

$$\iint\limits_{\Sigma_3} x \, \mathrm{d}S = \iint\limits_{\Sigma_{31}} x \, \mathrm{d}S + \iint\limits_{\Sigma_{32}} x \, \mathrm{d}S = 2 \iint\limits_{D_{xz}} x \sqrt{1 + y_x'^2 + y_z'^2} \, \mathrm{d}x \mathrm{d}z$$

$$= 2 \iint\limits_{D_{xz}} x \sqrt{1 + \frac{x^2}{1 - x^2}} \, \mathrm{d}x \mathrm{d}z$$

$$= 2 \int_{-1}^{1} \frac{x}{\sqrt{1 - x^2}} \mathrm{d}x \int_{0}^{x+2} \mathrm{d}z = \pi$$

所以

$$\oiint\limits_{\Sigma} x \, \mathrm{d}S = 0 + 0 + \pi = \pi$$

【思考】 计算 $\iint\limits_{\Sigma} (x + y^2 + z^3) \, \mathrm{d}S$ 其中 Σ 是锥面 $z = \sqrt{x^2 + y^2}$ 被平面 $z = 1$ 截下的有限部分曲面。

【注】 关于变量的轮换对称性在第 I 型曲面积分里应用也很多,举例说明。

例 10.15 计算积分 $\oiint\limits_{\Sigma} x^2 \, \mathrm{d}S$,其中 Σ 为球面 $x^2 + y^2 + z^2 = a^2$。

【解】 注意到 Σ 为球面 $x^2 + y^2 + z^2 = a^2$,x, y, z 具有轮换对称性,即

$$\oiint\limits_{\Sigma} x^2 \, \mathrm{d}S = \oiint\limits_{\Sigma} y^2 \, \mathrm{d}S = \oiint\limits_{\Sigma} z^2 \, \mathrm{d}S$$

所以

$$\oiint\limits_{\Sigma} x^2 \mathrm{d}S = \frac{1}{3}\oiint\limits_{\Sigma}(x^2+y^2+z^2)\mathrm{d}S = a^2\oiint\limits_{\Sigma}\mathrm{d}S = 4\pi a^4$$

【思考】 计算积分 $\oiint\limits_{\Sigma}(x^2+y^2)\mathrm{d}S$,其中 Σ 为球面 $x^2+y^2+z^2=1$。

10.5.2 第 Ⅱ 型曲面积分的计算

对坐标的曲面积分 $\iint\limits_{\Sigma} P\mathrm{d}y\mathrm{d}z + Q\mathrm{d}z\mathrm{d}x + R\mathrm{d}x\mathrm{d}y$ 不是二重积分,即使其中的一部分,如 $\iint\limits_{\Sigma} R\mathrm{d}x\mathrm{d}y$ 也不能视为二重积分,因为被积函数 $P(x,y,z), Q(x,y,z), R(x,y,z)$ 都是三元函数,$\mathrm{d}y\mathrm{d}z, \mathrm{d}z\mathrm{d}x, \mathrm{d}x\mathrm{d}y$ 是有向曲面元素 $\overrightarrow{\mathrm{d}S}$ 在三个坐标面上的投影,而不是三个坐标面上的面积元素。

【注】 关于投影,作如下说明:

设 Σ 是有向曲面,在 Σ 上取一小块曲面 ΔS,把 ΔS 投影到 xOy 面上得一投影区域,用 $(\Delta\sigma)_{xy}$ 表示该投影区域,同时代表投影区域的面积。假定 ΔS 上各点处的法向量与 z 轴的夹角 γ 的余弦 $\cos\gamma$ 有相同的符号(即 $\cos\gamma$ 都是正的或都是负的)。我们规定 ΔS 在 xOy 面上的投影 $(\Delta S)_{xy}$ 为:

$$(\Delta S)_{xy} = \begin{cases} (\Delta\sigma)_{xy} & \cos\gamma > 0 \\ -(\Delta\sigma)_{xy} & \cos\gamma < 0 \\ 0 & \cos\gamma = 0 \end{cases}$$

其中 $\cos\gamma = 0$ 也就是 $(\Delta\sigma)_{xy} = 0$ 的情形。类似地可以定义 ΔS 在 yoz 面及在 zox 面上的投影 $(\Delta S)_{yz}$ 及 $(\Delta S)_{zx}$。

对坐标的曲面积分可以化成二重积分进行计算,下面分几种情形讨论。

情形 1 设 $\Sigma: z = f(x,y)$ 取正侧,则其法向量为 $\vec{n} = \{-f_x, -f_y, 1\}$,于是

$$\vec{n}^0 = \frac{\{-f_x, -f_y, 1\}}{\sqrt{1+(f_x)^2+(f_y)^2}}$$

则

$$I = \iint\limits_{\Sigma} P\mathrm{d}y\mathrm{d}z + Q\mathrm{d}z\mathrm{d}x + R\mathrm{d}x\mathrm{d}y = \iint\limits_{\Sigma}\vec{F}\cdot\vec{n}^0\mathrm{d}S$$

$$= \iint\limits_{\Sigma}\{P,Q,R\}\cdot\frac{\{-f_x,-f_y,1\}}{\sqrt{1+(f_x)^2+(f_y)^2}}\mathrm{d}S$$

$$= \iint\limits_{D_{xy}}\{P,Q,R\}\cdot\frac{\{-f_x,-f_y,1\}}{\sqrt{1+(f_x)^2+(f_y)^2}}\sqrt{1+(f_x)^2+(f_y)^2}\,\mathrm{d}x\mathrm{d}y$$

$$= \iint\limits_{D_{xy}}\{P[x,y,z(x,y)],Q[x,y,z(x,y)],R[x,y,z(x,y)]\}\cdot\{-f_x,-f_y,1\}\mathrm{d}x\mathrm{d}y$$

$$(10.23)$$

如此,对坐标的曲面积分化成了 xOy 面上的二重积分,这种方法称为**向量点积法**。

【注】 如果 $\Sigma: z=f(x,y)$ 取负侧,取

$$\iint\limits_{\Sigma}P\mathrm{d}y\mathrm{d}z+Q\mathrm{d}z\mathrm{d}x+R\mathrm{d}x\mathrm{d}y=-\iint\limits_{D_{xy}}\{P,Q,R\}\cdot\{-f_x,-f_y,1\}\mathrm{d}x\mathrm{d}y\text{ 即可。}$$

情形 2　设 $\Sigma: y=f(z,x)$ 取正侧,其法向量为 $\vec{n}=\{-f_x,1,-f_z\}$,则有

$$\iint\limits_{\Sigma}P\mathrm{d}y\mathrm{d}z+Q\mathrm{d}z\mathrm{d}x+R\mathrm{d}x\mathrm{d}y$$

$$=\iint\limits_{D_{zx}}\{P[x,y(z,x),z],Q[x,y(z,x),z],R[x,y(z,x),z]\}\cdot\{-f_x,1,-f_z\}\mathrm{d}z\mathrm{d}x$$

$$(10.24)$$

情形 3　设 $\Sigma: x=f(y,z)$ 取正侧,其法向量为 $\vec{n}=\{1,-f_y,-f_z\}$,则有

$$\iint\limits_{\Sigma}P\mathrm{d}y\mathrm{d}z+Q\mathrm{d}z\mathrm{d}x+R\mathrm{d}x\mathrm{d}y$$

$$=\iint\limits_{D_{yz}}\{P[x(y,z),y,z],Q[x(y,z),y,z],R[x(y,z),y,z]\}\cdot\{1,-f_y,-f_z\}\mathrm{d}y\mathrm{d}z$$

$$(10.25)$$

情形 4　当被积函数只有一部分时,不必用向量点积法,直接化成二重积分。
例如,设 $\Sigma: z=f(x,y)$,

$$\iint\limits_{\Sigma^+}R\mathrm{d}x\mathrm{d}y=\iint\limits_{D_{xy}}R[x,y,z(x,y)]\mathrm{d}x\mathrm{d}y$$

$$\iint\limits_{\Sigma^-}R\mathrm{d}x\mathrm{d}y=-\iint\limits_{D_{xy}}R[x,y,z(x,y)]\mathrm{d}x\mathrm{d}y$$

例 10.16　设 Σ 是 $x+y+z=1$ 被三个坐标面所截第一卦限部分的上侧,求
$$\iint\limits_{\Sigma}(x+1)\mathrm{d}y\mathrm{d}z+y\mathrm{d}z\mathrm{d}x+\mathrm{d}x\mathrm{d}y。$$

【解】　提示:如图 10.16 所示,

$$\iint\limits_{\Sigma}(x+1)\mathrm{d}y\mathrm{d}z=\iint\limits_{D_{yz}}(2-y-z)\mathrm{d}y\mathrm{d}z$$

$$=\int_0^1\mathrm{d}y\int_0^{1-y}(2-y-z)\mathrm{d}z=\frac{2}{3}$$

$$\iint\limits_{\Sigma}y\mathrm{d}z\mathrm{d}x=\iint\limits_{D_{zx}}(1-x-z)\mathrm{d}z\mathrm{d}x$$

$$=\int_0^1\mathrm{d}x\int_0^{1-x}(1-x-z)\mathrm{d}z=\frac{1}{6}$$

$$\iint\limits_{\Sigma}\mathrm{d}x\mathrm{d}y=\iint\limits_{D_{xy}}\mathrm{d}x\mathrm{d}y=\int_0^1\mathrm{d}x\int_0^{1-x}\mathrm{d}y=\frac{1}{2}$$

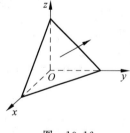

图　10.16

所以

$$\iint\limits_{\Sigma}(x+1)\mathrm{d}y\mathrm{d}z+y\mathrm{d}z\mathrm{d}x+\mathrm{d}x\mathrm{d}y=\frac{4}{3}$$

例 10.17 求 $\iint\limits_{\Sigma}x^2\mathrm{d}y\mathrm{d}z$，其中 Σ 为球面 $z=\sqrt{4-x^2-y^2}$ 的上侧。

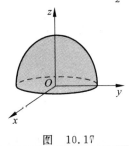

图 10.17

【解】 如图 10.17 所示，Σ 分为

$\Sigma_1: x=\sqrt{4-y^2-z^2}$ 的前侧和 $\Sigma_2: x=-\sqrt{4-y^2-z^2}$ 的后侧，

Σ 在 yOz 面的投影为 $D_{yz}: y^2+z^2\leqslant4(z\geqslant0)$，则

$$\iint\limits_{\Sigma}x^2\mathrm{d}y\mathrm{d}z=\iint\limits_{\Sigma_1}x^2\mathrm{d}y\mathrm{d}z+\iint\limits_{\Sigma_2}x^2\mathrm{d}y\mathrm{d}z$$

$$=\iint\limits_{D_{yz}}(4-y^2-z^2)\mathrm{d}y\mathrm{d}z-\iint\limits_{D_{yz}}(4-y^2-z^2)\mathrm{d}y\mathrm{d}z=0$$

例 10.18 计算曲面积分

$I=\iint\limits_{\Sigma}\dfrac{ax\mathrm{d}y\mathrm{d}z+(z+a)^2\mathrm{d}x\mathrm{d}y}{(x^2+y^2+z^2)^{\frac{1}{2}}}$，其中 Σ 为下半球面 $z=-\sqrt{a^2-x^2-y^2}$ 的上侧，a 为大于零的常数。

【解】 先将半球面方程带入被积函数中，得

$$I=\iint\limits_{\Sigma}\frac{ax\mathrm{d}y\mathrm{d}z+(z+a)^2\mathrm{d}x\mathrm{d}y}{a}$$

曲面 Σ 投影到 yOz 平面上应分成前后两块，即

$$\Sigma_{前}: x=\sqrt{a^2-z^2-y^2}$$

$$\Sigma_{后}: x=-\sqrt{a^2-z^2-y^2}$$

曲面 Σ 在 yOz 平面的投影域为 $D_{yz}=\{(y,z)\,|\,y^2+z^2\leqslant a^2,z\leqslant0\}$，

曲面 Σ 在 xOy 平面的投影域为 $D_{xy}=\{(y,z)\,|\,x^2+y^2\leqslant1\}$，

因为

$$\iint\limits_{\Sigma}\frac{ax\mathrm{d}y\mathrm{d}z+(z+a)^2\mathrm{d}x\mathrm{d}y}{a}=\iint\limits_{\Sigma}x\mathrm{d}y\mathrm{d}z+\frac{1}{a}\iint\limits_{\Sigma}(z+a)^2\mathrm{d}x\mathrm{d}y$$

而

$$\iint\limits_{\Sigma}x\mathrm{d}y\mathrm{d}z=\iint\limits_{\Sigma_{前}}x\mathrm{d}y\mathrm{d}z+\iint\limits_{\Sigma_{后}}x\mathrm{d}y\mathrm{d}z$$

$$=\iint\limits_{D_{yz}}\sqrt{a^2-y^2-z^2}\,\mathrm{d}y\mathrm{d}z-\iint\limits_{D_{yz}}-\sqrt{a^2-y^2-z^2}\,\mathrm{d}y\mathrm{d}z$$

$$=2\iint\limits_{D_{yz}}\sqrt{a^2-y^2-z^2}\,\mathrm{d}y\mathrm{d}z=2\int_0^{2\pi}\mathrm{d}\theta\int_0^a\sqrt{a^2-\rho^2}\,\rho\mathrm{d}\rho=-\frac{2}{3}\pi a^3$$

$$\frac{1}{a}\iint\limits_{\Sigma}(z+a)^2\mathrm{d}x\mathrm{d}y=\frac{1}{a}\iint\limits_{D_{xy}}(a-\sqrt{a^2-x^2-y^2})^2\mathrm{d}x\mathrm{d}y$$

$$=\frac{1}{a}\int_0^{2\pi}\mathrm{d}\theta\int_0^a(2a^2-2a\sqrt{a^2-\rho^2}-\rho^2)\rho\mathrm{d}\rho=\frac{1}{6}\pi a^3$$

于是

$$I = -\frac{2}{3}\pi a^3 + \frac{1}{6}\pi a^3 = -\frac{1}{2}\pi a^3$$

例 10.19 计算曲面积分 $I = \oiint\limits_{\Sigma}\left(\dfrac{\mathrm{d}y\mathrm{d}z}{x} + \dfrac{\mathrm{d}z\mathrm{d}x}{y} + \dfrac{\mathrm{d}x\mathrm{d}y}{z}\right)$，其中 $\Sigma: x^2 + y^2 + z^2 = 1$ 取外侧。

【解】 根据被积表达式的特点，我们把它一分为三，分别计算，先计算 $I = \oiint\limits_{\Sigma}\dfrac{\mathrm{d}x\mathrm{d}y}{z}$，

设 $\Sigma_\pm: z = \sqrt{1 - x^2 - y^2}$ 取上侧，$\Sigma_\mp: z = -\sqrt{1 - x^2 - y^2}$ 取下侧，则有

$$\oiint\limits_{\Sigma}\frac{\mathrm{d}x\mathrm{d}y}{z} = \iint\limits_{D_{xy}}\frac{1}{\sqrt{1 - x^2 - y^2}}\mathrm{d}x\mathrm{d}y + \left(-\iint\limits_{D_{xy}}\frac{1}{-\sqrt{1 - x^2 - y^2}}\mathrm{d}x\mathrm{d}y\right)$$

$$= 2\iint\limits_{D_{xy}}\frac{1}{\sqrt{1 - x^2 - y^2}}\mathrm{d}x\mathrm{d}y = 2\int_0^{2\pi}\mathrm{d}\theta\int_0^1\frac{r}{\sqrt{1 - r^2}}\mathrm{d}r = 4\pi$$

其中 $D_{x,y}: x^2 + y^2 \leqslant 1$，利用轮换对称性易得

$$\oiint\limits_{\Sigma}\frac{\mathrm{d}y\mathrm{d}z}{x} = \oiint\limits_{\Sigma}\frac{\mathrm{d}z\mathrm{d}x}{y} = 4\pi$$

所以

$$I = \oiint\limits_{\Sigma}\left(\frac{\mathrm{d}y\mathrm{d}z}{x} + \frac{\mathrm{d}z\mathrm{d}x}{y} + \frac{\mathrm{d}x\mathrm{d}y}{z}\right) = 12\pi$$

【练习】 计算曲面积分 $I = \oiint\limits_{\Sigma}\left(\dfrac{\mathrm{d}y\mathrm{d}z}{x} + \dfrac{\mathrm{d}z\mathrm{d}x}{y} + \dfrac{\mathrm{d}x\mathrm{d}y}{z}\right)$，其中 $\Sigma: \dfrac{x^2}{a^2} + \dfrac{y^2}{b^2} + \dfrac{z^2}{c^2} = 1$ 取外侧。

【注】 两类曲面积分的关系如下。

设曲面 Σ 在 (x, y, z) 处的单位法向量 $\vec{n}^0 = \cos\alpha\,\vec{i} + \cos\beta\,\vec{j} + \cos\gamma\,\vec{k}$，（其中 α, β, γ 为 $\vec{n}^0$ 的方向角）

$$\vec{\mathrm{d}S} = \{(\mathrm{d}S)_{yz}, (\mathrm{d}S)_{zx}, (\mathrm{d}S)_{xy}\} = \{\cos\alpha\,\mathrm{d}S, \cos\beta\,\mathrm{d}S, \cos\gamma\,\mathrm{d}S\}$$

其中

$$(\mathrm{d}S)_{yz} = \cos\alpha\,\mathrm{d}S, \quad (\mathrm{d}S)_{zx} = \cos\beta\,\mathrm{d}S, \quad (\mathrm{d}S)_{xy} = \cos\gamma\,\mathrm{d}S$$

分别表示有向曲面面积元素 $\vec{\mathrm{d}S}$ 在 yOz 平面，zOx 平面，xOy 平面上的投影，分别记这些投影为

$$(\mathrm{d}S)_{yz} = \cos\alpha\,\mathrm{d}S = \mathrm{d}y\mathrm{d}z$$

$$(\mathrm{d}S)_{zx} = \cos\beta\,\mathrm{d}S = \mathrm{d}z\mathrm{d}x$$

$$(\mathrm{d}S)_{xy} = \cos\gamma\,\mathrm{d}S = \mathrm{d}x\mathrm{d}y$$

那么 $\vec{\mathrm{d}S}$ 可表示为

$$\vec{\mathrm{d}S} = \vec{n}^0 \cdot \mathrm{d}S = \{\mathrm{d}y\mathrm{d}z, \mathrm{d}z\mathrm{d}x, \mathrm{d}x\mathrm{d}y\}$$

称 $\vec{\mathrm{d}S} = \vec{n}^0 \cdot \mathrm{d}S = \{\mathrm{d}y\mathrm{d}z, \mathrm{d}z\mathrm{d}x, \mathrm{d}x\mathrm{d}y\}$ 为有向面积元素。进而得到第 II 型曲面积分的几种等价形式：

$$\iint\limits_{\Sigma}\vec{F} \cdot \vec{\mathrm{d}S} = \iint\limits_{\Sigma}\{P, Q, R\} \cdot \{\cos\alpha, \cos\beta, \cos\gamma\}\mathrm{d}S$$

$$= \iint\limits_{\Sigma} \{P,Q,R\} \cdot \{\cos\alpha \mathrm{d}S, \cos\beta \mathrm{d}S, \cos\gamma \mathrm{d}S\}$$

$$= \iint\limits_{\Sigma} \{P\cos\alpha + Q\cos\beta + R\cos\gamma\} \mathrm{d}S$$

$$= \iint\limits_{\Sigma} \{P,Q,R\} \cdot \{\mathrm{d}y\mathrm{d}z, \mathrm{d}z\mathrm{d}x, \mathrm{d}x\mathrm{d}y\}$$

$$= \iint\limits_{\Sigma} P\mathrm{d}y\mathrm{d}z + Q\mathrm{d}z\mathrm{d}x + R\mathrm{d}x\mathrm{d}y$$

理论探究

　　一元微积分学的基本公式——牛顿-莱布尼茨公式——表明函数在区间上的定积分可通过原函数在区间的两个端点处的值的差来表示。无独有偶,在平面区域上的二重积分可以通过沿区域的边界曲线上的曲线积分来表示,这就是格林公式;类似地,空间闭区域上的三重积分可以通过围成这个区域的曲面上的曲面积分来表示,这就是高斯公式;更进一步,我们还可以通过斯托克斯公式把计算空间有界曲面上的曲面积分转化成其边界曲线上的曲线积分。接下来我们将介绍在多元函数积分学上有着重要意义和应用的公式:格林公式、高斯公式和斯托克斯公式。

10.6　格林(Green)公式及其应用

10.6.1　格林公式

　　定理 10.3　设连通的闭区域 D 由分段光滑的曲线 L 围成,函数 $P(x,y)$ 及 $Q(x,y)$ 在 D 上具有一阶连续偏导数,则有

$$\iint\limits_{D} \left(\frac{\partial Q}{\partial x} - \frac{\partial P}{\partial y}\right) \mathrm{d}x\mathrm{d}y = \oint_{L} P\mathrm{d}x + Q\mathrm{d}y \tag{10.26}$$

其中 L 是 D 的正向边界曲线。式(10.29)称为格林公式。

　　【注】 格林公式是平面区域 D 上的二重积分与沿区域边界上的曲线积分之间的桥梁,不仅如此,格林公式还给出了通过二重积分计算第Ⅱ型曲线积分的方法,从而简化了相当一部分曲线积分的计算。

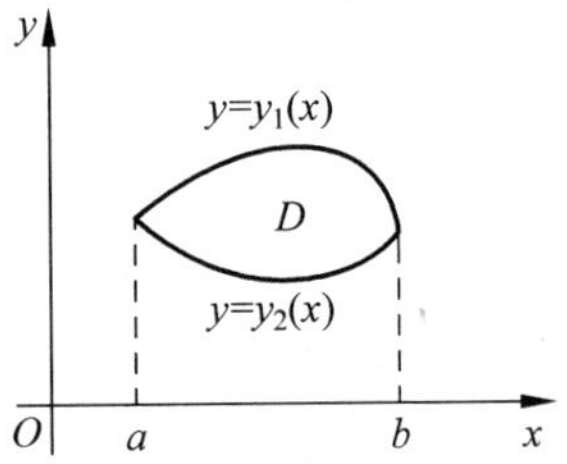

　　【证】

　　(1) 先就 D 既是 X-型又是 Y-型区域情形证明,如图 10.18 所示。

　　设 $D=\{(x,y) \mid y_1(x) \leqslant y \leqslant y_2(x), a \leqslant x \leqslant b\}$,因为 $\dfrac{\partial P}{\partial y}$ 连续,所以由二重积分的计算法有

图 10.18

$$\iint\limits_{D} \frac{\partial P}{\partial y} \mathrm{d}x\mathrm{d}y = \int_a^b \mathrm{d}x \int_{y_1(x)}^{y_2(x)} \frac{\partial P(x,y)}{\partial y} \mathrm{d}y = \int_a^b \{P[x,y_2(x)] - P[x,y_1(x)]\} \mathrm{d}x$$

另一方面,由对坐标的曲线积分的性质及计算法有

$$\oint_L P\mathrm{d}x = \int_{L_1} P\mathrm{d}x + \int_{L_2} P\mathrm{d}x$$

$$= \int_a^b P[x,y_1(x)]\mathrm{d}x + \int_b^a P[x,y_2(x)]\mathrm{d}x$$

$$= \int_a^b \{P[x,y_1(x)] - P[x,y_2(x)]\} \mathrm{d}x$$

因此 $\quad -\iint\limits_{D} \frac{\partial P}{\partial y} \mathrm{d}x\mathrm{d}y = \oint_L P\mathrm{d}x$。

类似地可证:$\iint\limits_{D} \frac{\partial Q}{\partial x} \mathrm{d}x\mathrm{d}y = \oint_L Q\mathrm{d}x$,由于 D 既是 X- 型又是 Y- 型区域,所以以上两式

同时成立,两式合并即得

$$\iint\limits_{D} \left(\frac{\partial Q}{\partial x} - \frac{\partial P}{\partial y}\right) \mathrm{d}x\mathrm{d}y = \oint_L P\mathrm{d}x + Q\mathrm{d}y$$

(2) 若区域 D 是由分段光滑的闭曲线围成的单连通区域,如图10.19所示,分别在每个小的简单区域上应用格林公式得

$$\iint\limits_{D} \left(\frac{\partial Q}{\partial x} - \frac{\partial P}{\partial y}\right) \mathrm{d}x\mathrm{d}y = \iint\limits_{D_1+D_2+D_3} \left(\frac{\partial Q}{\partial x} - \frac{\partial P}{\partial y}\right) \mathrm{d}x\mathrm{d}y$$

$$\iint\limits_{D_1} \left(\frac{\partial Q}{\partial x} - \frac{\partial P}{\partial y}\right) \mathrm{d}x\mathrm{d}y + \iint\limits_{D_2} \left(\frac{\partial Q}{\partial x} - \frac{\partial P}{\partial y}\right) \mathrm{d}x\mathrm{d}y + \iint\limits_{D_3} \left(\frac{\partial Q}{\partial x} - \frac{\partial P}{\partial y}\right) \mathrm{d}x\mathrm{d}y$$

$$= \oint_{L_1+CA} P\mathrm{d}x + Q\mathrm{d}y + \oint_{L_2+BC} P\mathrm{d}x + Q\mathrm{d}y + \oint_{L_3+AB} P\mathrm{d}x + Q\mathrm{d}y$$

$$= \int_{L_1} + \int_{CA} + \int_{L_2} + \int_{BC} + \int_{L_3} + \int_{AB}$$

因为

$$-\int_{AB} - \int_{BC} = \int_{CA}$$

所以,

$$\iint\limits_{D} \left(\frac{\partial Q}{\partial x} - \frac{\partial P}{\partial y}\right) \mathrm{d}x\mathrm{d}y = \int_{L_1} P\mathrm{d}x + Q\mathrm{d}y + \int_{L_2} P\mathrm{d}x + Q\mathrm{d}y + \int_{L_3} P\mathrm{d}x + Q\mathrm{d}y$$

$$= \oint_L P\mathrm{d}x + Q\mathrm{d}y$$

(3) 若区域 D 为复连通区域,如图10.20所示。

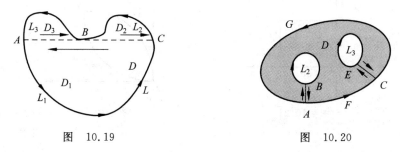

图 10.19　　　　　　　　　图 10.20

添加直线段 AB,CE,则 D 的边界曲线由 AB，BA，CE，EC，CGA，AFC，L_2，L_3 构成，D 被分割为两个单连通区域,分别在每个单连通区域上应用格林公式得

$$\iint\limits_{D}\left(\frac{\partial Q}{\partial x}-\frac{\partial P}{\partial y}\right)\mathrm{d}x\mathrm{d}y$$

$$=\left\{\int_{AB}+\int_{L_2}+\int_{BA}+\int_{AFC}+\int_{CE}+\int_{L_3}+\int_{EC}+\int_{CGA}\right\}\cdot(P\mathrm{d}x+Q\mathrm{d}y)$$

$$=\left(\oint_{L_2}+\oint_{L_3}+\oint_{L_1}\right)(P\mathrm{d}x+Q\mathrm{d}y)$$

$$=\oint_{L}P\mathrm{d}x+Q\mathrm{d}y \quad (L_1,L_2,L_3 \text{ 对 } D \text{ 来说为正方向})$$

综上,格林公式得到了证明。

【注】 用格林公式务必检查三点:

(1) 积分曲线 C 是否为闭曲线;

(2) 积分曲线 C 是否取正向;

(3) $P(x,y),Q(x,y)$ 在 $D+C$ 上是否具有连续的一阶偏导数。

例 10.20　计算 $I=\oint_{c}(x^2+xy)\mathrm{d}x+(x^2+y^2)\mathrm{d}y$,其中 c 是闭区域 D:$0\leqslant x\leqslant1,0\leqslant y\leqslant1$ 的正向边界,如图 10.21 所示。

【解】　由题设已知 $P=x^2+xy$　$Q=x^2+y^2$,由积分的可加性得

$$\oint_{c}=\int_{c_1}+\int_{c_2}+\int_{c_3}+\int_{c_4}$$

若应用格林公式得

$$\oint_{c}=\iint\limits_{D}\left(\frac{\partial Q}{\partial x}-\frac{\partial P}{\partial y}\right)\mathrm{d}\sigma$$

$$=\iint\limits_{D}(2x-x)\mathrm{d}x\mathrm{d}y$$

$$=\int_0^1 x\mathrm{d}x\int_0^1 \mathrm{d}y=\frac{1}{2}$$

例 10.21　计算 $I=\oint_{C}(2x\cos y+y^2\cos x)\mathrm{d}x+(2y\sin x-x^2\sin y+8x)\mathrm{d}y$,$C$ 是闭区域 D:$y=x^2,x=y^2$ 所围成的边界正向,如图 10.22 所示。

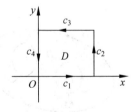

图　10.21

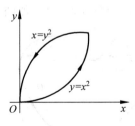

图　10.22

【解】 本题符合格林公式条件,于是有

$$\oint_C = \iint_D \left(\frac{\partial Q}{\partial x} - \frac{\partial P}{\partial y} \right) \mathrm{d}\sigma = \iint_D 8\mathrm{d}x\mathrm{d}y = \frac{8}{3}$$

此例说明,格林公式的确能够简化曲线积分的计算。

例 10.22 计算 $I = \int_C (x^9 - y)\mathrm{d}x + (x + \sin^2 y)\mathrm{d}y$,其中 C 是闭区域 D:$(x-1)^2 + \dfrac{y^2}{4} = 1$ 的上半周,即弧 OAB。

【解】 验证可知该题不符合格林公式条件,首先曲线 C 是开曲线,此时我们可以添加直线段使之成为闭曲线:添加线段 BO 如图 10.23 所示,令 $l = C + \overline{BO} = OABO$ 弧,则 l 围成闭区域 D,其次,$l = C + \overline{BO} = OABO$ 弧的方向是负向,这在应用格林公式时,只要在右端添加负号即可。即 $\oint_l = -\iint_D^*$,展开为

$$\oint_l P\mathrm{d}x + Q\mathrm{d}y = -\iint_D \left(\frac{\partial Q}{\partial x} - \frac{\partial P}{\partial y} \right) \mathrm{d}x\mathrm{d}y$$

又注意到 $P = x^9 - y$ $\quad Q = x + \sin^2 y$ 在 $l + D$ 上具有连续的一阶偏导数,这样经过修改后,应用格林公式得

$$I = \int_C (x^9 - y)\mathrm{d}x + (x + \sin^2 y)\mathrm{d}y$$

$$= \oint_{C+\overline{BO}} (x^9 - y)\mathrm{d}x + (x + \sin^2 y)\mathrm{d}y - \int_{\overline{BO}} (x^9 - y)\mathrm{d}x + (x + \sin^2 y)\mathrm{d}y$$

$$= -\iint_D \left(\frac{\partial Q}{\partial x} - \frac{\partial P}{\partial y} \right) \mathrm{d}x\mathrm{d}y - \int_{\overline{BO}} (x^9 - y)\mathrm{d}x + (x + \sin^2 y)\mathrm{d}y$$

$$= -\iint_D 2\mathrm{d}x\mathrm{d}y - \int_2^0 x^9 \mathrm{d}x = -2\pi + \frac{2^{10}}{10}$$

【注】 该例给出了利用格林公式计算开曲线积分的方法。

例 10.23 计算 $\oint_L \dfrac{x\mathrm{d}y - y\mathrm{d}x}{x^2 + y^2}$,其中 L 为一条无重点,分段光滑且不经过原点的连续闭曲线,L 的方向为逆时针方向。

【解】 令 $P = \dfrac{-y}{x^2 + y^2}$,$Q = \dfrac{x}{x^2 + y^2}$,当 $x^2 + y^2 \neq 0$ 时,$\dfrac{\partial Q}{\partial x} = \dfrac{y^2 - x^2}{(x^2 + y^2)^2} = \dfrac{\partial P}{\partial y}$。若记 L 所围成的闭区域为 D,下面分两种情形讨论。

情形 1 当 $(0,0) \notin D$ 时 $(x^2 + y^2 \neq 0)$,故有 $\dfrac{\partial Q}{\partial x} = \dfrac{y^2 - x^2}{(x^2 + y^2)^2} = \dfrac{\partial P}{\partial y}$,应用格林公式可得

$$\oint_L \frac{x\mathrm{d}y - y\mathrm{d}x}{x^2 + y^2} = \iint_D \left(\frac{\partial Q}{\partial x} - \frac{\partial P}{\partial y} \right) \mathrm{d}x\mathrm{d}y = 0$$

如图 10.24 所示。

情形 2 当 $(0,0) \in D$ 时,由于 $\dfrac{\partial Q}{\partial x}, \dfrac{\partial P}{\partial y}$ 在 D 上不连续,不能直接应用格林公式,如

图 10.25 所示,在 D 内取一圆周 l: $x^2+y^2=\varepsilon^2$,由 L 及 l^- 围成了一个复连通区域 D_1,D_1 的边界取正向,在 D_1 上 $\dfrac{\partial Q}{\partial x},\dfrac{\partial P}{\partial y}$ 连续,应用格林公式,有

$$\oint_{L+l^-}\frac{x\mathrm{d}y-y\mathrm{d}x}{x^2+y^2}=\oint_L\frac{x\mathrm{d}y-y\mathrm{d}x}{x^2+y^2}-\oint_l\frac{x\mathrm{d}y-y\mathrm{d}x}{x^2+y^2}$$

$$=\iint_{D_1}\left(\frac{\partial Q}{\partial x}-\frac{\partial P}{\partial y}\right)\mathrm{d}x\mathrm{d}y=0$$

其中 l 的方向取逆时针方向。于是

$$\oint_L\frac{x\mathrm{d}y-y\mathrm{d}x}{x^2+y^2}=\oint_l\frac{x\mathrm{d}y-y\mathrm{d}x}{x^2+y^2}=\int_0^{2\pi}\frac{\varepsilon^2\cos^2\theta+\varepsilon^2\sin^2\theta}{\varepsilon^2}\mathrm{d}\theta=2\pi$$

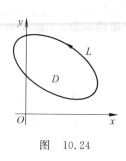
图　10.24

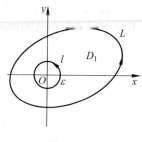
图　10.25

10.6.2　格林公式的简单应用

在格林公式 $\iint_D\left(\dfrac{\partial Q}{\partial x}-\dfrac{\partial P}{\partial y}\right)\mathrm{d}x\mathrm{d}y=\oint_L P\mathrm{d}x+Q\mathrm{d}y$ 中,取 $P=-y,Q=x$,即得

$$2\iint_D\mathrm{d}x\mathrm{d}y=\oint_L x\mathrm{d}y-y\mathrm{d}x$$

上式左端是闭区域 D 的面积的 2 倍,因此有

$$S_D=\frac{1}{2}\oint_L x\mathrm{d}y-y\mathrm{d}x$$

这个公式可以用来求平面区域的面积。

例 10.24　利用曲线积分求椭圆 $\dfrac{x^2}{a^2}+\dfrac{y^2}{b^2}=1$ 的面积。

【解】　取参数方程 $x=a\cos t,y=b\sin t(0\leqslant t\leqslant 2\pi)$,面积

$$A=\frac{1}{2}\oint_L x\mathrm{d}y-y\mathrm{d}x=\frac{1}{2}\int_0^{2\pi}ab(\cos^2 t+\sin^2 t)\mathrm{d}t=\pi ab$$

【注】　利用曲线积分求区域的面积还可利用　$\iint_D\mathrm{d}x\mathrm{d}y=\oint_L x\mathrm{d}y=\oint_L y\mathrm{d}x$。

10.6.3　平面上曲线积分与路径无关的条件

定义 10.6　如果 $u(x,y)$ 是区域 D 上的可微函数,且其全微分 $\mathrm{d}u=P\mathrm{d}x+Q\mathrm{d}y$,则称 $u(x,y)$ 是表达式 $P\mathrm{d}x+Q\mathrm{d}y$ 的一个原函数。

定义 10.7 设 G 是一个开区域，$P(x,y)$、$Q(x,y)$ 在区域 G 内具有一阶连续偏导数。如果对于 G 内任意指定的两个点 A、B 以及 G 内从点 A 到点 B 的任意两条曲线 L_1、L_2，等式 $\displaystyle\int_{L_1} P\mathrm{d}x+Q\mathrm{d}y = \int_{L_2} P\mathrm{d}x+Q\mathrm{d}y$ 恒成立，就说曲线积分 $\displaystyle\int_L P\mathrm{d}x+Q\mathrm{d}y$ 在 G 内与路径无关，否则说积分与路径有关。请看下面两个曲线积分。

例 10.25 分别就下列三条路径计算曲线积分，如图 10.26 所示。

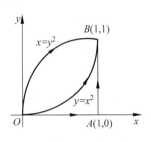

(1) $I_1 = \displaystyle\int_L 2xy\mathrm{d}x + x^2\mathrm{d}y$

(2) $I_2 = \displaystyle\int_L x^2\mathrm{d}x + 2xy\mathrm{d}y$

其中 L 为

(a) 抛物线 $y=x^2$ 上从 $O(0,0)$ 到 $B(1,1)$ 的一段弧；

(b) 抛物线 $x=y^2$ 上从 $O(0,0)$ 到 $B(1,1)$ 的一段弧；

图 10.26

(c) 有向折线 OAB，这里 O,A,B 依次是点 $(0,0),(1,0)$,$(1,1)$。

【解】

(1) 情形(a) 选 x 为参数，有 $I_1 = \displaystyle\int_0^1 (2x\cdot x^2 + x^2\cdot 2x)\mathrm{d}x = 4\int_0^1 x^3\mathrm{d}x = 1$。

情形(b) 选 y 为参数，有 $I_1 = \displaystyle\int_0^1 (2y^2\cdot y\cdot 2y + y^4)\mathrm{d}y = 5\int_0^1 y^4\mathrm{d}y = 1$。

情形(c) 选 x 为参数，有 $I_1 = \displaystyle\int_0^1 x^2\cdot 0\mathrm{d}x + \int_0^1 1\mathrm{d}y = 0 + 1 = 1$。

(2) 情形(a) 选 x 为参数，有 $I_2 = \displaystyle\int_0^1 (x^2 + 2x\cdot x^2 2x)\mathrm{d}x = \frac{1}{3} + \frac{4}{5} = \frac{17}{15}$。

情形(b) 选 y 为参数，有 $I_2 = \displaystyle\int_0^1 (y^4 + 2y^3)\mathrm{d}y = \frac{1}{5} + \frac{1}{2} = \frac{7}{10}$。

情形(c) 选 x 为参数，有 $I_2 = \displaystyle\int_0^1 x^2\mathrm{d}x + \int_0^1 2\cdot 1\cdot y\mathrm{d}y = \frac{1}{3} + 1 = \frac{4}{3}$。

综上可见，曲线积分(1)在三种情形下的积分值均相等；而曲线积分(2)在三种情形下的积分值各不相同。事实上积分(1)与路径无关，它沿着从 O 到 B 的任何路径的积分值都是 1。而积分(2)的值显然与路径密切相关。

如果曲线积分与路径无关，求解积分时就可以选取最简单的路径进行计算。例如上述积分(1)中选取路径(c)计算积分最简便，这也是引入曲线积分与路径无关的原因之一。

然而引入曲线积分与路径无关的意义远不止此，那么在什么条件下曲线积分与路径无关？曲线积分与路径无关对曲线积分的理论和计算有什么贡献呢？当曲线积分与路径无关而仅与起点 A 和终点 B 有关时，一元函数的微积分基本公式 $\displaystyle\int_a^b f(x)\mathrm{d}x = F(x)\Big|_a^b$ 能否在曲线积分中得到延拓，换言之，是否存在 $P\mathrm{d}x+Q\mathrm{d}y$ 的原函数 $F(x,y)$，使得 $\displaystyle\int_L P\mathrm{d}x + Q\mathrm{d}y = F(x,y)\Big|_A^B$ 呢？下面我们将研究这些问题。

定理 10.4 设函数 $P(x,y)$、$Q(x,y)$ 及其一阶偏导数在平面单连通区域 D 上连续，则下列命题等价。

(1) 曲线积分 $\int_L P\,\mathrm{d}x + Q\,\mathrm{d}y$ 在 D 内与路径无关;

(2) 存在二元函数 $u(x,y)$,使得 $\mathrm{d}u = P\,\mathrm{d}x + Q\,\mathrm{d}y$;

(3) 对任何 $(x,y) \in D$,恒成立 $\dfrac{\partial P}{\partial y} = \dfrac{\partial Q}{\partial x}$;

(4) 沿 D 内任何一条光滑或分段光滑的闭曲线 L,都有 $\oint_L P\,\mathrm{d}x + Q\,\mathrm{d}y = 0$。

【证】

(1)→(2) 固定 D 内一点 (x_0, y_0),对于 D 内任意一点 (x,y),由于曲线积分在 D 内与路径无关,所以仅与起点 (x_0, y_0) 和终点 (x,y) 有关的曲线积分 $\int_C P\,\mathrm{d}x + Q\,\mathrm{d}y$ 可以写成 $\int_{(x_0,y_0)}^{(x,y)} P\,\mathrm{d}x + Q\,\mathrm{d}y$,显然它是终点 (x,y) 的变限函数,记 $u(x,y) = \int_{(x_0,y_0)}^{(x,y)} P\,\mathrm{d}x + Q\,\mathrm{d}y$,如果 $\dfrac{\partial u}{\partial x} = P,\dfrac{\partial u}{\partial y} = Q$,那么由 $\mathrm{d}u = P\,\mathrm{d}x + Q\,\mathrm{d}y$ 可知,$u(x,y)$ 就是我们要找的原函数。下面证明 $\dfrac{\partial u}{\partial x} = P$。

因为

$$\Delta_x u(x,y) = u(x+\Delta x, y) - u(x,y)$$
$$= \int_{(x_0,y_0)}^{(x+\Delta x, y)} P\,\mathrm{d}x + Q\,\mathrm{d}y - \int_{(x_0,y_0)}^{(x,y)} P\,\mathrm{d}x + Q\,\mathrm{d}y$$
$$= \int_{(x,y)}^{(x+\Delta x, y)} P\,\mathrm{d}x + Q\,\mathrm{d}y$$
$$= \int_x^{x+\Delta x} P(x,y)\,\mathrm{d}x = P(\xi, y)\Delta x$$

其中 ξ 介于 x 和 $x+\Delta x$ 之间,又由 $P(x,y)$ 连续,所以有

$$\frac{\partial u}{\partial x} = \lim_{\Delta x \to 0} \frac{\Delta_x u(x,y)}{\Delta x} = \lim_{\Delta x \to 0} \frac{P(\xi, y)\Delta x}{\Delta x} = P(x,y)$$

同理可证 $\dfrac{\partial u}{\partial y} = Q$。从而 $\mathrm{d}u = \dfrac{\partial u}{\partial x}\mathrm{d}x + \dfrac{\partial u}{\partial y}\mathrm{d}y = P\,\mathrm{d}x + Q\,\mathrm{d}y$。

(2) $\Rightarrow$ (3) 由于 $\dfrac{\partial u}{\partial x} = P,\dfrac{\partial u}{\partial y} = Q$,而 $P(x,y)$、$Q(x,y)$ 具有连续的一阶偏导数,从而 $u(x,y)$ 的二阶偏导数连续,故 $\dfrac{\partial^2 u}{\partial x \partial y} = \dfrac{\partial P}{\partial y} = \dfrac{\partial^2 u}{\partial y \partial x} = \dfrac{\partial Q}{\partial x}$。

(3) $\Rightarrow$ (4) 当 $\dfrac{\partial P}{\partial y} = \dfrac{\partial Q}{\partial x}$ 时,由格林公式恒有

$$\oint_L P\,\mathrm{d}x + Q\,\mathrm{d}y = \pm \iint_D \left(\frac{\partial Q}{\partial x} - \frac{\partial P}{\partial y} \right)\mathrm{d}x\,\mathrm{d}y = 0$$

(4) $\Rightarrow$ (1) 设 C_1, C_2 分别为 D 内任意两条具有相同起点和终点的光滑或分段光滑的路径,则 $C_1 + C_2^-$ 是 D 内光滑或分段光滑的闭曲线,于是

$$\int_{C_1} P\,\mathrm{d}x + Q\,\mathrm{d}y + \int_{C_2^-} P\,\mathrm{d}x + Q\,\mathrm{d}y = \int_{C_1} P\,\mathrm{d}x + Q\,\mathrm{d}y - \int_{C_2} P\,\mathrm{d}x + Q\,\mathrm{d}y$$

$$= \oint_{C_1 + C_2^-} P\mathrm{d}x + Q\mathrm{d}y = 0$$

即

$$\int_{C_1} P\mathrm{d}x + Q\mathrm{d}y = \int_{C_2} P\mathrm{d}x + Q\mathrm{d}y$$

由 C_1, C_2 的任意性知,曲线积分 $\int_L P\mathrm{d}x + Q\mathrm{d}y$ 在 D 内与路径无关。

至此,我们证明了四个命题是相互等价的。

例 10.26 计算 $I = \int_L (x^2 + 2xy)\mathrm{d}x + (x^2 + 240y^8)\mathrm{d}y$,其中 L 为 $y = \sin\dfrac{\pi x}{2}$ 由点 $O(0,0)$ 到点 $B(1,1)$ 的曲线部分。

【解】 因为

$$\frac{\partial P}{\partial y} = \frac{\partial}{\partial y}(x^2 + 2xy) = 2x, \quad \frac{\partial Q}{\partial x} = \frac{\partial}{\partial x}(x^2 + 240y^8) = 2x$$

所以 $\dfrac{\partial P}{\partial y} = \dfrac{\partial Q}{\partial x}$,原积分与路径无关,于是,选取折线 $(0,0) \rightarrow (1,0) \rightarrow (1,1)$。

$$I = \int_0^1 x^2 \mathrm{d}x + \int_0^1 (1 + 240y^8)\mathrm{d}y = \frac{1}{3} + 1 + \frac{240}{9} = 28$$

10.6.4　全微分求积

由定理 10.4 可知,如果 $P(x,y)$、$Q(x,y)$ 及其一阶偏导数在平面单连通区域 D 上连续,且有 $\dfrac{\partial P}{\partial y} = \dfrac{\partial Q}{\partial x}$,那么

$$u(x,y) = \int_{(x_0,y_0)}^{(x,y)} P\mathrm{d}x + Q\mathrm{d}y$$

就是 $P\mathrm{d}x + Q\mathrm{d}y$ 的一个原函数。现若 $v(x,y)$ 是 $P\mathrm{d}x + Q\mathrm{d}y$ 的另一个原函数,则有 $\mathrm{d}v = \mathrm{d}u$,即 $\mathrm{d}(v-u) = 0$,从而 $v = u + C$,也就是说,$u(x,y) + C$ 是 $P\mathrm{d}x + Q\mathrm{d}y$ 的所有原函数的一般表达式。

求 $P\mathrm{d}x + Q\mathrm{d}y$ 的所有原函数的一般表达式的过程称为全微分求积,显然全微分求积只要求出一个原函数即可。

定理 10.5 若在单连通区域 D 内,$u(x,y)$ 是 $P\mathrm{d}x + Q\mathrm{d}y$ 的原函数,而 $A(x_1, y_1)$,$B(x_2, y_2)$ 为 D 内任意两点,则

$$\int_A^B P\mathrm{d}x + Q\mathrm{d}y = u(x,y)\Big|_{(x_1,y_1)}^{(x_2,y_2)} = u(x_2, y_2) - u(x_1, y_1)$$

【证】 由定理 10.4 知,在单连通区域 D 内,$P\mathrm{d}x + Q\mathrm{d}y$ 存在原函数等价于 $\int_L P\mathrm{d}x + Q\mathrm{d}y$ 与路径无关,记

$$v(x,y) = \int_{(x_1,y_1)}^{(x,y)} P\mathrm{d}x + Q\mathrm{d}y \tag{10.27}$$

则 $v(x,y)$ 也是 $P\mathrm{d}x + Q\mathrm{d}y$ 的原函数,于是有

$$v(x,y) = u(x,y) + C \quad (C \text{ 是任意常数}) \tag{10.28}$$

将 $A(x_1,y_1)$ 代入式(10.28)得

$$0 = v(x_1,y_1) = u(x_1,y_1) + C,$$

从而 $C = -u(x_1,y_1)$。将 $B(x_2,y_2)$ 代入式(10.28)得

$$v(x_2,y_2) = \int_{(x_1,y_1)}^{(x_2,y_2)} P\mathrm{d}x + Q\mathrm{d}y = u(x_2,y_2) - u(x_1,y_1) = u(x,y)\Big|_{(x_1,y_1)}^{(x_2,y_2)}$$

即

$$\int_{(x_1,y_1)}^{(x_2,y_2)} P\mathrm{d}x + Q\mathrm{d}y = u(x,y)\Big|_{(x_1,y_1)}^{(x_2,y_2)}$$

定理 10.5 得证。

如果已知 $u(x,y)$ 是 $P\mathrm{d}x + Q\mathrm{d}y$ 的原函数,那么如何求原

函数 $u(x,y)$ 呢?

　　在 D 内取定一点 $A(x_0,y_0)$ 和任意一点 $B(x,y)$,

如图 10.27 所示,则

$$\int_A^B P\mathrm{d}x + Q\mathrm{d}y = u(x,y)\Big|_{(x_0,y_0)}^{(x,y)} = u(x,y) - u(x_0,y_0)$$

由于积分与路径无关,选取直线段 $\overline{AC} + \overline{CB}$

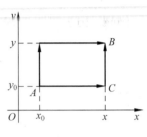

图 10.27

$$u(x,y) = \int_A^B P\mathrm{d}x + Q\mathrm{d}y + u(x_0,y_0)$$

$$= \int_{\overline{AC}} P\mathrm{d}x + Q\mathrm{d}y + \int_{\overline{CB}} P\mathrm{d}x + Q\mathrm{d}y + u(x_0,y_0)$$

$$= \int_{x_0}^x P(x,y_0)\mathrm{d}x + \int_{y_0}^y Q(x,y)\mathrm{d}y + u(x_0,y_0)$$

于是 $P\mathrm{d}x + Q\mathrm{d}y$ 的原函数可取

$$u(x,y) = \int_{x_0}^x P(x,y_0)\mathrm{d}x + \int_{y_0}^y Q(x,y)\mathrm{d}y + C$$

　　例 10.27　验证:$\dfrac{x\mathrm{d}y - y\mathrm{d}x}{x^2 + y^2}$ 在右半平面 $(x > 0)$ 内是某个函数的全微分,并求出一个

这样的函数。

　　【解】　这里 $P = \dfrac{-y}{x^2 + y^2}$,$Q = \dfrac{x}{x^2 + y^2}$　因为 P、Q 在右半平面内具有一阶连续偏导

数,且有:$\dfrac{\partial Q}{\partial x} = \dfrac{y^2 - x^2}{(x^2 + y^2)^2} = \dfrac{\partial P}{\partial y}$,所以在右半平面内,$\dfrac{x\mathrm{d}y - y\mathrm{d}x}{x^2 + y^2}$ 是某个函数的全微分。

　　取积分路线为从 $A(1,0)$ 到 $B(x,0)$ 再到 $C(x,y)$ 的折线,则所求函数为

$$u(x,y) = \int_{(1,0)}^{(x,y)} \frac{x\mathrm{d}y - y\mathrm{d}x}{x^2 + y^2} = 0 + \int_0^y \frac{x\mathrm{d}y}{x^2 + y^2} = \arctan\frac{y}{x}$$

　　【练习】

　　(1) 若 $\mathrm{d}u = xy^2\mathrm{d}x + x^2 y\mathrm{d}y$,求函数 $u(x,y)$。

　　(2) 证明:积分 $\displaystyle\int_{(-1,1)}^{(2,-2)} 3x^2 y^2\mathrm{d}x + 2x^3 y\mathrm{d}y$ 与路径无关,并求其值。

10.7 高斯(Gauss)公式

格林公式表达了平面区域上的二重积分与其边界曲线上的曲线积分之间的关系,而高斯公式表达了空间闭区域上的三重积分与其边界曲面上的曲面积分之间的关系,这个关系可以表述如下。

定理 10.6 设空间闭区域 Ω 是由光滑或分片光滑的闭曲面 Σ 所围成,函数

$$P(x,y,z)、Q(x,y,z)、R(x,y,z)$$

在 Ω 上具有一阶连续偏导数,则有

$$\iiint\limits_{\Omega}\left(\frac{\partial P}{\partial x}+\frac{\partial Q}{\partial y}+\frac{\partial R}{\partial z}\right)\mathrm{d}V = \oiint\limits_{\Sigma}P\,\mathrm{d}y\mathrm{d}z + Q\mathrm{d}z\mathrm{d}x + R\mathrm{d}x\mathrm{d}y \qquad (10.29)$$

或

$$\iiint\limits_{\Omega}\left(\frac{\partial P}{\partial x}+\frac{\partial Q}{\partial y}+\frac{\partial R}{\partial z}\right)\mathrm{d}V = \oiint\limits_{\Sigma}(P\cos\alpha + Q\cos\beta + R\cos\gamma)\mathrm{d}S \qquad (10.30)$$

其中曲面 Σ 取 Ω 的整个边界的外侧, $\vec{n}=\{\cos\alpha,\cos\beta,\cos\gamma\}$ 是曲面 Σ 上点 (x,y,z) 处的正法向量的方向余弦,式(10.29)被称为高斯公式。

【证】 设 Ω 是一柱体,上边界曲面为 Σ_2: $z=z_2(x,y)$,取上侧,下边界曲面为 Σ_1: $z=z_1(x,y)$,取下侧,侧面为柱面 Σ_3 取外侧,如图 10.28 所示,根据三重积分的计算法,有

$$\iiint\limits_{\Omega}\frac{\partial R}{\partial z}\mathrm{d}V = \iint\limits_{D_{xy}}\mathrm{d}x\mathrm{d}y\int_{z_1(x,y)}^{z_2(x,y)}\frac{\partial R}{\partial z}\mathrm{d}z$$

$$= \iint\limits_{D_{xy}}\{R[x,y,z_2(x,y)] - R[x,y,z_1(x,y)]\}\mathrm{d}x\mathrm{d}y$$

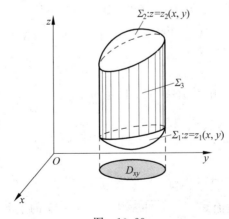

图 10.28

另一方面,有

$$\iint\limits_{\Sigma_1}R(x,y,z)\mathrm{d}x\mathrm{d}y = -\iint\limits_{D_{xy}}R[x,y,z_1(x,y)]\mathrm{d}x\mathrm{d}y$$

$$\iint\limits_{\Sigma_2} R(x,y,z)\mathrm{d}x\mathrm{d}y = \iint\limits_{D_{xy}} R[x,y,z_2(x,y)]\mathrm{d}x\mathrm{d}y$$

$$\iint\limits_{\Sigma_3} R(x,y,z)\mathrm{d}x\mathrm{d}y = 0$$

以上三式相加,得

$$\oiint\limits_{\Sigma} R(x,y,z)\mathrm{d}x\mathrm{d}y = \iint\limits_{D_{xy}} \{R[x,y,z_2(x,y)] - R[x,y,z_1(x,y)]\}\mathrm{d}x\mathrm{d}y$$

所以

$$\iiint\limits_{\Omega} \frac{\partial R}{\partial z}\mathrm{d}V = \oiint\limits_{\Sigma} R(x,y,z)\mathrm{d}x\mathrm{d}y$$

类似地有:

$$\iiint\limits_{\Omega} \frac{\partial P}{\partial x}\mathrm{d}V = \oiint\limits_{\Sigma} P(x,y,z)\mathrm{d}y\mathrm{d}z, \iiint\limits_{\Omega} \frac{\partial Q}{\partial y}\mathrm{d}V = \oiint\limits_{\Sigma} Q(x,y,z)\mathrm{d}z\mathrm{d}x$$

把以上三式两端分别相加,即得高斯公式。

在上述的证明中,对闭区域 Ω 作了这样的限制:假设穿过 Ω 内部且平行于坐标轴的直线与 Ω 的边界曲面 Σ 的交点恰好是两个,如果条件不满足,可以引进辅助曲面把区域 Ω 分为若干个闭区域,使得每个闭区域满足所限制的条件。由于沿辅助曲面相反两侧的两个曲面积分值的绝对值相等而符号相反,其和恰好抵消为零,所以高斯公式在那样的闭区域上仍然成立。

例 10.28 设 Ω 是由锥面 $z = \sqrt{x^2 + y^2}$ 与半球面 $z = \sqrt{R^2 - x^2 - y^2}$ 围成的空间区域,Σ 是 Ω 的整个边界的外侧,求 $\iint\limits_{\Sigma} x\mathrm{d}y\mathrm{d}z + y\mathrm{d}z\mathrm{d}x + z\mathrm{d}x\mathrm{d}y$。

【解】 积分区域如图 10.29 所示,这里 $P=x$,$Q=y$,$R=z$,

$$\frac{\partial P}{\partial x} + \frac{\partial Q}{\partial y} + \frac{\partial R}{\partial z} = 1 + 1 + 1 = 3$$

由高斯公式有

$$\iint\limits_{\Sigma} x\mathrm{d}y\mathrm{d}z + y\mathrm{d}z\mathrm{d}x + z\mathrm{d}x\mathrm{d}y$$

$$= \iiint\limits_{\Omega} 3\mathrm{d}x\mathrm{d}y\mathrm{d}z = 3\int_0^R r^2\mathrm{d}r\int_0^{\frac{\pi}{4}}\sin\varphi\mathrm{d}\varphi\int_0^{2\pi}\mathrm{d}\theta$$

$$= \pi(2 - \sqrt{2})R^3$$

例 10.29 设 Σ 是锥面 $z = \sqrt{x^2 + y^2}(0 \leqslant z \leqslant 1)$ 的下侧,求 $\iint\limits_{\Sigma} x\mathrm{d}y\mathrm{d}z + 2y\mathrm{d}z\mathrm{d}x + 3(z-1)\mathrm{d}x\mathrm{d}y$。

【解】 如图 10.30 所示,补一个曲面 $\Sigma_1: \begin{cases} x^2+y^2 \leqslant 1 \\ z=1 \end{cases}$ 上侧,Ω 为锥面 Σ 和平面 Σ_1 所围区域。依题意,

$$P = x, \quad Q = 2y, \quad R = 3(z-1)$$

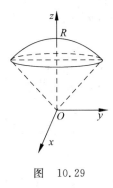

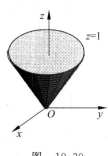

图 10.29   图 10.30

所以

$$\frac{\partial P}{\partial x} + \frac{\partial Q}{\partial y} + \frac{\partial R}{\partial z} = 1 + 2 + 3 = 6$$

所以

$$\iint\limits_{\Sigma} + \iint\limits_{\Sigma_1} = \iiint\limits_{\Omega} 6 \mathrm{d}x\mathrm{d}y\mathrm{d}z$$

$$= 6V(V \text{ 为上述圆锥体体积})$$

$$= 6 \times \frac{\pi}{3} = 2\pi$$

而

$$\iint\limits_{\Sigma_1} x\mathrm{d}y\mathrm{d}z + 2y\mathrm{d}z\mathrm{d}x + 3(z-1)\mathrm{d}x\mathrm{d}y = 0 \quad (\text{因为在 } \Sigma_1 \text{ 上：} z=1, \mathrm{d}z=0)$$

所以

$$\iint\limits_{\Sigma} x\mathrm{d}y\mathrm{d}z + 2y\mathrm{d}z\mathrm{d}x + 3(z-1)\mathrm{d}x\mathrm{d}y = 2\pi$$

例 10.30 设函数 $u(x,y,z)$ 和 $v(x,y,z)$ 在闭区域 Ω 上具有一阶及二阶连续偏导数，证明

$$\iiint\limits_{\Omega} u \Delta v \mathrm{d}x\mathrm{d}y\mathrm{d}z = \oiint\limits_{\Sigma} u \frac{\partial v}{\partial n} \mathrm{d}S - \iiint\limits_{\Omega} \left(\frac{\partial u}{\partial x}\frac{\partial v}{\partial x} + \frac{\partial u}{\partial y}\frac{\partial v}{\partial y} + \frac{\partial u}{\partial z}\frac{\partial v}{\partial z} \right) \mathrm{d}x\mathrm{d}y\mathrm{d}z$$

其中 Σ 是闭区域 Ω 的整个边界曲面，$\dfrac{\partial v}{\partial n}$ 为函数 $v(x,y,z)$ 沿 Σ 的外法线方向的方向导数，

符号 $\Delta = \dfrac{\partial}{\partial x^2} + \dfrac{\partial}{\partial y^2} + \dfrac{\partial}{\partial z^2}$，称为拉普拉斯算子。这个公式叫做格林第一公式。

【证】 因为方向导数 $\dfrac{\partial v}{\partial n} = \dfrac{\partial v}{\partial x}\cos\alpha + \dfrac{\partial v}{\partial y}\cos\beta + \dfrac{\partial v}{\partial z}\cos\gamma$，其中 $\cos\alpha$、$\cos\beta$、$\cos\gamma$ 是 Σ 在

点 (x,y,z) 处的外法线向量的方向余弦。于是曲面积分

$$\oiint\limits_{\Sigma} u \frac{\partial v}{\partial n} \mathrm{d}S = \oiint\limits_{\Sigma} u \left(\frac{\partial v}{\partial x}\cos\alpha + \frac{\partial v}{\partial y}\cos\beta + \frac{\partial v}{\partial z}\cos\gamma \right) \mathrm{d}S$$

$$= \oiint_{\Sigma} \left[\left(u\frac{\partial v}{\partial x} \right)\cos\alpha + \left(u\frac{\partial v}{\partial y} \right)\cos\beta + \left(u\frac{\partial v}{\partial z} \right)\cos\gamma \right]\mathrm{d}S。$$

利用高斯公式,即得

$$\oiint_{\Sigma} u\frac{\partial v}{\partial n}\mathrm{d}S = \iiint_{\Omega} \left[\frac{\partial}{\partial x}\left(u\frac{\partial v}{\partial x} \right) + \frac{\partial}{\partial y}\left(u\frac{\partial v}{\partial y} \right) + \frac{\partial}{\partial z}\left(u\frac{\partial v}{\partial z} \right) \right]\mathrm{d}x\mathrm{d}y\mathrm{d}z$$

$$= \iiint_{\Omega} u\Delta v\,\mathrm{d}x\mathrm{d}y\mathrm{d}z + \iiint_{\Omega} \left(\frac{\partial u}{\partial x}\frac{\partial v}{\partial x} + \frac{\partial u}{\partial y}\frac{\partial v}{\partial y} + \frac{\partial u}{\partial z}\frac{\partial v}{\partial z} \right)\mathrm{d}x\mathrm{d}y\mathrm{d}z$$

将上式右端第二个积分移至左端即得所要证明的等式。

【练习】 计算曲面积分 $I = \oiint_{\Sigma} 2xz\,\mathrm{d}y\mathrm{d}z + yz\,\mathrm{d}z\mathrm{d}x - z^2\,\mathrm{d}x\mathrm{d}y$,其中 Σ 是由曲面 $z = x^2 + y^2$ 和 $z = \sqrt{2 - x^2 - y^2}$ 所围立体表面的外侧。

10.8 斯托克斯(Stokes)公式

正如高斯公式把空间闭区域上的三重积分通过围成这个区域的曲面上的曲面积分来表示,我们还可以把空间有界曲面上的曲面积分转化成其边界曲线上的曲线积分,这就是下面我们要介绍的斯托克斯公式。

定理 10.7 设 Γ 为分段光滑的空间有向闭曲线,Σ 是以 Γ 为边界的光滑或分片光滑的有向曲面,Γ 的正向与 Σ 的侧符合右手规则,函数 $P(x,y,z)$、$Q(x,y,z)$、$R(x,y,z)$ 在曲面 Σ(连同边界)上具有一阶连续偏导数,则有

$$\iint_{\Sigma} \left(\frac{\partial R}{\partial y} - \frac{\partial Q}{\partial z} \right)\mathrm{d}y\mathrm{d}z + \left(\frac{\partial P}{\partial z} - \frac{\partial R}{\partial x} \right)\mathrm{d}z\mathrm{d}x + \left(\frac{\partial Q}{\partial x} - \frac{\partial P}{\partial y} \right)\mathrm{d}x\mathrm{d}y = \oint_{\Gamma} P\mathrm{d}x + Q\mathrm{d}y + R\mathrm{d}z$$

$$(10.31)$$

称为斯托克斯公式(证明从略)。

斯托克斯公式可以表示为下列便于记忆的形式

$$\iint_{\Sigma} \begin{vmatrix} \mathrm{d}y\mathrm{d}z & \mathrm{d}z\mathrm{d}x & \mathrm{d}x\mathrm{d}y \\ \dfrac{\partial}{\partial x} & \dfrac{\partial}{\partial y} & \dfrac{\partial}{\partial z} \\ P & Q & R \end{vmatrix} = \oint_{\Gamma} P\mathrm{d}x + Q\mathrm{d}y + R\mathrm{d}z,$$

或

$$\iint_{\Sigma} \begin{vmatrix} \cos\alpha & \cos\beta & \cos\gamma \\ \dfrac{\partial}{\partial x} & \dfrac{\partial}{\partial y} & \dfrac{\partial}{\partial z} \\ P & Q & R \end{vmatrix} \mathrm{d}S = \oint_{\Gamma} P\mathrm{d}x + Q\mathrm{d}y + R\mathrm{d}z \qquad (10.32)$$

其中 $\vec{n} = \{\cos\alpha, \cos\beta, \cos\gamma\}$ 为有向曲面 Σ 的单位法向量。

例 10.31 利用斯托克斯公式计算曲线积分 $\oint_{\Gamma} z\mathrm{d}x + x\mathrm{d}y + y\mathrm{d}z$,其中 Γ 为平面 $x + y + z = 1$ 被三个坐标面所截成的三角形的整个边界,它的正向与这个三角形上侧的法向量之间符合右手规则。

【解】 设 Σ 为闭曲线 Γ 所围成的三角形平面, Σ 在 yOz 面、zOx 面和 xOy 面上的投影区域分别为 D_{yz}、D_{zx} 和 D_{xy}, 按斯托克斯公式, 有

$$\oint_{\Gamma} z\mathrm{d}x + x\mathrm{d}y + y\mathrm{d}z = \iint_{\Sigma} \begin{vmatrix} \mathrm{d}y\mathrm{d}z & \mathrm{d}z\mathrm{d}x & \mathrm{d}x\mathrm{d}y \\ \dfrac{\partial}{\partial x} & \dfrac{\partial}{\partial y} & \dfrac{\partial}{\partial z} \\ z & x & y \end{vmatrix}$$

$$= \iint_{\Sigma} \mathrm{d}y\mathrm{d}z + \mathrm{d}z\mathrm{d}x + \mathrm{d}x\mathrm{d}y = \iint_{D_{yz}} \mathrm{d}y\mathrm{d}z + \iint_{D_{zx}} \mathrm{d}z\mathrm{d}x + \iint_{D_{xy}} \mathrm{d}x\mathrm{d}y$$

$$= 3\iint_{D_{xy}} \mathrm{d}x\mathrm{d}y = \frac{3}{2}$$

例 10.32 Γ 为柱面 $x^2 + y^2 = 2y$ 与平面 $y = z$ 的交线, 从 z 轴正向看为顺时针, 计算

$$I = \oint_{\Gamma} y^2\mathrm{d}x + xy\mathrm{d}y + xz\mathrm{d}z$$

【解】 设 Σ 为平面 $z = y$ 上被 Γ 所围椭圆域, 且取下侧, 则其法线方向余弦

$$\cos\alpha = 0, \quad \cos\beta = \frac{1}{\sqrt{2}}, \quad \cos\gamma = -\frac{1}{\sqrt{2}}$$

利用斯托克斯公式得

$$I = \iint_{\Sigma} \begin{vmatrix} \cos\alpha & \cos\beta & \cos\gamma \\ \dfrac{\partial}{\partial x} & \dfrac{\partial}{\partial y} & \dfrac{\partial}{\partial z} \\ y^2 & xy & xz \end{vmatrix} \mathrm{d}S = \frac{1}{\sqrt{2}}\iint_{\Sigma}(y - z)\mathrm{d}S = 0$$

例 10.33 计算 $\oint_{\Gamma}(y - z)\mathrm{d}x + (z - x)\mathrm{d}y + (x - y)\mathrm{d}z$, 其中 Γ 为圆柱面 $x^2 + y^2 = a^2$ 和平面 $\dfrac{x}{a} + \dfrac{z}{h} = 1$ 的交线, 且对着 z 轴正方向看去 Γ 的方向为逆时针方向, $a > 0$ 且 $h > 0$。

【解】 设 Γ 围成平面方程为 $\Sigma: \dfrac{x}{a} + \dfrac{z}{h} = 1, x^2 + y^2 \leqslant a^2$

因为 $P = y - z, Q = z - x, R = x - y$, 由斯托克斯公式

$$\oint_{\Gamma} = \iint_{\Sigma}(-1 - 1)\mathrm{d}y\mathrm{d}z + (-1 - 1)\mathrm{d}z\mathrm{d}x + (-1 - 1)\mathrm{d}x\mathrm{d}y$$

$$= -2\iint_{\Sigma}\mathrm{d}y\mathrm{d}z + \mathrm{d}z\mathrm{d}x + \mathrm{d}x\mathrm{d}y$$

Σ 在 zOx 面上无投影域, $\iint_{\Sigma}\mathrm{d}z\mathrm{d}x = 0$, Σ 在 xOy 面上投影域为 $D_{xy}: x^2 + y^2 \leqslant a^2$, 所以

$$\iint_{\Sigma}\mathrm{d}x\mathrm{d}y = \iint_{D_{xy}}\mathrm{d}x\mathrm{d}y = \pi a^2$$

Σ 在 yOz 面上投影域为 $D_{yz}: \dfrac{y^2}{a^2} + \dfrac{(z - h)^2}{h^2} \leqslant 1$, 所以

$$\iint_{\Sigma} dydz = \iint_{D_{yz}} dydz = \pi ah$$

所以

$$\oint_{\Gamma} = -2\pi a(a+h)$$

10.9 积分学基本定理解析

最后,我们回顾一下积分学中的四个重要定理。

(1) 微积分基本公式(牛顿 - 莱布尼茨公式):$\int_a^b f(x)dx = F(b) - F(a)$;

(2) 格林公式:$\oint_c Pdx + Qdy = \iint_D \left(\frac{\partial Q}{\partial x} - \frac{\partial P}{\partial y}\right)dxdy$;

(3) 高斯公式:$\oiint_{\Sigma} Pdydz + Qdzdx + Rdxdy = \iiint_{\Omega} \left(\frac{\partial P}{\partial x} + \frac{\partial Q}{\partial y} + \frac{\partial R}{\partial z}\right)dv$;

(4) 斯托克斯公式:

$$\oint_{\Gamma} Pdx + Qdy + Rdz = \iint_{\Sigma} \left(\frac{\partial R}{\partial y} - \frac{\partial Q}{\partial z}\right)dydz + \left(\frac{\partial P}{\partial z} - \frac{\partial R}{\partial x}\right)dzdx + \left(\frac{\partial Q}{\partial x} - \frac{\partial P}{\partial y}\right)dxdy。$$

从这四个定理的形式上看,牛顿-莱布尼茨公式建立了一维空间直线上的积分和原函数在端点处函数值的联系;格林公式建立了二维空间平面曲线积分和二重积分的联系;高斯公式建立了三维空间曲面积分和三重积分的联系;斯托克斯公式建立了三维空间曲线积分和曲面积分之间的联系。而这些公式之间也有着密切的关系。

(一) 牛顿-莱布尼茨公式与格林公式

牛顿-莱布尼茨公式(以下简称"牛-莱公式")给出了一个函数在闭区间上的定积分与一个相关联的函数在区间的"边界",即区间端点上函数值增量之间的联系。

简单地说,牛-莱公式把区间 I 上的定积分(特殊的线积分)转化为 I 端点的函数值的差。而格林公式把区域 D 上的二重积分(特殊的曲面积分)转化为 D 的边界曲线 L 上的线积分。因此它们的实质是一样的,在特殊的情况下,格林公式可以转化为牛-莱公式,也就是说牛-莱公式是格林公式的特殊形式。

(二) 格林公式与高斯公式

高斯公式把一个函数在空间区域 Ω 上的积分跟一个相关联的函数在 Ω 的边界曲面 Σ 上的积分联系起来,即把空间区域 Ω 上的三重积分转化为 Ω 的边界曲面 Σ 上的面积分。因此,高斯公式与格林公式本质上是一样的,可以说,高斯公式是格林公式在三维空间的推广,格林公式又是高斯公式的特殊形式。

(三) 格林公式与斯托克斯公式

格林公式把区域 D 上特殊的曲面积分(二重积分)转化为 D 的边界曲线上的线积分,而斯托克斯公式是把一般曲面 Σ 上的面积分转化为 Σ 的边界线上的线积分,因此斯托克斯公式可以看作格林公式在三维空间中的另一种形式的推广。在特殊的情况下,斯托克斯公式可转化化为格林公式。

可见,四个积分定理之间的确存在着内在的联系,格林公式是核心,牛-莱公式是基础,高斯公式和斯托克斯公式是格林公式的推广,而且它们又具有共性,即在一定条件下,沿适当几何形体边界的积分可以转换为这个几何体上的积分,用现代数学思想可将四个积分定理统一表示为

$$\int_D d\omega = \int_{\partial D} \omega$$

其中 ω 是某一微分形式,$d\omega$ 是 ω 的外微分形式,D 是适当区域,∂D 是 D 的边界,称上述公式为斯托克斯型公式。

积分学的四个定理就像四条纽带,巧妙、精确地把不同维空间的边界上的积分和闭区域内部的积分联系起来了,它们是积分学的精彩,也是数学分析的精彩,这就是四个定理在积分学中占据重要地位之原因所在。

例 10.34　求 $I = \oint_L x^2 yz dx + (x^2 + y^2) dy + (x + y + 1) dz$,其中 L 为曲面 $x^2 + y^2 + z^2 = 5$ 和 $z = x^2 + y^2 + 1$ 的交线,L 的方向是从 z 轴正方向看为顺时针方向。

【解一】　直接计算。由方程组

$$\begin{cases} x^2 + y^2 + z^2 = 5 \\ z = x^2 + y^2 + 1 \end{cases}$$

可解得闭曲线 L 的方程为 $\begin{cases} x^2 + y^2 = 1 \\ z = 2 \end{cases}$。

因此有向闭曲线的参数方程可写为

$$\begin{cases} x = \cos t \\ y = \sin t \\ z = 2 \end{cases} \quad (t \text{ 从 } 2\pi \text{ 到 } 0)$$

故有 $\int_{2\pi}^0 (-2\cos^2 t \sin^2 t + \cos t) dt = \dfrac{\pi}{2}$。

【解二】　利用格林公式,将解法一中的曲线 L 代入 I 中,得

$$I = \oint_L 2x^2 y dx + dy = -\iint_D (0 - 2x^2) d\sigma = \int_0^{2\pi} d\theta \int_0^1 2\rho^2 \cos^2\theta \cdot \rho d\rho = \frac{\pi}{2}$$

【解三】　利用斯托克斯公式

取有向闭曲线 L 围成的平面区域为 Σ,则 Σ 的方程为 $z = 2$,在 xOy 面上的投影区域 D:$x^2 + y^2 \leqslant 1$,取其法向量向下,因此根据斯托克斯公式得

$$I = \iint_\Sigma (2x - x^2 z) dx dy = -\iint_{D_{xy}} (2x - 2x^2) dx dy = \frac{\pi}{2}$$

【解四】　利用高斯公式

在解三中,如果将 Σ 取为曲面 $z = x^2 + y^2 + 1$ 被球面 $x^2 + y^2 + z^2 = 5$ 所截得的部分且取下侧,则由斯托克斯公式有

$$I = \iint_\Sigma dy dz + (x^2 y - 1) dz dx + (2x - x^2 z) dx dy$$

补充取 Σ_1 为 L 所围成的平面上侧,由高斯公式得

$$I = \oiint\limits_{\Sigma+\Sigma_1} \mathrm{d}y\mathrm{d}z + (x^2y-1)\mathrm{d}z\mathrm{d}x + (2x-x^2z)\mathrm{d}x\mathrm{d}y = 0$$

所以

$$I = \iint\limits_{\Sigma} \mathrm{d}y\mathrm{d}z + (x^2y-1)\mathrm{d}z\mathrm{d}x + (2x-x^2z)\mathrm{d}x\mathrm{d}y$$

$$= -\iint\limits_{\Sigma_1} \mathrm{d}y\mathrm{d}z + (x^2y-1)\mathrm{d}z\mathrm{d}x + (2x-x^2z)\mathrm{d}x\mathrm{d}y = \frac{\pi}{2}$$

方法纵横

10.10　曲线积分方法拓展

10.10.1　方法概述

(1) 当积分曲线 L 是平面曲线,如果求 $\int_L P\mathrm{d}x + Q\mathrm{d}y$,我们首先看 $\dfrac{\partial P}{\partial y}$ 是否等于 $\dfrac{\partial Q}{\partial x}$,然后根据积分曲线是开曲线还是闭曲线选择适宜的计算方法,具体方法可见图10.31所示。

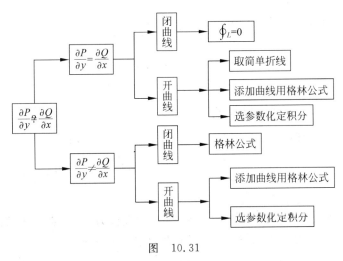

图　10.31

(2) 当积分曲线是空间曲线 L 时,如果求 $\int_L P\mathrm{d}x + Q\mathrm{d}y + R\mathrm{d}z$,可以用如下的方法:

① 直接法。把积分曲线转化成参数方程的形式,根据参数的变化范围,确定积分限;

② 利用斯托克斯公式。如果曲线是闭曲线,可以直接利用斯托克斯公式转化成曲面积分,如果不是闭曲线,可以补充曲线成闭曲线,然后用斯托克斯公式;

③ 将空间曲线积分转化成平面曲线积分;

④ 利用两类曲线积分之间的关系。

10.10.2　例题选讲

例 10.35　设曲线 C 的方程为 $x^6 + y^6 = 1$,求曲线积分 $\oint_L x^2 \mathrm{d}x + y^2 \mathrm{d}y$。

【解】　由于曲线为闭曲线,$P(x,y) = x^2$,$Q(x,y) = y^2$,且 $\dfrac{\partial P}{\partial y} = 0 = \dfrac{\partial Q}{\partial x}$,因此

$$I = \oint_L x^2 \mathrm{d}x + y^2 \mathrm{d}y = 0$$

例 10.36　计算 $\displaystyle\int_L \dfrac{(x-y)\mathrm{d}x + (x+y)\mathrm{d}y}{x^2 + y^2}$,其中 L 为摆线 $\begin{cases} x = t - \sin t - \pi \\ y = 1 - \cos t \end{cases}$ 从 $t = 0$ 到 $t = 2\pi$ 的一段。

【解】　$\dfrac{\partial P}{\partial y} = \dfrac{y^2 - x^2 - 2xy}{(x^2 + y^2)^2} = \dfrac{\partial Q}{\partial x}$,积分与路径无关,但是从 $(-\pi,0)$ 到 $(\pi,0)$ 的直线经过 $(0,0)$,故可作从 $(-\pi,0)$ 到 $(\pi,0)$ 的上半圆 C_1:$y = \sqrt{\pi^2 - x^2}$,由格林公式:

$$\oint_{C+C_1} \frac{(x-y)\mathrm{d}x + (x+y)\mathrm{d}y}{x^2 + y^2} = 0$$

即

$$\text{原式} = -\int_{C_1} \frac{(x-y)\mathrm{d}x + (x+y)\mathrm{d}y}{x^2 + y^2}$$

$$= \int_\pi^0 \frac{\pi^2(\cos\theta - \sin\theta)(-\sin\theta) + \pi^2(\cos\theta + \sin\theta)\cos\theta}{\pi^2} \mathrm{d}\theta$$

$$= -\pi$$

例 10.37　计算曲线积分 $I = \oint_L (z-y)\mathrm{d}x + (x-z)\mathrm{d}y + (x-y)\mathrm{d}z$,其中 L 是曲线 $\begin{cases} x^2 + y^2 = 1 \\ x - y + z = 2 \end{cases}$,从 z 轴正向看 L 的方向是顺时针的。

【解一】　直接法。先写出参数方程,然后用曲线积分化为定积分的公式。

曲线 L 的参数方程为:$x = \cos t$,$y = \sin t$,$z = 2 - \cos t + \sin t$,$t: 2\pi \to 0$ 代入可以先化简一下被积表达式

$$I = \oint_L (2-x)\mathrm{d}x + (x-z)\mathrm{d}y + (2-z)\mathrm{d}z$$

$$= \int_{2\pi}^0 (2 - \cos t)(-\sin t)\mathrm{d}t + \int_{2\pi}^0 [\cos t - (2 - \cos t + \sin t)]\cos t \mathrm{d}t$$

$$+ \int_{2\pi}^0 [2 - (2 - \cos t + \sin t)](\sin t + \cos t)\mathrm{d}t$$

$$= 0 + \int_{2\pi}^0 (2\cos^2 t - \sin t \cos t - 2\cos t)\mathrm{d}t + 0$$

$$= -2\int_0^{2\pi} \cos^2 t \mathrm{d}t = -2\pi$$

【解二】　斯托克斯公式。

记 Σ 为平面 $x-y+z=2$ 上 L 所围成的有限部分,由 L 的定向,按右手法则 Σ 取下侧。

$$I = \iint\limits_{\Sigma} \begin{vmatrix} \mathrm{d}y\mathrm{d}z & \mathrm{d}z\mathrm{d}x & \mathrm{d}x\mathrm{d}y \\ \dfrac{\partial}{\partial x} & \dfrac{\partial}{\partial y} & \dfrac{\partial}{\partial z} \\ z-y & x-z & x-y \end{vmatrix} = \iint\limits_{\Sigma} 2\mathrm{d}x\mathrm{d}y$$

Σ 在 xOy 平面上的投影区域 $D_{xy}:x^2+y^2\leqslant 1$,将第二类曲面积分化为二重积分得

$$I = -2\iint\limits_{D_{xy}} \mathrm{d}x\mathrm{d}y = -2\pi。$$

【解三】 将空间曲线积分转化成平面曲线积分。

L 在 xOy 面上的投影曲线为 $L':x^2+y^2=1,z=0$,也取顺时针方向,由 Σ 的方程得 $z=2-x-y,\mathrm{d}z=-\mathrm{d}x+\mathrm{d}y$,代入被积表达式得

$$\begin{aligned} I &= \oint_{L'}(2-x)\mathrm{d}x + (2x-2-y)\mathrm{d}y + (x-y)(-\mathrm{d}x+\mathrm{d}y) \\ &= \oint_{L'}(2-2x+y)\mathrm{d}x + (-2+3x-2y)\mathrm{d}y \\ &= -\iint\limits_{D}(3-1)\mathrm{d}x\mathrm{d}y = -2\pi \end{aligned}$$

例 10.38 将积分 $\displaystyle\int_L P(x,y)\mathrm{d}x + Q(x,y)\mathrm{d}y$ 化为对弧长的积分,其中 L 沿上半圆周 $x^2+y^2-2x=0$,从 $O(0,0)$ 到 $B(2,0)$ 的部分。

【解】 积分路线如图 10.32 所示,曲线方程化为

$$y = \sqrt{2x-x^2}, \quad 则 \ \mathrm{d}y = \frac{1-x}{\sqrt{2x-x^2}}\mathrm{d}x$$

把 x 看成参数,弧微分为

$$\mathrm{d}s = \sqrt{1+y'^2}\,\mathrm{d}x = \frac{1}{\sqrt{2x-x^2}}\mathrm{d}x$$

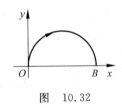

图 10.32

利用两类曲线积分的关系,

$$\int_{L_{AB}} P\mathrm{d}x + Q\mathrm{d}y = \int_{\Gamma_{AB}}(P\cos\alpha + Q\cos\beta)\mathrm{d}s$$

$$\cos\alpha = \frac{\mathrm{d}x}{\mathrm{d}s} = \sqrt{2x-x^2}, \quad \cos\beta = \frac{\mathrm{d}y}{\mathrm{d}s} = 1-x$$

$$\int_L P(x,y)\mathrm{d}x + Q(x,y)\mathrm{d}y = \int_L \left[P(x,y)\sqrt{2x-x^2} + Q(x,y)(1-x)\right]\mathrm{d}s$$

10.11 曲面积分方法拓展

10.11.1 方法概述

对于第二类曲面积分的计算,读者可观察曲面是开曲面还是闭曲面,如果是闭曲面可以考虑用高斯公式计算,如果是开曲面,可以考虑用向量点积法,也可以补充曲面让其成

为闭曲面进而用高斯公式；如果被积函数只有一部分时，也可以直接计算，具体方法可见图 10.33 所示。

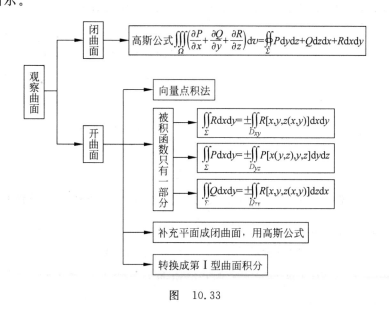

图　10.33

10.11.2　例题选讲

例 10.39　计算曲面积分 $I = \oiint\limits_{\Sigma} x^4 \mathrm{d}y\mathrm{d}z + y^2 \mathrm{d}z\mathrm{d}x + z\mathrm{d}x\mathrm{d}y$，其中 Σ 是由锥面 $z^2 = x^2 + y^2$ 和平面 $z=1, z=2$ 所围成的圆台 Ω 的表面外侧。

【解】　由高斯公式

$$I = \iiint\limits_{\Omega} (4x^3 + 2y + 1)\mathrm{d}x\mathrm{d}y\mathrm{d}z$$

由对称性，

$$\iiint\limits_{\Omega} x^3 \mathrm{d}x\mathrm{d}y\mathrm{d}z = 0, \quad \iiint\limits_{\Omega} y\mathrm{d}x\mathrm{d}y\mathrm{d}z = 0$$

所以

$$I = \iiint\limits_{\Omega} 1\mathrm{d}x\mathrm{d}y\mathrm{d}z = \frac{1}{3} \cdot 2 \cdot \pi \cdot 2^2 - \frac{1}{3} \cdot 1 \cdot \pi \cdot 1^2 = \frac{7}{3}\pi$$

例 10.40　计算曲面积分 $I = \iint\limits_{\Sigma} xz\mathrm{d}y\mathrm{d}z + 2xy\mathrm{d}z\mathrm{d}x + 3xy\mathrm{d}x\mathrm{d}y$，其中 Σ 为曲面 $z = 1 - x^2 - \dfrac{y^2}{4}(0 \leqslant z \leqslant 1)$ 的上侧。

【解】　添加辅助面 Σ_1 为 xOy 平面上被椭圆 $x^2 + \dfrac{y^2}{4} = 1$ 所围成部分的下侧，记 Ω 为由 Σ 与 Σ_1 围成的空间闭区域，则

$$I = \iint\limits_{\Sigma+\Sigma_1} xz\mathrm{d}y\mathrm{d}z + 2zy\mathrm{d}z\mathrm{d}x + 3xy\mathrm{d}x\mathrm{d}y - \iint\limits_{\Sigma_1} xz\mathrm{d}y\mathrm{d}z + 2zy\mathrm{d}z\mathrm{d}x + 3xy\mathrm{d}x\mathrm{d}y$$

由高斯公式,得

$$\iint_{\Sigma+\Sigma_1} xz\,\mathrm{d}y\mathrm{d}z + 2zy\,\mathrm{d}z\mathrm{d}x + 3xy\,\mathrm{d}x\mathrm{d}y = \iiint_{\Omega}(z+2z)\mathrm{d}x\mathrm{d}y\mathrm{d}z$$

$$= \iiint_{\Omega}3z\,\mathrm{d}x\mathrm{d}y\mathrm{d}z = 3\int_0^1\mathrm{d}z\iint_{x^2+\frac{y^2}{4}\leqslant 1-z}z\,\mathrm{d}x\mathrm{d}y$$

$$= \pi_{\circ}$$

$$\iint_{\Sigma_1} xz\,\mathrm{d}y\mathrm{d}z + 2zy\,\mathrm{d}z\mathrm{d}x + 3xy\,\mathrm{d}x\mathrm{d}y = -\iint_{x^2+\frac{y^2}{4}\leqslant 1}3xy\,\mathrm{d}x\mathrm{d}y = 0$$

因此,$I=\pi_{\circ}$

例 10.41　计算$\displaystyle\iint_{\Sigma}z\,\mathrm{d}x\mathrm{d}y+xy\,\mathrm{d}x\mathrm{d}z$,其中$\Sigma$是曲面$z=x^2+y^2$在第一卦限中介于$z=0$及$z=1$之间的那部分曲面的下侧。

【解】　Σ在xOy面上的投影域为$D_{xy}:x^2+y^2\leqslant 1,x\geqslant 0,y\geqslant 0$

$$\iint_{\Sigma}z\,\mathrm{d}x\mathrm{d}y = -\iint_{D_{xy}}(x^2+y^2)\mathrm{d}x\mathrm{d}y$$

$$= \int_0^{\frac{\pi}{2}}\mathrm{d}\theta\cdot\int_0^1\rho^3\mathrm{d}\rho = -\frac{\pi}{2}\cdot\frac{1}{4} = -\frac{\pi}{8}$$

Σ在zOx面上的投影域为$D_{zx}:0\leqslant x\leqslant 1,x^2\leqslant z\leqslant 1$,因此,

$$\iint_{\Sigma}xy\,\mathrm{d}x\mathrm{d}z = \iint_{D_{zx}}x\sqrt{z-x^2}\,\mathrm{d}x\mathrm{d}z$$

$$= \int_0^1\mathrm{d}x\int_{x^2}^1 x\sqrt{z-x^2}\,\mathrm{d}z$$

$$= \frac{2}{3}\int_0^1 x(1-x^2)^{3/2}\mathrm{d}x$$

$$= \frac{2}{15}$$

故原式$=\dfrac{2}{15}-\dfrac{\pi}{8}$。

例 10.42　计算

$$I = \iint_{\Sigma}[f(x,y,z)+x]\mathrm{d}y\mathrm{d}z + [2f(x,y,z)+y]\mathrm{d}z\mathrm{d}x$$

$$+ [f(x,y,z)+z]\mathrm{d}x\mathrm{d}y$$

其中$f(x,y,z)$为Σ上的连续函数,Σ为平面$x-y+z=1$在第四卦限的上侧。

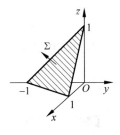

图 10.34

【解法一】　如图 10.34 所示,已知$z=1-x+y$,Σ的法向量$\vec{n}=\{1,-1,1\}$,利用向量点积法得

$$I = \iint_{D_{xy}}\{[f(x,y,z)+x],[2f(x,y,z)+y],[f(x,y,z)+z]\}\cdot\{1,-1,1\}\mathrm{d}x\mathrm{d}y$$

$$= \iint\limits_{D_{xy}} \{ [f(x,y,z)+x] - [2f(x,y,z)+y] + [f(x,y,z)+z] \} dx dy$$

$$= \iint\limits_{D_{xy}} (x-y+z) dx dy$$

将 $z = 1 - x + y$ 代入被积函数,有

$$I = \iint\limits_{D_{xy}} (x-y+z) dx dy = \iint\limits_{D_{xy}} 1 dx dy = \frac{1}{2}$$

【解法二】 转化为第 I 型曲面积分求解。设 Σ 的单位法向量 $\vec{n}^0 = \{\cos\alpha, \cos\beta, \cos\gamma\} = \frac{1}{\sqrt{3}} \{1, -1, 1\}$,则

$$I = \iint\limits_{\Sigma} \{ [f(x,y,z)+x]\cos\alpha + [2f(x,y,z)+y]\cos\beta + [f(x,y,z)+z]\cos\gamma \} dS$$

$$= \iint\limits_{\Sigma} \left[\frac{1}{\sqrt{3}} f(x,y,z) - \frac{2}{\sqrt{3}} f(x,y,z) + \frac{1}{\sqrt{3}} f(x,y,z) \right] dS + \iint\limits_{\Sigma} \left(\frac{x}{\sqrt{3}} - \frac{y}{\sqrt{3}} + \frac{z}{\sqrt{3}} \right) dS$$

$$= \iint\limits_{D_{xy}} \frac{1}{\sqrt{3}} (x - y + 1 - x + y) \cdot \sqrt{1+1+1} \, d\sigma$$

其中 $D_{xy} = \{(x,y) \mid 0 \leqslant x \leqslant 1, x-1 \leqslant y \leqslant 0\}$。

故 $I = \iint\limits_{D_{xy}} dx dy = \frac{1}{2}$。

例 10.43 计算第二类曲面积分

$$I = \iint\limits_{\Sigma} \frac{x}{\sqrt{x^2+y^2+z^2}} dy dz + \frac{y}{\sqrt{x^2+y^2+z^2}} dz dx + \frac{z}{\sqrt{x^2+y^2+z^2}} dx dy$$

其中 Σ 是球面 $x^2 + y^2 + z^2 = R^2$ 被平面 $z = 0$ 所截得的上半球面,$\vec{n}$ 取为朝上,如图 10.35 所示。

【解】 $\vec{F} = \frac{1}{\sqrt{x^2+y^2+z^2}} \{x, y, z\}$

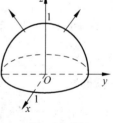

上半球面 Σ 指定侧的单位法向量为

$$\vec{n}^0 = \{\cos\alpha, \cos\beta, \cos\gamma\} = \frac{1}{\sqrt{x^2+y^2+z^2}} \{x, y, z\}$$

图　10.35

由公式

$$I = \iint\limits_{S} \frac{x}{\sqrt{x^2+y^2+z^2}} dy dz + \frac{y}{\sqrt{x^2+y^2+z^2}} dz dx + \frac{z}{\sqrt{x^2+y^2+z^2}} dx dy$$

$$= \iint\limits_{S} \left(\frac{x}{\sqrt{x^2+y^2+z^2}} \cos\alpha + \frac{y}{\sqrt{x^2+y^2+z^2}} \cos\beta + \frac{z}{\sqrt{x^2+y^2+z^2}} \cos\gamma \right) dS$$

$$= \iint\limits_{S} \left(\frac{x}{\sqrt{x^2+y^2+z^2}} \cdot \frac{x}{\sqrt{x^2+y^2+z^2}} + \frac{y}{\sqrt{x^2+y^2+z^2}} \cdot \frac{y}{\sqrt{x^2+y^2+z^2}} \right.$$

$$\left. + \frac{z}{\sqrt{x^2+y^2+z^2}} \cdot \frac{z}{\sqrt{x^2+y^2+z^2}} \right) dS$$

$$= \iint\limits_{S} dS = \frac{1}{2} \cdot 4\pi R^2 = 2\pi R^2 \text{。}$$

应用欣赏

10.12 曲线积分与曲面积分的应用

在高等数学中,线面积分的结束就意味着积分学的研究即将"落下帷幕"。迄今为止,我们已经研究了定积分、二重积分、三重积分、两类曲线积分和两类曲面积分,不同领域里的实际问题孕育了积分学概念的诞生,一代又一代数学家的辛勤研究不断丰富和完善着积分学的理论和方法,使得积分学的应用日益广泛地遍布于各个领域。本节仅介绍曲线积分与曲面积分最普遍的应用。

10.12.1 曲线积分与曲面积分的几何应用

我们所学习的线面积分,当被积函数为 1 时,它们在数值上是对应积分域的度量。具体地讲,

第 I 型曲线积分:$\int_{\Gamma} 1 \mathrm{d}s = L_{\Gamma}$,数值上等于曲线 Γ 的弧长;

第 I 型曲面积分:$\oiint_{\Sigma} 1 \mathrm{d}S = S_{\Sigma}$,数值上等于曲面 Σ 的面积。

【注】 数值上等于是指在不考虑单位时,以上两种积分值等于相应的积分"区域"的度量值。

例 10.44 计算摆线 $\Gamma:\begin{cases} x = a(t-\sin t) \\ y = a(1-\cos t) \end{cases}$ $(a > 0)$

一拱$(0 \leqslant t \leqslant 2\pi)$ 的弧长,如图 10.36 所示。

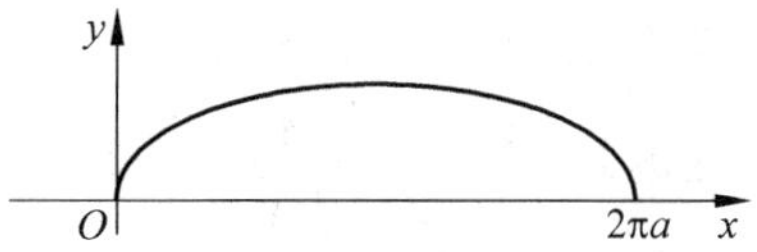

【解】

图 10.36

$$\mathrm{d}s = \sqrt{\left(\frac{\mathrm{d}x}{\mathrm{d}t}\right)^2 + \left(\frac{\mathrm{d}y}{\mathrm{d}t}\right)^2}\,\mathrm{d}t = \sqrt{a^2(1-\cos t)^2 + a^2\sin^2 t}\,\mathrm{d}t = 2a\sin\frac{t}{2}\,\mathrm{d}t$$

$$s = \int_{\Gamma} 1 \mathrm{d}s = \int_0^{2\pi} 2a\sin\frac{t}{2}\,\mathrm{d}t = 2a\left(-2\cos\frac{t}{2}\right)\Big|_0^{2\pi} = 8a$$

例 10.45 计算曲面 Σ 的面积 S,其中 Σ 是平面 $8x+4y+z=16$ 上满足 $x \geqslant 0, y \geqslant 0$,$z \geqslant 0$ 的部分。

【解】 因为 Σ 可表示为:$z=16-8x-4y$,且 $z_x=-8, z_y=-4$,$\mathrm{d}S = \sqrt{1+z_x^2+z_y^2}\,\mathrm{d}x\mathrm{d}y = 9\mathrm{d}x\mathrm{d}y$。

Σ 在 xOy 面上的投影域为 $D: 2x+y \leqslant 4, x \geqslant 0, y \geqslant 0$,所以,

$$S = \iint_{\Sigma} 1 \mathrm{d}S = \iint_D 9\mathrm{d}x\mathrm{d}y = 9\int_0^2 \mathrm{d}x \int_0^{4-2x} \mathrm{d}y = 36$$

例 10.46　计算曲面 Σ 的面积,其中 Σ 为抛物面 $z=2-(x^2+y^2)$ 在 xOy 面上方的部分,如图 10.37 所示。

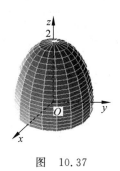

图　10.37

【解】　Σ 在 xOy 面上的投影域为
$$D_{xy}: x^2+y^2 \leqslant 2$$
$$dS = \sqrt{1+z_x^2+z_y^2}\,dxdy$$
$$= \sqrt{1+4(x^2+y^2)}\,dxdy$$
面积 $S = \iint\limits_{\Sigma}dS = \iint\limits_{D_{xy}} \sqrt{1+4(x^2+y^2)}\,dxdy$
$$= \int_0^{2\pi}d\theta\int_0^{\sqrt{2}}\rho\sqrt{1+4\rho^2}\,d\rho$$
$$= \frac{13}{3}\pi$$

10.12.2　曲线积分与曲面积分的物理应用

(一) 质量问题

设几何体 Ω 上任一点 P 处的密度函数为 $\rho(P)$,则两类几何体的质量:

第 I 型曲线积分:$\oint_{\Gamma}\rho(x,y,z)ds = M_{\Gamma}(\rho(x,y,z)$ 表示空间曲线型构件的线密度);

第 I 型曲面积分:$\oiint\limits_{\Sigma}\rho(x,y,z)dS = M_{\Sigma}(\rho(x,y,z)$ 表示空间曲面的面密度)。

例 10.47　已知曲线 $\dfrac{x^2}{9}+\dfrac{y^2}{4}=1$ 上任一点 (x,y) 处的线密度为 $\rho(x,y)=|xy|$,求该曲线的质量。

【解】　$L:\begin{cases}x=3\cos t\\ y=2\sin t\end{cases} 0\leqslant t\leqslant 2\pi$,质量核元素,$dM=\rho(x,y)ds$

$$M=\oint_L\rho(x,y)ds=\oint_L|xy|ds=\int_0^{2\pi}|6\sin t\cos t|\cdot\sqrt{9\sin^2 t+4\cos^2 t}\,dt$$
$$=4\int_0^{\frac{\pi}{2}}6\sin t\cos t\sqrt{4+5\sin^2 t}\,dt=\frac{96}{5}\cdot\frac{2}{3}\left(1+\frac{5}{4}\sin^2 t\right)^{\frac{3}{2}}\Big|_0^{\frac{\pi}{2}}=\frac{152}{5}$$

例 10.48　已知锥面 $z^2=x^2+y^2,0\leqslant z\leqslant 1$ 上每一点的质量密度与该点到圆锥面顶点的距离成正比,试求该部分锥面的质量。

【解】　此部分锥面 Σ 的密度函数 $\rho(x,y,z)=k\sqrt{x^2+y^2+z^2}$,$k$ 为正数。

质量核元素 $dM=k\sqrt{x^2+y^2+z^2}\,dS$

Σ 的方程为 $z^2=x^2+y^2$,Σ 在 xOy 面上的投影域为 $D:x^2+y^2\leqslant 1$。面积元素为 $dS=\sqrt{2}\,dxdy$,所以

$$M=\iint\limits_{\Sigma}k\sqrt{x^2+y^2+(x^2+y^2)}\sqrt{2}\,dxdy$$

$$= 2k \iint\limits_{D} \sqrt{x^2 + y^2}\, \mathrm{d}x\mathrm{d}y$$

$$= 2k \int_0^{2\pi} \mathrm{d}\theta \int_0^1 \rho^2 \mathrm{d}\rho = \frac{4}{3}k\pi$$

（二）质心问题

（1）空间曲线的质心

设空间曲线 Γ，其线密度 $\rho(x,y,z)$ 是 Γ 上的连续函数，则曲线的质心坐标为：

$$\bar{x} = \frac{1}{M}\int_\Gamma x\rho(x,y,z)\mathrm{d}s$$

$$\bar{y} = \frac{1}{M}\int_\Gamma y\rho(x,y,z)\mathrm{d}s$$

$$\bar{z} = \frac{1}{M}\int_\Gamma z\rho(x,y,z)\mathrm{d}s$$

其中 $M = \int_\Gamma \rho(x,y,z)\mathrm{d}S$ 是曲线的质量。

【注】 如果物体是均匀的，则曲线长度 $L = \int_\Gamma \mathrm{d}s$

$$\bar{x} = \frac{1}{L}\int_\Gamma x\mathrm{d}s, \quad \bar{y} = \frac{1}{L}\int_\Gamma y\mathrm{d}s, \quad \bar{z} = \frac{1}{L}\int_\Gamma z\mathrm{d}s$$

（2）曲面的质心

设空间曲面 Σ，其面密度 $\rho(x,y,z)$ 是 Σ 上的连续函数，则曲面的质心坐标公式为：

$$\bar{x} = \frac{1}{M}\iint\limits_{\Sigma} x\rho(x,y,z)\mathrm{d}S$$

$$\bar{y} = \frac{1}{M}\iint\limits_{\Sigma} y\rho(x,y,z)\mathrm{d}S$$

$$\bar{z} = \frac{1}{M}\iint\limits_{\Sigma} z\rho(x,y,z)\mathrm{d}S$$

其中 $M = \iint\limits_{\Sigma} \rho(x,y,z)\mathrm{d}S$ 是曲面的质量。

【注】 如果曲面是均匀的，则曲面的面积 $A = \iint\limits_{\Sigma}\mathrm{d}S$

$$\bar{x} = \frac{1}{A}\iint\limits_{\Sigma} x\mathrm{d}S, \quad \bar{y} = \frac{1}{A}\iint\limits_{\Sigma} y\mathrm{d}S, \quad \bar{z} = \frac{1}{A}\iint\limits_{\Sigma} z\mathrm{d}S$$

例 10.49　设曲线 L 的方程为 $\sqrt{x} + \sqrt{y} = 1$，L 上的任意点 (x,y) 处的线密度为 $\rho(x,y) = \sqrt{\dfrac{xy}{x+y}}$，求曲线 L 的质心坐标 $(\bar{x},\bar{y})$。

【解】　L 参数方程 $\begin{cases} x = \cos^4 t \\ y = \sin^4 t \end{cases}$　$0 \leqslant t \leqslant \dfrac{\pi}{2}$

$$\mathrm{d}s = 4\cos t \sin t\sqrt{\cos^4 t + \sin^4 t}\,\mathrm{d}t, \quad \text{质量核元素 } \mathrm{d}M = \rho(x,y)\mathrm{d}S$$

对 L 的线密度 $\rho(x,y)=\sqrt{\dfrac{xy}{x+y}}$ 而言,变量 x 与 y 是对等的,所以 $\bar x=\bar y$

曲线 L 的质量 $m=\displaystyle\int_L\rho(x,y)\mathrm ds$

$$=\int_L\sqrt{\frac{xy}{x+y}}\mathrm ds$$

$$=\int_0^{\frac{\pi}{2}}\sqrt{\frac{\cos^4 t\sin^4 t}{\cos^4 t+\sin^4 t}}\cdot4\cos t\sin t\cdot\sqrt{\cos^4 t+\sin^4 t}\,\mathrm dt$$

$$=4\int_0^{\frac{\pi}{2}}\sin^3 t\cos^3 t\,\mathrm dt$$

$$=\frac{1}{3}$$

$$\bar x=\bar y=\frac{1}{m}\int_L y\mu\mathrm ds=12\int_0^{\frac{\pi}{4}}\sin^7 t\cos^3 t\,\mathrm dt=\frac{3}{10}$$

故质心坐标为 $\left(\dfrac{3}{10},\dfrac{3}{10}\right)$。

例 10.50　设半球面 Σ：$z=\sqrt{a^2-x^2-y^2}$ 上的点 (x,y,z) 处的质量密度与该点到 z 轴的距离成正比,a 为正数。试求此半球面 Σ 的质心坐标。

【解】　依题意,密度函数为 $\rho(x,y,z)=k\sqrt{x^2+y^2}$,$k>0$,质量核元素 $\mathrm dM=\rho(x,y,z)\mathrm dS$。
由对称性,可设质心坐标 $(0,0,\bar z)$。

Σ 的质量为：

$$M=\iint_{\Sigma}k\sqrt{x^2+y^2}\,\mathrm dS$$

Σ 在 xOy 面上的投影域为 D：$x^2+y^2\leqslant a^2$,面积元素为 $\mathrm dS=\dfrac{a\mathrm dx\mathrm dy}{\sqrt{a^2-x^2-y^2}}$

$$M=ak\iint_D\frac{\sqrt{x^2+y^2}}{\sqrt{a^2-x^2-y^2}}\mathrm dx\mathrm dy=ak\int_0^{2\pi}\mathrm d\theta\cdot\int_0^a\frac{\rho^2}{\sqrt{a^2-\rho^2}}\mathrm d\rho=\frac{\pi^2}{2}ka^3$$

$$\iint_{\Sigma}z\rho(x,y,z)\mathrm dS=ak\iint_D\sqrt{x^2+y^2}\,\mathrm dx\mathrm dy=ak\int_0^{2\pi}\mathrm d\theta\int_0^a\rho^2\mathrm d\rho=\frac{2k}{3}\pi a^4$$

$$\bar z=\frac{4}{3\pi}a$$

因此,质心坐标为 $\left(0,0,\dfrac{4}{3\pi}a\right)$。

（三）转动惯量问题

（1）空间曲线的转动惯量

$$I_x=\int_{\Gamma}(y^2+z^2)\rho(x,y,z)\mathrm ds,$$

$$I_y=\int_{\Gamma}(x^2+z^2)\rho(x,y,z)\mathrm ds,$$

$$I_z = \int_\Gamma (x^2 + y^2)\rho(x,y,z)\mathrm{d}s,$$

$$I_0 = \int_\Gamma (x^2 + y^2 + z^2)\rho(x,y,z)\mathrm{d}s,$$

其中线密度 $\rho(x,y,z)$ 是 Γ 上的连续函数。

（2）曲面的转动惯量

$$I_x = \iint_\Sigma (y^2 + z^2)\rho(x,y,z)\mathrm{d}S,$$

$$I_y = \iint_\Sigma (x^2 + z^2)\rho(x,y,z)\mathrm{d}S,$$

$$I_z = \iint_\Sigma (x^2 + y^2)\rho(x,y,z)\mathrm{d}S,$$

$$I_0 = \iint_\Sigma (x^2 + y^2 + z^2)\rho(x,y,z)\mathrm{d}S,$$

其中面密度 $\rho(x,y,z)$ 是 Σ 上的连续函数。

例 10.51　均匀曲线段 $\begin{cases} x = \sin t \\ y = \cos t \\ z = t \end{cases} \left(0 \leqslant t \leqslant \dfrac{\pi}{2}\right)$ 的线密度为 ρ，求此曲线关于 z 轴的转动惯量。

【解】　弧长元素　$\mathrm{d}s = \sqrt{2}\,\mathrm{d}t$

$$I_z = \int_L (x^2 + y^2)\rho\,\mathrm{d}s = \rho\int_0^{\frac{\pi}{2}} \sqrt{2}\,\mathrm{d}t = \frac{\sqrt{2}}{2}\pi\rho$$

例 10.52　求质量均匀分布的半球面关于其对称轴的转动惯量。

【解】　设半球面 Σ 的方程为 $z = \sqrt{R^2 - x^2 - y^2}$，半径为 R，密度 $\rho_0 > 0$。

则转动惯量　　　　$I = \rho\iint_\Sigma (x^2 + y^2)\mathrm{d}S$

Σ 在 xOy 面上的投影域为 D：$x^2 + y^2 \leqslant R^2$，面积元素为 $\mathrm{d}S = \dfrac{R\mathrm{d}x\mathrm{d}y}{\sqrt{R^2 - x^2 - y^2}}$

$$\begin{aligned}
I &= \rho_0\,R\iint_D \frac{(x^2 + y^2)}{\sqrt{R^2 - x^2 - y^2}}\mathrm{d}x\mathrm{d}y \\
&= \rho_0\,R\int_0^{2\pi} \mathrm{d}\theta \int_0^R \frac{\rho^3\mathrm{d}\rho}{\sqrt{R^2 - \rho^2}} \\
&= \frac{4}{3}\pi\rho_0\,R^4
\end{aligned}$$

（四）变力沿着曲线作功问题

（1）变力沿平面曲线做功问题

设 xOy 面内的一个质点在变力 $\vec{F}(x,y) = P(x,y)\vec{i} + Q(x,y)\vec{j}$ 的作用下从点 A 沿光滑曲线 L 移动到点 B，试求变力 $\vec{F}(x,y)$ 所做的功 W 为

$$W = \int_{\overline{AB}} \vec{F}(x,y) \cdot \vec{\mathrm{d}s} = \int_{\overline{AB}} P(x,y)\mathrm{d}x + Q(x,y)\mathrm{d}y$$

（2）变力沿空间曲线做功问题

设空间的一个质点在变力 $\vec{F}(x,y,z) = P(x,y,z)\vec{i} + Q(x,y,z)\vec{j} + R(x,y,z)\vec{k}$ 的作用下从点 A 沿光滑曲线 Γ 移动到点 B，试求变力 $\vec{F}(x,y,z)$ 所做的功 W 为

$$W = \int_{\overline{AB}} \vec{F}(x,y,z) \cdot \vec{\mathrm{d}s} = \int_{\overline{AB}} P(x,y,z)\mathrm{d}x + Q(x,y,z)\mathrm{d}y + R(x,y,z)\mathrm{d}z$$

例 10.53　求质点沿椭圆 $4x^2 + y^2 = 4$ 的逆时针方向绕行一周时，力 $\vec{F} = (y+3x)\vec{i} + (2y-x)\vec{j}$ 所做的功。

【解】　$W = \oint_L \vec{F} \cdot \vec{\mathrm{d}s}$

$$= \oint_L (y+3x)\mathrm{d}x + (2y-x)\mathrm{d}y - \iint_D -2\mathrm{d}x\mathrm{d}y - \quad 4\pi$$

例 10.54　设质点在 $M(x,y,z)$ 处受的力为 $F = \{y^2, -z^2, x^2\}$ 求将质点从 $A(1,0,2)$ 沿直线移动到 $B(3,1,-1)$ 时，F 所做的功 W。

【解】　直线 AB 的参数方程为 $\begin{cases} x = 1+2t \\ y = t \\ z = 2-3t \end{cases}$ $0 \leqslant t \leqslant 1$，因此

$$W = \int_{AB} y^2 \mathrm{d}x - z^2 \mathrm{d}y + x^2 \mathrm{d}z$$

$$= \int_0^1 [t^2 \cdot 2 - (2-3t)^2 \cdot 1 + (1+2t)^2 \cdot (-3)]\mathrm{d}t$$

$$= \int_0^1 (-7 - 19t^2)\mathrm{d}t = -\frac{40}{3}$$

例 10.55　设力场 $\vec{F}(x,y) = x^2 y^3 \vec{i} + x^3 y^2 \vec{j}$，物体从点 $A(0,0)$ 运动到 $B(2,1)$，问力做了多少功？

【解】　$P(x,y) = x^2 y^3$，$Q(x,y) = x^3 y^2$，因 $\dfrac{\partial P}{\partial y} = 3x^2 y^2 = \dfrac{\partial Q}{\partial x}$，故积分与路径无关。

$$W = \int_A^B P\mathrm{d}x + Q\mathrm{d}y$$

$$= \int_{(0,0)}^{(2,1)} x^2 y^3 \mathrm{d}x + x^3 y^2 \mathrm{d}y = \int_0^2 x^2 \cdot 0^3 \mathrm{d}x + \int_0^1 2^3 \cdot y^2 \mathrm{d}y$$

$$= 8\int_0^1 y^2 \mathrm{d}y = \frac{8}{3}$$

例 10.56　设一空间力场，其中任一点处力的大小与此点到 xOy 面的距离成反比，方向指向原点，若一质点在此力场中沿曲线 $\Gamma: x = a\cos t, y = a\sin t, z = bt$ 从点 $(a,0,0)$ 到点 $(a,0,2b\pi)$，求在此运动过程中力场所做的功（$a > 0, b > 0$）。

【解】　由题设，力场在 (x,y,z) 处的力为

$$\vec{F} = -\frac{k}{|z|\sqrt{x^2+y^2+z^2}} \{x,y,z\}$$

（其中 k 为比例系数）。故所求功为

$$W = \int_\Gamma \left(-\frac{k}{|z|\sqrt{x^2+y^2+z^2}} \right)(x\mathrm{d}x + y\mathrm{d}y + z\mathrm{d}z)$$

$$= -k\int_0^{2\pi} \frac{1}{|bt|\sqrt{a^2+b^2t^2}}[a\cos t(-a\sin t) + a\sin t \cdot a\cos t + bt \cdot b]\mathrm{d}t$$

$$= -\frac{bk}{|b|}\int_0^{2\pi} \frac{1}{\sqrt{a^2+b^2t^2}}\mathrm{d}(bt) = \frac{bk}{|b|}\ln\frac{a}{2b\pi + \sqrt{a^2+4\pi^2b^2}}\,.$$

（五）通量与散度问题

定义 10.8　设某向量场由

$$\vec{F}(x,y,z) = P(x,y,z)\vec{i} + Q(x,y,z)\vec{j} + R(x,y,z)\vec{k}$$

给出,其中 P,Q,R 具有一阶连续偏导数,Σ 是场内的一片有向曲面,则 $\iint\limits_\Sigma \vec{F} \cdot \mathrm{d}\vec{S}$ 叫做向量场 $\vec{F}$ 通过曲面 Σ 向着指定侧的通量(或流量)。

设稳定流动的不可压缩流体(假定密度为1)的速度场由

$$\vec{v}(x,y,z) = P(x,y,z)\vec{i} + Q(x,y,z)\vec{j} + R(x,y,z)\vec{k}$$

给出,Σ 是速度场中的一片有向曲面,其中 P,Q,R 具有一阶连续偏导数,则通量 Φ 为

$$\Phi = \iint\limits_\Sigma \vec{v}(x,y,z) \cdot \mathrm{d}\vec{S} = \iint\limits_\Sigma P(x,y,z)\mathrm{d}y\mathrm{d}z + Q(x,y,z)\mathrm{d}z\mathrm{d}x + R(x,y,z)\mathrm{d}x\mathrm{d}y$$

通过曲面 Σ 的流量 Φ 是流入量与流出量之差,一般有三种情况:

(1) $\Phi>0$,即流出量大于流入量,此时称曲面 Σ 内有"源"(源泉);

(2) $\Phi<0$,即流出量小于流入量,此时称曲面 Σ 内有"汇"(漏洞);

(3) $\Phi=0$,即流出量等于流入量,此时称曲面 Σ 内有可能既无"源"也无"汇",也可能既有"源"也有"汇","源"和"汇"的流量互相抵消。

定义 10.9　若 $\vec{F}(x,y,z) = P(x,y,z)\vec{i} + Q(x,y,z)\vec{j} + R(x,y,z)\vec{k}$ 是一个向量场,且 P,Q,R 具有一阶连续偏导数,则称 $\dfrac{\partial P}{\partial x} + \dfrac{\partial Q}{\partial y} + \dfrac{\partial R}{\partial z}$ 为向量场 F 的散度,记作 $\mathrm{div}\,\vec{F}$,即

$$\mathrm{div}\,\vec{F} = \frac{\partial P}{\partial x} + \frac{\partial Q}{\partial y} + \frac{\partial R}{\partial z}$$

如果向量场 $\vec{F}$ 中有包含 M 点的有向闭曲面 Σ,闭曲面 Σ 所围成的空间区域 Ω 的体积为 V,则当 $\Omega \to M$(曲面收缩为一点)时,通向有向闭曲面外侧的平均通量的极限称为向量场 $\vec{F}$ 在 M 点的散度,即

$$\mathrm{div}\,\vec{F}(M) = \frac{\partial P}{\partial x} + \frac{\partial Q}{\partial y} + \frac{\partial R}{\partial z} = \lim_{\Omega \to M}\frac{1}{V}\oiint\limits_\Sigma \vec{F} \cdot \vec{n}^0\mathrm{d}S$$

也就是说,散度是通量对体积的变化率。如果向量场为流速场

$$\vec{v}(x,y,z) = P(x,y,z)\vec{i} + Q(x,y,z)\vec{j} + R(x,y,z)\vec{k}$$

则有　(1) 若 $\mathrm{div}\vec{F}(M)>0$,M 点是"源",它的值表示源的强度;

(2) 若 $\mathrm{div}\vec{F}(M)<0$,M 点是"汇",它的值表示汇的强度;

（3）若 $\mathrm{div}\vec{F}(M)=0$，M 点既不是"源"，也不是"汇"。

【注】　高斯公式的另一种写法

$$\iiint\limits_{\Omega}\mathrm{div}\vec{F}\,\mathrm{d}v=\oiint\limits_{\Sigma}\vec{F}\cdot\vec{n}^0\,\mathrm{d}S=\oiint\limits_{\Sigma}F_n\mathrm{d}S$$

其中

$$F_n=\vec{F}\cdot\vec{n}^0=P\cos\alpha+Q\cos\beta+R\cos\gamma$$

例 10.57　设向量场 $\vec{a}=\{4xy,3yz,2zx\}$，$\vec{b}=\{x,y,z\}$，求 $\mathrm{div}(\vec{a}\times\vec{b})$。

【解】

$$\vec{a}\times\vec{b}=\begin{vmatrix}\vec{i}&\vec{j}&\vec{k}\\4xy&3yz&2zx\\x&y&z\end{vmatrix}$$

$$=\{3yz^2-2xyz,2x^2z-4xyz,4xy^2-3xyz\}$$

$$\mathrm{div}(\vec{a}\times\vec{b})=-2yz-4xz-3xy$$

例 10.58　设 $r=\sqrt{x^2+y^2+z^2}$，求 $\mathrm{div}(\mathrm{grad}r)\big|_{(1,-2,2)}$。

【解】

$$\mathrm{grad}r=\left\{\frac{\partial r}{\partial x},\frac{\partial r}{\partial y},\frac{\partial r}{\partial z}\right\}=\left\{\frac{x}{r},\frac{y}{r},\frac{z}{r}\right\}$$

$$\mathrm{div}(\mathrm{grad}r)=\frac{\partial}{\partial x}\left(\frac{x}{r}\right)+\frac{\partial}{\partial y}\left(\frac{y}{r}\right)+\frac{\partial}{\partial z}\left(\frac{z}{r}\right)$$

$$=\left(\frac{1}{r}-\frac{x^2}{r^3}\right)+\left(\frac{1}{r}-\frac{y^2}{r^3}\right)+\left(\frac{1}{r}-\frac{z^2}{r^3}\right)$$

$$=\frac{3}{r}-\frac{x^2+y^2+z^2}{r^3}=\frac{2}{r}$$

因此

$$\mathrm{div}(\mathrm{grad}r)\big|_{(1,-2,2)}=\frac{2}{3}$$

例 10.59　设 S 为曲面 $z=x^2+y^2$，$(0\leqslant z\leqslant h)$，求流速场 $\vec{v}=(x+y+z)\vec{k}$ 穿过 S 的下侧流量 Φ。

【解】　设曲面 S_1：$z=h(x^2+y^2\leqslant h)$，取上侧

$$\left(\iint\limits_{S}+\iint\limits_{S_1}\right)v\cdot\mathrm{d}S=\oiint\limits_{S+S_1}v\cdot\mathrm{d}S$$

$$=\iiint\limits_{\Omega}\left(\frac{\partial V_x}{\partial x}+\frac{\partial V_y}{\partial y}+\frac{\partial V_z}{\partial z}\right)\mathrm{d}V=0$$

其中 Ω 是由 S 与 S_1 所围成的立体流量

$$\Phi=\left[\left(\iint\limits_{S}+\iint\limits_{S_1}\right)-\iint\limits_{S_1}\right]v\cdot\mathrm{d}S=0-\iint\limits_{D_{xy}}(x+y+2)\mathrm{d}x\mathrm{d}y=-2\pi h$$

例 10.60　设 Σ 是 $z=x^2+y^2$ 与 $z=1$ 围成立体 Ω 的表面的外侧。试用曲面积分来计算向量 $\vec{A}=x^2\vec{i}+y^2\vec{j}+z^2\vec{k}$ 穿过 Σ 指定侧的流量。

【解】 流量 $Q = \oiint\limits_{\Sigma} \vec{A} \cdot \vec{\mathrm{d}S} = \oiint\limits_{\Sigma} x^2\mathrm{d}y\mathrm{d}z + y^2\mathrm{d}z\mathrm{d}x + z^2\mathrm{d}x\mathrm{d}y$，$\Sigma$ 所围立体为 Ω，用高斯公式

$$Q = \iiint\limits_{\Omega}(2x + 2y + 2z)\mathrm{d}V$$

由对称性 $\iiint\limits_{\Omega}x\mathrm{d}V = 0$，$\iiint\limits_{\Omega}y\mathrm{d}V = 0$

$$Q = 2\iiint\limits_{\Omega}z\mathrm{d}V = \int_0^{2\pi}\mathrm{d}\theta\int_0^1\rho\mathrm{d}\rho\int_{\rho^2}^1 z\mathrm{d}z = \frac{2}{3}\pi$$

（六）旋度与环流量

定义 10.10 设向量场 $\vec{F}(x,y,z) = P(x,y,z)\vec{i} + Q(x,y,z)\vec{j} + R(x,y,z)\vec{k}$，函数 $P(x,y,z)$、$Q(x,y,z)$、$R(x,y,z)$ 在曲面 Σ（连同边界）上具有一阶连续偏导数，则

$$\left(\frac{\partial R}{\partial y} - \frac{\partial Q}{\partial z}\right)\vec{i} + \left(\frac{\partial P}{\partial z} - \frac{\partial R}{\partial x}\right)\vec{j} + \left(\frac{\partial Q}{\partial x} - \frac{\partial P}{\partial y}\right)\vec{k}$$

称为向量场 $\vec{F}(x,y,z)$ 的旋度，记为 $\mathrm{rot}\vec{F}$，即

$$\mathrm{rot}\vec{F} = \left(\frac{\partial R}{\partial y} - \frac{\partial Q}{\partial z}\right)\vec{i} + \left(\frac{\partial P}{\partial z} - \frac{\partial R}{\partial x}\right)\vec{j} + \left(\frac{\partial Q}{\partial x} - \frac{\partial P}{\partial y}\right)\vec{k}$$

旋度可表示为

$$\mathrm{rot}\,\vec{F} = \begin{vmatrix} \vec{i} & \vec{j} & \vec{k} \\ \dfrac{\partial}{\partial x} & \dfrac{\partial}{\partial y} & \dfrac{\partial}{\partial z} \\ P & Q & R \end{vmatrix}$$

定义 10.11 沿有向闭曲线 Γ 的曲线积分

$$\oint_{\Gamma} P\mathrm{d}x + Q\mathrm{d}y + R\mathrm{d}z = \oint_{\Gamma} F \cdot \vec{\mathrm{d}s}$$

称为向量场 $\vec{F}$ 沿有向闭曲线 Γ 的环流量。

例 10.61 求向量场 $A = xe^{yz}\vec{i} + ye^{zx}\vec{j} + ze^{xy}\vec{k}$ 在点 $(2,-1,0)$ 处的旋度。

【解】

$$\begin{aligned}
\mathrm{rot}A &= \begin{vmatrix} \vec{i} & \vec{j} & \vec{k} \\ \dfrac{\partial}{\partial x} & \dfrac{\partial}{\partial y} & \dfrac{\partial}{\partial z} \\ xe^{yz} & ye^{zx} & ze^{xy} \end{vmatrix} \\
&= \{xze^{xy} - xye^{zx},\ xye^{yz} - yze^{xy},\ yze^{zx} - xze^{yz}\} \\
\mathrm{rot}A\big|_{(2,-1,0)} &= \{2,-2,0\}
\end{aligned}$$

例 10.62 求向量场 $\vec{F} = (x-z)\vec{i} + (x^3 + yz)\vec{j} - 3xy^2\vec{k}$ 沿闭曲线 Γ（从 z 轴正向看沿逆时针方向）的环流量。其中 Γ 为圆周 $x^2 + y^2 = 4, z = 0$。

【解】 有向闭曲线 Γ 的参数方程是 $x = 2\cos\theta, y = 2\sin\theta, z = 0, (0 \leqslant \theta \leqslant 2\pi)$，故向量场沿闭曲线 Γ 的环流量为

$$\oint_\Gamma P\mathrm{d}x + Q\mathrm{d}y + R\mathrm{d}z = \oint_\Gamma (x-z)\mathrm{d}x + (x^3 + yz)\mathrm{d}y - 3xy^2\mathrm{d}z$$

$$= \int_0^{2\pi} [2\cos\theta(-2\sin\theta) + 8\cos^3\theta \cdot 2\cos\theta]\mathrm{d}\theta$$

$$= -4\int_0^{2\pi} \sin\theta\cos\theta\mathrm{d}\theta = -4\int_0^{2\pi} \sin\theta\cos\theta\mathrm{d}\theta + 16\int_0^{2\pi} \cos^4\theta\mathrm{d}\theta$$

$$= 12\pi$$

习题 10

◉ 第一空间

1. 填空题

(1) 设 L 为 $x = x_0, 0 \leqslant y \leqslant 2$,则 $\int_L 2\mathrm{d}s = $ _____。

(2) 设曲线 L 在极坐标系下的方程为 $\rho = e^\theta$,L 上任一点的线密度 $\rho = \theta$,则从 $\theta = 0$ 到 $\theta = 2\pi$ 的曲线段的质量可以表示为 _____。

(3) 设 L 为 xOy 面内直线 $y = b$ 上的一段,则 $\int_L x\mathrm{d}y = $ _____。

(4) 在公式 $\int_L P(x,y)\mathrm{d}x + Q(x,y)\mathrm{d}y = \int_\alpha^\beta \{P[\varphi(t),\psi(t)]\varphi'(t) + Q[\varphi(t),\psi(t)]\psi'(t)\}\mathrm{d}t$ 中,下限 α 对应于 L 的 _____点,上限 β 对应于 L 的 _____点。

(5) $\int_{L^+} P(x,y)\mathrm{d}x + Q(x,y)\mathrm{d}y = $ _____ $\int_{L^-} P(x,y)\mathrm{d}x + Q(x,y)\mathrm{d}y$。

(6) 第二类曲线积分 $\int_L P\mathrm{d}x + Q\mathrm{d}y + R\mathrm{d}z$ 化为第一类曲线积分是 _____其中 α, β, γ 为有向曲线 L 上点 (x,y,z) 处的(法向量)的方向角。

(7) $\iint_\Sigma f(x,y,z)\mathrm{d}S = \iint_{D_{yz}} f[x(y,z),y,z]$ _____ $\mathrm{d}y\mathrm{d}z$。

(8) 已知曲面 Σ 的面积为 a,则 $\iint_\Sigma 5\mathrm{d}S = $ _____。

(9) $\iint_{\Sigma^+} P(x,y,z)\mathrm{d}y\mathrm{d}z + \iint_{\Sigma^-} P(x,y,z)\mathrm{d}y\mathrm{d}z = $ _____。

(10) 第二类曲面积分 $\iint_\Sigma P\mathrm{d}y\mathrm{d}z + Q\mathrm{d}x\mathrm{d}z + R\mathrm{d}x\mathrm{d}y$ 化为第一类曲面积分是 _____,其中 α, β, γ 为有向曲面 Σ 上点 (x,y,z) 处的(法向量)的方向角。

2. 计算 $\int_L \dfrac{1}{x-y}\mathrm{d}s$,其中 L 为 $(0,-2)$ 与 $(4,0)$ 之间的直线段。

3. 计算 $\int_L x\mathrm{d}s$,其中

(1) L 为 $(0,0,0)$ 与 $(1,1,1)$ 之间的直线段。

(2) L 为 $\begin{cases} y = x^4 \\ z = x \end{cases}$ 上 $(1,1,1)$ 和 $(-1,1,-1)$ 之间的弧段。

4. 计算 $\oint_L y^2 \mathrm{d}s$，其中 L 为球面 $x^2 + y^2 + z^2 = a^2$ 与平面 $x + y + z = 0$ 之交线。

5. 计算 $\int_L (x + y) \mathrm{d}x$，其中 L 为连接 $(1,0)$ 及 $(0,1)$ 两点的直线段。

6. 计算 $\int_L xy \mathrm{d}x$，其中 L 为抛物线 $y^2 = x$ 上从点 $A(1,-1)$ 到点 $B(1,1)$ 的一段弧。

7. 设 Σ 为球面 $x^2 + y^2 + z^2 = R^2$ 在 xOy 面上方部分的曲面，求 $\iint\limits_{\Sigma} (x^2 + y^2 + z^2) \mathrm{d}S$。

8. 计算 $\oiint\limits_{\Sigma} z^2 \mathrm{d}S$，其中 $\Sigma : x^2 + y^2 + z^2 = R^2$。

9. 设 Σ 为平面 $\dfrac{x}{2} + \dfrac{y}{3} + \dfrac{z}{4} = 1$ 在第一卦限的部分，求 $\iint\limits_{\Sigma} \left(z + 2x + \dfrac{4}{3} y \right) \mathrm{d}S$。

10. 设 Σ 为曲面 $z = a, x^2 + y^2 \leqslant b^2 (a > 0, b > 0)$ 的上侧，求 $\iint\limits_{\Sigma} \mathrm{d}x\mathrm{d}y$。

🌑 第二空间

1. 计算 $\int_L z \mathrm{d}s$，其中 L 为螺线 $x = t\cos t, y = t\sin t, z = t (0 \leqslant t \leqslant 2\pi)$。

2. 计算 $\int_L (x^2 + y^2) \mathrm{d}s$，其中 L 为曲线 $x = a(\cos t + t\sin t), y = a(\sin t - t\cos t)$ $(0 \leqslant t \leqslant 2\pi)$。

3. 计算 $\int_L (x^2 + y^2) \mathrm{d}x + (x^2 - y^2) \mathrm{d}y$，其中 L 为 $y = 1 - |x| (0 \leqslant x \leqslant 2)$ 方向为 x 增大的方向。

4. 计算 $\int_L (2a - y) \mathrm{d}x - (a - y) \mathrm{d}y$，其中 L 为摆线 $x = a(t - \sin t), y = a(1 - \cos t)$ 的一拱(对应于 t 从 0 变到 2π 的一段弧)。

5. 计算 $\int_L (x + y) \mathrm{d}x + (y - x) \mathrm{d}y$，其中 L 是：

(1) 抛物线 $y^2 = x$ 上从点 $(1,1)$ 到点 $(4,2)$ 的一段弧；

(2) 曲线 $x = 2t^2 + t + 1, y = t^2 + 1$ 从点 $(1,1)$ 到 $(4,2)$ 的一段弧。

6. 计算 $\int_L y \mathrm{d}x + z \mathrm{d}y + x \mathrm{d}z$，其中 L 为曲线 $x = a\cos t, y = a\sin t, z = bt$，从 $t = 0$ 到 $t = 2\pi$ 的一段。

7. 把对坐标的曲线积分 $\int_L P(x,y) \mathrm{d}x + Q(x,y) \mathrm{d}y$ 化成对弧长的曲线积分，其中 L 为：

(1) 在 xOy 平面内沿直线从点 $(0,0)$ 到 $(3,4)$；

(2) 沿抛物线 $y = x^2$ 从点 $(0,0)$ 到点 $(4,2)$；

(3) 沿上半圆周 $x^2 + y^2 = 2x$ 从点 $(0,0)$ 到点 $(1,1)$。

8. 计算 $\oiint\limits_{\Sigma} (x^2 + y^2) \mathrm{d}S$，其中 Σ 是锥面 $\sqrt{x^2 + y^2} \leqslant z \leqslant 1 (0 \leqslant z \leqslant 1)$。

9. 计算 $\iint\limits_{\Sigma} z^2 \mathrm{d}S$，其中 Σ 是圆锥体 $\sqrt{x^2 + y^2} \leqslant z \leqslant 1$ 的边界曲面。

10. 计算 $I = \iint\limits_{\Sigma} z^3 \mathrm{d}S$，其中 Σ 为上半球面 $z = \sqrt{1 - x^2 - y^2}$。

11. 计算 $I = \oiint\limits_{\Sigma} (a^2 x^2 + b^2 y^2 + c^2 z^2) \mathrm{d}S$，其中 Σ：$x^2 + y^2 + z^2 = R^2$。

12. 选择题

(1) 设 Σ 为球面 $x^2 + y^2 + z^2 = R^2$ 的外侧，Σ_1 为它的上半球面，则(　　)。

　　(A) $\iint\limits_{\Sigma} z \mathrm{d}S = 2\iint\limits_{\Sigma_1} z \mathrm{d}S$ 　　　　(B) $\iint\limits_{\Sigma} z \mathrm{d}x\mathrm{d}y = 2\iint\limits_{\Sigma_1} z \mathrm{d}x\mathrm{d}y$

　　(C) $\iint\limits_{\Sigma} \mathrm{d}x\mathrm{d}y = 2\iint\limits_{\Sigma_1} \mathrm{d}x\mathrm{d}y$ 　　　　(D) $\iint\limits_{\Sigma} z^2 \mathrm{d}x\mathrm{d}y = 2\iint\limits_{\Sigma_1} z^2 \mathrm{d}x\mathrm{d}y$

(2) 已知 Σ 为平面 $x + y + z = 1$ 在第一卦限的下侧，则 $\iint\limits_{\Sigma} (x^2 + y^2 + z) \mathrm{d}x\mathrm{d}y = ($　　$)$。

　　(A) $-\int_0^1 \mathrm{d}x \int_0^{1-x} (x^2 + y^2 - x - y + 1) \mathrm{d}y$

　　(B) $\int_0^1 \mathrm{d}x \int_0^{1-x} (x^2 + y^2 - x - y + 1) \mathrm{d}y$

　　(C) $\int_0^1 \mathrm{d}y \int_0^{1-x} (x^2 + y^2 - x - y + 1) \mathrm{d}x$

　　(D) $-\int_0^1 \mathrm{d}x \int_0^{1-x} (x^2 + y^2 + z) \mathrm{d}y$

(3) 已知 Σ 为球面 $x^2 + y^2 + z^2 = R^2$ 的外侧，则 $\iint\limits_{\Sigma} x^2 y^2 z \mathrm{d}x\mathrm{d}y = ($　　$)$。

　　(A) $\iint\limits_{D_{xy}} x^2 y^2 \sqrt{R^2 - x^2 - y^2} \mathrm{d}x\mathrm{d}y$

　　(B) $2\iint\limits_{D_{xy}} x^2 y^2 \sqrt{R^2 - x^2 - y^2} \mathrm{d}x\mathrm{d}y$

　　(C) 0

　　(D) $-\iint\limits_{D_{xy}} x^2 y^2 \sqrt{R^2 - x^2 - y^2} \mathrm{d}x\mathrm{d}y$

13. $\iint\limits_{\Sigma} \dfrac{\mathrm{e}^z}{\sqrt{x^2 + y^2}} \mathrm{d}x\mathrm{d}y$，其中 Σ 为锥面 $z = \sqrt{x^2 + y^2}$ 夹在 $z = 1$，$z = 2$ 之间的外侧。

14. $\iint\limits_{\Sigma} z \mathrm{d}x\mathrm{d}y + x \mathrm{d}y\mathrm{d}z + y \mathrm{d}z\mathrm{d}x$，其中 Σ 是柱面 $x^2 + y^2 = 1$ 被平面 $z = 0$ 及 $z = 3$ 所截得的在第一卦限内的部分的前侧。

15. 计算 $\iint\limits_{\Sigma} y \mathrm{d}y\mathrm{d}z - x \mathrm{d}z\mathrm{d}x + z^2 \mathrm{d}x\mathrm{d}y$，其中 Σ 为锥面 $z = \sqrt{x^2 + y^2}$ 被平面 $z = 1$，$z = 2$ 所截部分的外侧。

16. 把对坐标的曲面积分 $\iint\limits_{\Sigma} P(x, y, z) \mathrm{d}y\mathrm{d}z + Q(x, y, z) \mathrm{d}z\mathrm{d}x + R(x, y, z) \mathrm{d}x\mathrm{d}y$ 化成

对面积的曲面积分,其中 Σ 是平面 $3x + 2y + 2\sqrt{3}z = 6$ 在第一卦限的部分的上侧。

17. 计算积分 $\oint_L (2xy - x^2)\mathrm{d}x + (x + y^2)\mathrm{d}y$,其中 L 是由抛物线 $y = x^2$ 和 $y^2 = x$ 所围成区域的正向边界曲线,并验证格林公式的正确性。

18. 计算曲线积分 $\oint_L (2x - y + 4)\mathrm{d}x + (5y + 3x - 6)\mathrm{d}y$,其中 L 为三顶点分别为 $(0,0)$、$(3,0)$ 和 $(3,2)$ 的三角形正向边界。

19. 计算 $\int_L (x + 2xy)\mathrm{d}x + (x^2 + 2x + y^2)\mathrm{d}y$,其中 L 为由点 $A(4,0)$ 到点 $O(0,0)$ 的上半圆周 $x^2 + y^2 = 4x$。

20. 计算 $\int_L (x^2 - y)\mathrm{d}x - (x + \sin^2 y)\mathrm{d}y$,其中 L 是圆周 $y = \sqrt{2x - x^2}$ 上由点 $(0,0)$ 到点 $(1,1)$ 的一段弧。

21. 计算 $\int_L \dfrac{y^2}{\sqrt{R^2 + x^2}}\mathrm{d}x + \left[4x + 2y\ln(x + \sqrt{R^2 + x^2})\right]\mathrm{d}y$,其中 e 是沿 $x^2 + y^2 = R^2$ 由点 $A(R,0)$ 逆时针方向到 $B(-R,0)$ 的半圆周。

22. 验证下列曲线积分在整个 xOy 平面内与路径无关,并计算积分值。

(1) $\int_{(1,0)}^{(2,1)} (2xe^y - y)\mathrm{d}x + (x^2 e^y + x - 2y)\mathrm{d}y$

(2) $\int_{(1,2)}^{(3,4)} (6xy^2 - y^3)\mathrm{d}x + (6x^2 y - 3xy^2)\mathrm{d}y$

23. 确定 λ 的值,使曲线积分 $\int_\alpha^\beta (x^4 + 4xy^\lambda)\mathrm{d}x + (6x^{\lambda-1}y^2 - 5y^4)\mathrm{d}y$ 与积分路径无关,并求 $A(0,0)$,$B(1,2)$ 时的积分值。

24. 验证下列 $P(x,y)\mathrm{d}x + Q(x,y)\mathrm{d}y$ 在整个 xOy 平面内是某函数 $u(x,y)$ 的全微分,并求这样的一个 $u(x,y)$。

(1) $2xy\mathrm{d}x + x^2\mathrm{d}y$

(2) $(3x^2 y + 8xy^2)\mathrm{d}x + (x^3 + 8x^2 y + 12ye^y)\mathrm{d}y$

25. 利用高斯公式计算曲面积分。

(1) $\oiint_\Sigma \sqrt{x^2 + y^2 + z^2}(x\mathrm{d}y\mathrm{d}z + y\mathrm{d}z\mathrm{d}x + z\mathrm{d}x\mathrm{d}y)$,其中 Σ 为曲面 $x^2 + y^2 + z^2 = R^2$ 的外侧。

(2) 计算曲面积分 $\oiint_\Sigma (x - 2y)\mathrm{d}y\mathrm{d}z + (4y - z)\mathrm{d}z\mathrm{d}x + (3x - 3z)\mathrm{d}x\mathrm{d}y$,其中 Σ:$x = 0$,$y = 0$,$z = 0$ 及 $x + \dfrac{y}{2} + \dfrac{z}{3} = 1$ 所围立体表面的外侧。

(3) $\oiint_\Sigma x^2\mathrm{d}y\mathrm{d}z + y^2\mathrm{d}z\mathrm{d}x + z^2\mathrm{d}x\mathrm{d}y$,其中 Σ 为平面 $x = 0$,$y = 0$,$z = 0$,$x = a$,$y = a$,$z = a$ 所围成的立体的表面和外侧。

(4) $\oiint_\Sigma (x - y)\mathrm{d}x\mathrm{d}y + (y - z)x\mathrm{d}y\mathrm{d}z$,其中 Σ 为柱面 $x^2 + y^2 = 1$ 与平面 $z = 0$,$z =$

3 所围立体的外表面。

26. 计算曲面积分 $\iint\limits_{\Sigma} xz^2 \mathrm{d}y\mathrm{d}z + (x^2 y - z^3)\mathrm{d}z\mathrm{d}x + (2xy + y^2 z)\mathrm{d}x\mathrm{d}y$，其中 Σ 是球面 $x^2 + y^2 + z^2 = a^2$ 外侧的上半球面。

27. 计算 $I = \iint\limits_{\Sigma} z^2 x\mathrm{d}y\mathrm{d}z + x^2 y\mathrm{d}z\mathrm{d}x + (y^2 z + 3)\mathrm{d}x\mathrm{d}y$，其中 Σ 是半球面 $z = \sqrt{4 - x^2 - y^2}$ 的上侧。

28. 利用斯托克斯公式计算曲线积分 $\oint_\Gamma y\mathrm{d}x + z\mathrm{d}y + x\mathrm{d}z$ 其中 Γ 为圆周。

29. 证明 $\oint_\Gamma y^2 \mathrm{d}x + xy\mathrm{d}y + xz\mathrm{d}z = 0$，其中 Γ 为圆柱面 $x^2 + y^2 = 2y$ 与 $y = z$ 的交线。

30. 设 L 为曲线 $x = t, y = t^2, z = t^3$ 上相应于 t 从 0 变到 1 的曲线弧，把对坐标的曲线积分 $\int_L P\mathrm{d}x + Q\mathrm{d}y + R\mathrm{d}z$ 化成对弧长的曲线积分。

31. 求星形线 $x = a\cos^3 t, y = a\sin^3 t$ 所围成的图形的面积。

32. 计算抛物面 $z = x^2 + y^2$ 在平面 $z = 1$ 下方的面积。

33. 求锥面 $z = \sqrt{x^2 + y^2}$ 被柱面 $z^2 = 2x$ 所割下部分的曲面面积。

34. 求 $\vec{A} = yz\vec{j} + z^2\vec{k}$ 穿过曲面 Σ 流向上侧的通量，其中 Σ 为柱面 $y^2 + z^2 = 1 (z \geqslant 0)$ 被平面 $x = 0, x = 1$ 截下的有限部分。

35. 求下列向量的散度

(1) $\vec{A} = (x^2 + yz)\vec{i} + (y^2 + xz)\vec{j} + (z^2 + xy)\vec{k}$

(2) $\vec{A} = \mathrm{e}^{xy}\vec{i} + \cos(xy)\vec{j} + \cos(xz^2)\vec{k}$

36. 求下列向量场的旋度

(1) $\vec{A} = (2z - 3y)\vec{i} + (3x - z)\vec{j} + (y - 2x)\vec{k}$

(2) $\vec{A} = (z + \sin y)\vec{i} - (z - x\cos y)\vec{j}$

37. 求向量场 $\vec{F} = -y\vec{i} + x\vec{j} + c\vec{k}$（$c$ 为常数）沿封闭曲线 Γ 的环流量。其中 Γ 为圆周 $x^2 + y^2 = 1, z = 0$，从 z 轴正向看去，Γ 取逆时针方向。

38. 已知曲面壳 $z = 3 - x^2 - y^2$ 的面密度 $\mu = x^2 + y^2 + z$，求此曲面壳在平面 $z = 1$ 以上部分 Σ 的质量 M。

39. 设密度为 ρ 的均匀螺旋形弹簧 L 的方程为 $x = a\cos t, y = a\sin t, z = kt (0 \leqslant t \leqslant 2\pi)$，(1) 求它的质心；(2) 求它关于 z 轴的转动惯量 I_z。

🌏 第三空间

1. 计算 $\oint_L |y|\mathrm{d}s$，其中 L 是 $\begin{cases} x = y \\ x^2 + y^2 + 4z^2 = 1 \end{cases}$。

2. 计算 $\oint_L \mathrm{e}^{\sqrt{x^2+y^2}}\mathrm{d}s$，其中 L 为正向圆周 $x^2 + y^2 = a^2$，直线 $y = x$ 及 x 轴在第一象限内所围成的扇形的整个边界。

3. 计算 $\oint_L \dfrac{x\,\mathrm{d}y - y\,\mathrm{d}x}{|x| + |y|}$，其中 L 是圆周 $x^2 + y^2 = 1$ 的正向。

4. 在过点 $O(0,0)$ 和 $A(\pi,0)$ 的曲线族 $y = a\sin x(a > 0)$ 中，求一条曲线 L，该曲线从 O 到 A 的积分 $\displaystyle\int_L (1 + y^3)\,\mathrm{d}x + (2x + y)\,\mathrm{d}y$ 的值最小。

5. 计算曲面积分 $\displaystyle\iint_{\Sigma}(x^2 + y^2)\,\mathrm{d}S$，其中 Σ 为抛物面 $z = 2 - (x^2 + y^2)$ 在 xOy 平面上方的部分。

6. 计算 $\displaystyle\iint_{\Sigma} |xyz|\,\mathrm{d}S$，其中 Σ 的方程为 $|x| + |y| + |z| = 1$。

7. 计算 $\displaystyle\iint_{\Sigma} x^2\,\mathrm{d}S$，其中 Σ 为圆柱面 $x^2 + y^2 = a^2$ 介于 $z = 0$ 与 $z = h$ 之间的部分。

8. 计算 $\displaystyle\iint_{\Sigma} x^2\,\mathrm{d}y\mathrm{d}z + y^2\,\mathrm{d}x\mathrm{d}z + z^2\,\mathrm{d}x\mathrm{d}y$ 式中 Σ 为球壳 $(x-a)^2 + (y-b)^2 + (z-c)^2 = R^2$ 的外表面。

9. 设 Σ 是球面 $x^2 + y^2 + z^2 = 1$，求 $\displaystyle\iint_{\Sigma} \dfrac{2\mathrm{d}y\mathrm{d}z}{x\cos^2 x} + \dfrac{\mathrm{d}z\mathrm{d}x}{\cos^2 y} - \dfrac{\mathrm{d}x\mathrm{d}y}{z\cos^2 z}$。

10. 计算 $\displaystyle\iint_{\Sigma}(z^2 + x)\,\mathrm{d}y\mathrm{d}z - z\,\mathrm{d}x\mathrm{d}y$，其中 Σ 是旋转抛物面 $z = \dfrac{1}{2}(x^2 + y^2)$ 介于平面 $z = 0$ 及 $z = 2$ 之间的部分的下侧。

11. 计算 $I = \displaystyle\int_L \dfrac{(x + 4y)\,\mathrm{d}y + (x - y)\,\mathrm{d}x}{x^2 + 4y^2}$，其中 L 为单位圆周 $x^2 + y^2 = 1$ 的正向。

12. 设 L 是圆周 $(x-1)^2 + (y-1)^2 = 1$ 取逆时针方向，又 $f(x)$ 为正值连续函数，证明 $\oint_L xf(y)\,\mathrm{d}y - \dfrac{y}{f(x)}\,\mathrm{d}x \geqslant 2\pi$。

13. 证明 $\displaystyle\int_L \dfrac{(3y - x)\,\mathrm{d}x + (y - 3x)\,\mathrm{d}y}{(x + y)^3}$ 与路径无关，其中 L 不经过直线 $x + y = 0$，且求 $\displaystyle\int_{(1,0)}^{(2,3)} \dfrac{(3y - x)\,\mathrm{d}x + (y - 3x)\,\mathrm{d}y}{(x + y)^3}$ 的值。

14. 验证存在 $u(x,y,z)$ 使得 $\mathrm{d}u = \dfrac{yz\,\mathrm{d}x + zx\,\mathrm{d}y + xy\,\mathrm{d}z}{1 + x^2 y^2 z^2}$ 成立，并求 u 及积分
$$\int_{(1,1,1)}^{(1,1,\sqrt{3})} \dfrac{yz\,\mathrm{d}x + zx\,\mathrm{d}y + xy\,\mathrm{d}z}{1 + x^2 y^2 z^2}$$

15. 计算 $\displaystyle\iint_{\Sigma} 2(1 - x^2)\,\mathrm{d}y\mathrm{d}z + 8xy\,\mathrm{d}z\mathrm{d}x - 4zx\,\mathrm{d}x\mathrm{d}y$，其中 Σ 是 yOz 平面上的曲线 $z = y^2, 0 \leqslant y \leqslant a$，绕 z 轴旋转而成的旋转曲面的下侧。

16. 计算 $\displaystyle\iint_{\Sigma} xyz\,\mathrm{d}x\mathrm{d}y$，其中 Σ 为球面 $x^2 + y^2 + z^2 = 1(x \geqslant 0, y \geqslant 0)$ 的内侧。

17. 设曲面 Σ 是锥面 $x = \sqrt{y^2 + z^2}$ 与两球面 $x^2 + y^2 + z^2 = 1, x^2 + y^2 + z^2 = 2$ 所围立体表面的外侧，计算曲线积分

$$\iint\limits_{\Sigma} x^3 \mathrm{d}y\mathrm{d}z + (y^3 + f(yz))\mathrm{d}z\mathrm{d}x + (y^3 + f(yz))\mathrm{d}x\mathrm{d}y$$

其中 $f(u)$ 是连续可微的奇函数。

18. 计算 $\oint_{\Gamma}(y-z)\mathrm{d}x + (z-x)\mathrm{d}y + (x-y)\mathrm{d}z$，其中 Γ 为椭圆 $x^2 + y^2 = a^2$，$\dfrac{x}{a} + \dfrac{z}{b} = 1(a > 0, b > 0)$ 若从 x 轴正向看去，Γ 取逆时针方向。

19. 在变力 $\vec{F} = yz\,\vec{i} + zx\,\vec{j} + xy\,\vec{k}$ 的作用下，质点由原点沿直线运动到椭球面 $\dfrac{x^2}{a^2} + \dfrac{y^2}{b^2} + \dfrac{z^2}{c^2} = 1$ 上第一卦限的点 (ξ, η, ζ)，问 ξ, η, ζ 取何值时，力 $\vec{F}$ 所做的功 W 最大？并求出 W 的最大值。

第11章

无穷级数

无穷级数是微积分学的重要组成部分,是表示函数、研究函数性质以及进行数值计算的重要工具。在自然科学、工程技术及经济等领域的应用中,无穷级数提供了一种有效的计算和求解方法。到目前为止,在极限理论的基础上,我们主要讨论了函数的微分学和积分学。无穷级数作为有效的工具是高等数学不可缺少的组成部分,它的理论十分丰富,应用也非常广泛。

级数概念的起源是很早的,我国战国时期惠施氏就曾提出:"一尺之棰,日取其半,万世不竭矣。"这里所取日积月累的长度就是一个无穷级数的求和问题,其和是一个无穷递缩等比数列之和

$$\frac{1}{2} + \frac{1}{4} + \frac{1}{8} + \cdots + \frac{1}{2^n} + \cdots = \frac{\frac{1}{2}}{1 - \frac{1}{2}} = 1$$

公元前 3 世纪,古希腊数学家阿基米德(Archimedes,公元前 287—212)推导出了基本恒等式

$$1 + \frac{1}{4} + \frac{1}{4^2} + \frac{1}{4^3} + \cdots + \frac{1}{4^n} + \cdots = \frac{4}{3}$$

在 1350 年前后,法国数学家奥雷斯姆(N. Oresme)证明了调和级数

$$1 + \frac{1}{2} + \frac{1}{3} + \cdots + \frac{1}{n} + \cdots$$

是发散的,其证明过程为

$$1 + \frac{1}{2} + \frac{1}{3} + \cdots + \frac{1}{n} + \cdots$$
$$= 1 + \frac{1}{2} + \left(\frac{1}{3} + \frac{1}{4}\right) + \left(\frac{1}{5} + \frac{1}{6} + \frac{1}{7} + \frac{1}{8}\right) + \left(\frac{1}{9} + \cdots + \frac{1}{16}\right) + \cdots$$
$$> 1 + \frac{1}{2} + \left(\frac{1}{4} + \frac{1}{4}\right) + \left(\frac{1}{8} + \frac{1}{8} + \frac{1}{8} + \frac{1}{8}\right) + \left(\frac{1}{16} + \cdots + \frac{1}{16}\right) + \cdots$$
$$= 1 + \frac{1}{2} + \frac{1}{2} + \frac{1}{2} + \cdots + \frac{1}{2} + \cdots \to \infty$$

从最后一步可以看到有无穷多个大于 1/2 的片断,所以其和趋近于∞。

然而,交错的调和级数却有和

$$1 - \frac{1}{2} + \frac{1}{3} - \cdots + (-1)^{n-1} \frac{1}{n} + \cdots = \ln 2$$

有趣的是,这个每一项都是有理数的无穷级数,其和竟然变成了无理数。

无穷级数多姿多彩,级数的审敛法快捷有效,幂级数的性质超凡脱俗,泰勒级数的系数整齐优美,这些都是本章将要介绍的主要内容。

内容初识

11.1　无穷级数的概念

11.1.1　常数项级数的一般概念

实际上,算术中的无限循环小数就已经蕴涵了无穷级数的基本思想。我们知道,1/3 是一个无限循环小数,即 $\frac{1}{3}=0.\dot{3}$。现在对 $0.\dot{3}$ 进行具体分析,

$$0.3=\frac{3}{10},\quad 0.03=\frac{3}{100},\quad 0.003=\frac{3}{1000},\quad \cdots$$

于是,当 $n\to\infty$ 时,就有

$$\frac{1}{3}=0.\dot{3}=\frac{3}{10}+\frac{3}{100}+\frac{3}{1000}+\cdots+\frac{3}{10^n}+\cdots$$

这样,1/3 这个有限的数就被表示成无穷多个数相加的形式,由此可得两条重要的结论:

(1) 无穷多个数的和可能是一个有限的常数,无穷多个数相加在一定条件下是有意义的;

(2) 一个有限的量有可能用无穷多项和的形式表达出来。

下面给出无穷级数的一般概念。

定义 11.1　设给定数列 $u_1,u_2,u_3,\cdots,u_n,\cdots$,则称和式

$$u_1+u_2+u_3+\cdots+u_n+\cdots$$

为无穷级数,简称级数。记为 $\sum\limits_{n=1}^{\infty}u_n$,即

$$\sum_{n=1}^{\infty}u_n=u_1+u_2+u_3+\cdots+u_n+\cdots \tag{11.1}$$

其中第 n 项 u_n 叫做级数的一般项或通项。

例 11.1　写出级数 $\frac{1}{1\cdot 3}+\frac{1}{3\cdot 5}+\frac{1}{5\cdot 7}+\cdots+\frac{1}{(2n-1)(2n+1)}+\cdots$ 的一般项及前 n 项和。

【解】　一般项为

$$u_n=\frac{1}{(2n-1)(2n+1)}$$

前 n 项和为

$$S_n=\frac{1}{1\cdot 3}+\frac{1}{3\cdot 5}+\frac{1}{5\cdot 7}+\cdots+\frac{1}{(2n-1)(2n+1)}$$

级数的种类繁多,变化多样,下面列举一些比较常见的简单级数。

(1) 等比数列 $\left\{\dfrac{1}{2^n}\right\}$ 对应级数

$$\sum_{n=0}^{\infty}\frac{1}{2^n}=1+\frac{1}{2}+\frac{1}{4}+\cdots+\frac{1}{2^{n-1}}+\cdots$$

(2) 一般等比数列 $\{aq^n\}$ 对应级数

$$\sum_{n=0}^{\infty}aq^n=a+aq+aq^2+\cdots+aq^{n-1}+\cdots\quad(a\neq0)\tag{11.2}$$

称为**等比级数**(或称几何级数)。

(3) 数列 $\left\{\dfrac{1}{n}\right\}$ 对应级数

$$\sum_{n=1}^{\infty}\frac{1}{n}=1+\frac{1}{2}+\frac{1}{3}+\cdots+\frac{1}{n}+\cdots\tag{11.3}$$

称为**调和级数**。

(4) 数列 $\left\{\dfrac{1}{n^p}\right\}$ 对应级数

$$\sum_{n=1}^{\infty}\frac{1}{n^p}=1+\frac{1}{2^p}+\frac{1}{3^p}+\cdots+\frac{1}{n^p}+\cdots\tag{11.4}$$

称为**广义调和级数**,又称 **p-级数**。

(5) 数列 $\left\{(-1)^{n-1}\dfrac{1}{n}\right\}$ 对应级数

$$\sum_{n=1}^{\infty}(-1)^{n-1}\frac{1}{n}=1-\frac{1}{2}+\frac{1}{3}-\cdots+(-1)^{n-1}\frac{1}{n}+\cdots\tag{11.5}$$

称为**交错调和级数**。

(6) 数列 $\{n\}$ 对应级数

$$\sum_{n=1}^{\infty}n=1+2+\cdots+n+\cdots$$

(7) 数列 $\left\{\ln\dfrac{n+1}{n}\right\}$ 对应级数

$$\sum_{n=1}^{\infty}\ln\frac{n+1}{n}=\ln2+\ln\frac{3}{2}+\cdots+\ln\frac{n+1}{n}+\cdots$$

(8) 数列 $\{(-1)^{n-1}\}$ 对应级数

$$\sum_{n=1}^{\infty}(-1)^{n-1}=1-1+1-1+\cdots+(-1)^{n-1}+\cdots$$

级数问题是无穷多项求和的问题,涉及无限的概念,极限是解决这类问题的一般方法。利用有限与无限的关系去对比、联想、拓展是对无限认识的重要途径之一。为此,先来研究级数的前 n 项和,记

$$S_n=u_1+u_2+u_3+\cdots+u_n$$

称之为级数(11.1)的部分和。

对于部分和 S_n,当 $n=1,2,3,\cdots$ 时,可以得到一个数列 $\{S_n\}$:

$$S_1=u_1$$

$$S_2 = u_1 + u_2$$
$$S_3 = u_1 + u_2 + u_3$$
$$\vdots$$
$$S_n = u_1 + u_2 + \cdots + u_n$$
$$\vdots$$

称数列 $\{S_n\}$ 为级数(11.1)的部分和数列。不难看出

$$\lim_{n \to \infty} S_n = \sum_{n=1}^{\infty} u_n$$

换言之,级数 $\sum_{n=1}^{\infty} u_n$ 是否存在等价于极限 $\lim_{n \to \infty} S_n$ 是否存在。

借助极限的概念,可以引入级数收敛与发散的概念。

定义 11.2　如果级数(11.1)的部分和数列 $\{S_n\}$ 有极限,即存在有限数 S,使得

$$\lim_{n \to \infty} S_n = S$$

则称级数(11.1)是收敛的,S 称为级数(11.1)的和,也称级数收敛于和 S,记作

$$S = u_1 + u_2 + u_3 + \cdots + u_n + \cdots = \sum_{n=1}^{\infty} u_n$$

如果级数(11.1)的部分和数列 $\{S_n\}$ 没有极限,则称级数(11.1)是发散的。发散的级数无级数"和"可言。

级数收敛时,部分和 S_n 是级数和 S 的近似值,它们的差

$$r_n = S - S_n = u_{n+1} + u_{n+2} + u_{n+3} + \cdots$$

称为级数(11.1)的余项。对于收敛级数,显然有

$$\lim_{n \to \infty} r_n = 0$$

级数的许多重要性质及结论都是由部分和数列的性质得到的。事实上,定义 11.2 给出了判别级数敛散性的一般方法。

例 11.2　证明级数 $\sum_{n=1}^{\infty} (-1)^{n-1}$ 是发散的。

【证】　因为

$$S_{2n-1} = 1, \quad S_{2n} = 0$$

故部分和数列 $\{S_n\}$ 为 $\{1, 0, 1, 0, 1, 0, \cdots\}$,显然 $\lim_{n \to \infty} S_n$ 不存在,从而原级数发散。

例 11.3　判定级数 $\dfrac{1}{2 \cdot 4} + \dfrac{1}{4 \cdot 6} + \dfrac{1}{6 \cdot 8} + \cdots + \dfrac{1}{2n \cdot (2n+2)} + \cdots$ 的敛散性。

【解】　由于数列的通项

$$u_n = \frac{1}{2n \cdot (2n+2)} = \frac{1}{2}\left(\frac{1}{2n} - \frac{1}{2n+2}\right)$$

所以

$$S_n = \frac{1}{2 \cdot 4} + \frac{1}{4 \cdot 6} + \frac{1}{6 \cdot 8} + \cdots + \frac{1}{2n \cdot (2n+2)}$$

$$= \frac{1}{2}\left[\left(\frac{1}{2} - \frac{1}{4}\right) + \left(\frac{1}{4} - \frac{1}{6}\right) + \left(\frac{1}{6} - \frac{1}{8}\right) + \cdots + \left(\frac{1}{2n} - \frac{1}{2n+2}\right)\right]$$

$$= \frac{1}{2}\left(\frac{1}{2} - \frac{1}{2n+2}\right)$$

而 $\lim\limits_{n\to\infty} S_n = \lim\limits_{n\to\infty} \dfrac{1}{2}\left(\dfrac{1}{2} - \dfrac{1}{2n+2}\right) = \dfrac{1}{4}$，故原级数收敛，且其和为 $\dfrac{1}{4}$。

【联想】

(1) 判定级数 $\dfrac{1}{1\cdot 3} + \dfrac{1}{3\cdot 5} + \dfrac{1}{5\cdot 7} + \cdots + \dfrac{1}{(2n-1)(2n+1)} + \cdots$ 敛散性。

(2) 判定级数 $\sum\limits_{n=1}^{\infty} \ln\dfrac{n+1}{n}$ 的敛散性。

(提示：$S_n = (\ln 2 - \ln 1) + (\ln 3 - \ln 2) + \cdots [\ln(n+1) - \ln n]$)

例 11.4 研究等比级数

$$\sum_{n=0}^{\infty} aq^n = a + aq + aq^2 + \cdots + aq^{n-1} + \cdots \quad (a\neq 0)$$

的敛散性。

【解】

(1) 若公比 $|q| \neq 1$，则部分和

$$S_n = a + aq + aq^2 + \cdots + aq^{n-1} = \dfrac{a(1-q^n)}{1-q}$$

当 $|q| < 1$ 时，由于 $\lim\limits_{n\to\infty} q^n = 0$，故 $\lim\limits_{n\to\infty} S_n = \dfrac{a}{1-q}$，从而级数 $\sum\limits_{n=0}^{\infty} aq^n$ 收敛，其和为 $S = \dfrac{a}{1-q}$。当 $|q| > 1$ 时，由于 $\lim\limits_{n\to\infty} q^n = \infty$，故 $\lim\limits_{n\to\infty} S_n = \infty$，从而级数 $\sum\limits_{n=0}^{\infty} aq^n$ 发散。

(2) 若公比 $|q| = 1$，则当 $q = 1$ 时，$S_n = na \to \infty (n\to\infty)$，因此级数 $\sum\limits_{n=0}^{\infty} aq^n$ 发散。当 $q = -1$ 时，级数 $\sum\limits_{n=0}^{\infty} aq^n$ 为 $a - a + a - a + \cdots + (-1)^{n-1}a + \cdots$，其部分和 $S_n = \begin{cases} a, & \text{当 } n \text{ 为奇数} \\ 0, & \text{当 } n \text{ 为偶数} \end{cases}$，所以 S_n 极限不存在，级数 $\sum\limits_{n=0}^{\infty} aq^n$ 发散。

综上可知，

$$\sum_{n=0}^{\infty} aq^n = a + aq + aq^2 + \cdots + aq^{n-1} + \cdots = \begin{cases} \dfrac{a}{1-q}, & |q| < 1 \\ \text{发散}, & |q| \geqslant 1 \end{cases} \tag{11.6}$$

【练习】 判断下列级数的敛散性。

(1) $\sum\limits_{n=0}^{\infty} \left(\dfrac{8}{9}\right)^n$;   (2) $\sum\limits_{n=0}^{\infty} 100\left(\dfrac{1}{3}\right)^n$;   (3) $\sum\limits_{n=0}^{\infty} \left(\dfrac{3}{e}\right)^n$.

例 11.5 讨论级数 $\sum\limits_{n=0}^{\infty} \left(\dfrac{x}{e}\right)^n$ 的敛散性。

【解】 $\sum\limits_{n=0}^{\infty} \left(\dfrac{x}{e}\right)^n$ 是公比 $q = \dfrac{x}{e}$ 的等比级数，则当 $\left|\dfrac{x}{e}\right| < 1$，即 $|x| < e$ 时，级数收敛，且 $\sum\limits_{n=0}^{\infty} \left(\dfrac{x}{e}\right)^n = \dfrac{1}{1-\dfrac{x}{e}} = \dfrac{e}{e-x}$；当 $\left|\dfrac{x}{e}\right| \geqslant 1$，即 $|x| \geqslant e$ 时，级数发散。

定义 11.3 若级数 $\sum\limits_{n=1}^{\infty} u_n$ 的每一项均非负,即满足 $u_n \geqslant 0 (n=1,2,\cdots)$,则称该级数为正项级数。若满足 $u_n \leqslant 0 (n=1,2,\cdots)$,则称该级数为负项级数。

例如,$\sum\limits_{n=1}^{\infty} \dfrac{1}{n^p}$,$\sum\limits_{n=1}^{\infty} \dfrac{1}{n(n+1)}$,$\sum\limits_{n=0}^{\infty} \left(\dfrac{8}{9}\right)^n$,$\sum\limits_{n=0}^{\infty} 100\left(\dfrac{1}{3}\right)^n$ 都是正项级数。

【注】 正项级数比较特殊,也非常重要。读者以后会看到,有些级数(非正项级数)的敛散性问题,可以归结为正项级数的敛散性问题。

当 $\sum\limits_{n=1}^{\infty} u_n$ 的一般项没有限制时,$\sum\limits_{n=1}^{\infty} u_n$ 是任意项级数。

显然,任意项级数是常数项级数的最一般的情形。例如,$\sum\limits_{n=1}^{\infty} \dfrac{\sin n}{n^2}$,$\sum\limits_{n=1}^{\infty} \dfrac{(-1)^{n+1}}{n^2}$ 等。

定义 11.4 若级数 $\sum\limits_{n=0}^{\infty} |u_n|$ 收敛,则称级数 $\sum\limits_{n=1}^{\infty} u_n$ 绝对收敛;若级数 $\sum\limits_{n=1}^{\infty} |u_n|$ 发散,而 $\sum\limits_{n=1}^{\infty} u_n$ 收敛,则称级数 $\sum\limits_{n=1}^{\infty} u_n$ 条件收敛。

定义 11.5 形如 $\sum\limits_{n=1}^{\infty} (-1)^{n-1} u_n$ 或 $\sum\limits_{n=1}^{\infty} (-1)^n u_n$(其中 $u_n > 0$)的级数,称为**交错级数**。

例如,$\sum\limits_{n=1}^{\infty} \dfrac{(-1)^n}{n^p}$,$\sum\limits_{n=1}^{\infty} \dfrac{(-1)^n n}{2n+10}$ 等。

依据级数收敛的定义,可以得出级数收敛的必要条件。

定理 11.1(级数收敛的必要条件) 若级数 $\sum\limits_{n=1}^{\infty} u_n$ 收敛,则必有 $\lim\limits_{n\to\infty} u_n = 0$。

【证】 设级数 $\sum\limits_{n=1}^{\infty} u_n$ 收敛于和 S,即 $\lim\limits_{n\to\infty} S_n = S$,故有

$$\lim_{n\to\infty} u_n = \lim_{n\to\infty} S_n - \lim_{n\to\infty} S_{n-1} = S - S = 0$$

证毕。

【注】 该定理的逆否命题是判别级数发散的一种方便且有效的方法,即"若 $\lim\limits_{n\to\infty} u_n \neq 0$,则级数 $\sum\limits_{n=1}^{\infty} u_n$ 发散。"

观察下列级数的敛散性。

(1) $\sum\limits_{n=1}^{\infty} \dfrac{n}{n+1}$,因为 $\lim\limits_{n\to\infty} u_n = \lim\limits_{n\to\infty} \dfrac{n}{n+1} = 1 \neq 0$,所以发散。

(2) $\sum\limits_{n=1}^{\infty} \sin\dfrac{n\pi}{2}$,因为 $\lim\limits_{n\to\infty} u_n = \lim\limits_{n\to\infty} \sin\dfrac{n\pi}{2}$ 极限不存在,所以发散。

类似地,下列级数的一般项 u_n 都不趋于 0,因而发散。

(1) $\sum\limits_{n=0}^{\infty} (-1)^n$ (2) $\sum\limits_{n=0}^{\infty} 3$ (3) $\sum\limits_{n=1}^{\infty} \left(1+\dfrac{1}{n}\right)^n$ (4) $\sum\limits_{n=1}^{\infty} n\sin\dfrac{1}{n}$ (5) $\sum\limits_{n=1}^{\infty} \dfrac{1}{1+\left(\dfrac{1}{2}\right)^n}$

【注】 提醒读者注意，$\lim\limits_{n\to\infty}u_n=0$ 是级数收敛的必要条件而不是充分条件。不要误认为"若 $\lim\limits_{n\to\infty}u_n=0$，则级数 $\sum\limits_{n=1}^{\infty}u_n$ 收敛"。事实上，当 $\lim\limits_{n\to\infty}u_n=0$ 时，相应级数 $\sum\limits_{n=1}^{\infty}u_n$ 可能收敛，也可能发散。

观察下列级数的敛散性：

（1）级数 $\sum\limits_{n=1}^{\infty}\dfrac{1}{2^n}(u_n\to0,n\to\infty)$ 收敛；

（2）调和级数 $\sum\limits_{n=1}^{\infty}\dfrac{1}{n}(u_n\to0,n\to\infty)$ 发散。

11.1.2　收敛级数的基本性质

下面介绍收敛级数的几个简单而又常用的性质：

性质 11.1　设级数 $\sum\limits_{n=1}^{\infty}u_n$ 与 $\sum\limits_{n=1}^{\infty}v_n$ 都收敛，其和分别为 S 和 σ，k 为常数，则

（1）级数 $\sum\limits_{n=1}^{\infty}ku_n$ 收敛，且 $\sum\limits_{n=1}^{\infty}ku_n=kS$；

（2）级数 $\sum\limits_{n=1}^{\infty}(u_n\pm v_n)$ 收敛，且 $\sum\limits_{n=1}^{\infty}(u_n\pm v_n)=S\pm\sigma$。

以上两个性质表明，两个收敛的级数可以逐项数乘、相加或相减。

例 11.6　求级数 $\sum\limits_{n=1}^{\infty}\left[\dfrac{5}{n(n+1)}+\dfrac{1}{2^n}\right]$ 的和。

【解】　由于等比级数 $\sum\limits_{n=1}^{\infty}\dfrac{1}{2^n}=\dfrac{\frac{1}{2}}{1-\frac{1}{2}}=1$，且

$$\sum_{n=1}^{\infty}\frac{5}{n(n+1)}=5\sum_{n=1}^{\infty}\frac{1}{n(n+1)}=5\lim_{n\to\infty}\left(1-\frac{1}{2}+\frac{1}{2}-\frac{1}{3}+\cdots+\frac{1}{n}-\frac{1}{n+1}\right)=5$$

故有

$$\sum_{n=1}^{\infty}\left[\frac{5}{n(n+1)}+\frac{1}{2^n}\right]=5\sum_{n=1}^{\infty}\frac{1}{n(n+1)}+\sum_{n=1}^{\infty}\frac{1}{2^n}=1+5=6$$

性质 11.2　在级数的前面加上或去掉有限项，其敛散性不变。

设原级数为 $\sum\limits_{n=1}^{\infty}a_n$，去掉级数的前 m 项后得到另一个级数 $\sum\limits_{n=1}^{\infty}b_n$，则

$$\sum_{n=1}^{\infty}b_n=a_{m+1}+a_{m+2}+\cdots$$

$$\sum_{k=1}^{n}b_k=a_{m+1}+a_{m+2}+\cdots=S_{n+m}-S_m$$

由于级数的前 m 项之和 S_m 是个定常数，不影响级数的敛散性，所以级数 $\sum\limits_{n=1}^{\infty}b_n$ 与 $\sum\limits_{n=1}^{\infty}a_n$ 同敛散。特别地，当级数 $\sum\limits_{n=1}^{\infty}a_n=S$ 收敛时，$\sum\limits_{n=1}^{\infty}b_n=\lim\limits_{n\to\infty}(S_n-S_m)=S-S_m$。

性质 11.3　若级数 $\sum\limits_{n=1}^{\infty} u_n$ 收敛,则在级数的相邻项间任意加括号后所成的新级数仍收敛,且其和不变。

【注】　收敛级数去掉括号后的级数未必收敛。例如,级数 $(1-1)+(1-1)+\cdots$ 收敛于零,但级数 $1-1+1-1+\cdots$ 却是发散的。

推论 11.1　如果加括号后所成的级数发散,则原来级数也发散。

【思考】

(1) 若级数 $\sum\limits_{n=1}^{\infty} a_n$ 与 $\sum\limits_{n=1}^{\infty} b_n$ 均发散,则级数 $\sum\limits_{n=1}^{\infty} (a_n+b_n)$ 是否发散?

(2) 若级数 $\sum\limits_{n=1}^{\infty} a_n$ 收敛,而 $\sum\limits_{n=1}^{\infty} b_n$ 发散,则级数 $\sum\limits_{n=1}^{\infty} (a_n+b_n)$ 是否发散?

11.1.3　函数项级数的一般概念

定义 11.6　设 $u_1(x), u_2(x), \cdots, u_n(x), \cdots$ 是定义在同一区间 $I \subseteq R$ 上的函数序列,则

$$\sum_{n=1}^{\infty} u_n(x) = u_1(x) + u_2(x) + \cdots + u_n(x) + \cdots \qquad (11.7)$$

称为定义在区间 I 上的**函数项级数**。

例如,级数

(1) $\sum\limits_{n=1}^{\infty} \dfrac{\sin x}{n^2} = \sin x + \dfrac{\sin x}{2^2} + \cdots + \dfrac{\sin x}{n^2} + \cdots$

(2) $\sum\limits_{n=1}^{\infty} x^{n-1} = 1 + x + x^2 + \cdots + x^{n-1} + \cdots$

(3) $\sum\limits_{n=1}^{\infty} a_n x^n = a_0 + a_1 x + a_2 x^2 + \cdots + a_n x^n + \cdots (a_i$ 为常数, $i=0,1,2,\cdots)$

均为定义在实数集 R 内的函数项级数。

定义 11.7　对于级数(11.7),若存在 $x_0 \in I$,使得 $\sum\limits_{n=1}^{\infty} u_n(x_0)$ 收敛,则称 x_0 为级数 (11.7) 的收敛点;若 $x_0 \in I$,使得 $\sum\limits_{n=1}^{\infty} u_n(x_0)$ 发散,则称 x_0 为级数(11.7)的发散点。级数 $\sum\limits_{n=1}^{\infty} u_n(x)$ 的所有收敛点的全体称为收敛域,记作 $I_{收}$,级数 $\sum\limits_{n=1}^{\infty} u_n(x)$ 的所有发散点的全体称为发散域,记作 $I_{发}$,即

$$I_{收} = \left\{ x \,\middle|\, \sum_{n=1}^{\infty} u_n(x) \text{ 收敛} \right\}, \quad I_{发} = \left\{ x \,\middle|\, \sum_{n=1}^{\infty} u_n(x) \text{ 发散} \right\}$$

如果 $\sum\limits_{n=1}^{\infty} u_n(x)$ 收敛,其和 S 依赖于 x,即是 x 的函数 $S(x)$,称 $S(x)$ 为函数项级数的和函数,即 $S(x) = \sum\limits_{n=1}^{\infty} u_n(x)$。显然和函数 $S(x)$ 的定义域是 $I_{收}$。

例如,由无穷递缩等比数列的求和公式可知下列两个级数的和函数

$$\sum_{n=0}^{\infty} x^n = 1 + x + x^2 + x^3 + \cdots + x^n + \cdots = \frac{1}{1-x} \quad |x| < 1 \quad (11.8)$$

$$\sum_{n=0}^{\infty} (-1)^n x^n = 1 - x + x^2 - x^3 + \cdots + (-1)^n x^n + \cdots = \frac{1}{1+x} \quad |x| < 1$$

$$(11.9)$$

类似于数项级数,函数项级数的部分和记为 $S_n(x)$,在 $I_{收}$ 上有

$$\lim_{n \to \infty} S_n(x) = S(x)$$

余项

$$r_n(x) = S(x) - S_n(x)$$

且

$$\lim_{n \to \infty} r_n(x) = 0$$

11.1.4　幂级数的概念

在函数项级数中,最简单最常用的一类函数项级数是幂级数。

幂级数的概念是在数项级数概念的基础上很自然地产生发展起来的。已知等比级数 $\sum_{n=0}^{\infty} q^n$,当 $|q| < 1$ 时,有

$$\frac{1}{1-q} = 1 + q + q^2 + q^3 + \cdots + q^n + \cdots$$

若把 q 看作在 $(-1,1)$ 内变化的一个自变量,得到

$$\frac{1}{1-x} = 1 + x + x^2 + x^3 + \cdots + x^n + \cdots \quad |x| < 1$$

显然,这样的级数就是函数项级数,可以得出:

(1) 当自变量 x 限制在一定范围内时,函数项级数可能是收敛的,且其和也是自变量 x 的一个函数;

(2) 自变量 x 的一个函数有可能用函数项级数的形式表达出来。

定义 11.8　在函数项级数中,形如

$$\sum_{n=0}^{\infty} a_n (x - x_0)^n = a_0 + a_1 (x - x_0) + a_2 (x - x_0)^2 + \cdots + a_n (x - x_0)^n + \cdots$$

$$(11.10)$$

的级数称为关于 $(x - x_0)$ 的幂级数,其中常数 $a_n (n = 0, 1, 2, \cdots)$ 称为幂级数的系数。

特别当 $x_0 = 0$ 时,级数(11.10)变为

$$\sum_{n=0}^{\infty} a_n x^n = a_0 + a_1 x + a_2 x^2 + \cdots + a_n x^n + \cdots \quad (11.11)$$

称为关于 x 的幂级数。

例如,式(11.8)就是关于 x 的幂级数。

作代换 $t = x - x_0$,级数(11.10)便可化成级数(11.11)的形式,因此只需讨论幂级数

（11.11）的情形即可。

【注】 幂级数（11.11）在 $x=0$ 处总是收敛的，即一切幂级数的收敛域都包括原点。

幂级数收敛点、收敛域、发散点、发散域的定义与一般函数项级数对于这些概念的定义是相同的，这里不再重复。

── 经典解析 ──

11.2 数项级数

研究级数 $\sum\limits_{n=1}^{\infty} u_n$，需要考虑两个问题：级数 $\sum\limits_{n=1}^{\infty} u_n$ 收敛还是发散（判别问题）？如果级数收敛，其和是多少（求和问题）？本节我们将讨论数项级数的敛散性问题。

11.2.1 正项级数审敛法

正项级数以其鲜明的个性不仅使自身的敛散性的判别变得简明，而且为任意项级数审敛法的建立奠定了基础。

对于正项级数 $\sum\limits_{n=1}^{\infty} u_n$，由于 $u_n \geqslant 0 (n=1,2,\cdots)$，所以其部分和数列 $\{S_n\}$ 是单调增加的，即

$$S_1 \leqslant S_2 \leqslant \cdots \leqslant S_n \leqslant \cdots$$

根据单调有界原理可知，若 $\{S_n\}$ 有界，则极限 $\lim\limits_{n\to\infty} S_n = S$ 存在，级数 $\sum\limits_{n=1}^{\infty} u_n$ 收敛；反之，若正项级数 $\sum\limits_{n=1}^{\infty} u_n$ 收敛，且其和为 S，则 $\{S_n\}$ 必有界。于是对于正项级数有下列重要定理。

定理 11.2 正项级数收敛的充要条件是它的部分和数列有界。

例 11.7 判定级数 $\sum\limits_{n=1}^{\infty} \dfrac{1}{2^n+1}$ 的敛散性。

【解】 由于 $\dfrac{1}{2^n+1} < \dfrac{1}{2^n}$，故级数的部分和

$$S_n = \frac{1}{2+1} + \frac{1}{2^2+1} + \cdots + \frac{1}{2^n+1} < \frac{1}{2} + \frac{1}{2^2} + \cdots + \frac{1}{2^n} = 1 - \frac{1}{2^n} < 1$$

从而该级数收敛。

由此可知，如果一个正项级数 $\sum\limits_{n=1}^{\infty} u_n$ 的每一项均不大于另一个收敛正项级数 $\sum\limits_{n=1}^{\infty} v_n$ 的对应项，那么级数 $\sum\limits_{n=1}^{\infty} u_n$ 也收敛；同理，如果级数 $\sum\limits_{n=1}^{\infty} u_n$ 的每一项均不小于另一个发散级数

$\sum\limits_{n=1}^{\infty} v_n$ 的对应项,那么级数 $\sum\limits_{n=1}^{\infty} u_n$ 也发散。这就是比较判别法的原理。

定理 11.3(比较审敛法)　设有两个正项级数 $\sum\limits_{n=1}^{\infty} u_n$ 及 $\sum\limits_{n=1}^{\infty} v_n$,且 $u_n \leqslant v_n$,其部分和分别为 S_n 和 σ_n,

(1) 如果级数 $\sum\limits_{n=1}^{\infty} v_n$ 收敛,则级数 $\sum\limits_{n=1}^{\infty} u_n$ 也收敛;

(2) 如果级数 $\sum\limits_{n=1}^{\infty} u_n$ 发散,则级数 $\sum\limits_{n=1}^{\infty} v_n$ 也发散。

【注】　记忆口诀:大收 $\Rightarrow$ 小收,小发 $\Rightarrow$ 大发。

例 11.8　判定级数 $\sum\limits_{n=1}^{\infty} \dfrac{1}{n+\sqrt{n}}$ 的敛散性。

【解】　因为 $n+\sqrt{n} < 2n$ 从而 $\dfrac{1}{n+\sqrt{n}} > \dfrac{1}{2n}$,而级数 $\sum\limits_{n=1}^{\infty} \dfrac{1}{2n} = \dfrac{1}{2} \sum\limits_{n=1}^{\infty} \dfrac{1}{n}$ 发散(调和级数),由比较审敛法可知原级数发散。

【注】　作为比较法的参照级数,调和级数 $\sum\limits_{n=1}^{\infty} \dfrac{1}{n}$ 发散这个结论常用,请务必记住!

例 11.9　讨论 p- 级数 $\sum\limits_{n=1}^{\infty} \dfrac{1}{n^p}$ 的敛散性(其中常数 p 是实数)。

【解】　p 取不同的值时,级数 $\sum\limits_{n=1}^{\infty} \dfrac{1}{n^p}$ 的敛散性不同。这里,我们不加证明地引入 p- 级数 $\sum\limits_{n=1}^{\infty} \dfrac{1}{n^p}$ 的敛散性结果:

$$\sum\limits_{n=1}^{\infty} \dfrac{1}{n^p} \begin{cases} p \leqslant 1, & \text{发散} \\ p > 1, & \text{收敛} \end{cases} \tag{11.12}$$

利用 p- 级数 $\sum\limits_{n=1}^{\infty} \dfrac{1}{n^p}$ 判定级数敛散性,方便简单。

【注】　作为比较法的重要参照级数,p- 级数 $\sum\limits_{n=1}^{\infty} \dfrac{1}{n^p}$ 的敛散性结论常用,请务必记住!

【联想】　在广义积分中,我们曾研究过 p- 积分,$\displaystyle\int_1^{+\infty} \dfrac{1}{x^p} \mathrm{d}x = \begin{cases} \dfrac{1}{p-1}, & p > 1 \\ +\infty, & p \leqslant 1 \end{cases}$,比较可见 p- 积分和 p- 级数的敛散性完全一致。仔细体会两者的内涵,我们是否可以这样理解:级数是离散的积分,积分是连续的求和呢?

例 11.10　判定级数 $\sum\limits_{n=1}^{\infty} \dfrac{1}{n(n+1)}$ 的敛散性。

【解】　因为一般项 $\dfrac{1}{n(n+1)} < \dfrac{1}{n^2}$,而级数 $\sum\limits_{n=1}^{\infty} \dfrac{1}{n^2}$ 是当 $p = 2$ 时的 p- 级数,它是收敛

的,所以原级数也是收敛的。

由于非零的数乘以级数以及去掉有限项均不会影响级数的敛散性,因此定理 11.3 的条件可以适当放宽,得到如下的推论。

推论 11.2　设有两个正项级数 $\sum_{n=1}^{\infty} u_n$ 及 $\sum_{n=1}^{\infty} v_n$,且 $u_n \leqslant k v_n$(其中 $k>0, n \geqslant N, N$ 为某一正整数),则

(1) 若级数 $\sum_{n=1}^{\infty} v_n$ 收敛,则级数 $\sum_{n=1}^{\infty} u_n$ 也收敛;

(2) 若级数 $\sum_{n=1}^{\infty} u_n$ 发散,则级数 $\sum_{n=1}^{\infty} v_n$ 也发散;

定理 11.4(比较法的极限形式)　设正项级数 $\sum_{n=1}^{\infty} u_n$ 及 $\sum_{n=1}^{\infty} v_n$,若有 $\lim_{n \to \infty} \dfrac{u_n}{v_n} = l$,则

(1) 当 $0 < l < +\infty$ 时,$\sum_{n=1}^{\infty} u_n$ 与 $\sum_{n=1}^{\infty} v_n$ 同时收敛或同时发散;

(2) 当 $l = 0$ 时,若 $\sum_{n=1}^{\infty} v_n$ 收敛,则 $\sum_{n=1}^{\infty} u_n$ 收敛;

(3) 当 $l = +\infty$ 时,若 $\sum_{n=1}^{\infty} v_n$ 发散,则 $\sum_{n=1}^{\infty} u_n$ 发散。

例 11.11　判定级数 $1 + \dfrac{1+2}{1+2^2} + \dfrac{1+3}{1+3^2} + \cdots + \dfrac{1+n}{1+n^2} + \cdots$ 的敛散性。

【解】　因为 $\lim_{n \to \infty} \dfrac{\dfrac{1+n}{1+n^2}}{\dfrac{1}{n}} = 1$,而级数 $\sum_{n=1}^{\infty} \dfrac{1}{n}$ 发散,故原级数发散。

【思考】

(1) 对于正项级数 $\sum_{n=1}^{\infty} u_n$,当 $\lim_{n \to \infty} n u_n \neq 0$,$\sum_{n=1}^{\infty} u_n$ 必发散,想一想,为什么?

(2) 对于正项级数 $\sum_{n=1}^{\infty} u_n$,若 $p > 1$,且 $\lim_{n \to \infty} n^p u_n \neq \infty$,$\sum_{n=1}^{\infty} u_n$ 必收敛,想一想,为什么?

(3) 设有两个正项级数 $\sum_{n=1}^{\infty} u_n$ 及 $\sum_{n=1}^{\infty} v_n$,若有 $u_n = O(v_n)$(u_n 和 v_n 是同阶无穷小量),则 $\sum_{n=1}^{\infty} u_n$ 与 $\sum_{n=1}^{\infty} v_n$ 的敛散性相同,想一想,为什么?

例 11.12　判定级数 $\sum_{n=1}^{\infty} \sin \dfrac{1}{2^n}$ 的敛散性。

【解】　因为 $\lim_{n \to \infty} \dfrac{\sin \dfrac{1}{2^n}}{\dfrac{1}{2^n}} = 1$,而 $\sum_{n=1}^{\infty} \dfrac{1}{2^n}$ 是收敛的等比级数,故原级数收敛。

【练习】　试判断下列级数的敛散性。

(1) $\sum_{n=1}^{\infty} \sin \dfrac{1}{n}$ 　　(2) $\sum_{n=1}^{\infty} \tan \dfrac{1}{2^n}$ 　　(3) $\sum_{n=1}^{\infty} \arctan \dfrac{1}{2n}$ 　　(4) $\sum_{n=1}^{\infty} 2^n \tan \dfrac{1}{3^n}$

(5) $\displaystyle\sum_{n=1}^{\infty}\left(1-\cos\frac{1}{n}\right)$　(6) $\displaystyle\sum_{n=1}^{\infty}\frac{1}{n+1}\sin\frac{1}{n}$　(7) $\displaystyle\sum_{n=1}^{\infty}\frac{n^3-2n+3}{5n^4-4}$　(8) $\displaystyle\sum_{n=1}^{\infty}\frac{2n+1}{(n+4)^2}$

(9) $\displaystyle\sum_{n=1}^{\infty}\frac{1+n\ln n}{n^2+5}$　(10) $\displaystyle\sum_{n=1}^{\infty}\ln\left(1+\frac{1}{3^n}\right)$　(11) $\displaystyle\sum_{n=1}^{\infty}\frac{1}{\sqrt{n}}\ln\left(1+\frac{1}{n}\right)$　(12) $\displaystyle\sum_{n=1}^{\infty}\frac{1}{n\sqrt[n]{n}}$

比较法及其推论是正项级数的基本审敛法,但是若不能找到合适的参照级数,则其应用会受到限制,下面介绍一种更方便的方法。

定理 11.5(比值审敛法)　设有正项级数 $\displaystyle\sum_{n=1}^{\infty}u_n$,若 $\displaystyle\lim_{n\to\infty}\frac{u_{n+1}}{u_n}=\rho$,则

(1) 当 $\rho<1$ 时,级数收敛;

(2) 当 $\rho>1$(或 $\rho=\infty$)时,级数发散;

(3) 当 $\rho=1$ 时,级数可能收敛,也可能发散。

例 11.13　证明级数 $\displaystyle\sum_{n=0}^{\infty}\frac{1}{n!}$ 收敛。

【证】　当级数的一般项中含有 $n!$ 时,其敛散性通常用比值审敛法判别较简单。因为

$$\lim_{n\to\infty}\frac{u_{n+1}}{u_n}=\lim_{n\to\infty}\frac{1\cdot2\cdot3\cdots n}{1\cdot2\cdot3\cdots n(n+1)}=\lim_{n\to\infty}\frac{1}{n+1}=0<1,$$根据比值法可知原级数收敛。

【注】　例 11.13 中,$\displaystyle\lim_{n\to\infty}\frac{u_{n+1}}{u_n}=0$,并不意味着 $\displaystyle\sum_{n=0}^{\infty}\frac{1}{n!}=0$,事实上,$\displaystyle\sum_{n=0}^{\infty}\frac{1}{n!}=\mathrm{e}$。

例 11.14　判别级数 $\displaystyle\sum_{n=1}^{\infty}\frac{(2n)!}{n!n!}$ 的收敛性。

【解】　因为

$$
\begin{aligned}
\lim_{n\to\infty}\frac{u_{n+1}}{u_n}&=\lim_{n\to\infty}\frac{n!n!(2n+2)!}{(n+1)!(n+1)!(2n)!}\\
&=\lim_{n\to\infty}\frac{n!n!(2n+2)(2n+1)(2n)!}{(n+1)!(n+1)!(2n)!}\\
&=\lim_{n\to\infty}\frac{(2n+2)(2n+1)}{(n+1)(n+1)}=4>1
\end{aligned}
$$

根据比值法可知原级数发散。

【联想】　判别级数 $\displaystyle\sum_{n=1}^{\infty}\frac{n!}{10^n}$ 的敛散性。

例 11.15　判别级数 $\displaystyle\sum_{n=1}^{\infty}\frac{1}{2n(2n-1)}$ 的收敛性。

【解】　因为 $\displaystyle\lim_{n\to\infty}\frac{u_{n+1}}{u_n}=\lim_{n\to\infty}\frac{(2n-1)\cdot2n}{(2n+1)\cdot(2n+2)}=1$,此时比值法失效,必须改用其他方法来判别级数的收敛性。注意到

$$\lim_{n\to\infty}\frac{\dfrac{1}{2n(2n-1)}}{\dfrac{1}{n^2}}=\lim_{n\to\infty}\frac{n^2}{(2n-1)\cdot2n}=\frac{1}{4}\quad\text{（比较法的极限形式）}$$

而级数 $\sum\limits_{n=1}^{\infty} \dfrac{1}{n^2}$ 收敛,因此原级数收敛。

例 11.16 判别级数 $\sum\limits_{n=1}^{\infty} \dfrac{4^n n! n!}{(2n)!}$ 的收敛性。

【解】 因为

$$\lim_{n\to\infty}\frac{u_{n+1}}{u_n} = \lim_{n\to\infty}\frac{4^{n+1}(n+1)!(n+1)!}{(2n+2)\cdot(2n+1)(2n)!}\cdot\frac{(2n)!}{4^n n! n!}$$

$$= \lim_{n\to\infty}\frac{4(n+1)(n+1)}{(2n+2)\cdot(2n+1)} = \lim_{n\to\infty}\frac{2(n+1)}{(2n+1)} = 1$$

此时比值法失效。注意到 $\dfrac{u_{n+1}}{u_n} = \dfrac{2(n+1)}{2n+1} > 1$,可见,$u_{n+1} > u_n (n=1,2,\cdots)$,故数列 $\{u_n\}$ 单调递增,从而 $\lim\limits_{n\to\infty} u_n = \infty \neq 0$,所以原级数发散。

定理 11.6(根值审敛法) 设 $\sum\limits_{n=1}^{\infty} u_n$ 是正项级数,若 $\lim\limits_{n\to\infty}\sqrt[n]{u_n} = \rho$,则

(1) 当 $\rho < 1$ 时,级数收敛;

(2) 当 $\rho > 1$(或 $\rho = \infty$)时,级数发散;

(3) 当 $\rho = 1$ 时,级数可能收敛,也可能发散。

【注】 《数学分析》中有定理:"若数列 $\{x_n\}$,$x_n \geqslant 0$,则 $\lim\limits_{n\to\infty}\sqrt[n]{x_n} = \lim\limits_{n\to\infty}\dfrac{x_{n+1}}{x_n}$",即比值审敛法与根值审敛法是等价的,当一种方法失效时另一种方法也失效,此时需改用其他审敛法判别。有兴趣的读者可阅读其证明过程。

例 11.17 判别级数 $\sum\limits_{n=1}^{\infty} \dfrac{n^2}{2^n}$ 和 $\sum\limits_{n=1}^{\infty} \dfrac{2^n}{n^2}$ 的敛散性。

【解】 因为 $\lim\limits_{n\to\infty}\sqrt[n]{u_n} = \lim\limits_{n\to\infty}\sqrt[n]{\dfrac{n^2}{2^n}} = \dfrac{1}{2} < 1$,所以依据根值审敛法可知级数 $\sum\limits_{n=1}^{\infty} \dfrac{n^2}{2^n}$ 收敛。显然,级数 $\sum\limits_{n=1}^{\infty} \dfrac{2^n}{n^2}$ 一定发散。

推而广之,将 n^2 推广到 n^k,2^n 推广到 a^n,结论依然成立

$$\sum_{n=1}^{\infty}\frac{n^k}{a^n} = \begin{cases} 收敛, & a > 1 \\ 发散, & 0 < a \leqslant 1 \end{cases}, \quad k \text{ 为常数} \tag{11.13}$$

例 11.18 判别级数 $\sum\limits_{n=1}^{\infty} \left(\dfrac{n}{3n-1}\right)^{2n-1}$ 的敛散性。

【解】 因为 $\lim\limits_{n\to\infty}\sqrt[n]{u_n} = \lim\limits_{n\to\infty}\left(\dfrac{n}{3n-1}\right)^{\frac{2n-1}{n}} = \left(\dfrac{1}{3}\right)^2 < 1$,所以依据根值审敛法可知原级数收敛。

11.2.2 任意项级数审敛法

任意项级数可分为五种类型:

(1) $\{u_n\}$ 中,$u_n \geqslant 0 (n=1,2,\cdots)$,级数是正项级数;

(2) $\{u_n\}$ 中,$u_n \leqslant 0 (n = 1,2,\cdots)$,$-\sum\limits_{n=1}^{\infty} u_n$ 是正项级数;

(3) $\{u_n\}$ 中,有有限项为负;

(4) $\{u_n\}$ 中,有有限项为正;

(5) $\{u_n\}$ 中,有无穷多项为正,无穷多项为负。

前四种情形均可化为正项级数处理,于是只需寻求第五种即一般任意项级数敛散性判别的途径。很自然会想到的问题是:能否借助正项级数的审敛法讨论任意项级数呢?这取决于能否找到连接任意项级数与正项级数的纽带。

事实上,把任意项级数 $\sum\limits_{n=1}^{\infty} u_n$ 变成正项级数并不难,只要取 $\sum\limits_{n=1}^{\infty} |u_n|$ 即可。需要讨论的问题是:

(1) $\sum\limits_{n=1}^{\infty} |u_n|$ 收敛时,$\sum\limits_{n=1}^{\infty} u_n$ 的敛散性如何?

(2) $\sum\limits_{n=1}^{\infty} |u_n|$ 发散时,$\sum\limits_{n=1}^{\infty} u_n$ 的敛散性如何?

(3) $\sum\limits_{n=1}^{\infty} |u_n|$ 的敛散性如何判别?

为此,在 11.1 节引入了绝对收敛和条件收敛的概念。

定理 11.7   若 $\sum\limits_{n=1}^{\infty} |u_n|$ 收敛,则 $\sum\limits_{n=1}^{\infty} u_n$ 收敛。

定理 11.7 回答了问题(1),即 $\sum\limits_{n=1}^{\infty} |u_n|$ 收敛 $\Rightarrow \sum\limits_{n=1}^{\infty} u_n$ 收敛。

例 11.19   判别下列级数的敛散性。

(1) $\sum\limits_{n=1}^{\infty} \dfrac{\sin n}{n^2}$;(2) $\sum\limits_{n=1}^{\infty} \dfrac{(-1)^{n+1}}{n}$。

【解】

(1) 因为 $\sum\limits_{n=1}^{\infty} \left| \dfrac{\sin n}{n^2} \right| \leqslant \sum\limits_{n=1}^{\infty} \dfrac{1}{n^2}$,而 $\sum\limits_{n=1}^{\infty} \dfrac{1}{n^2}$ 收敛,由比较法知 $\sum\limits_{n=1}^{\infty} \left| \dfrac{\sin n}{n^2} \right|$ 收敛,从而级数 $\sum\limits_{n=1}^{\infty} \dfrac{\sin n}{n^2}$ 绝对收敛。

(2) 因为 $\sum\limits_{n=1}^{\infty} \left| \dfrac{(-1)^{n+1}}{n} \right| - \sum\limits_{n=1}^{\infty} \dfrac{1}{n}$ 发散,而 $\sum\limits_{n=1}^{\infty} \dfrac{(-1)^{n+1}}{n} - \ln 2$ 收敛,所以级数 $\sum\limits_{n=1}^{\infty} \dfrac{(-1)^{n+1}}{n}$ 条件收敛。

现在我们来回答问题(2),注意到级数 $\sum\limits_{n=1}^{\infty} u_n = \sum\limits_{n=1}^{\infty} (-1)^n$,$\sum\limits_{n=1}^{\infty} |u_n|$ 和 $\sum\limits_{n=1}^{\infty} u_n$ 均发散,却也存在着级数 $\sum\limits_{n=1}^{\infty} u_n = \sum\limits_{n=1}^{\infty} \dfrac{(-1)^n}{n} = \ln 2$ 收敛,而 $\sum\limits_{n=1}^{\infty} |u_n| = \sum\limits_{n=1}^{\infty} \dfrac{1}{n}$ 发散。这就说明了,$\sum\limits_{n=1}^{\infty} |u_n|$ 发散,$\sum\limits_{n=1}^{\infty} u_n$ 可能收敛可能发散。

由于 $\displaystyle\sum_{n=1}^{\infty}|u_n|$ 是正项级数，把正项级数的审敛法作相应的修改，就可得到任意项级数 $\displaystyle\sum_{n=1}^{\infty}u_n$ 的比值审敛法和根值审敛法。

定理 11.8 设 $\displaystyle\sum_{n=1}^{\infty}u_n$ 是任意项级数，若

$$\lim_{n\to\infty}\frac{|u_{n+1}|}{|u_n|}=\rho \quad 或 \quad \lim_{n\to\infty}\sqrt[n]{|u_n|}=\rho$$

则均有

(1) 当 $\rho<1$ 时，级数 $\displaystyle\sum_{n=1}^{\infty}u_n$ 绝对收敛；

(2) 当 $\rho>1$（或 $\rho=\infty$）时，级数 $\displaystyle\sum_{n=1}^{\infty}u_n$ 发散；

(3) 当 $\rho=1$ 时，级数 $\displaystyle\sum_{n=1}^{\infty}u_n$ 可能收敛，可能发散。

例 11.20 判别级数 $\displaystyle\sum_{n=1}^{\infty}\frac{x^n}{n}$ 的敛散性。

【解】 级数 $\displaystyle\sum_{n=1}^{\infty}\frac{x^n}{n}$ 中对 x 的取值没有限制，这是一个任意项级数。设级数的一般项为 $u_n(x)$，因为

$$\lim_{n\to\infty}\frac{|u_{n+1}|}{|u_n|}=\lim_{n\to\infty}\frac{|x|^{n+1}}{|x|^n}\cdot\frac{n}{n+1}=|x|$$

讨论如下：

当 $|x|<1$ 时，级数 $\displaystyle\sum_{n=1}^{\infty}\frac{x^n}{n}$ 绝对收敛；当 $|x|>1$ 时，级数 $\displaystyle\sum_{n=1}^{\infty}\frac{x^n}{n}$ 发散；

当 $|x|=1$ 时，进一步考察：

$x=1$ 时，原级数 $\displaystyle\sum_{n=1}^{\infty}\frac{x^n}{n}=\sum_{n=1}^{\infty}\frac{1}{n}$ 发散；

$x=-1$ 时，原级数 $\displaystyle\sum_{n=1}^{\infty}\frac{x^n}{n}=\sum_{n=1}^{\infty}\frac{(-1)^n}{n}=-\ln 2$ 条件收敛。

例 11.21 判别级数 $\displaystyle\sum_{n=1}^{\infty}nx^{n-1}$ 的敛散性。

【解】 因为 $\displaystyle\lim_{n\to\infty}\frac{|u_{n+1}|}{|u_n|}=\lim_{n\to\infty}\frac{|x|^n}{|x|^{n-1}}\frac{n+1}{n}=|x|$，所以 $|x|<1$ 时，级数绝对收敛；$|x|>1$ 时，级数发散；而 $|x|=1$ 时，级数因一般项不趋于零亦发散。

11.2.3 交错级数审敛法

定理 11.9（莱布尼茨定理） 若交错级数 $\displaystyle\sum_{n=1}^{\infty}(-1)^{n-1}u_n$ 满足条件：

(1) $u_n\geqslant u_{n+1}(n=1,2,3,\cdots)$;   (2) $\displaystyle\lim_{n\to\infty}u_n=0$

则级数 $\sum\limits_{n=1}^{\infty}(-1)^{n-1}u_n$ 收敛,且其和 $S\leqslant u_1$,其余项 r_n 的绝对值 $|r_n|\leqslant u_{n+1}$。

例 11.22 判别级数 $\sum\limits_{n=1}^{\infty}\dfrac{(-1)^n}{n^p}$ 的敛散性。

【解】 当 $p>1$ 时,因为 $\sum\limits_{n=1}^{\infty}\left|\dfrac{(-1)^n}{n^p}\right|=\sum\limits_{n=1}^{\infty}\dfrac{1}{n^p}$ 收敛,所以 $\sum\limits_{n=1}^{\infty}\dfrac{(-1)^n}{n^p}$ 绝对收敛。

当 $0<p\leqslant 1$ 时,$\lim\limits_{n\to\infty}\dfrac{1}{n^p}=0$,且 $\dfrac{1}{n^p}>\dfrac{1}{(n+1)^p}$ 由此可见 $\left\{\dfrac{1}{n^p}\right\}$ 单调递减,由莱布尼茨定理知 $\sum\limits_{n=1}^{\infty}\dfrac{(-1)^n}{n^p}$ 收敛,而此时 $\sum\limits_{n=1}^{\infty}\dfrac{1}{n^p}$ 发散,故 $\sum\limits_{n=1}^{\infty}\dfrac{(-1)^n}{n^p}$ 条件收敛。

当 $p\leqslant 0$ 时,$\lim\dfrac{(-1)^n}{n^p}\neq 0$,原级数发散。

综上可得

$$\sum\limits_{n=1}^{\infty}\dfrac{(-1)^n}{n^p}\begin{cases}p>1 & \text{级数绝对收敛}\\ 0<p\leqslant 1 & \text{级数条件收敛}\\ p\leqslant 0 & \text{级数发散}\end{cases}$$

特别地,$\sum\limits_{n=1}^{\infty}\dfrac{(-1)^n}{n}=\ln 2$ 是特殊的交错的条件收敛的 p- 级数。

例 11.23 判别级数 $\sum\limits_{n=2}^{\infty}\dfrac{(-1)^n\sqrt{n}}{n-1}$ 的敛散性。

【解】 注意到级数的一般项不连续,为了利用导数判断单调性,取 $y=\dfrac{\sqrt{x}}{x-1}$,由

$$y'=\left(\dfrac{\sqrt{x}}{x-1}\right)'=\dfrac{-(1+x)}{2\sqrt{x}(x-1)^2}<0$$

可知 $\{u_n\}$ 单调递减。又因为 $\lim\limits_{n\to\infty}\dfrac{\sqrt{n}}{n-1}=0$,由莱布尼茨定理知 $\sum\limits_{n=2}^{\infty}\dfrac{(-1)^n\sqrt{n}}{n-1}$ 收敛。

进一步,$\sum\limits_{n=2}^{\infty}\left|\dfrac{(-1)^n\sqrt{n}}{n-1}\right|=\sum\limits_{n=2}^{\infty}\dfrac{\sqrt{n}}{n-1}$ 发散,所以级数 $\sum\limits_{n=2}^{\infty}\dfrac{(-1)^n\sqrt{n}}{n-1}$ 条件收敛。

例 11.24 判别级数 $\sum\limits_{n=1}^{\infty}(-1)^{n-1}\dfrac{n+1}{n}\dfrac{1}{\sqrt[100]{n}}$ 的敛散性。

【解】 把级数一分为二,

$$\sum\limits_{n=1}^{\infty}(-1)^{n-1}\dfrac{n+1}{n}\dfrac{1}{\sqrt[100]{n}}=\sum\limits_{n=1}^{\infty}(-1)^{n-1}\dfrac{1}{\sqrt[100]{n}}+\sum\limits_{n=1}^{\infty}(-1)^{n-1}\dfrac{1}{n}\cdot\dfrac{1}{\sqrt[100]{n}}$$

注意到级数 $\sum\limits_{n=1}^{\infty}(-1)^{n-1}\dfrac{1}{\sqrt[100]{n}}$ 和级数 $\sum\limits_{n=1}^{\infty}(-1)^{n-1}\dfrac{1}{n}\cdot\dfrac{1}{\sqrt[100]{n}}$ 分别为 $p=\dfrac{1}{100}$ 和 $p=\dfrac{101}{100}$ 的交错 p- 级数,可见,第一个级数条件收敛,第二个级数绝对收敛,所以原级数条件收敛。

【练习】 判别级数 $\sum\limits_{n=1}^{\infty}(-1)^{n-1}\dfrac{n+k}{n^2}$($k$ 为常数)的敛散性。

(提示:条件收敛级数+绝对收敛级数=条件收敛级数)

【思考】

(1) 若级数 $\sum\limits_{n=1}^{\infty} a_n$ 收敛，且 $\lim\limits_{n\to\infty}\dfrac{b_n}{a_n}=1$，问级数 $\sum\limits_{n=1}^{\infty} b_n$ 是否收敛？

(2) 若级数 $\sum\limits_{n=1}^{\infty} a_n$ 与 $\sum\limits_{n=1}^{\infty} b_n$ 均收敛，$a_n \leqslant c_n \leqslant b_n (n=1,2,\cdots)$，问级数 $\sum\limits_{n=1}^{\infty} c_n$ 是否收敛？

11.3　幂级数

11.3.1　幂级数的敛散性

高等数学的研究对象是函数，尽管前面对正项级数的敛散性进行了详细的探讨，但几乎没有涉及函数。事实上，无穷级数中，函数项级数较之数项级数有更加丰富精彩的内容。这里，主要讨论函数项级数中最常见有用的幂级数。

由于幂级数 $\sum\limits_{n=0}^{\infty} a_n x^n$ 在 $x=0$ 处总是收敛的，即一切幂级数的收敛域都包括原点。现在关键的问题是：对于给定的幂级数怎样确定它的发散域和收敛域以及和函数。

考察等比级数

$$\sum_{n=0}^{\infty} x^n = 1 + x + x^2 + \cdots + x^n + \cdots$$

当 $|x|<1$ 时，此级数收敛于和 $\dfrac{1}{1-x}$；当 $|x|\geqslant 1$ 时，此级数发散。可见该级数的和函数为 $S(x)=\dfrac{1}{1-x}$，收敛域是一个以原点为中心的对称区间 $(-1,1)$，发散域则对称地分布在收敛域的外侧。事实上，这种结构对于幂级数具有一般性，请看下面的定理。

定理 11.10（Abel 定理）

(1) 如果幂级数 $\sum\limits_{n=0}^{\infty} a_n x^n$ 在 $x=x_0 (x_0 \neq 0)$ 处收敛，则它在满足不等式 $|x|<|x_0|$ 的一切 x 处绝对收敛；

(2) 如果幂级数 $\sum\limits_{n=0}^{\infty} a_n x^n$ 在 $x=x_0$ 处发散，则它在满足不等式 $|x|>|x_0|$ 的一切 x 处发散。

【注】

(1) 此定理适用于幂级数类型 $\sum\limits_{n=0}^{\infty} a_n x^n$，如果是 $\sum\limits_{n=0}^{\infty} a_n (x-x_0)^n$ 类型应先做变换；

(2) 若幂级数 $\sum\limits_{n=0}^{\infty} a_n x^n$ 在一点 x 处收敛，仅可判断以原点为圆心，$|x|$ 长为半径的区域内部的敛散性，该区域外部以及边界无法判定；

(3) 若幂级数 $\sum\limits_{n=0}^{\infty} a_n x^n$ 在一点 x 处发散，则只能判定上述区域外部的敛散性，而区域内部及边界则无法判定。

因此,阿贝尔定理间接地告诉我们幂级数 $\sum\limits_{n=0}^{\infty} a_n x^n$ 收敛域的结构,不外乎是下列三种情形:

(1) $I_{收} = \{0\}$;

(2) $I_{收} = (-\infty, +\infty)$,幂级数在其中绝对收敛;

(3) 存在一个完全确定的正数 R,使得:当 $|x| < R$ 时,幂级数绝对收敛;当 $|x| > R$ 时,幂级数发散。这个正数 R 被称为幂级数的收敛半径,$(-R, R)$ 称为幂级数的收敛域。当 $x = R$ 与 $x = -R$ 时,幂级数可能收敛也可能发散。$(-R, R)$ 加上收敛的端点称为收敛域,即

$$I_{收} = (-R, R), \quad 或 \quad [-R, R), (-R, R], [-R, R]$$

【注】 若幂级数只在 $x=0$ 处收敛,$R=0$,收敛域为 $\{0\}$;若幂级数对一切 x 都收敛,$R=+\infty$,收敛域为 $(-\infty, +\infty)$。

显然,确定幂级数的收敛域重在确定幂级数的收敛半径,如何求得 R 呢?为了探讨这个问题,对级数 $\sum\limits_{n=0}^{\infty} a_n x^n$ 应用比值审敛法,有

$$\lim_{n \to \infty} \frac{|a_{n+1} x^{n+1}|}{|a_n x^n|} = \lim_{n \to \infty} \frac{|a_{n+1}|}{|a_n|} |x| = \rho |x|$$

利用比值法进行分析可得下面的定理。

定理 11.11　如果幂级数 $\sum\limits_{n=0}^{\infty} a_n x^n$ 的所有系数 $a_n \neq 0$,设 $\lim\limits_{n \to \infty} \left| \dfrac{a_{n+1}}{a_n} \right| = \rho$,$R$ 为收敛半径,则

(1) 当 $\rho \neq 0$ 时,$R = \dfrac{1}{\rho}$;

(2) 当 $\rho = 0$ 时,$R = +\infty$;

(3) 当 $\rho = +\infty$ 时,$R = 0$。

据此定理可知,幂级数 $\sum\limits_{n=0}^{\infty} a_n x^n$ 的收敛半径为 $R = \lim\limits_{n \to \infty} \left| \dfrac{a_n}{a_{n+1}} \right|$。

例 11.25　求级数 $\sum\limits_{n=0}^{\infty} \dfrac{x^n}{n+1} = 1 + \dfrac{x}{2} + \dfrac{x^2}{2} + \dfrac{x^3}{2} + \cdots + \dfrac{x^n}{n+1} + \cdots$ 的收敛半径。

【解】 $R = \lim\limits_{n \to \infty} \left| \dfrac{a_n}{a_{n+1}} \right| = \lim\limits_{n \to \infty} \dfrac{\dfrac{1}{n}}{\dfrac{1}{n+1}} = 1$。

例 11.26　求级数 $\sum\limits_{n=1}^{\infty} \dfrac{2^n x^n}{n!} = 2x + \dfrac{2^2 x^2}{2!} + \dfrac{2^3 x^3}{3!} + \cdots + \dfrac{2^n x^n}{n!} + \cdots$ 的收敛半径及收敛域。

【解】 $R = \lim\limits_{n \to \infty} \left| \dfrac{a_n}{a_{n+1}} \right| = \lim\limits_{n \to \infty} \dfrac{\dfrac{2^n}{n!}}{\dfrac{2^{n+1}}{(n+1)!}} = \lim\limits_{n \to \infty} \dfrac{n+1}{2} = \infty$,所以 $I_{收} = (-\infty, +\infty)$。

例 11.27　求级数 $\sum\limits_{n=1}^{\infty} \dfrac{(-1)^{n-1} x^n}{n} = x - \dfrac{x^2}{2} + \dfrac{x^3}{3} - \cdots + \dfrac{(-1)^{n-1} x^n}{n} + \cdots$ 的收敛半径

及收敛域。

【解】　$R = \lim\limits_{n \to \infty} \left| \dfrac{a_n}{a_{n+1}} \right| = \lim\limits_{n \to \infty} \dfrac{\dfrac{1}{n}}{\dfrac{1}{n+1}} = 1$，所以收敛半径 $R = 1$。

在端点 $x = 1$ 处，级数为

$$1 - \frac{1}{2} + \frac{1}{3} + \frac{1}{4} - \cdots + (-1)^n \frac{1}{n} + \cdots = \ln 2$$

收敛。

在端点 $x = -1$ 处，级数为

$$-1 - \frac{1}{2} - \frac{1}{3} - \frac{1}{4} - \cdots - \frac{1}{n} - \cdots$$

发散，所以 $I_{\text{收}} = (-1, 1]$。

例 11.28　求级数 $\sum\limits_{n=1}^{\infty} \dfrac{2n-1}{2^n} x^{2n-1} = \dfrac{1}{2} x + \dfrac{3}{2^2} x^3 + \cdots + \dfrac{2n-1}{2^n} x^{2n-1} + \cdots$ 的收敛半径

及收敛域。

【解法一】　注意到该级数缺少偶数项，收敛半径公式不能直接使用，利用比值法有

$$\lim_{n \to \infty} \left| \frac{a_{n+1} x^{n+1}}{a_n x^n} \right| = \lim_{n \to \infty} \left| \frac{\dfrac{2n+1}{2^{n+1}} x^{2n+1}}{\dfrac{2n-1}{2^n} x^{2n-1}} \right| = \frac{1}{2} x^2$$

故当 $\dfrac{1}{2} x^2 < 1$，即 $|x| < \sqrt{2}$ 时，级数绝对收敛，当 $x = \sqrt{2}$ 时，原级数成为 $\sum\limits_{n=1}^{\infty} \dfrac{2n-1}{\sqrt{2}}$，因为

$\lim\limits_{n \to \infty} u_n = \lim\limits_{n \to \infty} \dfrac{2n-1}{\sqrt{2}} \neq 0$，故原级数发散；当 $x = -\sqrt{2}$ 时，原级数成为 $-\sum\limits_{n=1}^{\infty} \dfrac{2n-1}{\sqrt{2}}$，显然

也发散；所以级数的收敛半径为 $R = \sqrt{2}$，收敛域为 $(-\sqrt{2}, \sqrt{2})$。

【解法二】　把原级数记为 $\sum\limits_{n=1}^{\infty} b_{2n-1} x^{2n-1}$，并记 $R_b = \lim\limits_{n \to \infty} \dfrac{\dfrac{2n-1}{2^n}}{\dfrac{2n+1}{2^{n+1}}} = 2$，则原级数的收敛

半径 $R = \sqrt{R_b} = \sqrt{2}$，端点处的情形如解法 1 所述，所以级数的收敛域为 $(-\sqrt{2}, \sqrt{2})$。

推论：当级数为 $\sum\limits_{n=0}^{\infty} a_{2n} x^{2n}$（缺少奇数项）或 $\sum\limits_{n=0}^{\infty} a_{2n+1} x^{2n+1}$（缺少偶数项）时，

$$\lim_{n \to \infty} \left| \frac{a_{2n+2}}{a_{2n}} \right| = \rho \left(\text{或} \lim_{n \to \infty} \left| \frac{a_{2n+1}}{a_{2n-1}} \right| = \rho \right),$$

则当 $\rho \neq 0$ 时，$R = \dfrac{1}{\sqrt{\rho}}$。想一想：为什么？

例 11.29　求级数 $\sum\limits_{n=1}^{\infty} \dfrac{(-1)^{n-1} (x-2)^n}{5n}$ 的收敛域。

【解】　令 $t = x - 2$，原级数化为 $\sum\limits_{n=1}^{\infty} \dfrac{(-1)^{n-1} t^n}{5n}$，收敛半径为

$$R = \lim_{n \to \infty} \left| \frac{a_n}{a_{n+1}} \right| = \lim_{n \to \infty} \frac{\frac{1}{5n}}{\frac{1}{5(n+1)}} = 1$$

在端点 $t=1$ 处,级数为 $\frac{1}{5} - \frac{1}{5 \cdot 2} + \frac{1}{5 \cdot 3} - \cdots + (-1)^{n-1} \frac{1}{5n} + \cdots$ 收敛。

在端点 $t=-1$ 处,级数 $-\frac{1}{5} - \frac{1}{5 \cdot 2} - \frac{1}{5 \cdot 3} - \cdots - \frac{1}{5n} \cdots$ 发散。

所以,$\sum_{n=1}^{\infty} \frac{(-1)^{n-1} t^n}{5n}$ 的收敛域为 $-1 < t \leqslant 1$,从而原级数 $\sum_{n=1}^{\infty} \frac{(-1)^{n-1}(x-2)^n}{5n}$ 的收敛域为 $-1 < x-2 \leqslant 1$,即 $I_{收} = (1,3]$。

从以上几例不难看出,幂级数的收敛域是一个容易确定的对称区间,在收敛域内部,幂级数绝对收敛,端点处,级数可能收敛、可能发散,收敛时可能绝对收敛,也可能条件收敛,需单独讨论,如图 11.1 所示。

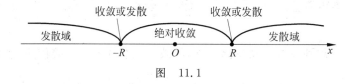

图 11.1

【思考】

(1) $\sum_{n=0}^{\infty} a_n x^n$ 在 $x = x_0$ 处条件收敛,问该级数的收敛半径是多少?

(2) 如果设两个幂级数 $\sum_{n=0}^{\infty} \frac{a_n}{n} x^n$,$\sum_{n=0}^{\infty} \frac{b_n}{n} x^n$ 的收敛半径分别为 R_a, R_b,那么级数 $\sum_{n=0}^{\infty} \frac{a_n + b_n}{n} x^n$ 的收敛半径等于?

11.3.2 幂级数的和函数

(一)幂级数的运算性质

与有限项的多项式 $P_n(x) = a_0 + a_1 x + a_2 x^2 + \cdots + a_n x^n$ 相类似,幂级数在收敛域内仍然保持代数运算性质。例如,设 $\sum_{n=0}^{\infty} a_n x^n$,$\sum_{n=0}^{\infty} b_n x^n$ 的收敛半径分别为 R_1、R_2,取 $R = \min\{R_1, R_2\}$,则

$$\sum_{n=0}^{\infty} a_n x^n \pm \sum_{n=0}^{\infty} b_n x^n = \sum_{n=0}^{\infty} (a_n \pm b_n) x^n \quad x \in (-R, R)$$

也就是说,两个收敛的幂级数至少在它们的共同收敛的区间 $(-R, R)$ 上可以按多项式的法则逐项相加、相减和相乘,其结果分别收敛于两个幂级数和函数的和、差、积。

对于一般的函数项级数 $\sum_{n=0}^{\infty} u_n(x)$,逐项积分和逐项求导并不成立,但对收敛的幂级数,其和函数 $S(x)$ 却有良好的分析运算性质。

性质 11.4 $S(x)$ 在收敛域 $(-R, R)$ 内连续;

性质 11.5 $S(x)$ 在收敛域 $(-R, R)$ 内可导,并可逐项微分任意次,且

$$S'(x) = \left[\sum_{n=0}^{\infty} a_n x^n\right]' = \sum_{n=0}^{\infty} [a_n x^n]' = \sum_{n=0}^{\infty} n a_n x^{n-1}$$

性质 11.6 $S(x)$在收敛域$(-R,R)$内可积,并可逐项积分,且

$$\int_0^x S(x)\mathrm{d}x = \int_0^x \left(\sum_{n=0}^{\infty} a_n x^n\right)\mathrm{d}x = \sum_{n=0}^{\infty} \int_0^x a_n x^n \mathrm{d}x = \sum_{n=0}^{\infty} \frac{a_n}{n+1}x^{n+1}$$

(二)幂级数的和函数

一般情况下求幂级数的和函数并不容易。特别应该注意的是,幂级数逐项求导和逐项积分后收敛半径不变,利用和函数的性质求一些幂级数的和函数变得相对简单了。

求幂级数的和函数时,常常要利用下列两个级数的和函数:

$$\sum_{n=0}^{\infty} x^n = 1 + x + x^2 + x^3 + \cdots + x^n + \cdots = \frac{1}{1-x}, \quad |x| < 1$$

$$\sum_{n=0}^{\infty} (-1)^n x^n = 1 - x + x^2 - x^3 + \cdots + (-1)^n x^n + \cdots = \frac{1}{1+x}, \quad |x| < 1$$

例 11.30 求级数$\sum_{n=1}^{\infty} (-1)^{n-1} \frac{x^n}{n}$的和函数。

【解】 设$S(x) = \sum_{n=1}^{\infty} (-1)^{n-1} \frac{x^n}{n}$,显然$S(0) = 0$,先逐项求导得

$$S'(x) = 1 - x + x^2 - x^3 + \cdots = \frac{1}{1+x} \quad (-1 < x < 1)$$

再两边积分得

$$\int_0^x S'(x)\mathrm{d}x = S(x) - S(0) = \int_0^x \frac{1}{1+x}\mathrm{d}x = \ln(1+x)$$

即$S(x) = \ln(1+x)$,又当$x=1$时,$\sum_{n=1}^{\infty} (-1)^{n-1} \frac{1}{n} = \ln 2$收敛,当$x=-1$时,$\sum_{n=1}^{\infty} (-1)^{n-1} \frac{1}{n}$发散,所以和函数的定义域为$-1 < x \leqslant 1$。

【注】 例 11.30 应用了公式$\int_0^x F'(x)\mathrm{d}x = F(x) - F(0)$,即$F(x) = F(0) + \int_0^x F'(x)\mathrm{d}x$。

例 11.31 求幂级数$\sum_{n=0}^{\infty} \frac{1}{n+1}x^n$的和函数。

【解】 不难看出,原级数的收敛半径$R=1$,且当$x=1$时,级数为$\sum_{n=0}^{\infty} \frac{1}{n+1}$,发散;

当$x=-1$时,级数为$\sum_{n=0}^{\infty} \frac{(-1)^n}{n+1}$,收敛。所以幂级数的收敛域为$[-1,1)$。

设$S(x) = \sum_{n=0}^{\infty} \frac{1}{n+1}x^n, x \in [-1,1)$,显然$S(0) = 1$。注意到

$$S(x) = \frac{1}{x}\sum_{n=0}^{\infty} \frac{1}{n+1}x^{n+1} = \frac{1}{x}\int_0^x \left[\sum_{n=0}^{\infty} \frac{1}{n+1}x^{n+1}\right]'\mathrm{d}x$$

$$= \frac{1}{x}\int_0^x \sum_{n=0}^{\infty} x^n \mathrm{d}x = \frac{1}{x}\int_0^x \frac{1}{1-x}\mathrm{d}x = \frac{-\ln(1-x)}{x} \quad (0 < |x| < 1)$$

从而　　　　　　　$S(x) = \begin{cases} -\dfrac{1}{x}\ln(1-x) & 0 < |x| < 1 \\ 1 & x = 0 \end{cases}$

由和函数在收敛域上的连续性,$S(-1) = \lim\limits_{x \to -1^+} S(x) = \ln 2$。

综上可得

$$S(x) = \begin{cases} -\dfrac{1}{x}\ln(1-x) & x \in [-1,0) \bigcup (0,1) \\ 1 & x = 0 \end{cases}$$

【注】　应用逐项求导或逐项积分后,收敛域端点处的敛散性可能有变化,所以求得和函数后,在端点处是否有定义还需要特别验证。

借助例 11.31 的结果,我们还可以求常数项级数 $\sum\limits_{n=0}^{\infty} \dfrac{(-1)^n}{n+1}$ 的和。

例 11.32　求常数项级数 $\sum\limits_{n=0}^{\infty} \dfrac{(-1)^n}{n+1}$ 的和。

【解】　观察发现幂级数 $\sum\limits_{n=0}^{\infty} \dfrac{1}{n+1} x^n$ 在 $x = -1$ 处取值恰好是本题所求的数项级数 $\sum\limits_{n=0}^{\infty} \dfrac{(-1)^n}{n+1}$。由例 11.31 可知,该幂级数的和函数为

$$S(x) = \begin{cases} -\dfrac{1}{x}\ln(1-x) & x \in [-1,0) \bigcup (0,1) \\ 1 & x = 0 \end{cases}$$

于是

$$S(-1) = \sum_{n=0}^{\infty} \frac{(-1)^n}{n+1} = \ln 2$$

【注】　利用幂级数的和函数,可以为求一些常数项级数的和提供一种方法。

例 11.33　求常数项级数 $\sum\limits_{n=1}^{\infty} \dfrac{n(n+1)}{2^n}$ 的和。

【解】　考虑级数 $\sum\limits_{n=1}^{\infty} n(n+1)x^n$,收敛域为 $(-1,1)$,其和函数

$$S(x) = \sum_{n=1}^{\infty} n(n+1)x^n = x\left(\sum_{n=1}^{\infty} x^{n+1}\right)'' = x\left(\frac{x^2}{1-x}\right)'' = \frac{2x}{(1-x)^3}$$

故所求数项级数 $\sum\limits_{n=1}^{\infty} \dfrac{n(n+1)}{2^n} = S\left(\dfrac{1}{2}\right) = 8$。

幂级数无论是其表达式、收敛半径、收敛域,还是其代数运算和微分运算,处处体现其结构对称、排列整齐,具有立体和动态的双重美,这些都是多项式所无法比拟的,幂级数决不是多项式的推广。通过对幂级数的研究,我们不仅了解了幂级数丰富、优雅的性质,而且还充分感受到了从有限到无穷变换的美妙和神奇。

理论探究

11.4 函数展开成幂级数

为了描述不同的变化现象,人们构造了许多函数。例如,幂函数、三角函数与反三角函数、对数函数与指数函数,以及借助方程、积分等运算定义的更复杂的函数。这种多样性给函数的使用者带来了一定程度的不便。幸运的是,如果容许一定程度的误差的话,上述函数便可以用同一类函数——多项式函数来统一替代。

在一元函数微分学中,我们已经知道,当函数 $f(x)$ 在 x_0 点可导时,在 x_0 点附近有近似公式

$$f(x) \approx f(x_0) + f'(x_0)(x - x_0)$$

或等式

$$f(x) = f(x_0) + f'(x_0)(x - x_0) + o(x - x_0)$$

特别地,当 $x_0 = 0$ 时有

$$e^x \approx 1 + x, \quad \ln(1 + x) \approx x$$

这些都是用一次多项式来近似表达函数的例子。但是它们有两点不足,首先是近似精确度不高,误差仅是 $o(x - x_0)$;其次是用该公式进行近似计算时,不能具体估算出误差大小。要想解决以上两个问题,就必须选用更高阶的多项式来处理近似计算问题。

1664—1669 年,牛顿凭借自己发现的二项式定理得到了一系列函数的幂级数表达式,为无穷级数的研究开辟了广阔的前景。例如

$$e^x = 1 + x + \frac{1}{2!}x^2 + \cdots + \frac{1}{n!}x^n + \cdots \quad x \in (-\infty, +\infty) \tag{11.14}$$

$$\sin x = x - \frac{1}{3!}x^3 + \frac{1}{5!}x^5 - \cdots + (-1)^n \frac{x^{2n+1}}{(2n+1)!} + \cdots \quad x \in (-\infty, +\infty) \tag{11.15}$$

$$\cos x = 1 - \frac{1}{2!}x^2 + \frac{1}{4!}x^4 - \cdots + (-1)^n \frac{x^{2n}}{(2n)!} + \cdots \quad x \in (-\infty, +\infty) \tag{11.16}$$

1671 年苏格兰数学家格雷戈里(James Gregory,1638—1675)给出了

$$\arctan x = x - \frac{x^3}{3} + \frac{x^5}{5} - \cdots + (-1)^n \frac{x^{2n+1}}{(2n+1)} + \cdots \tag{11.17}$$

被称为"格雷戈里展开式"。但他没有注意到,只要在上述级数中令 $x = 1$,就能得到一个 π 的无穷级数表达式。1674 年,莱布尼茨独立于格雷戈里给出了

$$\frac{\pi}{4} = \sum_{n=0}^{\infty} \frac{(-1)^n}{(2n+1)} = 1 - \frac{1}{3} + \frac{1}{5} - \cdots + \cdots$$

这是历史上第一个 π 的无穷级数表达式,但收敛速度很慢。

1712 年 7 月 26 日,英国数学家泰勒(B. Taylor,1685—1731)在致他的老师的信中给

出了著名的泰勒定理：函数在一点的邻域内的值可以用函数在该点的值及各阶导数值组成的无穷级数表示出来，即

$$f(x) = f(x_0) + f'(x_0)(x-x_0) + \frac{f''(x_0)}{2!}(x-x_0)^2 + \cdots + \frac{f^{(n)}(x_0)}{n!}(x-x_0)^n + \cdots$$

(11.18)

这就是著名的**泰勒级数**。

让我们沿着泰勒的思路欣赏这位才华横溢的数学家导出泰勒级数的历程。

11.4.1　泰勒公式

设函数 $f(x)$ 在含有 x_0 的开区间内具有直到 $(n+1)$ 阶导数，泰勒设想用关于 $(x-x_0)$ 的 n 次多项式 $P_n(x) = \sum_{k=0}^{n} a_k(x-x_0)^n$ 来近似表达 $f(x)$，即

$$f(x) \approx a_0 + a_1(x-x_0) + a_2(x-x_0)^2 + \cdots + a_n(x-x_0)^n = P_n(x)$$

其近似程度的误差 $|R_n(x)| = |f(x) - P_n(x)|$ 为 $o((x-x_0)^n)$，即 $(x-x_0)^n$ 的高阶无穷小。

为了使 $P_n(x)$ 尽可能地贴近 $f(x)$，泰勒假设 $P_n(x)$ 与 $f(x)$ 在 x_0 点的 $k(k=0,1,2,\cdots,n)$ 阶导数均相等，从而得到下面一系列结果

$$P_n(x_0) = [a_0 + a_1(x-x_0) + a_2(x-x_0)^2 + \cdots + a_n(x-x_0)^n]\big|_{x=x_0} = f(x_0)$$

$$P_n'(x_0) = [a_1 + 2a_2(x-x_0) + \cdots + na_n(x-x_0)^{n-1}]\big|_{x=x_0} = f'(x_0)$$

$$P_n''(x_0) = [2a_2 + 3\times 2a_3(x-x_0) + \cdots + n(n-1)a_n(x-x_0)^{n-2}]\big|_{x=x_0} = f''(x_0)$$

$$\vdots$$

$$P_n^{(n)}(x_0) = n!a_n = f^{(n)}(x_0)$$

从而有

$$a_0 = f(x_0), \quad a_1 = f'(x_0), \quad a_2 = \frac{1}{2!}f''(x_0),$$

$$a_3 = \frac{1}{3!}f'''(x_0), \cdots, a_n = \frac{1}{n!}f^{(n)}(x_0)$$

写成统一形式

$$a_k = \frac{1}{k!}f^{(k)}(x_0) \quad (k=0,1,2,\cdots,n)$$

于是 $P_n(x)$ 可以写成下列形式

$$P_n(x) = f(x_0) + f'(x_0)(x-x_0) + \frac{f''(x_0)}{2!}(x-x_0)^2 + \cdots + \frac{f^{(n)}(x_0)}{n!}(x-x_0)^n$$

这个多项式被称为 $f(x)$ 的**泰勒多项式**，其中 $a_k = \frac{1}{k!}f^{(k)}(x_0)(k=0,1,2,\cdots,n)$ 被称为 $f(x)$ 的泰勒系数。泰勒系数简洁、对称、和谐、奇异，极具数学之美！也许正是这位具有非凡音乐和绘画造诣的数学家，把音乐和绘画的美融进了这组系数，才使得它具有非凡的魅力。

那么，研究 $f(x)$ 的泰勒多项式能否替代对 $f(x)$ 的研究呢？泰勒进一步的研究为我

们找到了答案。

定理 11.12（泰勒中值定理）　若函数 $f(x)$ 在含有 x_0 的某个区间 (a,b) 内具有直到 $n+1$ 阶的连续导数，则对任意的 $x \in (a,b)$，$f(x)$ 可以按 $(x-x_0)$ 的方幂展开为

$$f(x) = f(x_0) + f'(x_0)(x-x_0) + \frac{1}{2!}f''(x_0)(x-x_0)^2$$

$$+ \cdots + \frac{1}{n!}f^{(n)}(x_0)(x-x_0)^n + R_n(x) \tag{11.19}$$

其中 $R_n(x) = \dfrac{f^{(n+1)}(\xi)}{(n+1)!}(x-x_0)^{n+1}$（$\xi$ 介于 x_0 与 x 之间）。

上式称为函数 $f(x)$ 的泰勒公式，余项 $R_n(x)$ 称为拉格朗日型余项。

在不需要余项的精确表达式时，n 阶泰勒公式也可写成

$$f(x) = f(x_0) + f'(x_0)(x-x_0) + \frac{1}{2!}f''(x_0)(x-x_0)^2$$

$$+ \cdots + \frac{1}{n!}f^{(n)}(x_0)(x-x_0)^n + o[(x-x_0)^n] \tag{11.20}$$

这种余项形式称为皮亚诺型余项。

当 $x_0 = 0$ 时，泰勒公式变为

$$f(x) = f(0) + f'(0)x + \frac{f''(0)}{2!}x^2 + \cdots + \frac{f^{(n)}(0)}{n!}x^n + R_n(x) \tag{11.21}$$

其中 $R_n(x) = \dfrac{f^{(n+1)}(\xi)}{(n+1)!}x^{n+1}$（$\xi$ 介于 0 与 x 之间）。此公式称为 $f(x)$ 的麦克劳林（C. Maclaurin, 1698—1746）公式。

11.4.2　泰勒级数

如果把泰勒公式中的多项式记作 $S_n(x)$，那么泰勒公式可表示为

$$f(x) = S_n(x) + R_n(x)$$

若函数 $f(x)$ 在含有 x_0 的某个区间 (a,b) 内具有任意阶连续导数，且

$$f(x) = \lim_{n \to \infty} S_n(x) + \lim_{n \to \infty} R_n(x)$$

不难看出，$f(x) = \lim\limits_{n \to \infty} S_n(x)$ 成立的充要条件为 $\lim\limits_{n \to \infty} R_n(x) = 0$，而

$$\lim_{n \to \infty} S_n(x) = \lim_{n \to \infty} \sum_{k=0}^{n} \frac{1}{k!}f^{(k)}(x_0)(x-x_0)^k$$

$$= \sum_{n=0}^{\infty} \frac{1}{n!}f^{(n)}(x_0)(x-x_0)^n = f(x)$$

即

$$f(x) = \sum_{n=0}^{\infty} \frac{1}{n!}f^{(n)}(x_0)(x-x_0)^n \tag{11.22}$$

也就是说，此时，$f(x)$ 可以展开成以

$$a_n = \frac{1}{n!}f^{(n)}(x_0)$$

为系数的幂级数，称幂级数（11.22）为泰勒级数。其中它的前 $n+1$ 项的和 $S_{n+1}(x)$ 称为

泰勒级数的部分和。a_n 称为泰勒系数。

在 $f(x)$ 的泰勒展开式中,令 $x_0=0$,得到 $f(x)$ 关于 x 的幂级数,即

$$f(0)+f'(0)x+\frac{f''(0)}{2!}x^2+\cdots+\frac{f^{(n)}(0)}{n!}x^n+\cdots, \tag{11.23}$$

此级数称为 $f(x)$ 的**麦克劳林级数**。

1742 年,英国数学家麦克劳林以泰勒级数为基本工具叙述了函数在 $x=0$ 处的展开定理,并用待定系数法给出证明。其实,早在 1717 年泰勒就讨论了函数在 $x=0$ 处的展开式,但由于历史的误会,函数在 $x=0$ 处的展开的级数被称为"麦克劳林级数"。

11.4.3 某些初等函数的幂级数展开式

综上讨论可知,函数 $f(x)$ 对区间内的一个点 x_0,是否可以展开成 $(x-x_0)$ 的幂级数,取决于两步:

第一步,按公式 $a_n=\frac{1}{n!}f^{(n)}(x_0)$ 求出 $f(x)$ 在 x_0 处的各阶导数值,若某阶导数不存在,则停止运算,该函数不能展开成 $(x-x_0)$ 的幂级数;若各阶导数均存在,则写出相应的幂级数,并求出它的收敛域。

第二步,研究余项极限 $\lim\limits_{n\to\infty}R_n(x)$ 是否等于零,若为零,则第一步写出的级数就是 $f(x)$ 的展开式;否则,不能用它来代替 $f(x)$。

【注】

(1) 如果某阶导数不存在,不可展开。

(2) $\sum\limits_{n=0}^{\infty}\frac{f^{(n)}(0)}{n!}x^n$ 未必收敛。

(3) 若 $\lim\limits_{n\to\infty}R_n(x)\neq 0$,即使 $\sum\limits_{n=0}^{\infty}\frac{f^{(n)}(0)}{n!}x^n$ 收敛,其和也不能认为就是 $f(x)$。

将 $f(x)$ 展开成幂级数通常有两种方法:直接展开法和间接展开法。

(一) 直接展开法(仅以将 $f(x)$ 展开成麦克劳林级数为例)

步骤如下:

第一步,求出函数 $f(x)$ 的各阶导数值 $f(0),f'(0),f''(0),\cdots,f^{(n)}(0),\cdots$

第二步,写出幂级数

$$f(0)+f'(0)x+\frac{f''(0)}{2!}x^2+\cdots+\frac{f^{(n)}(0)}{n!}x^n+\cdots$$

求该级数的收敛域。

第三步,考察当 x 在收敛域内时 $R_n(x)$ 的极限是否为零,即

$$\lim_{n\to\infty}R_n(x)=\lim_{n\to\infty}\frac{f^{(n+1)}(\xi)}{(n+1)!}x^{n+1}\quad (\xi\text{ 介于 }0\text{ 与 }x\text{ 之间})$$

如果为零,则写出幂级数的展开式。

例 11.34 将 $f(x)=\mathrm{e}^x$ 展成 x 的幂级数。

【解】 因为 $f^{(n)}(x)=\mathrm{e}^x(n=1,2,\cdots)$,所以 $f(0)=1,f^{(n)}(0)=1(n=1,2,\cdots)$。

$f(x)$的麦克劳林级数为

$$1 + x + \frac{1}{2!}x^2 + \cdots + \frac{1}{n!}x^n + \cdots$$

收敛域为$(-\infty, +\infty)$。考察余项的绝对值

$$|R_n(x)| = \left| \frac{e^{\xi}}{(n+1)!}x^{n+1} \right| < \frac{e^{\xi}}{(n+1)!}|x|^{n+1} \quad (\xi \text{ 在 } 0 \text{ 与 } x \text{ 之间})$$

因$e^{|x|}$是有限值,而$\frac{|x|^{n+1}}{(n+1)!}$是收敛级数$\sum\limits_{n=0}^{\infty} \frac{|x|^{n+1}}{(n+1)!}$的一般项,因此$\lim\limits_{n\to\infty} \frac{|x|^{n+1}}{(n+1)!} = 0$,即 $\lim\limits_{n\to\infty}|R_n(x)| = 0$,所以$\lim\limits_{n\to\infty}R_n(x) = 0$。于是得到展开式

$$e^x = 1 + x + \frac{1}{2!}x^2 + \cdots + \frac{1}{n!}x^n + \cdots \quad x \in (-\infty, +\infty)。$$

如图 11.2 所示,在 $x = 0$ 附近,用 n 次多项式$\sum\limits_{k=0}^{n} \frac{x^k}{k!}$来近

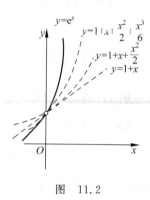

图　11.2

似代替 e^x 时,随着次数 n 逐渐增大,其近似精度越来越高。

例 11.35　将 $f(x) = \sin x$ 展成 x 的幂级数。

【解】　因为$f^{(n)}(x) = \sin\left(x + \frac{n\pi}{2}\right)(n = 1, 2, \cdots)$,则$f(0) = 0$,$f^{(n)}(0) = \sin\frac{n\pi}{2}(n = 1, 2, \cdots)$,$f(x)$的麦克劳林级数为

$$x - \frac{1}{3!}x^3 + \frac{1}{5!}x^5 - \cdots + (-1)^n \frac{x^{2n+1}}{(2n+1)!} + \cdots$$

收敛域为$(-\infty, +\infty)$。考察余项的绝对值

$$|R_n(x)| = \left| \frac{\sin\left(\xi + \frac{n+1}{2}\pi\right)}{(n+1)!}x^{n+1} \right| \leqslant \frac{|x|^{n+1}}{(n+1)!} \quad (\xi \text{ 在 } 0 \text{ 与 } x \text{ 之间})$$

而$\lim\limits_{n\to\infty} \frac{|x|^{n+1}}{(n+1)!} = 0$,即$\lim\limits_{n\to\infty}|R_n(x)| = 0$,所以$\lim\limits_{n\to\infty}R_n(x) = 0$。于是得到展开式

$$\sin x = x - \frac{1}{3!}x^3 + \frac{1}{5!}x^5 - \cdots + (-1)^n \frac{x^{2n+1}}{(2n+1)!} + \cdots \quad x \in (-\infty, +\infty)$$

按上面的步骤把 $f(x)$ 展开成幂级数的这种展开法称之为直接展开法。它不仅计算量大,而且必须讨论余项,但是余项的讨论绝非易事。

（二）间接展开法

由于函数的幂级数展开式是唯一的,所以可以利用一些已知的函数展开式通过变量代换、四则运算、恒等变形、逐项求导、逐项积分等方法,把函数展开成幂级数。这种方法称为间接展开法。

例 11.36　将 $f(x) = \cos x$ 展成 x 的幂级数。

【解】　因为$(\sin x)' = \cos x$,且

$$\sin x = x - \frac{1}{3!}x^3 + \frac{1}{5!}x^5 - \cdots + (-1)^n \frac{x^{2n+1}}{(2n+1)!} + \cdots \quad x \in (-\infty, +\infty)$$

两边求导,得

$$\cos x = 1 - \frac{1}{2!}x^2 + \frac{1}{4!}x^4 - \cdots + (-1)^n \frac{x^{2n}}{(2n)!} + \cdots \quad x \in (-\infty, +\infty)$$

例 11.37 将 $f(x) = \ln(1+x)$ 展成 x 的幂级数。

【解】 $[\ln(1+x)]' = \frac{1}{1+x} = 1 - x + x^2 - x^3 + \cdots + (-1)^n x^n + \cdots$ 收敛半径 $R = 1$，将

上式从 0 到 x 逐项积分，得到

$$\ln(1+x) = \int_0^x \frac{dx}{1+x} = x - \frac{1}{2}x^2 + \frac{1}{3}x^3 - \cdots + (-1)^{n-1}\frac{x^n}{n} + \cdots$$

当 $x = 1$ 时，右端级数 $1 - \frac{1}{2} + \frac{1}{3} - \frac{1}{4} + \cdots + (-1)^n \frac{1}{n+1} + \cdots$ 收敛。

当 $x = -1$ 时，右端级数 $-1 - \frac{1}{2} - \frac{1}{3} - \frac{1}{4} + \cdots - \frac{1}{n} - \cdots$ 发散。

所以

$$\ln(1+x) = x - \frac{1}{2}x^2 + \frac{1}{3}x^3 - \cdots + (-1)^{n-1}\frac{x^n}{n} + \cdots \quad x \in (-1, 1]$$

例 11.38 将 $f(x) = \frac{1}{1-x^2}$ 展成 x 的幂级数。

【解】 因为

$$\frac{1}{1-x} = 1 + x + x^2 + x^3 + \cdots + x^n + \cdots \quad x \in (-1, 1)$$

直接用 x^2 代替 x，得到

$$\frac{1}{1-x^2} = 1 + x^2 + x^4 + x^6 + \cdots + x^{2n} + \cdots \quad x \in (-1, 1)$$

例 11.39 将 $f(x) = \frac{1}{x}$ 展成 $x-1$ 的幂级数。

【解】 因为

$$f(x) = \frac{1}{1+(x-1)}$$

而

$$\frac{1}{1+x} = 1 - x + x^2 - x^3 + \cdots + (-1)^n x^n + \cdots \quad x \in (-1, 1)$$

直接用 $x-1$ 代替 x，得到

$$\frac{1}{1+(x-1)} = 1 - (x-1) + (x-1)^2 - (x-1)^3 + \cdots + (-1)^n(x-1)^n + \cdots$$

其中 $-1 < x-1 < 1$，即 $0 < x < 2$。所以

$$\frac{1}{x} = 1 - (x-1) + (x-1)^2 - (x-1)^3 + \cdots + (-1)^n(x-1)^n + \cdots \quad x \in (0, 2)$$

11.4.4 函数幂级数展开式的应用

函数展开成幂级数以后，不仅可以研究其性质、构成等问题，而且还可以利用多项式来近似代替函数，处理近似计算问题。

例 11.40 利用 $\sin x = x - \dfrac{1}{3!}x^3$，求 $\sin 18°$ 的近似值，并估计误差。

【解】 首先把角度化成弧度，

$$18° = \frac{\pi}{180} \times 18(弧度) = \frac{\pi}{10}(弧度)$$

从而

$$\sin\frac{\pi}{10} \approx \frac{\pi}{10} - \frac{1}{3!}\left(\frac{\pi}{10}\right)^3$$

其次估计这个近似值的精确度。因为

$$\sin x = x - \frac{1}{3!}x^3 + \frac{1}{5!}x^5 - \cdots + (-1)^n\frac{x^{2n+1}}{(2n+1)!} + \cdots$$

在此式中，令 $x = \dfrac{\pi}{10}$，得

$$\sin\frac{\pi}{10} = \frac{\pi}{10} - \frac{1}{3!}\left(\frac{\pi}{10}\right)^3 + \frac{1}{5!}\left(\frac{\pi}{10}\right)^5 - \cdots + (-1)^n\frac{\left(\frac{\pi}{10}\right)^{2n+1}}{(2n+1)!}\cdots$$

这是一个收敛的交错级数，取 $\sin\dfrac{\pi}{10} \approx \dfrac{\pi}{10} - \dfrac{1}{3!}\left(\dfrac{\pi}{10}\right)^3$ 作为近似值，其误差为

$$|r_2| \leqslant \frac{1}{5!}\left(\frac{\pi}{10}\right)^5 < \frac{1}{120}\cdot(0.4)^5 < 0.00009$$

所以 $\sin 18° \approx 0.30899$。

例 11.41 计算 $\ln 2$ 的近似值（误差不超过 10^{-4}）。

【解】 已知

$$\ln 2 = 1 - \frac{1}{2} + \frac{1}{3} - \cdots + (-1)^{n-1}\frac{1}{n} + \cdots$$

如果取这级数前 n 项和作为 $\ln 2$ 的近似值，其误差为：$|r_n| \leqslant \dfrac{1}{n+1}$。

但是，为了保证误差不超过 10^{-4}，就需要取级数的前 10 000 项进行计算，这样做计算量太大了，我们必需用收敛较快的级数来代替它。把展开式

$$\ln(1+x) = x - \frac{x^2}{2} + \frac{x^3}{3} - \frac{x^4}{4} + \cdots + (-1)^n\frac{x^{n+1}}{n+1} + \cdots \quad (-1 < x \leqslant 1)$$

中的 x 换成 $-x$，得

$$\ln(1-x) = -x - \frac{x^2}{2} - \frac{x^3}{3} - \frac{x^4}{4} - \cdots \quad (-1 \leqslant x < 1)$$

两式相减，得到不含有偶次幂的展开式：

$$\ln\frac{1+x}{1-x} = \ln(1+x) - \ln(1-x) = 2\left(x + \frac{1}{3}x^3 + \frac{1}{5}x^5 + \cdots\right) \quad (-1 < x < 1)$$

令 $\dfrac{1+x}{1-x} = 2$，解出 $x = \dfrac{1}{3}$。以 $x = \dfrac{1}{3}$ 代入最后一个展开式，得

$$\ln 2 = 2\left(\frac{1}{3} + \frac{1}{3}\cdot\frac{1}{3^3} + \frac{1}{5}\cdot\frac{1}{3^5} + \frac{1}{7}\cdot\frac{1}{3^7} + \cdots\right)$$

如果取前四项作为 $\ln 2$ 的近似值，则误差为

$$|r_4| = 2\left(\frac{1}{9} \cdot \frac{1}{3^9} + \frac{1}{11} \cdot \frac{1}{3^{11}} + \frac{1}{13} \cdot \frac{1}{3^{13}} + \cdots\right)$$

$$< \frac{2}{3^{11}}\left[1 + \frac{1}{9} + \left(\frac{1}{9}\right)^2 + \cdots\right]$$

$$= \frac{2}{3^{11}} \cdot \frac{1}{1 - \frac{1}{9}} = \frac{1}{4 \cdot 3^9} < \frac{1}{700\,000}$$

于是取

$$\ln 2 \approx 2\left(\frac{1}{3} + \frac{1}{3} \cdot \frac{1}{3^3} + \frac{1}{5} \cdot \frac{1}{3^5} + \frac{1}{7} \cdot \frac{1}{3^7}\right)$$

同样地,考虑到舍入误差,计算时应取 5 位小数:

$$\frac{1}{3} \approx 0.333\,33,\ \frac{1}{3} \cdot \frac{1}{3^3} \approx 0.012\,35,\ \frac{1}{5} \cdot \frac{1}{3^5} \approx 0.000\,82,\ \frac{1}{7} \cdot \frac{1}{3^7} \approx 0.000\,07$$

因此得　$\ln 2 \approx 0.6931$。

例 11.42　计算定积分 $\dfrac{2}{\sqrt{\pi}}\displaystyle\int_0^{\frac{1}{2}} e^{-x^2}\,dx$ 的近似值,要求误差不超过 0.0001 $\left(\text{取}\right.$ $\dfrac{1}{\sqrt{\pi}} \approx 0.564\,19\left.\right)$。

【解】　将 e^x 的幂级数展开式中的 x 换成 $-x^2$,得到被积函数的幂级数展开式

$$e^{-x^2} = 1 + \frac{(-x^2)}{1!} + \frac{(-x^2)^2}{2!} + \frac{(-x^2)^3}{3!} + \cdots$$

$$= \sum_{n=0}^{\infty} (-1)^n \frac{x^{2n}}{n!} \quad (-\infty < x < +\infty)$$

于是,根据幂级数在收敛域内逐项可积,得

$$\frac{2}{\sqrt{\pi}}\int_0^{\frac{1}{2}} e^{-x^2}\,dx = \frac{2}{\sqrt{\pi}}\int_0^{\frac{1}{2}}\left[\sum_{n=0}^{\infty}(-1)^n \frac{x^{2n}}{n!}\right]dx = \frac{2}{\sqrt{\pi}}\sum_{n=0}^{\infty}\frac{(-1)^n}{n!}\int_0^{\frac{1}{2}} x^{2n}\,dx$$

$$= \frac{1}{\sqrt{\pi}}\left(1 - \frac{1}{2^2 \cdot 3} + \frac{1}{2^4 \cdot 5 \cdot 2!} - \frac{1}{2^6 \cdot 7 \cdot 3!} + \cdots\right)$$

前四项的和作为近似值,其误差为:$|r_4| \leqslant \dfrac{1}{\sqrt{\pi}}\dfrac{1}{2^8 \cdot 9 \cdot 4!} < \dfrac{1}{90\,000}$,所以

$$\frac{2}{\sqrt{\pi}}\int_0^{\frac{1}{2}} e^{-x^2}\,dx \approx \frac{1}{\sqrt{\pi}}\left(1 - \frac{1}{2^2 \cdot 3} + \frac{1}{2^4 \cdot 5 \cdot 2!} - \frac{1}{2^6 \cdot 7 \cdot 3!}\right) \approx 0.5295$$

例 11.43　计算积分 $\displaystyle\int_0^1 \frac{\sin x}{x}\,dx$ 的近似值,要求误差不超过 0.0001。

【解】　由于 $\displaystyle\lim_{x \to 0}\frac{\sin x}{x} = 1$,因此所给积分不是反常积分,如果定义被积函数在 $x = 0$ 处的值为 1,则它在积分区间 $[0,1]$ 上连续,展开被积函数,有

$$\frac{\sin x}{x} = 1 - \frac{x^2}{3!} + \frac{x^4}{5!} - \frac{x^6}{7!} + \cdots \quad (-\infty < x < +\infty)$$

在区间 $[0,1]$ 上逐项积分,得

$$\int_0^1 \frac{\sin x}{x}\,dx = 1 - \frac{1}{3 \cdot 3!} + \frac{1}{5 \cdot 5!} - \frac{1}{7 \cdot 7!} + \cdots$$

因为第四项为 $\dfrac{1}{7 \cdot 7!} < \dfrac{1}{30\,000}$，所以取前三项的和作为积分的近似值：

$$\int_0^1 \frac{\sin x}{x} \mathrm{d}x \approx 1 - \frac{1}{3 \cdot 3!} + \frac{1}{5 \cdot 5!} = 0.9461$$

方法纵横

11.5 数项级数敛散性解析

（一）正项级数审敛法

判别正项级数的敛散性一般遵循以下步骤：

首先，观察通项是否趋于零（如果不易看出可省略这一步）。若通项不趋于零，则级数发散；若通项趋于零，则优先使用比值法或根值法；当比值法或根值法失效时，再用比较法或其极限形式。当然，如果明显地能用部分和数列的极限 $S_n \to S(n \to \infty)$ 或比较法得出结论时，就不必用比值法或根值法。总之，级数审敛要"因题制宜"。

审敛程序如图 11.3 所示。

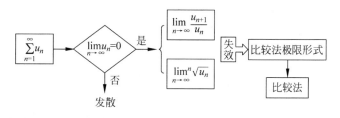

图 11.3

例 11.44 判别下列级数的敛散性。

(1) $\displaystyle\sum_{n=1}^{\infty} 2^n \sin \frac{\pi}{3^n}$；

(2) $\displaystyle\sum_{n=1}^{\infty} \frac{2^n \cdot n!}{n^n}$；

(3) $\displaystyle\sum_{n=1}^{\infty} \left(1 - \cos \frac{\pi}{n}\right)$；

(4) $\displaystyle\sum_{n=1}^{\infty} \frac{1}{\sqrt{n}} \ln \left(1 + \frac{1}{n}\right)$；

(5) $\displaystyle\sum_{n=1}^{\infty} 2^{-n-(-1)^n}$；

(6) $\displaystyle\sum_{n=1}^{\infty} \frac{1}{2^{2n-1}(3n-1)}$；

(7) $\displaystyle\sum_{n=1}^{\infty} \frac{n^{n-1}}{(n+1)^{n+1}}$；

(8) $\displaystyle\sum_{n=1}^{\infty} \frac{1}{1+p^n}(p > 0)$。

【解】

(1) 因为当 $n \to \infty$ 时，$2^n \sin \dfrac{\pi}{3^n} \sim \left(\dfrac{2}{3}\right)^n \pi$，而级数 $\displaystyle\sum_{n=1}^{\infty} \left(\dfrac{2}{3}\right)^n \pi$ 收敛，所以 $\displaystyle\sum_{n=1}^{\infty} 2^n \sin \dfrac{\pi}{3^n}$ 收敛。

(2) 级数通项 u_n 中含有 $n!$，考虑用比值法。

$$\lim_{n\to\infty}\frac{u_{n+1}}{u_n}=\lim_{n\to\infty}\frac{2^{n+1}\cdot(n+1)!}{(n+1)^{n+1}}\frac{n^n}{2^n\cdot n!}=\lim_{n\to\infty}\frac{2n^n}{(n+1)^n}$$

$$=2\lim_{n\to\infty}\frac{1}{\left(1+\dfrac{1}{n}\right)^n}=\frac{2}{e}<1$$

所以级数 $\displaystyle\sum_{n=1}^{\infty}\frac{2^n\cdot n!}{n^n}$ 收敛。

(3) 因为当 $n\to\infty$ 时，$1-\cos\dfrac{\pi}{n}\sim\dfrac{\pi^2}{2n^2}$，级数 $\displaystyle\sum_{n=1}^{\infty}\frac{\pi^2}{2n^2}$ 收敛，所以级数 $\displaystyle\sum_{n=1}^{\infty}\left(1-\cos\frac{\pi}{n}\right)$ 收敛。

(4) 因为当 $n\to\infty$ 时，$\dfrac{1}{\sqrt{n}}\ln\left(1+\dfrac{1}{n}\right)\sim\dfrac{1}{n^{\frac{3}{2}}}$，级数 $\displaystyle\sum_{n=1}^{\infty}\frac{1}{n^{\frac{3}{2}}}$ 收敛，所以级数 $\displaystyle\sum_{n=1}^{\infty}\frac{1}{\sqrt{n}}\ln\left(1+\frac{1}{n}\right)$ 收敛。

(5) 级数通项是 $2^{-n-(-1)^n}$，用根值法检验较简单，因为 $\displaystyle\lim_{n\to\infty}\sqrt[n]{2^{-n-(-1)^n}}=\lim_{n\to\infty}2^{-1-\frac{(-1)^n}{n}}=\frac{1}{2}<1$，所以级数 $\displaystyle\sum_{n=1}^{\infty}2^{-n-(-1)^n}$ 收敛。

(6) 因为 $\displaystyle\lim_{n\to\infty}\frac{\dfrac{1}{2^{2n-1}(3n-1)}}{\dfrac{1}{2^{2n}}}=\lim_{n\to\infty}\frac{2^{2n}}{2^{2n-1}(3n-1)}=\lim_{n\to\infty}\frac{2}{(3n-1)}=0$，而级数 $\displaystyle\sum_{n=1}^{\infty}\frac{1}{2^{2n}}$ 收敛，所以级数 $\displaystyle\sum_{n=1}^{\infty}\frac{1}{2^{2n-1}(3n-1)}$ 收敛。

(7) 因为 $\displaystyle\lim_{n\to\infty}\sqrt[n]{\frac{n^{n-1}}{(n+1)^{n+1}}}=\lim_{n\to\infty}\frac{n^{1-\frac{1}{n}}}{(n+1)^{1+\frac{1}{n}}}=1$，根值法失效，那么比值法必然也失效。考虑用比较法的极限形式，

$$\lim_{n\to\infty}\frac{\dfrac{n^{n-1}}{(n+1)^{n+1}}}{\dfrac{1}{n^2}}=\lim_{n\to\infty}\frac{n^{n+1}}{(n+1)^{n+1}}=\frac{1}{e}$$

而级数 $\displaystyle\sum_{n=1}^{\infty}\frac{1}{n^3}$ 收敛，所以级数 $\displaystyle\sum_{n=1}^{\infty}\frac{n^{n-1}}{(n+1)^{n+1}}$ 收敛。

(8) 当 $0<p<1$ 时，$\displaystyle\lim_{n\to\infty}u_n=\lim_{n\to\infty}\frac{1}{1+p^n}=1$，级数发散；

当 $p=1$ 时，$\displaystyle\lim_{n\to\infty}u_n=\frac{1}{2}$，级数发散；

当 $p>1$ 时，$\dfrac{1}{1+p^n}\sim\dfrac{1}{p^n}$，因为 $\dfrac{1}{p}<1$，故级数 $\displaystyle\sum_{n=1}^{\infty}\frac{1}{p^n}$ 收敛，从而原级数 $\displaystyle\sum_{n=1}^{\infty}\frac{1}{1+p^n}\begin{cases}发散，&0<p\leqslant1\\收敛，&p>1\end{cases}$。

综上,利用比较审敛法的关键是如何寻找恰当的参照级数,通常的参照级数有 p-级数和几何级数。一般项 $u_n = f(n^p)$ 时,通常先找出与 u_n 等价或同阶的无穷小量,或用洛必达法则、泰勒公式来确定 u_n 关于 $\frac{1}{n}$ 的阶,然后用比较审敛法的极限形式和 p-级数的敛散性进行讨论。

当通项 u_n 中含有 a^n、$n!$ 等因子时,适宜用比值审敛法。当 u_n 中含有参数时,往往需对参数的不同取值讨论级数的敛散性。

当 u_n 中含有 n^n 因子时,一般用根值审敛法。

（二）任意项级数审敛法

判别常数项级数的敛散性一般步骤为:

第一步,判别级数 $\sum\limits_{n=1}^{\infty} u_n$ 的类型,若为正项级数,则利用上面所说的正项级数审敛法进行判别;

第二步,若 $\sum\limits_{n=1}^{\infty} u_n$ 为任意项级数,同样首先考察 $\lim\limits_{n\to\infty} u_n \begin{cases} \neq 0, & \text{级数发散} \\ = 0, & \text{进一步判定} \end{cases}$

当 $\lim\limits_{n\to\infty} u_n = 0$ 时,可按以下步骤判断:

(1) 利用正项级数审敛法,判定 $\sum\limits_{n=1}^{\infty} |u_n|$ 的敛散性,若 $\sum\limits_{n=1}^{\infty} |u_n|$ 收敛,则 $\sum\limits_{n=1}^{\infty} u_n$ 绝对收敛;

(2) 若 $\sum\limits_{n=1}^{\infty} |u_n|$ 发散,且级数 $\sum\limits_{n=1}^{\infty} u_n$ 为交错级数,利用莱布尼茨判别法进行判定;若 $\sum\limits_{n=1}^{\infty} u_n$ 收敛,则为条件收敛;

(3) 若 $\sum\limits_{n=1}^{\infty} u_n$ 不是交错级数,或者 $\sum\limits_{n=1}^{\infty} u_n$ 是交错级数但不满足莱布尼茨判别法的条件,则可以考虑:

① 比值判别法。当 $\lim\limits_{n\to\infty} \dfrac{|u_{n+1}|}{|u_n|} = \rho > 1$ 时,$\sum\limits_{n=1}^{\infty} u_n$ 发散;

② 根值判别法。当 $\lim\limits_{n\to\infty} \sqrt[n]{|u_n|} = \rho > 1$ 时,$\sum\limits_{n=1}^{\infty} u_n$ 发散;

③ 讨论 $\{S_{2n}\}$,$\{S_{2n+1}\}$ 的敛散性,以及其他能够判定部分和数列 $\{S_n\}$ 敛散性的方法。

第三步,如有必要,可结合利用级数的性质判别其敛散性。

任意项级数的审敛程序如图 11.4 所示。

例 11.45　判别下列级数的敛散性。

(1) $\sum\limits_{n=1}^{\infty} \dfrac{(-1)^{n-1}}{n - \ln n}$;　　　　　　　(2) $\sum\limits_{n=2}^{\infty} \sin\left(n\pi + \dfrac{1}{\ln n}\right)$.

【解】

(1) 由于 $\left| \dfrac{(-1)^{n-1}}{n - \ln n} \right| = \dfrac{1}{n - \ln n} > \dfrac{1}{n}$,而级数 $\sum\limits_{n=1}^{\infty} \dfrac{1}{n}$ 发散,所以原级数不是绝对收

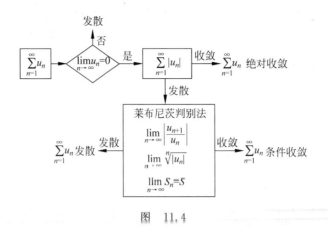

图　11.4

敛的。

又 $[n+1-\ln(n+1)]-(n-\ln n)=1-\ln\left(1+\dfrac{1}{n}\right)>0$，所以 $\dfrac{1}{n-\ln n}>\dfrac{1}{n+1-\ln(n+1)}$，

而且

$$\lim_{n\to\infty}\frac{1}{n-\ln n}=\lim_{n\to\infty}\frac{1}{n\left(1-\dfrac{\ln n}{n}\right)}=0$$

即 $\left\{\dfrac{1}{n-\ln n}\right\}$ 单调递减且趋近于零，由莱布尼茨判别法可知，级数收敛，从而级数

$\displaystyle\sum_{n=1}^{\infty}\frac{(-1)^{n-1}}{n-\ln n}$ 条件收敛。

（2）由于 $\sin\left(n\pi+\dfrac{1}{\ln n}\right)=(-1)^n\sin\dfrac{1}{\ln n}$，所以

$$\sum_{n=2}^{\infty}\sin\left(n\pi+\frac{1}{\ln n}\right)=\sum_{n=2}^{\infty}(-1)^n\sin\frac{1}{\ln n}$$

又 $\displaystyle\lim_{n\to\infty}\frac{\sin\dfrac{1}{\ln n}}{\dfrac{1}{\ln n}}=1$，而级数 $\displaystyle\sum_{n=2}^{\infty}\frac{1}{\ln n}$ 发散，故原级数不是绝对收敛的。

注意到，$\dfrac{1}{\ln n}$ 单调减少，所以 $\sin\dfrac{1}{\ln n}$ 单调减少，且

$$\lim_{n\to\infty}\sin\frac{1}{\ln n}=0$$

由莱布尼茨判别法可知，级数收敛，从而级数条件收敛。

例 11.46　设常数 $\lambda>0$，且 $\displaystyle\sum_{n=1}^{\infty}a_n^2$ 收敛，则级数 $\displaystyle\sum_{n=1}^{\infty}(-1)^n\frac{|a_n|}{\sqrt{n^2+\lambda}}$（　　　）。

（A）发散；　　　　　　　　（B）条件收敛；

（C）绝对收敛；　　　　　　（D）收敛性与 λ 有关。

【解析】　由于 $\left|(-1)^n\dfrac{|a_n|}{\sqrt{n^2+\lambda}}\right|\leqslant\dfrac{1}{2}\left(a_n^2+\dfrac{1}{n^2+\lambda}\right)$，且级数 $\displaystyle\sum_{n=1}^{\infty}a_n^2$ 与 $\displaystyle\sum_{n=1}^{\infty}\frac{1}{n^2+\lambda}$ 均收

敛,故级数绝对收敛,应选(C)。

【注】 此处利用了重要不等式 $ab \leqslant \dfrac{a^2+b^2}{2}$。

例 11.47 设 $u_n = (-1)^n \ln\left(1+\dfrac{1}{\sqrt{n}}\right)$,则级数( )。

(A) $\displaystyle\sum_{n=1}^{\infty} u_n$ 与 $\displaystyle\sum_{n=1}^{\infty} u_n^2$ 都收敛;   (B) $\displaystyle\sum_{n=1}^{\infty} u_n$ 与 $\displaystyle\sum_{n=1}^{\infty} u_n^2$ 都发散;

(C) $\displaystyle\sum_{n=1}^{\infty} u_n$ 收敛,而 $\displaystyle\sum_{n=1}^{\infty} u_n^2$ 发散;   (D) $\displaystyle\sum_{n=1}^{\infty} u_n$ 发散,而 $\displaystyle\sum_{n=1}^{\infty} u_n^2$ 收敛。

【解析】 $\displaystyle\sum_{n=1}^{\infty} u_n$ 是交错级数,满足莱布尼茨判别法的条件,所以收敛。而 $\displaystyle\sum_{n=1}^{\infty} u_n^2$ 是正项级数,同时 $u_n^2 = \ln^2\left(1+\dfrac{1}{\sqrt{n}}\right) \sim \left(\dfrac{1}{\sqrt{n}}\right)^2 = \dfrac{1}{n}$,由丁级数 $\displaystyle\sum_{n=1}^{\infty} \dfrac{1}{n}$ 发散,所以 $\displaystyle\sum_{n=1}^{\infty} u_n^2$ 发散。故选(C)。

例 11.48 设 α 是常数,则级数 $\displaystyle\sum_{n=1}^{\infty} \left[\dfrac{\sin(n\alpha)}{n^2} - \dfrac{1}{\sqrt{n}}\right]$( )。

(A) 绝对收敛;   (B) 条件收敛;
(C) 发散;   (D) 收敛性与 α 有关。

【解析】 由于 $\left|\dfrac{\sin(n\alpha)}{n^2}\right| \leqslant \dfrac{1}{n^2}$,则 $\displaystyle\sum_{n=1}^{\infty} \dfrac{\sin(n\alpha)}{n^2}$ 收敛,而 $\displaystyle\sum_{n=1}^{\infty} \dfrac{1}{\sqrt{n}}$ 发散,从而原级数发散,应选(C)。

【注】 收敛级数加上发散级数等于发散级数。

例 11.49 设常数 $k > 0$,则级数 $\displaystyle\sum_{n=1}^{\infty} (-1)^n \dfrac{k+n}{n^2}$( )。

(A) 绝对收敛;   (B) 条件收敛;
(C) 发散;   (D) 收敛性与 k 有关。

【解析】 由于 $\displaystyle\sum_{n=1}^{\infty} (-1)^n \dfrac{k+n}{n^2} = \sum_{n=1}^{\infty} (-1)^n \dfrac{k}{n^2} + \sum_{n=1}^{\infty} (-1)^n \dfrac{1}{n}$,而 $\displaystyle\sum_{n=1}^{\infty} (-1)^n \dfrac{k}{n^2}$ 绝对收敛,$\displaystyle\sum_{n=1}^{\infty} (-1)^n \dfrac{1}{n}$ 条件收敛,从而原级数条件收敛,应选(B)。

【注】 绝对收敛级数加上条件收敛级数等于条件收敛级数。

例 11.50 判定级数 $\displaystyle\sum_{n=1}^{\infty} \int_0^{\frac{\pi}{n}} \dfrac{\sin x}{1+x} \mathrm{d}x$ 的敛散性。

【解】 因为

$$0 \leqslant \int_0^{\frac{\pi}{n}} \dfrac{\sin x}{1+x} \mathrm{d}x \leqslant \int_0^{\frac{\pi}{n}} \sin x \mathrm{d}x \leqslant \int_0^{\frac{\pi}{n}} x \mathrm{d}x = \dfrac{\pi^2}{2} \cdot \dfrac{1}{n^2}$$

而级数 $\displaystyle\sum_{n=1}^{\infty} \dfrac{1}{n^2}$ 收敛,从而原级数收敛。

11.6 函数项级数敛散性解析

（一）计算函数项级数的收敛域

对于函数项级数 $\sum\limits_{n=1}^{\infty} u_n(x)$，确定其收敛域可利用如下步骤。

（1）利用比值法或者根值法求 $\rho(x)$，

$$\lim_{n \to \infty} \frac{|u_{n+1}(x)|}{|u_n(x)|} = \rho(x) \quad \text{或者} \quad \lim_{n \to \infty} \sqrt[n]{|u_n(x)|} = \rho(x)$$

（2）解不等式 $\rho(x) < 1$，可得级数 $\sum\limits_{n=1}^{\infty} u_n(x)$ 的收敛区间 (a,b)；

（3）考察 $x = a$（或 $x = b$）时，数项级数 $\sum\limits_{n=1}^{\infty} u_n(a)$（或 $\sum\limits_{n=1}^{\infty} u_n(b)$）的敛散性；

（4）写出级数 $\sum\limits_{n=1}^{\infty} u_n(x)$ 的收敛域。

例 11.51 确定下列函数项级数的收敛域。

(1) $\sum\limits_{n=1}^{\infty} \frac{(-1)^n}{n}\left(\frac{1}{1+x}\right)^n$；

(2) $\sum\limits_{n=1}^{\infty} \frac{(-1)^{n-1}}{(n^2+2n+3)^x}$；

(3) $\sum\limits_{n=1}^{\infty} \frac{x}{n^x}$；

(4) $\sum\limits_{n=1}^{\infty} \frac{(-1)^n}{2n-1}\left(\frac{1-x}{1+x}\right)^n$。

【解】

(1) 由比值审敛法

$$\lim_{n \to \infty} \frac{|u_{n+1}(x)|}{|u_n(x)|} = \lim_{n \to \infty} \frac{n}{n+1} \cdot \frac{1}{|1+x|} = \frac{1}{|1+x|}$$

当 $\frac{1}{|1+x|} < 1$，即 $x > 0$ 或 $x < -2$ 时，原级数绝对收敛；

当 $\frac{1}{|1+x|} > 1$，即 $-2 < x < 0$ 时，原级数发散；

当 $|1+x| = 1$，即 $x = 0$ 或 $x = -2$ 时，需进一步讨论。

当 $x = 0$ 时，级数变为 $\sum\limits_{n=1}^{\infty} \frac{(-1)^n}{n}$，条件收敛；

当 $x = -2$ 时，级数变为 $\sum\limits_{n=1}^{\infty} \frac{1}{n}$，发散。

所以级数 $\sum\limits_{n=1}^{\infty} \frac{(-1)^n}{n}\left(\frac{1}{1+x}\right)^n$ 的收敛域为 $(-\infty, -2) \bigcup [0, +\infty)$。

(2) 当 $x > 0$ 时，由于 $\frac{1}{(n^2+2n+3)^x}$ 单调递减趋近于零，故级数 $\sum\limits_{n=1}^{\infty} \frac{(-1)^{n-1}}{(n^2+2n+3)^x}$ 满足莱布尼茨判别法的两个条件，因此收敛。

当 $x \leqslant 0$ 时，因为级数的通项不趋于零，所以发散。

总之，级数 $\sum\limits_{n=1}^{\infty} \frac{(-1)^{n-1}}{(n^2+2n+3)^x}$ 的收敛域为 $(0, +\infty)$。

(3) $\displaystyle\sum_{n=1}^{\infty} \frac{x}{n^x} = x \sum_{n=1}^{\infty} \frac{1}{n^x}$,

当 $x > 1$ 时,级数 $\displaystyle\sum_{n=1}^{\infty} \frac{1}{n^x}$ 收敛,故 $\displaystyle\sum_{n=1}^{\infty} \frac{x}{n^x}$ 也收敛;

当 $x \leqslant 1$ 时,级数 $\displaystyle\sum_{n=1}^{\infty} \frac{1}{n^x}$ 发散,级数 $\displaystyle\sum_{n=1}^{\infty} \frac{x}{n^x}$ 也发散;

但是,当 $x = 0$ 时,原级数各项均为 0,因而原级数收敛,故原级数收敛域为 $\{0\} \bigcup (1, +\infty)$。

(4) $\displaystyle\lim_{n \to \infty} \sqrt[n]{|u_n(x)|} = \lim_{n \to \infty} \sqrt[n]{\frac{1}{2n-1} \left| \frac{1-x}{1+x} \right|^n} = \left| \frac{1-x}{1+x} \right|$,

当 $\left| \dfrac{1-x}{1+x} \right| < 1$,即 $x > 0$ 时,级数 $\displaystyle\sum_{n=1}^{\infty} \frac{(-1)^n}{2n-1} \left(\frac{1-x}{1+x} \right)^n$ 收敛;

当 $x = 0$ 时,原级数为 $\displaystyle\sum_{n=1}^{\infty} \frac{(-1)^n}{2n-1}$,收敛;

故级数 $\displaystyle\sum_{n=1}^{\infty} \frac{(-1)^n}{2n-1} \left(\frac{1-x}{1+x} \right)^n$ 的收敛域为 $[0, +\infty)$。

(二)幂级数的收敛域

为了求幂级数的收敛域,先利用收敛半径公式确定收敛区间,然后再讨论在收敛区间的两个端点处,幂级数的敛散性。幂级数缺项时,需要用比值法或根值法确定收敛半径。

例 11.52 求下列幂级数的收敛半径和收敛域。

(1) $\displaystyle\sum_{n=1}^{\infty} \frac{\ln(1+n)}{n} x^{n-1}$;   (2) $\displaystyle\sum_{n=1}^{\infty} \frac{(x-1)^{2n}}{n-3^{2n}}$。

【解】

(1) 因为

$$R = \lim_{n \to \infty} \frac{|a_n|}{|a_{n+1}|} = \lim_{n \to \infty} \frac{\dfrac{\ln(1+n)}{n}}{\dfrac{\ln(1+n+1)}{n+1}} = \lim_{n \to \infty} \frac{n+1}{n} \cdot \frac{\ln n + \ln\left(1 + \dfrac{1}{n}\right)}{\ln n + \ln\left(1 + \dfrac{2}{n}\right)} = 1$$

所以级数 $\displaystyle\sum_{n=1}^{\infty} \frac{\ln(1+n)}{n} x^{n-1}$ 的收敛半径为 $R = 1$。

考察两个端点 $x = \pm 1$ 的敛散性。

当 $x = 1$ 时,级数变为 $\displaystyle\sum_{n=1}^{\infty} \frac{\ln(1+n)}{n}$ 是发散的;

当 $x = -1$ 时,级数变为 $\displaystyle\sum_{n=1}^{\infty} (-1)^{n-1} \frac{\ln(1+n)}{n}$ 是收敛的;

所以级数 $\displaystyle\sum_{n=1}^{\infty} \frac{\ln(1+n)}{n} x^{n-1}$ 的收敛域为 $[-1, 1)$。

(2) $R = \displaystyle\lim_{n \to \infty} \sqrt[n]{|u_n(x)|} = \lim_{n \to \infty} \sqrt[n]{\frac{|x-1|^{2n}}{|n-3^{2n}|}} = \frac{|x-1|^2}{3^2}$

当 $\dfrac{|x-1|^2}{3^2} < 1$,即 $-2 < x < 4$ 时,级数收敛;

当 $\dfrac{|x-1|^2}{3^2}>1$，即 $x<-2$ 或 $x>4$ 时，级数发散；

当 $x=-2$ 时，级数变为 $\displaystyle\sum_{n=1}^{\infty}\dfrac{(-3)^{2n}}{n-3^{2n}}$ 发散；

当 $x=4$ 时，级数变为 $\displaystyle\sum_{n=1}^{\infty}\dfrac{3^{2n}}{n-3^{2n}}$ 发散；

因此级数 $\displaystyle\sum_{n=1}^{\infty}\dfrac{(x-1)^{2n}}{n\cdot3^{2n}}$ 的收敛域为 $(-2,4)$，收敛半径 $R=\dfrac{4-(-2)}{2}=3$。

例 11.53　设幂级数 $\displaystyle\sum_{n=0}^{\infty}a_nx^n$ 的收敛半径为 $R=3$，求幂级数 $\displaystyle\sum_{n=1}^{\infty}na_n(x-1)^{n+1}$ 的收敛区间。

【解】　由幂级数收敛性可知，幂级数 $\displaystyle\sum_{n=0}^{\infty}a_nx^n$ 与 $\displaystyle\sum_{n=1}^{\infty}a_n(x-1)^n$ 有相同的收敛半径。

又 $\left[\displaystyle\sum_{n=1}^{\infty}a_n(x-1)^n\right]'=\displaystyle\sum_{n=1}^{\infty}na_n(x-1)^{n-1}$，由于幂级数逐项求导后收敛半径不变，故

$\displaystyle\sum_{n=1}^{\infty}na_n(x-1)^{n+1}=(x-1)^2\displaystyle\sum_{n=1}^{\infty}na_n(x-1)^{n-1}$ 与 $\displaystyle\sum_{n=0}^{\infty}a_nx^n$ 有相同的收敛半径 $R=3$，从而所求收敛区间为 $(-2,4)$。

【注】　收敛级数乘以常数后仍收敛，幂级数逐项求导和逐项积分后收敛半径不变。

例 11.54　设幂级数 $\displaystyle\sum_{n=1}^{\infty}a_n(x-1)^n$ 在 $x=3$ 时条件收敛，则该级数的收敛半径为（　　）。

(A) $R=1$；　　　　(B) $R=2$；　　　　(C) $R=3$；　　　　(D) $R=4$。

【解析】　由阿贝尔定理，根据图 11.1 可知，级数在收敛半径 R 所确定的区间 $(-R,R)$ 内是绝对收敛的，只在端点 $x=\pm R$ 处可能条件收敛，从而可以确定幂级数的收敛半径。

考察级数 $\displaystyle\sum_{n=1}^{\infty}a_nt^n$，在 $x=3$，即 $t=2$ 时，级数条件收敛，因而级数 $\displaystyle\sum_{n=1}^{\infty}a_nt^n$ 的收敛半径为 $R=2$，故幂级数 $\displaystyle\sum_{n=1}^{\infty}a_n(x-1)^n$ 的收敛半径为 $R=2$，应选(B)。

【注】　解决此类问题的关键是应用阿贝尔定理。

例 11.55　设幂级数 $\displaystyle\sum_{n=1}^{\infty}a_n(x-3)^n$ 在 $x=0$ 时收敛，在 $x=6$ 时发散，则该级数的收敛半径为（　　）。

(A) $R=1$；　　　　(B) $R=2$；　　　　(C) $R=3$；　　　　(D) $R=4$。

【解析】　考察级数 $\displaystyle\sum_{n=1}^{\infty}a_nt^n$，在 $x=0$，即 $t=-3$ 时，级数收敛；在 $x=6$，即 $t=3$ 时，级数发散，因而由阿贝尔定理知，级数 $\displaystyle\sum_{n=1}^{\infty}a_nt^n$ 的收敛半径为 $R=3$，故幂级数 $\displaystyle\sum_{n=1}^{\infty}a_n(x-3)^n$

的收敛半径为 $R = 3$,应选(C)。

例 11.56 求幂级数 $\sum\limits_{n=1}^{\infty} \dfrac{(x-2)^{2n}}{4^n \cdot n}$ 的收敛域。

【解】 该级数的收敛半径为

$$R = \sqrt{\lim_{n \to \infty} \frac{(n+1)4^{n+1}}{4^n \cdot n}} = 2$$

当 $x-2 = \pm 2$ 时,原级数变为 $\sum\limits_{n=1}^{\infty} \dfrac{1}{n}$,显然发散,故原级数的收敛域为 $(0,4)$。

【注】 当幂级数缺少奇次项或者偶次项时,收敛半径要开方。

$$R = \sqrt{\lim_{n \to \infty} \frac{a_n}{a_{n+1}}}$$

本题是缺少奇次项的情形。

(三)幂级数的和函数

一般情况下求幂级数的和函数,首先要确定级数的收敛域,然后再利用逐项求导、逐项积分,以及四则运算与复合等方法,将给定的幂级数化为常见函数展开式的形式,得到新级数的和函数,最后将得到的和函数做相反的分析运算,即可得到原幂级数的和函数。

例 11.57 求下列幂级数的和函数。

(1) $\sum\limits_{n=1}^{\infty} \dfrac{1}{2^n \cdot n} x^{n-1}$;

(2) $\sum\limits_{n=1}^{\infty} \dfrac{2n-1}{2^n} x^{2n-2}$;

(3) $\sum\limits_{n=0}^{\infty} (2n+1)x^n$;

(4) $\sum\limits_{n=0}^{\infty} \dfrac{x^{2n}}{(2n)!}$。

【解】

(1) 级数的收敛半径为

$$R = \lim_{n \to \infty} \frac{\dfrac{1}{2^n \cdot n}}{\dfrac{1}{(n+1)2^{n+1}}} = 2$$

当 $x = 2$ 时,级数变为 $\sum\limits_{n=1}^{\infty} \dfrac{1}{2n}$,发散;

当 $x = -2$ 时,级数变为 $\sum\limits_{n=1}^{\infty} (-1)^{n-1} \dfrac{1}{2n}$,收敛;所以级数的收敛域为 $[-2, 2)$。

所以,

$$S(x) = \sum_{n=1}^{\infty} \frac{1}{2^n \cdot n} x^{n-1} = \frac{1}{x} \sum_{n=1}^{\infty} \frac{1}{2^n \cdot n} x^n$$

$$= \frac{1}{x} \int_0^x \left(\sum_{n=1}^{\infty} \frac{1}{2^n \cdot n} x^n \right)' dx = \frac{1}{x} \int_0^x \left(\sum_{n=1}^{\infty} \frac{1}{2^n} x^{n-1} \right) dx$$

$$= \frac{1}{x} \int_0^x \frac{1}{x} \sum_{n=1}^{\infty} \left(\frac{x}{2} \right)^n dx = \frac{1}{x} \int_0^x \frac{1}{2-x} dx$$

$$= \frac{1}{x} [\ln 2 - \ln(2-x)], \quad x \neq 0$$

因为和函数 $S(x)$ 在收敛域内是连续的,所以

$$S(0) = \lim_{x \to 0} S(x) = \lim_{x \to 0} \frac{\ln 2 - \ln(2-x)}{x} = \lim_{x \to 0} \frac{1}{2-x} = \frac{1}{2}$$

从而级数的和函数

$$S(x) = \begin{cases} \dfrac{1}{x}\big[\ln 2 - \ln(2-x)\big], & x \in [-2,0) \bigcup (0,2) \\ \dfrac{1}{2}, & x = 0 \end{cases}$$

(2)级数的收敛半径为

$$R = \sqrt{\lim_{n \to \infty} \frac{\dfrac{2n-1}{2^n}}{\dfrac{2n+1}{2^{n+1}}}} = \sqrt{2}$$

当 $x = \pm\sqrt{2}$ 时,级数变为 $\sum_{n=1}^{\infty} \dfrac{2n-1}{2}$,发散,所以级数的收敛域为 $(-\sqrt{2},\sqrt{2})$。

所以,

$$S(x) = \sum_{n=1}^{\infty} \frac{2n-1}{2^n} x^{2n-2} = \left(\int_0^x \sum_{n=1}^{\infty} \frac{2n-1}{2^n} x^{2n-2} \mathrm{d}x \right)'$$

$$= \left(\sum_{n=1}^{\infty} \int_0^x \frac{2n-1}{2^n} x^{2n-2} \mathrm{d}x \right)' = \left(\sum_{n=1}^{\infty} \frac{1}{2^n} x^{2n-1} \right)'$$

$$= \left(\frac{1}{x} \sum_{n=1}^{\infty} \left(\frac{x^2}{2} \right)^n \right)' = \left(\frac{x}{2-x^2} \right)'$$

$$= \frac{2+x^2}{(2-x^2)^2}, \quad x \in (-\sqrt{2},\sqrt{2})$$

(3)显然级数的收敛半径为 $R=1$,当 $x=1$ 时,级数变为 $\sum_{n=0}^{\infty}(2n+1)$,发散;

当 $x=-1$ 时,级数变为 $\sum_{n=0}^{\infty}(-1)^n(2n+1)$,也发散;所以级数的收敛域为 $(-1,1)$。

所以,

$$S(x) = \sum_{n=0}^{\infty}(2n+1)x^n = \sum_{n=0}^{\infty} 2nx^n + \sum_{n=0}^{\infty} x^n$$

$$= 2x \left(\sum_{n=1}^{\infty} \int_0^x nx^{n-1} \mathrm{d}x \right)' + \frac{1}{1-x} = 2x \left(\sum_{n=1}^{\infty} x^n \right)' + \frac{1}{1-x}$$

$$= \frac{2x}{(1-x)^2} + \frac{1}{1-x} = \frac{1+x}{(1-x)^2} \quad x \in (-1,1)$$

【注】 系数为若干项代数和的幂级数,求和函数时应先将级数写成各个幂级数的代数和,然后分别求出其和函数,最后对和函数求代数和,即得所求级数的和函数。

(4)级数收敛半径

$$R = \lim_{n \to \infty} \frac{\dfrac{1}{(2n)!}}{\dfrac{1}{(2(n+1))!}} = \infty$$

令 $S(x) = \sum\limits_{n=0}^{\infty} \dfrac{x^{2n}}{(2n)!} = 1 + \dfrac{1}{2!}x^2 + \dfrac{1}{4!}x^4 - \cdots + \dfrac{x^{2n}}{(2n)!} + \cdots$，则

$$S'(x) = x + \frac{1}{3!}x^3 + \frac{1}{5!}x^5 - \cdots + \frac{x^{2n-1}}{(2n-1)!} + \cdots$$

于是

$$S(x) + S'(x) = 1 + x + \frac{1}{2!}x^2 + \cdots + \frac{1}{n!}x^n + \cdots = \mathrm{e}^x$$

这是一个一阶非齐次线性微分方程，本书第 12 章会给出其通解形式。这里我们直接给出其通解 $S(x) = C\mathrm{e}^{-x} + \dfrac{1}{2}\mathrm{e}^x$。

当 $x = 0$ 时，级数 $\sum\limits_{n=0}^{\infty} \dfrac{x^{2n}}{(2n)!} = 1$，即 $S(0) = 1$，带入通解可得 $C = \dfrac{1}{2}$，从而幂级数

$$\sum_{n=0}^{\infty} \frac{x^{2n}}{(2n)!} = \frac{1}{2}(\mathrm{e}^{-x} + \mathrm{e}^x), \quad x \in (-\infty, +\infty)$$

【注】 本题不用逐项积分或微分，而是利用微分方程求幂级数的和函数。

（四）常数项级数求和

常数项级数 $\sum\limits_{n=1}^{\infty} u_n$ 求和的主要方法：

（1）利用代数方法直接求部分和 S_n，然后求极限 $\lim\limits_{n \to \infty} S_n = S$，得到级数的和 $\sum\limits_{n=1}^{\infty} u_n = S$；

（2）利用幂级数的和函数求和。

一般来说，只有特别简单的情况才能通过直接计算部分和的极限来求级数的和，当级数通项中含有某个数的 n 次幂作为因子时常考虑用幂级数求和的方法，参见例 11.31。

例 11.58 求下列级数的和：

（1）$\sum\limits_{n=1}^{\infty} \dfrac{1}{\sqrt{n(n+1)}(\sqrt{n} + \sqrt{n+1})}$；

（2）$\sum\limits_{n=0}^{\infty} \dfrac{n+1}{n!}$。

【解】

（1）$u_n = \dfrac{1}{\sqrt{n}} - \dfrac{1}{\sqrt{n+1}}$

$$S_n = \left(1 - \frac{1}{\sqrt{2}}\right) + \left(\frac{1}{\sqrt{2}} - \frac{1}{\sqrt{3}}\right) + \left(\frac{1}{\sqrt{3}} - \frac{1}{\sqrt{4}}\right) + \cdots + \left(\frac{1}{\sqrt{n}} - \frac{1}{\sqrt{n+1}}\right)$$

$$= 1 - \frac{1}{\sqrt{n+1}} \to 1 (n \to \infty)$$

故级数 $\sum\limits_{n=1}^{\infty} \dfrac{1}{\sqrt{n(n+1)}(\sqrt{n} + \sqrt{n+1})} = 1$。

（2）根据展开式 $\mathrm{e}^x = \sum\limits_{n=0}^{\infty} \dfrac{x^n}{n!}, x \in (-\infty, +\infty)$，得 $\mathrm{e} = \sum\limits_{n=0}^{\infty} \dfrac{1}{n!}$，于是

$$\sum_{n=0}^{\infty} \frac{n+1}{n!} = \sum_{n=0}^{\infty} \frac{n}{n!} + \sum_{n=0}^{\infty} \frac{1}{n!} = \sum_{n=1}^{\infty} \frac{1}{(n-1)!} + \mathrm{e} = 2\mathrm{e}$$

例 11.59 利用幂级数的和函数求下列级数的和。

(1) $\displaystyle\sum_{n=1}^{\infty} \frac{2n-1}{2^n}$；

(2) $\displaystyle\sum_{n=1}^{\infty} \frac{(-1)^n n}{(2n+1)!}$。

【解】

(1) 令 $S(x) = \displaystyle\sum_{n=1}^{\infty} \frac{2n-1}{2^n} x^{2n-2}$，其收敛域为 $(-\sqrt{2}, \sqrt{2})$，

$$S(x) = \left(\sum_{n=1}^{\infty} \int_0^x \frac{2n-1}{2^n} x^{2n-2}\, dx \right)' = \left(\sum_{n=1}^{\infty} \frac{1}{2^n} x^{2n-1} \right)'$$

$$= \left[\frac{1}{x} \sum_{n=1}^{\infty} \left(\frac{x^2}{2} \right)^n \right]' = \left(\frac{1}{x} \cdot \frac{x^2}{2-x^2} \right)'$$

$$= \frac{x^2 + 2}{(2-x^2)^2}$$

$\displaystyle\lim_{x \to 1} S(x) = \lim_{x \to 1} \frac{x^2+2}{(2-x^2)^2} = 3$，故级数 $\displaystyle\sum_{n=1}^{\infty} \frac{2n-1}{2^n} = 3$。

【思考】 本题若不用和函数方法求解，能否求出级数的和？

(2) 令 $S(x) = \displaystyle\sum_{n=1}^{\infty} \frac{(-1)^n n}{(2n+1)!} x^{2n-1}$，其收敛域为 $(-\infty, +\infty)$，

$$S(x) = \left[\sum_{n=1}^{\infty} \int_0^x \frac{(-1)^n n}{(2n+1)!} x^{2n-1}\, dx \right]' = \left[\sum_{n=1}^{\infty} \frac{(-1)^n}{2(2n+1)!} x^{2n} \right]'$$

$$= \left[\frac{1}{2x} \sum_{n=1}^{\infty} \frac{(-1)^n}{(2n+1)!} x^{2n+1} \right]' = \left[\frac{1}{2x} (\sin x - x) \right]'$$

$$= \frac{x\cos x - \sin x}{2x^2}$$

$\displaystyle\lim_{x \to 1} S(x) = \lim_{x \to 1} \frac{x\cos x - \sin x}{2x^2} = \frac{1}{2}(\cos 1 - \sin 1)$，故原级数

$$\sum_{n=1}^{\infty} \frac{(-1)^n n}{(2n+1)!} = \frac{1}{2}(\cos 1 - \sin 1)$$

（五）函数的幂级数展开

将函数在某点处展开成泰勒级数有两种方法：直接法与间接法。间接法通常是通过逐项积分、逐项求导、变量代换、分解等方法将级数转化为熟知的某些函数的展开式。

常用函数的麦克劳林展开式：

(1) $\dfrac{1}{1-x} = \displaystyle\sum_{n=0}^{\infty} x^n = 1 + x + x^2 + \cdots + x^n + \cdots, \quad x \in (-1, 1)$

(2) $\dfrac{1}{1+x} = \displaystyle\sum_{n=0}^{\infty} (-1)^n x^n = 1 - x + x^2 - \cdots + (-1)^n x^n + \cdots, \quad x \in (-1, 1)$

(3) $e^x = \displaystyle\sum_{n=0}^{\infty} \frac{x^n}{n!} = 1 + x + \frac{1}{2!} x^2 + \cdots + \frac{1}{n!} x^n + \cdots, \quad x \in (-\infty, +\infty)$

(4) $\sin x = \displaystyle\sum_{n=0}^{\infty} (-1)^n \frac{x^{2n+1}}{(2n+1)!}$

$$= x - \frac{1}{3!}x^3 + \frac{1}{5!}x^5 - \cdots + (-1)^n \frac{x^{2n+1}}{(2n+1)!} + \cdots, \quad x \in (-\infty, +\infty)$$

(5) $\cos x = \sum_{n=0}^{\infty} (-1)^n \frac{x^{2n}}{(2n)!}$

$$= 1 - \frac{1}{2!}x^2 + \frac{1}{4!}x^4 - \cdots + (-1)^n \frac{x^{2n}}{(2n)!} + \cdots, \quad x \in (-\infty, +\infty)$$

(6) $\ln(1+x) = \sum_{n=1}^{\infty} (-1)^{n-1} \frac{x^n}{n}$

$$= x - \frac{1}{2}x^2 + \frac{1}{3}x^3 - \cdots + (-1)^{n-1} \frac{x^n}{n} + \cdots, \quad x \in (-1, 1]$$

(7) $\arctan x = \sum_{n=0}^{\infty} (-1)^n \frac{x^{2n+1}}{2n+1}$

$$= x - \frac{1}{3}x^3 + \frac{1}{5}x^5 - \cdots + (-1)^n \frac{x^{2n+1}}{2n+1} + \cdots, \quad x \in [-1, 1]$$

例 11.60 将下列函数展开成 x 的幂级数。

(1) $\ln(1+x+x^2+x^3+x^4)$;   (2) $\arctan \dfrac{1+x}{1-x}$。

【解】

(1) 利用 $\ln(1+x)$ 展开式,有

$$\ln(1+x+x^2+x^3+x^4) = \ln \frac{1-x^5}{1-x} = \ln(1-x^5) - \ln(1-x)$$

$$= \sum_{n=1}^{\infty} (-1)^{n-1} \frac{(-x^5)^n}{n} - \sum_{n=1}^{\infty} (-1)^{n-1} \frac{(-x)^n}{n}$$

$$= -\sum_{n=1}^{\infty} \frac{x^{5n}}{n} + \sum_{n=1}^{\infty} \frac{x^n}{n}, \quad x \in [-1, 1)$$

(2) 由于 $\left(\arctan \dfrac{1+x}{1-x} \right)' = \dfrac{1}{1+x^2} = \sum_{n=0}^{\infty} (-1)^n x^{2n}$,两端积分得

$$\int_0^x \arctan \frac{1+t}{1-t} dt = \int_0^x \sum_{n=0}^{\infty} (-1)^n t^{2n} d + \arctan \frac{1+x}{1-x}$$

$$= \arctan 1 + \int_0^x \sum_{n=0}^{\infty} (-1)^n t^{2n} dt$$

$$= \frac{\pi}{4} + \sum_{n=0}^{\infty} (-1)^n \int_0^x t^{2n} dt$$

$$= \frac{\pi}{4} + \sum_{n=0}^{\infty} (-1)^n \frac{x^{2n+1}}{2n+1}, \quad x \in [-1, 1)$$

【注】 函数直接展开比较复杂,若先求导展开后再积分,计算起来较方便。

例 11.61 将下列函数展开成指定点处的幂级数。

(1) $\dfrac{x}{9+x^2}$ 在 $x=0$ 点;   (2) $\dfrac{1}{x^2+3x+2}$ 在 $x=1$ 点。

【解】

(1) $\dfrac{x}{9+x^2} = \dfrac{1}{9} \dfrac{x}{1+\left(\dfrac{x}{3}\right)^2} = \dfrac{x}{9} \sum\limits_{n=0}^{\infty} (-1)^n \left(\dfrac{x}{3}\right)^{2n}$

$\qquad = \sum\limits_{n=0}^{\infty} (-1)^n \dfrac{x^{2n+1}}{3^{2(n+1)}} = \sum\limits_{n=1}^{\infty} (-1)^{n-1} \dfrac{x^{2n-1}}{3^{2n}}, \quad x \in (-3,3)$

(2) 因为 $\dfrac{1}{x^2+3x+2} = \dfrac{1}{(x+1)(x+2)} = \dfrac{1}{x+1} - \dfrac{1}{x+2}$,其中

$\dfrac{1}{x+1} = \dfrac{1}{2+(x-1)} = \dfrac{1}{2\left(1+\dfrac{x-1}{2}\right)} = \dfrac{1}{2} \sum\limits_{n=0}^{\infty} (-1)^n \left(\dfrac{x-1}{2}\right)^n, \quad x \in (-1,3)$

$\dfrac{1}{x+2} = \dfrac{1}{3+(x-1)} = \dfrac{1}{3\left(1+\dfrac{x-1}{3}\right)} = \dfrac{1}{3} \sum\limits_{n=0}^{\infty} (-1)^n \left(\dfrac{x-1}{3}\right)^n, \quad x \in (-2,4)$

故所求展开式为

$\qquad \dfrac{1}{x^2+3x+2} = \dfrac{1}{x+1} - \dfrac{1}{x+2}$

$\qquad\qquad = \sum\limits_{n=0}^{\infty} (-1)^n \left(\dfrac{1}{2^{n+1}} - \dfrac{1}{3^{n+1}}\right)(x-1)^n, \quad x \in (-1,3)$

应用欣赏

11.7　傅里叶级数

11.7.1　三角级数与傅里叶级数

把一个函数展开成幂级数的目的是为了用简单的多项式函数逼近复杂的函数,泰勒多项式就是函数的较好的局部逼近。但是,泰勒级数对展开成幂级数的函数要求任意阶可导,并且这种近似不是全局近似,所以需要寻求一类比幂级数应用范围更广的函数作为工具进行逼近。

客观世界中的许多过程都带有周期性和重复性,例如,声波是由空气分子周期性振动产生的,心脏的跳动、肺的呼吸运动、弹簧的简谐振动等都属于周期现象。而周期函数反映的就是这种客观世界中的周期运动。我们希望能在对周期函数要求尽可能低的条件下,用一串简单的周期函数逼近复杂的周期函数,这就是傅里叶级数。傅里叶级数也是工程技术中比较重要的函数项级数。

（一）三角函数系及其正交性

三角函数系是指下列函数集合:

$$F = \{1, \cos x, \sin x, \cos 2x, \sin 2x, \cdots, \cos nx, \sin nx, \cdots\} \qquad (11.24)$$

容易看出,三角函数系具有共同的周期 2π。三角函数系 F 的正交性是指其中任何两个不同的函数的乘积在区间 $[-\pi,\pi]$ 上的积分等于零,任意一个函数的平方在区间 $[-\pi,\pi]$ 上的积分不等于零,即

$$\int_{-\pi}^{\pi}\sin nx\,\mathrm{d}x = \int_{-\pi}^{\pi}\cos nx\,\mathrm{d}x = 0 \quad (n=1,2,\cdots)$$

$$\int_{-\pi}^{\pi}\sin kx\cos nx\,\mathrm{d}x = 0 \quad\quad (k,n=1,2,\cdots)$$

$$\int_{-\pi}^{\pi}\sin kx\sin nx\,\mathrm{d}x = 0 \quad\quad (k,n=1,2,\cdots,k\neq n)$$

$$\int_{-\pi}^{\pi}\cos kx\cos nx\,\mathrm{d}x = 0 \quad\quad (k,n=1,2,\cdots,k\neq n)$$

$$\int_{-\pi}^{\pi}1^2\,\mathrm{d}x = 2\pi$$

$$\int_{-\pi}^{\pi}\cos^2 nx\,\mathrm{d}x = \pi \quad\quad (n=1,2,\cdots)$$

$$\int_{-\pi}^{\pi}\sin^2 nx\,\mathrm{d}x = \pi \quad\quad (n=1,2,\cdots)$$

利用三角函数周期性及积分性质可以验证上述结论。

(二) 三角级数与傅里叶级数

定义 11.9　形如

$$\frac{1}{2}a_0 + \sum_{n=1}^{\infty}(a_n\cos nx + b_n\sin nx) \tag{11.25}$$

的级数称为**三角级数**,其中 $a_0,a_n,b_n(n=1,2,\cdots)$ 都是常数。

要使 $f(x)$ 展开成三角级数,首先要确定三角级数的一系列系数 $a_0,a_n,b_n(n=1,2,\cdots)$,然后讨论由这样的一系列系数构成的三角级数的收敛性。如果级数收敛,再进一步考虑它的和函数与函数 $f(x)$ 是否相同,如果在某个范围内两个函数相同,则在这个范围内 $f(x)$ 可展开成三角级数。

设 $f(x)$ 是周期为 2π 的周期函数,且能展开成三角级数

$$f(x) = \frac{a_0}{2} + \sum_{k=1}^{\infty}(a_k\cos kx + b_k\sin kx) \tag{11.26}$$

那么系数 $a_0,a_n,b_n(n=1,2,\cdots)$ 与函数 $f(x)$ 之间存在着怎样的关系呢?

假定三角级数(11.26)可逐项积分,则有

$$\int_{-\pi}^{\pi}f(x)\,\mathrm{d}x = \frac{a_0}{2}\int_{-\pi}^{\pi}\mathrm{d}x + \sum_{k=1}^{\infty}\left(a_k\int_{-\pi}^{\pi}\cos kx\,\mathrm{d}x + b_k\int_{-\pi}^{\pi}\sin kx\,\mathrm{d}x\right) \tag{11.27}$$

由三角函数系的性质可知,等式(11.27)右端除第一项外,其余各项积分均为零,所以

$$\int_{-\pi}^{\pi}f(x)\,\mathrm{d}x = \frac{a_0}{2}2\pi = \pi a_0$$

可得

$$a_0 = \frac{1}{\pi}\int_{-\pi}^{\pi}f(x)\,\mathrm{d}x$$

在式(11.26)两端乘以 $\cos nx$ 后,在 $[-\pi,\pi]$ 上逐项积分,得

$$\int_{-\pi}^{\pi} f(x)\cos nx\,\mathrm{d}x = \int_{-\pi}^{\pi}\frac{a_0}{2}\cos nx\,\mathrm{d}x$$

$$+ \sum_{k=1}^{\infty}\left[a_k\int_{-\pi}^{\pi}\cos kx\cos nx\,\mathrm{d}x + b_k\int_{-\pi}^{\pi}\sin kx\cos nx\,\mathrm{d}x\right] \quad (11.28)$$

由三角函数系的性质可知,等式(11.28)右端除 $k=n$ 这一项外,其余各项积分均为零, 所以

$$\int_{-\pi}^{\pi} f(x)\cos nx\,\mathrm{d}x = a_n\int_{-\pi}^{\pi}\cos^2 nx\,\mathrm{d}x = a_n\pi$$

即

$$a_n = \frac{1}{\pi}\int_{-\pi}^{\pi} f(x)\cos nx\,\mathrm{d}x \quad (n=1,2,\cdots)$$

类似地,可得 $\displaystyle\int_{-\pi}^{\pi} f(x)\sin nx\,\mathrm{d}x = b_n\pi$,从而

$$b_n = \frac{1}{\pi}\int_{-\pi}^{\pi} f(x)\sin nx\,\mathrm{d}x \quad (n=1,2,\cdots)$$

综上有

$$\begin{cases} a_0 = \dfrac{1}{\pi}\displaystyle\int_{-\pi}^{\pi} f(x)\,\mathrm{d}x \\[2mm] a_n = \dfrac{1}{\pi}\displaystyle\int_{-\pi}^{\pi} f(x)\cos nx\,\mathrm{d}x \quad (n=1,2,\cdots) \\[2mm] b_n = \dfrac{1}{\pi}\displaystyle\int_{-\pi}^{\pi} f(x)\sin nx\,\mathrm{d}x \quad (n=1,2,\cdots) \end{cases} \quad (11.29)$$

如果上述式(11.29)中的积分均存在,则所确定的系数 $a_0, a_n, b_n (n=1,2,\cdots)$ 称为函数 $f(x)$ 的傅里叶系数。

定义 11.10　以傅里叶系数为系数的三角级数

$$\frac{a_0}{2} + \sum_{n=1}^{\infty}(a_n\cos nx + b_n\sin nx) \quad (11.30)$$

称为傅里叶级数(简称傅氏级数)。

11.7.2　函数展开成傅里叶级数

(一) 一般情形

任何一个以 2π 为周期的函数 $f(x)$,只要它在一个周期上可积,则一定可以求出 $f(x)$ 的傅里叶级数。但是傅里叶级数未必一定收敛。现在需要解决的一个基本问题是: $f(x)$ 在怎样的条件下,它的傅里叶级数收敛于 $f(x)$?下面不加证明地介绍关于傅里叶级 数收敛的定理,这是一个充分条件,一般来说,这个条件在解决实际问题时就够用了。

定理 11.13(狄利克雷充分条件)　设 $f(x)$ 以 2π 为周期,如果它在一个周期内连续 或只有有限个第一类间断点,在一个周期内至多只有有限个极值点,则 $f(x)$ 的傅里叶级 数收敛,若记它的和函数为 $S(x)$,则有

(1) 当 x 是 $f(x)$ 的连续点时,级数收敛于 $f(x)$,$S(x)=f(x)$;

(2) 当 x 是 $f(x)$ 的间断点时,级数收敛于

$$S(x) = \frac{1}{2}[f(x-0) + f(x+0)]$$

（3）特别在端点 $x = \pm\pi$ 处，级数收敛于

$$S(x) = \frac{1}{2}[f(\pi-0) + f(\pi+0)]$$

显然，狄利克雷定理中的条件比泰勒定理中的条件弱得多，一般地，工程技术中所遇到的周期函数都满足狄利克雷条件，所以都能展开成傅里叶级数。

例 11.62 设 $f(x)$ 是周期为 2π 的周期函数，它在 $[-\pi, \pi]$ 上的表达式为

$$f(x) = \begin{cases} -1 & -\pi \leqslant x < 0 \\ 1 & 0 \leqslant x < \pi \end{cases}$$

将 $f(x)$ 展开成傅里叶级数。

【解】 函数 $f(x)$ 满足收敛定理的条件，它在点 $x = k\pi\ (k = 0, \pm 1, \pm 2, \cdots)$ 处不连续，在其他点处连续，从而由收敛定理知，$f(x)$ 的傅里叶级数收敛，且

当 $x = k\pi$ 时收敛于

$$S(x) = \frac{1}{2}[f(x-0) + f(x+0)] = \frac{1}{2}(-1+1) = 0$$

当 $x \neq k\pi$ 时级数收敛于 $f(x)$。

傅里叶系数计算如下：

$$a_n = \frac{1}{\pi}\int_{-\pi}^{\pi} f(x)\cos nx\, \mathrm{d}x = \frac{1}{\pi}\int_{-\pi}^{0}(-1)\cos nx\, \mathrm{d}x + \frac{1}{\pi}\int_{0}^{\pi} 1\cdot\cos nx\, \mathrm{d}x$$

$$= 0, \quad (n = 0, 1, 2, \cdots)$$

$$b_n = \frac{1}{\pi}\int_{-\pi}^{\pi} f(x)\sin nx\, \mathrm{d}x = \frac{1}{\pi}\int_{-\pi}^{0}(-1)\sin nx\, \mathrm{d}x + \frac{1}{\pi}\int_{0}^{\pi} 1\cdot\sin nx\, \mathrm{d}x$$

$$= \frac{1}{\pi}\frac{\cos nx}{n}\bigg|_{-\pi}^{0} + \frac{1}{\pi}\left(-\frac{\cos nx}{n}\right)\bigg|_{0}^{\pi} = \frac{1}{n\pi}(1 - \cos n\pi - \cos n\pi + 1)$$

$$= \frac{2}{n\pi}[1 - (-1)^n] = \begin{cases} \dfrac{4}{n\pi} & n = 1, 3, 5, \cdots \\ 0 & n = 2, 4, 6, \cdots \end{cases}$$

于是 $f(x)$ 的傅里叶级数展开式为

$$f(x) = \frac{4}{\pi}\left[\sin x + \frac{1}{3}\sin 3x + \cdots + \frac{1}{2k-1}\sin(2k-1)x + \cdots\right]$$

$$(-\infty < x < +\infty;\ x \neq 0, \pm\pi, \pm 2\pi, \cdots)$$

其图像如图 11.5 所示。

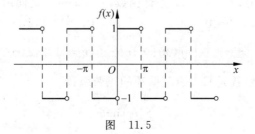

图 11.5

【注】　由此式不难看出 $\dfrac{\pi}{4} = 1 - \dfrac{1}{3} + \dfrac{1}{5} - \dfrac{1}{7} + \cdots$

例 11.63　设 $f(x)$ 是周期为 2π 的周期函数,它在$[-\pi,\pi]$上的表达式为

$$f(x) = \begin{cases} x & -\pi \leqslant x < 0 \\ 0 & 0 \leqslant x < \pi \end{cases}$$

将 $f(x)$ 展开成傅里叶级数。

【解】　所给函数满足收敛定理的条件,它在点 $x = (2k+1)\pi \; (k=0,\pm 1,\pm 2,\cdots)$ 处不连续,因此,$f(x)$ 的傅里叶级数在 $x=(2k+1)\pi$ 处收敛于

$$S(x) = \frac{1}{2}[f(x-0) + f(x+0)] = \frac{1}{2}(0 - \pi) = -\frac{\pi}{2}$$

在连续点 $x \;(x \neq (2k+1)\pi)$ 处级数收敛于 $f(x)$。

傅里叶系数计算如下:

$$a_0 = \frac{1}{\pi}\int_{-\pi}^{\pi} f(x)\,\mathrm{d}x = \frac{1}{\pi}\int_{-\pi}^{0} x\,\mathrm{d}x = -\frac{\pi}{2}$$

$$a_n = \frac{1}{\pi}\int_{-\pi}^{\pi} f(x)\cos nx\,\mathrm{d}x = \frac{1}{\pi}\int_{-\pi}^{0} x\cos nx\,\mathrm{d}x$$

$$= \frac{1}{\pi}\left(\frac{x\sin nx}{n} + \frac{\cos nx}{n^2}\right)\bigg|_{-\pi}^{0} = \frac{1}{n^2\pi}(1 - \cos n\pi)$$

$$= \begin{cases} \dfrac{2}{n^2\pi} & n = 1,3,5,\cdots \\ 0 & n = 2,4,6,\cdots \end{cases}$$

$$b_n = \frac{1}{\pi}\int_{-\pi}^{\pi} f(x)\sin nx\,\mathrm{d}x = \frac{1}{\pi}\int_{-\pi}^{0} x\sin nx\,\mathrm{d}x$$

$$= \frac{1}{\pi}\left(\frac{x\cos nx}{n} + \frac{\sin nx}{n^2}\right)\bigg|_{-\pi}^{0} = -\frac{\cos n\pi}{n}$$

$$= \frac{(-1)^{n+1}}{n} \quad (n = 1,2,\cdots)$$

于是 $f(x)$ 的傅里叶级数展开式为

$$f(x) = -\frac{\pi}{4} + \left(\frac{2}{\pi}\cos x + \sin x\right) - \frac{1}{2}\sin 2x + \left(\frac{2}{3^2\pi}\cos 3x + \frac{1}{3}\sin 3x\right)$$

$$- \frac{1}{4}\sin 4x + \left(\frac{2}{5^2\pi}\cos 5x + \frac{1}{5}\sin 5x\right) - \cdots \quad (-\infty < x < +\infty; \; x \neq \pm\pi, \pm 3\pi, \cdots)$$

（二）正弦级数和余弦级数

当 $f(x)$ 为奇函数时,$f(x)\cos nx$ 是奇函数,$f(x)\sin nx$ 是偶函数,故傅里叶系数为

$$\begin{cases} a_n = 0 & (n = 0,1,2,\cdots) \\ b_n = \dfrac{2}{\pi}\displaystyle\int_0^{\pi} f(x)\sin nx\,\mathrm{d}x & (n = 1,2,3,\cdots) \end{cases} \tag{11.31}$$

因此,奇函数的傅里叶级数是只含有正弦项的正弦级数

$$\sum_{n=1}^{\infty} b_n \sin nx$$

当 $f(x)$ 为偶函数时, $f(x)\cos nx$ 是偶函数, $f(x)\sin nx$ 是奇函数,故傅里叶系数为

$$a_n = \frac{2}{\pi}\int_0^\pi f(x)\cos nx\,dx \quad (n = 0,1,2,3,\cdots)$$

$$b_n = 0 \quad (n = 1,2,\cdots) \tag{11.32}$$

因此,偶函数的傅里叶级数是只含有余弦项的余弦级数

$$\frac{a_0}{2} + \sum_{n=1}^\infty a_n\cos nx \tag{11.33}$$

例 11.64 设 $f(x)$ 是周期为 2π 的周期函数,它在 $[-\pi,\pi]$ 上的表达式为 $f(x)=x$,将 $f(x)$ 展开成傅里叶级数。

【解】 首先,所给函数满足收敛定理的条件,它在点 $x=(2k+1)\pi$ $(k=0,\pm1,\pm2,\cdots)$ 处不连续,因此 $f(x)$ 的傅里叶级数在函数的连续点 $x\neq(2k+1)\pi$ 收敛于 $f(x)$,在点 $x=(2k+1)\pi$ $(k=0,\pm1,\pm2,\cdots)$ 收敛于

$$\frac{1}{2}\big[f(\pi-0)+f(-\pi-0)\big] = \frac{1}{2}\big[\pi+(-\pi)\big] = 0$$

其次,若不计 $x=(2k+1)\pi$ $(k=0,\pm1,\pm2,\cdots)$,则 $f(x)$ 是周期为 2π 的奇函数。于是由式(11.31)

$$a_n = 0 \quad (n = 0,1,2,\cdots)$$

而

$$b_n = \frac{2}{\pi}\int_0^\pi f(x)\sin nx\,dx = \frac{2}{\pi}\int_0^\pi x\sin nx\,dx = \frac{2}{\pi}\left(-\frac{x\cos nx}{n}+\frac{\sin nx}{n^2}\right)\Big|_0^\pi$$

$$= -\frac{2}{n}\cos nx = \frac{2}{n}(-1)^{n+1} \quad (n = 1,2,3,\cdots)$$

$f(x)$ 的傅里叶级数展开式为

$$f(x) = 2\left[\sin x - \frac{1}{2}\sin 2x + \frac{1}{3}\sin 3x - \cdots + (-1)^{n+1}\frac{1}{n}\sin nx + \cdots\right]$$

$$(-\infty < x < +\infty, x\neq\pm\pi,\pm3\pi,\cdots)$$

例 11.65 将周期函数 $u(t)=E\left|\sin\frac{1}{2}t\right|$ 展开成傅里叶级数,其中 E 是正的常数。

【解】 所给函数满足收敛定理的条件,它在整个数轴上连续,因此 $u(t)$ 的傅里叶级数处处收敛于 $u(t)$。因为 $u(t)$ 是周期为 2π 的偶函数,由式(11.32)知

$$b_n = 0 \quad (n = 1,2,\cdots)$$

而

$$a_n = \frac{2}{\pi}\int_0^\pi u(t)\cos nt\,dt = \frac{2}{\pi}\int_0^\pi E\sin\frac{t}{2}\cos nt\,dt$$

$$= \frac{E}{\pi}\int_0^\pi\left[\sin\left(n+\frac{1}{2}\right)t - \sin\left(n-\frac{1}{2}\right)t\right]dt$$

$$= \frac{E}{\pi}\left[-\frac{\cos\left(n+\frac{1}{2}\right)t}{n+\frac{1}{2}} + \frac{\cos\left(n-\frac{1}{2}\right)t}{n-\frac{1}{2}}\right]\Bigg|_0^\pi$$

$$=-\frac{4E}{(4n^2-1)\pi}\quad(n=0,1,2,\cdots)$$

所以 $u(t)$ 的傅里叶级数展开式为

$$u(t)=\frac{4E}{\pi}\left(\frac{1}{2}-\sum_{n=1}^{\infty}\frac{1}{4n^2-1}\cos nt\right)\quad(-\infty<t<+\infty)$$

（三）周期延拓

在应用狄利克雷定理时,要注意 $f(x)$ 应是以 2π 为周期的周期函数。若 $f(x)$ 不是周期函数,只在 $[-\pi,\pi]$ 上有定义,但是满足定理条件,可以在 $[-\pi,\pi]$ 或 $(-\pi,\pi)$ 外补充函数 $f(x)$ 的定义,使它拓广成周期为 2π 的周期函数 $F(x)$,在 $(-\pi,\pi)$ 内,

$$F(x)=f(x),x\in[-\pi,\pi]$$

然后将 $F(x)$ 展开成傅里叶级数,拓广的周期函数 $F(x)$ 的傅里叶级数在 $(-\pi,\pi)$ 内收敛于 $f(x)$,这种拓广定义域的方法称为函数的周期延拓。

例 11.66　将函数 $f(x)=\begin{cases}-x & -\pi\leqslant x<0\\x & 0\leqslant x\leqslant\pi\end{cases}$ 展开成傅里叶级数。

【解】　所给函数在区间 $[-\pi,\pi]$ 上满足收敛定理的条件,将 $f(x)$ 周期延拓为

$$F(x)=f(x)=\begin{cases}-x & -\pi\leqslant x<0\\x & 0\leqslant x\leqslant\pi\end{cases}\quad T=2\pi$$

$F(x)$ 是在 $(-\infty,+\infty)$ 上连续,以 2π 为周期的周期函数。

傅里叶系数为:

$$a_0=\frac{1}{\pi}\int_{-\pi}^{\pi}f(x)\mathrm{d}x=\frac{1}{\pi}\int_{-\pi}^{0}(-x)\mathrm{d}x+\frac{1}{\pi}\int_{0}^{\pi}x\mathrm{d}x=\pi$$

$$a_n=\frac{1}{\pi}\int_{-\pi}^{\pi}f(x)\cos nx\,\mathrm{d}x=\frac{1}{\pi}\int_{-\pi}^{0}(-x)\cos nx\,\mathrm{d}x+\frac{1}{\pi}\int_{0}^{\pi}x\cos nx\,\mathrm{d}x$$

$$=\frac{2}{n^2\pi}(\cos n\pi-1)=\begin{cases}-\dfrac{4}{n^2\pi} & n=1,3,5,\cdots\\[2mm]0 & n=2,4,6,\cdots\end{cases}$$

$$b_n=\frac{1}{\pi}\int_{-\pi}^{\pi}f(x)\sin nx\,\mathrm{d}x=\frac{1}{\pi}\int_{-\pi}^{0}(-x)\sin nx\,\mathrm{d}x+\frac{1}{\pi}\int_{0}^{\pi}x\sin nx\,\mathrm{d}x=0$$

$$(n=1,2,\cdots)$$

于是 $F(x)$ 的傅里叶级数展开式为

$$F(x)=\frac{\pi}{2}-\frac{4}{\pi}\left(\cos x+\frac{1}{3^2}\cos 3x+\frac{1}{5^2}\cos 5x+\cdots\right)\quad x\in(-\infty,+\infty)$$

而 $f(x)$ 的傅里叶级数展开式为

$$f(x)=\frac{\pi}{2}-\frac{4}{\pi}\left(\cos x+\frac{1}{3^2}\cos 3x+\frac{1}{5^2}\cos 5x+\cdots\right)\quad x\in[-\pi,\pi]$$

其图像如图 11.6 所示。

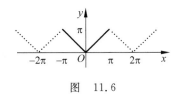

图　11.6

（四）奇延拓与偶延拓

设函数 $f(x)$ 在区间 $[0,\pi]$ 上有定义，但满足收敛定理的条件。在开区间 $(-\pi,0)$ 内补充函数 $f(x)$ 的定义，得到定义在 $(-\pi,\pi)$ 上的函数 $F(x)$，使它在 $(-\pi,\pi)$ 上成为奇函数（偶函数）。按这种方式拓广函数定义域的过程称为奇延拓（偶延拓）。将得到的奇函数（偶函数）做周期延拓，再展开，便得到一个正弦级数（或余弦级数）。最后，限制在 $(0,\pi]$ 上，有 $F(x)=f(x)$。

例 11.67　将函数 $f(x)=x+1$ $(0\leqslant x\leqslant\pi)$ 分别展开成正弦级数和余弦级数。

【解】　先求正弦级数。为此对函数 $f(x)$ 进行奇延拓，再周期延拓，并按式(11.32)得

$$a_n=0 \quad (n=1,2,\cdots)$$

$$b_n=\frac{2}{\pi}\int_0^\pi f(x)\sin nx\,dx=\frac{2}{\pi}\int_0^\pi(x+1)\sin nx\,dx$$

$$=\frac{2}{\pi}\left(-\frac{x\cos nx}{n}+\frac{\sin nx}{n^2}-\frac{\cos nx}{n}\right)\Bigg|_0^\pi$$

$$=\frac{2}{n\pi}(1-\pi\cos n\pi-\cos n\pi)=\begin{cases}\dfrac{2}{\pi}\cdot\dfrac{\pi+2}{n} & (n=1,3,5,\cdots)\\[2mm] -\dfrac{2}{n} & (n=2,4,6,\cdots)\end{cases}$$

于是函数的正弦级数展开式为

$$x+1=\frac{2}{\pi}\left[(\pi+2)\sin x-\frac{\pi}{2}\sin 2x+\frac{1}{3}(\pi+2)\sin 3x-\frac{\pi}{4}\sin 4x+\cdots\right]\quad(0<x<\pi)$$

在端点 $x=0$ 及 $x=\pi$ 处，级数的和显然为零，它不代表原来函数 $f(x)$ 的值。

再求余弦级数。为此对 $f(x)$ 进行偶延拓，再周期延拓，并按式(11.32)计算得

$$b_n=0 \quad (n=1,2,\cdots)$$

$$a_n=\frac{2}{\pi}\int_0^\pi f(x)\cos nx\,dx$$

$$=\frac{2}{\pi}\int_0^\pi(x+1)\cos nx\,dx=\frac{2}{\pi}\left(-\frac{x\sin nx}{n}+\frac{\cos nx}{n^2}-\frac{\sin nx}{n}\right)\Bigg|_0^\pi$$

$$=\frac{2}{n^2\pi}(\cos n\pi-1)=\begin{cases}0 & (n=2,4,6,\cdots)\\[2mm] -\dfrac{4}{n^2\pi} & (n=1,3,5,\cdots)\end{cases}$$

$$a_0=\frac{2}{\pi}\int_0^\pi(x+1)\,dx=\frac{2}{\pi}\left(\frac{x^2}{2}+x\right)\Bigg|_0^\pi=\pi+2$$

于是函数的余弦级数展开式为

$$x+1=\frac{\pi}{2}+1-\frac{4}{\pi}\left(\cos x+\frac{1}{3^2}\cos 3x+\frac{1}{5^2}\cos 5x+\cdots\right)\quad(0\leqslant x\leqslant\pi)$$

其图像如图 11.7 所示。

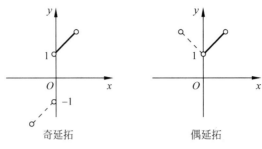

奇延拓　　　　　　　偶延拓

图　11.7

(五) 以 2*l* 为周期的函数的傅里叶级数

到现在为止,我们所讨论的周期函数都是以 2π 为周期的。但是实际问题中所遇到的周期函数,它的周期不一定是 2π。怎样把以 $2l$ 为周期的函数 $f(x)$ 展开成三角级数呢?

为此,先将周期为 $2l$ 的函数 $f(x)$ 变换为周期为 2π 的周期函数,然后再展开成傅里叶级数。

令 $t=\dfrac{\pi x}{l}$,对应于 x 的区间 $[-l,l]$,有 $t\in[-\pi,\pi]$ 及

$$f(x)=f\left(\frac{l}{\pi}t\right)\triangleq F(t)$$

则 $F(t)$ 是以 2π 为周期的函数。

于是当 $F(t)$ 满足收敛定理的条件时 $F(t)$ 可展开成傅里叶级数:

$$F(t)=\frac{a_0}{2}+\sum_{n=1}^{\infty}(a_n\cos nt+b_n\sin nt)$$

其中

$$a_n=\frac{1}{\pi}\int_{-\pi}^{\pi}F(t)\cos nt\,\mathrm{d}t\quad(n=0,1,2,\cdots)$$

$$b_n=\frac{1}{\pi}\int_{-\pi}^{\pi}F(t)\sin nt\,\mathrm{d}t\quad(n=1,2,\cdots)$$

将 $t=\dfrac{\pi x}{l}$ 回代,可得 $f(x)$ 的傅里叶级数展开式为

$$f(x)=\frac{a_0}{2}+\sum_{n=1}^{\infty}\left(a_n\cos\frac{n\pi x}{l}+b_n\sin\frac{n\pi x}{l}\right)$$

定理 11.14　设周期为 $2l$ 的周期函数 $f(x)$ 满足收敛定理的条件,则它的傅里叶级数展开式为

$$f(x)=\frac{a_0}{2}+\sum_{n=1}^{\infty}\left(a_n\cos\frac{n\pi x}{l}+b_n\sin\frac{n\pi x}{l}\right)$$

其中系数 a_n,b_n 为

$$a_n=\frac{1}{l}\int_{-l}^{l}f(x)\cos\frac{n\pi x}{l}\mathrm{d}x\quad(n=0,1,2,\cdots)$$

$$b_n=\frac{1}{l}\int_{-l}^{l}f(x)\sin\frac{n\pi x}{l}\mathrm{d}x\quad(n=1,2,\cdots)$$

当 $f(x)$ 为奇函数时，$f(x) = \sum\limits_{n=1}^{\infty} b_n \sin\dfrac{n\pi x}{l}$，其中

$$b_n = \frac{2}{l}\int_0^l f(x)\sin\frac{n\pi x}{l}\mathrm{d}x \quad (n=1,2,\cdots)$$

当 $f(x)$ 为偶函数时，$f(x) = \dfrac{a_0}{2} + \sum\limits_{n=1}^{\infty} a_n \cos\dfrac{n\pi x}{l}$，其中

$$a_n = \frac{2}{l}\int_0^l f(x)\cos\frac{n\pi x}{l}\mathrm{d}x \quad (n=0,1,2,\cdots)$$

例 11.68 设 $f(x)$ 是周期为 4 的周期函数，它在 $[-2,2)$ 上的表达式为

$$f(x) = \begin{cases} 0 & -2\leqslant x < 0 \\ k & 0\leqslant x < 2 \end{cases} \quad (\text{常数 } k\neq 0)$$

将 $f(x)$ 展开成傅里叶级数。

【解】 这里 $l=2$，由定理 11.13 得 $a_0 = \dfrac{1}{2}\int_{-2}^0 0\mathrm{d}x + \dfrac{1}{2}\int_0^l k\mathrm{d}x = k$

$$a_n = \frac{1}{2}\int_0^2 k\cos\frac{n\pi x}{2}\mathrm{d}x = \left(\frac{k}{n\pi}\sin\frac{n\pi x}{2}\right)\Big|_0^2 = 0 \quad (n\neq 0)$$

$$b_n = \frac{1}{2}\int_0^2 k\sin\frac{n\pi x}{2}\mathrm{d}x = \left(-\frac{k}{n\pi}\cos\frac{n\pi x}{2}\right)\Big|_0^2$$

$$= \frac{k}{n\pi}(1-\cos n\pi) = \begin{cases} \dfrac{2k}{n\pi} & (n=1,3,5,\cdots) \\ 0 & (n=2,4,6,\cdots) \end{cases}$$

于是

$$f(x) = \frac{k}{2} + \frac{2k}{\pi}\left(\sin\frac{\pi x}{2} + \frac{1}{3}\sin\frac{3\pi x}{2} + \frac{1}{5}\sin\frac{5\pi x}{2} + \cdots\right)$$

$$\left(-\infty < x < +\infty, x\neq 0,\pm 2,\pm 4,\cdots; \text{在 } x=0,\pm 2,\pm 4,\cdots \text{ 收敛于 } \frac{k}{2}\right)$$

例 11.69 将函数 $M(x) = \begin{cases} \dfrac{px}{2} & 0\leqslant x < \dfrac{l}{2} \\ \dfrac{p(l-x)}{2} & \dfrac{l}{2}\leqslant x\leqslant l \end{cases}$ 展开成正弦级数。

【解】 对 $M(x)$ 进行奇延拓，则

$$a_n = 0 \quad (n=0,1,2,3,\cdots),$$

$$b_n = \frac{2}{l}\int_0^l M(x)\sin\frac{n\pi x}{l}\mathrm{d}x$$

$$= \frac{2}{l}\left[\int_0^{\frac{l}{2}}\frac{px}{2}\sin\frac{n\pi x}{l}\mathrm{d}x + \int_{\frac{l}{2}}^l\frac{p(l-x)}{2}\sin\frac{n\pi x}{l}\mathrm{d}x\right]$$

对上式右边的第二项，令 $t=l-x$，则

$$b_n = \frac{2}{l}\left[\int_0^{\frac{l}{2}}\frac{px}{2}\sin\frac{n\pi x}{l}\mathrm{d}x + \int_{\frac{l}{2}}^0\frac{pt}{2}\sin\frac{n\pi(l-t)}{l}(-\mathrm{d}t)\right]$$

$$= \frac{2}{l}\left[\int_0^{\frac{l}{2}}\frac{px}{2}\sin\frac{n\pi x}{l}\mathrm{d}x + (-1)^{n+1}\int_0^{\frac{l}{2}}\frac{pt}{2}\sin\frac{n\pi t}{l}\mathrm{d}t\right]$$

当 $n=2,4,6,\cdots$ 时，

$$b_n = 0$$

当 $n=1,3,5,\cdots$ 时，

$$b_n = \frac{4p}{2l}\int_0^{\frac{l}{2}} x\sin\frac{n\pi x}{l}\mathrm{d}x = \frac{2pl}{n^2\pi^2}\sin\frac{n\pi}{2}$$

于是得

$$M(x) = \frac{2pl}{\pi^2}\left(\sin\frac{\pi x}{l} - \frac{1}{3^2}\sin\frac{3\pi x}{l} + \frac{1}{5^2}\sin\frac{5\pi x}{l} - \cdots\right) \quad (0 \leqslant x \leqslant l)$$

11.7.3   周期与非周期函数的傅里叶级数展开

函数 $f(x)$ 展开成傅里叶级数的一般步骤：

(1) 验证 $f(x)$ 是否满足狄利克雷条件；

(2) 求出傅里叶系数；

(3) 写出傅里叶级数，并注明它在何处收敛于 $f(x)$。

例 11.70   设函数 $f(x)=\begin{cases}-1, & -\pi<x\leqslant 0 \\ 1+x^2, & 0<x\leqslant\pi\end{cases}$，则其以 2π 为周期的傅里叶级数在点 $x=\pi$ 处收敛于_____。

【解析】   周期延拓之后，可将 $f(x)$ 展开成傅里叶级数，$x=\pi$ 是函数定义区间端点，由狄利克雷收敛定理可知，在 $x=\pi$ 处，其傅里叶级数的和函数

$$S(\pi) = \frac{f(-\pi+0)+f(\pi-0)}{2} = \frac{-1+(1+\pi^2)}{2} = \frac{\pi^2}{2}$$

例 11.71   设函数 $f(x)=\begin{cases}2, & -1<x\leqslant 0 \\ x^3, & 0<x\leqslant 1\end{cases}$ 是以 2 为周期的函数，则其傅里叶级数在点 $x=0$ 处收敛于_____。

【解析】 $x=0$ 是函数的间断点，由狄利克雷收敛定理可知，在 $x=0$ 处，其傅里叶级数的和函数

$$S(0) = \frac{f(0+0)+f(0-0)}{2} = \frac{0+2}{2} = 1$$

例 11.72   设函数 $f(x)=x^2,x\in[0,\pi]$，将 $f(x)$ 展开成以 2π 为周期的傅里叶级数，并证明 $\sum_{n=1}^{\infty}\frac{1}{n^2}=\frac{\pi}{6}$。

【解】 $f(x)$ 不是周期函数，首先要进行奇偶延拓，将 $f(x)$ 延拓到 $[-\pi,0]$ 上去。由于题目未限定延拓的方式，所以采用奇延拓、偶延拓或者其他形式的延拓(比如零延拓)都是可以的。延拓方式不同，其展开式也不同。

这里仅以偶延拓的方式举例。

令 $F(x)=x^2,-\pi\leqslant x\leqslant\pi$，则 $F(x)=f(x)=x^2,x\in[0,\pi]$，由于 $F(x)$ 是偶函数，故其展开式为余弦级数，系数

$$b_n = 0 \quad (n=1,2,\cdots)$$

$$a_0 = \frac{2}{\pi}\int_0^{\pi} x^2\mathrm{d}x = \frac{2}{3}\pi^2$$

$$a_n = \frac{2}{\pi} \int_0^\pi x^2 \cos nx \, dx = \frac{2}{n\pi} x^2 \sin(nx) \Big|_0^\pi - \frac{4}{n\pi} \int_0^\pi x \sin nx \, dx$$

$$= \frac{4}{n^2\pi} x \cos(nx) \Big|_0^\pi - \frac{4}{n^2\pi} \int_0^\pi \cos nx \, dx$$

$$= (-1)^n \frac{4}{n^2} \quad (n = 1, 2, \cdots)$$

故由收敛定理，可知

$$f(x) = \frac{a_0}{2} + \sum_{n=1}^\infty a_n \cos nx + b_n \sin nx$$

$$= \frac{\pi^2}{3} + 4 \sum_{n=1}^\infty \frac{(-1)^n}{n^2} \cos nx, \quad (0 \leqslant x \leqslant \pi)$$

令 $x = \pi$ 得，$\pi^2 = \dfrac{\pi^2}{3} + 4 \sum_{n=1}^\infty \dfrac{1}{n^2}$，于是有 $\sum_{n=1}^\infty \dfrac{1}{n^2} = \dfrac{\pi}{6}$。

习题 11

🌐 第一空间

1. 填空。

(1) 已知级数 $\sum_{n=1}^\infty \left(\dfrac{1}{6} - u_n \right)$ 收敛，则 $\lim_{n \to \infty} u_n = $ _____。

(2) 若级数 $\sum_{n=1}^\infty u_n$ 的部分和数列 $S_n = \dfrac{n+1}{n}$，则 $u_n = $ _____ $(n > 1)$。

(3) 若级数 $\sum_{n=1}^\infty u_n$ 绝对收敛，则级数 $\sum_{n=1}^\infty u_n$ 必定 _____；若级数 $\sum_{n=1}^\infty u_n$ 条件收敛，则

级数 $\sum_{n=1}^\infty |u_n|$ 必定 _____。

2. 写出下列级数的前四项。

(1) $\sum_{n=1}^\infty \dfrac{n}{(2+n)^2}$；

(2) $\sum_{n=1}^\infty \dfrac{1 \cdot 3 \cdots (2n-1)}{2 \cdot 4 \cdots (2n)}$；

(3) $\sum_{n=1}^\infty \dfrac{(-1)^{n-1}}{10n}$；

(4) $\sum_{n=1}^\infty \dfrac{n!}{(n+1)^n}$。

3. 写出下列级数的一般项。

(1) $\dfrac{1}{2} + \dfrac{1}{4} + \dfrac{1}{6} + \cdots$；

(2) $\dfrac{1}{1 \cdot 5} + \dfrac{a}{3 \cdot 7} + \dfrac{a^2}{5 \cdot 9} + \dfrac{a^3}{7 \cdot 11} + \cdots$；

(3) $-\dfrac{3}{1} + \dfrac{5}{4} - \dfrac{7}{9} + \dfrac{9}{16} - \dfrac{11}{25} + \dfrac{13}{36} - \cdots$；

(4) $\dfrac{\sqrt{x}}{2} + \dfrac{x}{2 \cdot 4} + \dfrac{x\sqrt{x}}{2 \cdot 4 \cdot 6} + \dfrac{x^2}{2 \cdot 4 \cdot 6 \cdot 8} + \cdots \quad (x > 0)$。

4. 根据级数收敛与发散的定义判定下列级数的敛散性。

(1) $\sum\limits_{n=1}^{\infty} (\sqrt{n+1} - \sqrt{n})$;

(2) $\sum\limits_{n=1}^{\infty} \dfrac{1}{(2n-1)(2n+1)}$;

(3) $\dfrac{1}{1 \cdot 2} + \dfrac{1}{2 \cdot 3} + \cdots + \dfrac{1}{n(n+1)} + \cdots$;

(4) $\dfrac{1}{1 \cdot 6} + \dfrac{1}{6 \cdot 11} + \dfrac{1}{11 \cdot 16} + \cdots + \dfrac{1}{(5n-4)(5n+1)} + \cdots$;

(5) $\dfrac{2}{3} - \dfrac{2^2}{3^3} + \dfrac{2^3}{3^3} - \cdots + (-1)^{n-1} \dfrac{2^n}{3^n} + \cdots$;

(6) $\dfrac{1}{5} + \dfrac{1}{\sqrt{5}} + \dfrac{1}{\sqrt[3]{5}} + \cdots + \dfrac{1}{\sqrt[n]{5}} + \cdots$。

5. 判断下列级数收敛或发散,若收敛求其和。

(1) $\dfrac{1}{1 \cdot 4} + \dfrac{1}{4 \cdot 7} + \dfrac{1}{7 \cdot 10} + \cdots + \dfrac{1}{(3n-2)(3n+1)} + \cdots$;

(2) $\sum\limits_{n=1}^{\infty} \dfrac{1}{\sqrt{n+1} + \sqrt{n}}$;

(3) $\sum\limits_{n=1}^{\infty} \dfrac{1}{4n^2 - 1}$ $\left(即 \dfrac{1}{1 \cdot 3} + \dfrac{1}{3 \cdot 5} + \dfrac{1}{5 \cdot 7} + \cdots + \dfrac{1}{(2n-1)(2n+1)} + \cdots \right)$;

(4) $\sum\limits_{n=1}^{\infty} \left(\dfrac{1}{2^n} - \dfrac{1}{4^n} \right)$;

(5) $1 - \dfrac{1}{2} + \dfrac{1}{2} - \dfrac{1}{4} + \dfrac{1}{3} - \dfrac{1}{8} + \dfrac{1}{4} - \dfrac{1}{16} + \dfrac{1}{5} - \dfrac{1}{32} + \cdots$。

6. 选择题。

(1) 若实数列 $a_n \leqslant b_n \leqslant c_n (n=1,2,3\cdots)$,下列论断中正确的是(　　　)。

(A) 若 $\sum\limits_{n=1}^{\infty} b_n$ 收敛,则 $\sum\limits_{n=1}^{\infty} a_n$ 收敛　　　(B) 若 $\sum\limits_{n=1}^{\infty} b_n$ 发散,则 $\sum\limits_{n=1}^{\infty} c_n$ 发散

(C) 若 $\sum\limits_{n=1}^{\infty} b_n$ 发散,则 $\sum\limits_{n=1}^{\infty} a_n$ 发散　　　(D) 若 $\sum\limits_{n=1}^{\infty} (c_n - a_n)$ 收敛,则 $\sum\limits_{n=1}^{\infty} (b_n - a_n)$ 收敛

(2) $\sum\limits_{n=1}^{\infty} u_n$ 是正项级数,下列命题错误的是(　　　)。

(A) 如果 $\lim\limits_{n \to \infty} \dfrac{u_{n+1}}{u_n} = \rho < 1$,则 $\sum\limits_{n=1}^{\infty} u_n$ 收敛

(B) 如果 $\lim\limits_{n \to \infty} \dfrac{u_{n+1}}{u_n} = \rho > 1$,则 $\sum\limits_{n=1}^{\infty} u_n$ 发散

(C) 如果 $\dfrac{u_{n+1}}{u_n} < 1$,则 $\sum\limits_{n=1}^{\infty} u_n$ 收敛

(D) 如果 $\dfrac{u_{n+1}}{u_n} > 1$,则 $\sum\limits_{n=1}^{\infty} u_n$ 发散

7. 用比较判别法或其极限形式判定下列各级数的敛散性。

(1) $\dfrac{1}{4 \cdot 6} + \dfrac{1}{5 \cdot 7} + \cdots + \dfrac{1}{(n+3)(n+5)} + \cdots$;

(2) $\displaystyle\sum_{n=1}^{\infty} \dfrac{n+1}{n^3+1}$; 　　　　(3) $\displaystyle\sum_{n=1}^{\infty} \sin \dfrac{\pi}{3^n}$; 　　(4) $\displaystyle\sum_{n=1}^{\infty} \dfrac{1}{\sqrt{2+n^3}}$。

8. 用比值判别法判别下列级数的敛散性。

(1) $1 + \dfrac{4}{3^2} + \dfrac{5}{3^3} + \cdots + \dfrac{n+2}{3^n} + \cdots$;

(2) $3 + \dfrac{3^2 \cdot 2!}{2^2} + \dfrac{3^3 \cdot 3!}{3^3} + \cdots + \dfrac{3^n \cdot n!}{n^n} + \cdots$;

(3) $\sin \dfrac{1}{2} + 2 \cdot \sin \dfrac{1}{2^2} + 3 \cdot \sin \dfrac{1}{2^3} + \cdots + n\sin \dfrac{1}{2^n} + \cdots$;

(4) $\displaystyle\sum_{n=1}^{\infty} \dfrac{(n!)^2}{(3n)!}$。

9. 用根值判别法判定下列各级数的敛散性。

(1) $\displaystyle\sum_{n=1}^{\infty} \left(\dfrac{n}{5n+2} \right)^n$; 　　　　　　(2) $\displaystyle\sum_{n=1}^{\infty} \left(1 + \dfrac{1}{n} \right)^{n^2}$;

(3) $\displaystyle\sum_{n=1}^{\infty} \dfrac{\left(\dfrac{n+2}{n} \right)^{n^2}}{2^n}$; 　　　　　(4) $\displaystyle\sum_{n=1}^{\infty} \dfrac{3^n}{1+e^n}$。

10. 判定下列级数是否收敛? 若收敛,是绝对收敛还是条件收敛?

(1) $1 - \dfrac{1}{\sqrt{2}} + \dfrac{1}{\sqrt{3}} - \dfrac{1}{\sqrt{4}} + \cdots$; 　　(2) $\displaystyle\sum_{n=1}^{\infty} (-1)^{n-1} \dfrac{1}{\ln(n+1)}$;

(3) $\dfrac{1}{5} \cdot \dfrac{1}{3} - \dfrac{1}{5} \cdot \dfrac{1}{3^2} + \dfrac{1}{5} \cdot \dfrac{1}{3^3} - \dfrac{1}{5} \cdot \dfrac{1}{3^4} + \cdots$;

(4) $\displaystyle\sum_{n=1}^{\infty} (-1)^{n-1} \dfrac{2^{n^2}}{n!}$。

11. 求下列幂级数的收敛域。

(1) $x + 2x^2 + 3x^3 + \cdots$; 　　　　　　(2) $-\dfrac{x}{1} + \dfrac{x^2}{2^2} - \dfrac{x^3}{3^2} + \dfrac{x^4}{4^2} - \cdots$;

(3) $\dfrac{x}{2} + \dfrac{x^2}{2 \cdot 4} + \dfrac{x^3}{2 \cdot 4 \cdot 6} + \cdots$; 　　　(4) $\dfrac{2}{1^2+1} x + \dfrac{2^2}{2^2+1} x^2 + \dfrac{2^3}{3^2+1} x^3 + \cdots$;

(5) $\dfrac{x}{2 \cdot 1!} + \dfrac{x^2}{2^2 \cdot 2!} + \dfrac{x^3}{2^3 \cdot 3!} + \dfrac{x^4}{2^4 \cdot 4!} + \cdots$;

(6) $\dfrac{x}{1 \cdot 3} + \dfrac{x^2}{2 \cdot 3^2} + \dfrac{x^3}{3 \cdot 3^3} + \dfrac{x^4}{4 \cdot 3^4} + \cdots$。

12. 设 $p > 0$,讨论 p 为何值时,级数 $\displaystyle\sum_{n=1}^{\infty} \dfrac{(-1)^n}{np^{n+1}}$ 收敛。

13. 讨论 $\displaystyle\sum_{n=1}^{\infty} \dfrac{1}{1+a^n}$ 在 $0 < a < 1, a = 1$ 和 $a > 1$ 三种条件下的敛散性。

第二空间

1. 用比较判别法或其极限形式判定下列各级数的敛散性。

(1) $\sum\limits_{n=1}^{\infty} \dfrac{1}{1+a^n}$ $(a>0)$;   (2) $\sum\limits_{n=1}^{\infty} (2^{\frac{1}{n}}-1)$;

(3) $\sum\limits_{n=1}^{\infty} \dfrac{2n+1}{\sqrt{n^4-n^2+2}}$;   (4) $\sum\limits_{n=1}^{\infty} n^2 \sin\dfrac{1}{2^n}$。

2. 用比值判别法判别下列级数的敛散性。

(1) $\sum\limits_{n=1}^{\infty} \dfrac{n^2}{3^n}$;   (2) $\sum\limits_{n=1}^{\infty} \dfrac{n!}{3^n+1}$;

(3) $\dfrac{3}{1\cdot 2}+\dfrac{3^2}{2\cdot 2^2}+\dfrac{3^3}{3\cdot 2^3}+\cdots+\dfrac{3^n}{n\cdot 2^n}+\cdots$;

(4) $\sum\limits_{n=1}^{\infty} \dfrac{5^n}{n!}$。

3. 用根值判别法判定下列各级数的敛散性。

(1) $\sum\limits_{n=1}^{\infty} \left(\dfrac{b}{a_n}\right)^n$,其中 $a_n \to a(n\to\infty)$,a_n,b,a 均为正数;

(2) $\sum\limits_{n=1}^{\infty} \left(\dfrac{x}{a_n}\right)^n$ $(x>0, \lim\limits_{n\to\infty} a_n=a, a_n>0)$。

4. 判别下列级数的敛散性。

(1) $\dfrac{3}{4}+2\left(\dfrac{3}{4}\right)^2+3\left(\dfrac{3}{4}\right)^3+4\left(\dfrac{3}{4}\right)^4+\cdots$;   (2) $\sum\limits_{n=1}^{\infty} (n+1)^n \sin\dfrac{\pi}{2^n}$;

(3) $\ln\left(1+\dfrac{2}{1^2}\right)+\ln\left(1+\dfrac{2}{2^2}\right)+\ln\left(1+\dfrac{2}{3^2}\right)+\cdots$;

(4) $2\cdot\sin\dfrac{\pi}{3}+2^2\cdot\sin\dfrac{\pi}{3^2}+\cdots+2^n\cdot\sin\dfrac{\pi}{3^n}+\cdots$;

(5) $\sum\limits_{n=1}^{\infty} \dfrac{n\cos^2\frac{n\pi}{3}}{2^n}$;   (6) $\sum\limits_{n=1}^{\infty} (e^{\frac{1}{n}}+e^{-\frac{1}{n}}-2)$。

5. 判别下列级数是否收敛？若收敛的话,是绝对收敛还是条件收敛？

(1) $-\dfrac{1}{1+a}+\dfrac{1}{2+a}-\dfrac{1}{3+a}+\dfrac{1}{4+a}-\cdots$($a$ 不为负整数);

(2) $\dfrac{1}{\ln 2}-\dfrac{1}{\ln 3}+\dfrac{1}{\ln 4}-\dfrac{1}{\ln 5}+\cdots$;

(3) $\dfrac{1}{\pi^2}\sin\dfrac{\pi}{2}-\dfrac{1}{\pi^3}\sin\dfrac{\pi}{3}+\dfrac{1}{\pi^4}\sin\dfrac{\pi}{4}-\cdots$;

(4) $\sin\dfrac{1}{1^2}-\sin\dfrac{1}{2^2}+\sin\dfrac{1}{3^2}-\sin\dfrac{1}{4^2}+\cdots$。

6. 讨论下列变号级数绝对收敛,条件收敛或发散。

(1) $\sum\limits_{n=1}^{\infty} \dfrac{\sin nx}{2^n}$;   (2) $\sum\limits_{n=1}^{\infty} (-1)^n \dfrac{n}{n+1}$;

(3) $\sum\limits_{n=1}^{\infty} (-1)^n \sin \dfrac{\pi}{n}$;

(4) $\sum\limits_{n=1}^{\infty} (-1)^n \dfrac{1}{\sqrt[n]{n}}$;

(5) $\sum\limits_{n=1}^{\infty} (-1)^n \left(\dfrac{2n-1}{3n+1}\right)^n$;

(6) $\sum\limits_{n=1}^{\infty} (-1)^n e^{-n}$。

7. 判别下列级数是绝对收敛,条件收敛,还是发散?

(1) $\sum\limits_{n=1}^{\infty} (-1)^{n-1} \left(\dfrac{n^2}{3^n} + \dfrac{1}{\sqrt{n}}\right)$;

(2) $\sum\limits_{n=1}^{\infty} \dfrac{n^2 \cos n}{3^n}$;

(3) $\sum\limits_{n=1}^{\infty} (-1)^{n-1} \dfrac{1}{\sqrt{n - \ln n}}$。

8. 求下列幂级数的收敛域。

(1) $\sum\limits_{n=1}^{\infty} (-1)^{n+1} \dfrac{x^{2n-1}}{(2n-1)!}$;

(2) $\sum\limits_{n=1}^{\infty} (-1)^{n-1} \dfrac{(x-1)^n}{n}$;

(3) $\sum\limits_{n=1}^{\infty} \dfrac{2n-1}{2^n} x^{2n-2}$;

(4) $\sum\limits_{n=1}^{\infty} \dfrac{(x-5)^n}{\sqrt{n}}$。

9. 证明级数 $\sum\limits_{n=1}^{\infty} \dfrac{n!}{n^n} x^n$ 当 $|x| < e$ 时绝对收敛,当 $|x| \geqslant e$ 时发散。

10. 利用逐项求导或逐项积分,求下列级数在收敛区间内的和函数。

(1) $1 + 2x + 3x^2 + 4x^3 + \cdots$;

(2) $\sum\limits_{n=1}^{\infty} (-1)^{n-1} n x^{n-1}$;

(3) $\sum\limits_{n=1}^{\infty} \dfrac{x^{4n+1}}{4n+1}$;

(4) $x + \dfrac{x^3}{3} + \dfrac{x^5}{5} + \cdots$,并求 $\sum\limits_{n=1}^{\infty} \dfrac{1}{(2n-1)2^n}$ 的和。

11. 求下列函数展开成关于 x 的幂级数,并求收敛区域。

(1) $\ln(a+x)(a>0)$;

(2) a^x;

(3) $\dfrac{1}{x^2 + 3x + 2}$;

(4) $\sin^2 x$;

(5) $\cos \dfrac{x}{2}$。

12. 将下列函数展成麦克劳林级数。

(1) e^{2x};

(2) $\dfrac{x}{x+2}$;

(3) $\sin^2 x$;

(4) $\ln \sqrt{\dfrac{1+x}{1-x}}$;

(5) $\int_0^x \dfrac{\sin t}{t} dt$;

(6) $\dfrac{d}{dx}\left(\dfrac{e^x - 1}{x}\right)$;

(7) $\int_0^x \dfrac{1 - \cos t}{t} dt$;

(8) $\dfrac{1}{x^2 - x - 2}$。

13. 将下列函数展开成 $(x-1)$ 的幂级数。

(1) $\ln x$;

(2) $\dfrac{1}{x^2 + x}$;

(3) $x\ln(x+1)$；

(4) $e^{\frac{x+1}{2}}$；

(5) $\dfrac{1}{(1+x)^2}$；

(6) $\arctan(x-1)$。

14. 将 $f(x)=\dfrac{1}{x^2+5x+6}$ 展开为 $x-2$ 泰勒级数。

15. 将函数 $\cos x$ 展开成 $x+\dfrac{\pi}{3}$ 的幂级数。

16. 将 $\dfrac{1}{x^2}$ 展开成关于 $x+4$ 的幂级数。

17. 利用函数的幂级数展开式，求下列各数的近似值：

(1) $\ln 3$（误差不超过 0.0001）；

(2) $\cos 2°$（误差不超过 0.0001）。

18. 设篮球架上的篮筐到地面的距离为 $3.05\mathrm{m}$，一学生投篮未进，篮球落到地面后反弹到原来高度的 40% 处，落地后又反弹，后一次反弹的高度总是前一次高度的 40%。这样一直反弹下去，试求篮球反弹的高度之和。

19. 2000 年保险公司可以保证预定年利率一直是 6.5%，几十年不变。某人每年在保险公司存入 1000 元（每年按复利计算）。试求(1)10 年后，投资额累积（即本息和）是多少？(2)要存入多少年后才能存到 10 万元？

第三空间

1. 用比较法判别下列级数的敛散性。

(1) $\displaystyle\sum_{n=1}^{\infty}(\sqrt[n]{a}-1)(a>1)$；

(2) $\displaystyle\sum_{n=1}^{\infty}(a^{\frac{1}{n}}+a^{-\frac{1}{n}}-2)$；

(3) $\displaystyle\sum_{n=2}^{\infty}\ln\dfrac{n^2+1}{n^2-1}$；

(4) $\displaystyle\sum_{n=3}^{\infty}\left(-\ln\cos\dfrac{\pi}{n}\right)$；

(5) $\displaystyle\sum_{n=2}^{\infty}\dfrac{1}{(\ln n)^{\ln n}}$；

(6) $\displaystyle\sum_{n=1}^{\infty}\dfrac{\sqrt[n]{n}-1}{\sqrt{n}}$；

(7) $\displaystyle\sum_{n=1}^{\infty}\dfrac{n^3[\sqrt{2}+(-1)^n]^n}{3^n}$；

(8) $\displaystyle\sum_{n=1}^{\infty}\dfrac{n^{n+1}}{(n+1)^{n+2}}$。

2. 用比值法和根值法判别下列级数的敛散性。

(1) $\displaystyle\sum_{n=1}^{\infty}\dfrac{e^n n!}{n^n}$；

(2) $\displaystyle\sum_{n=1}^{\infty}\dfrac{a^n n!}{n^n}(a>0)$。

3. 讨论下列变号级数绝对收敛，条件收敛或发散。

(1) $\displaystyle\sum_{n=1}^{\infty}\dfrac{(-1)^n n+\sqrt{n}}{n\sqrt{n}}$；

(2) $\displaystyle\sum_{n=1}^{\infty}\sin(\pi\sqrt{n^2+1})$；

(3) $\displaystyle\sum_{n=2}^{\infty}\dfrac{(-1)^n}{\sqrt{n}+(-1)^n}$。

4. 讨论下列级数的敛散性。

(1) $\displaystyle\sum_{n=2}^{\infty}n^{\lambda}\sin\dfrac{\pi}{2\sqrt{n}}$；

(2) $\displaystyle\sum_{n=1}^{\infty}\dfrac{n^{n-1}}{(2n^2+\ln n+1)^{\frac{n+1}{2}}}$。

5. 判断下列函数项级数的敛散性。

(1) $\displaystyle\sum_{n=1}^{\infty} \frac{1}{\displaystyle\int_0^n \sqrt[4]{1+x^4}\,\mathrm{d}x}$;

(2) $\displaystyle\sum_{n=1}^{\infty} \int_0^{\frac{1}{n}} \frac{\sqrt{x}}{1+x^2}\,\mathrm{d}x$。

6. 判别级数 $\displaystyle\sum_{n=1}^{\infty}\left(1-\frac{x_n}{x_{n+1}}\right)$ 的收敛性,其中 $\{x_n\}$ 是递增有界的正数列。

7. 求下列幂级数的收敛半径和收敛域。

(1) $\displaystyle\sum_{n=1}^{\infty}(-1)^n \frac{x^{2n}}{(2n)!}$;

(2) $\displaystyle\sum_{n=1}^{\infty}\frac{x^n}{a^n+b^n}\ (a>0,b>0)$;

(3) $\displaystyle\sum_{n=1}^{\infty}(-1)^n \frac{1}{2^n 4^n}(x+5)^{2n+1}$;

(4) $\displaystyle\sum_{n=1}^{\infty}\frac{3^n+(-2)^n}{n}(x+1)^n$。

8. 求下列级数的和函数。

(1) $\displaystyle\sum_{n=1}^{\infty}\frac{n}{(n+1)!}$;

(2) $\displaystyle\sum_{n=0}^{\infty}\frac{(-1)^n}{3n+1}$;

(3) $\displaystyle\sum_{n=2}^{\infty}\frac{(-1)^n}{2^n(n^2-1)}$;

(4) $\displaystyle\sum_{n=0}^{\infty}(-1)^n\frac{n}{(2n+1)!}$。

9. 设有方程 $x^n+nx-1=0$,其中 n 为正整数,证明此方程存在唯一正实根 x_n,并证明当 $\alpha>1$,有级数 $\displaystyle\sum_{n=1}^{\infty}x_n^{\alpha}$ 收敛。

10. 若级数 $\displaystyle\sum_{n=1}^{\infty}a_n$ 绝对收敛,试证级数 $\displaystyle\sum_{n=1}^{\infty}a_n^2,\ \sum_{n=1}^{\infty}\frac{a_n}{1+a_n},\ \sum_{n=1}^{\infty}\frac{a_n^2}{1+a_n^2}$ 绝对收敛。

11. 将 $f(x)=\dfrac{x}{2+x-x^2}$ 展成 x 的幂级数。

12. 将下列函数展开成以 2π 为周期的傅里叶级数。

(1) $f(x)=3x^2+1,\ -\pi<x<\pi$;

(2) $f(x)=\begin{cases}0, & -\pi<x<0\\ \sin x, & 0\leqslant x<\pi\end{cases}$。

13. 将函数 $f(x)=2x^2\ (0\leqslant x\leqslant\pi)$ 分别展开成正弦级数和余弦级数。

14. 设 $f(x)$ 的周期为 2,且 $f(x)=\begin{cases}x, & -1\leqslant x<0\\ 1, & 0\leqslant x<\dfrac{1}{2}\\ -1, & \dfrac{1}{2}\leqslant x<1\end{cases}$ 使将其展开成傅里叶级数。

15. 将 $f(x)=|x|$,在 $\left(-\dfrac{1}{2},\dfrac{1}{2}\right)$ 上展开成傅里叶级数,并求级数 $\displaystyle\sum_{n=0}^{\infty}\frac{1}{(2k+1)^2}$ 的和。

第12章

常微分方程

自然界中物质运动和它的变化规律,往往受已知条件的限制不能直接找到其函数关系,但却可以化为含有自变量、未知函数以及未知函数导数的方程(即所谓微分方程)。微分方程几乎是和微积分同时产生的,苏格兰数学家耐普尔创立对数的时候,就讨论过微分方程的近似解。牛顿在建立微积分的同时,曾对简单的微分方程用级数来求解。后来瑞士数学家伯努利、欧拉、克雷洛、达朗贝尔、拉格朗日等人又不断地研究和丰富了微分方程的理论。微分方程的形成与发展是和力学、天文学、物理学,以及其他科学技术的发展密切相关的。微分方程是数学联系实际,应用于实际的重要途径和桥梁。

微分方程的概念、解法和相关理论很多。比如,方程和方程组的种类及解法、解的存在性和唯一性、奇解、定性理论等。求通解在历史上曾作为微分方程的主要目标,不过能够求出通解的情况不多,大部分的微分方程只能得到近似解。本章仅介绍一些简单的微分方程的解法以及它们在实际中的少量应用。

—— 内容初识 ——

12.1 微分方程的概念

定义 12.1 含有自变量,未知函数以及未知函数的导数(或微分)的方程,称为**微分方程**。

如果微分方程中的未知函数只含有一个自变量,这样的微分方程称为**常微分方程**,未知函数为多元函数的称为**偏微分方程**。

例如,下列方程是一些经常在实际问题中出现的经典微分方程。

(1) $\dfrac{\mathrm{d}y}{\mathrm{d}x} = p(x)y^2 + q(x)y + r(x)$ (Riccati 方程)

(2) $\dfrac{\mathrm{d}^2 y}{\mathrm{d}x^2} = xy$ (Airy 方程)

(3) $x^2 \dfrac{\mathrm{d}^2 y}{\mathrm{d} x^2} + x \dfrac{\mathrm{d} y}{\mathrm{d} x} + (x^2 - n^2) y = 0$　　　　　　（Bessel 方程）

(4) $\dfrac{\partial^2 u}{\partial x^2} + \dfrac{\partial^2 u}{\partial y^2} + \dfrac{\partial^2 u}{\partial z^2} = 0$　　　　　　　　　　（Laplace 方程）

(5) $\dfrac{\partial u}{\partial t} = a^2 \left(\dfrac{\partial^2 u}{\partial x^2} + \dfrac{\partial^2 u}{\partial y^2} + \dfrac{\partial^2 u}{\partial z^2} \right)$　　　　（热传导方程）

(6) $\dfrac{\partial^2 u}{\partial t^2} = a^2 \left(\dfrac{\partial^2 u}{\partial x^2} + \dfrac{\partial^2 u}{\partial y^2} + \dfrac{\partial^2 u}{\partial z^2} \right)$　　　　（波动方程）

上述微分方程中(1)、(2)、(3)为常微分方程,(4)、(5)、(6)为偏微分方程。本章只讨论常微分方程,在不至引起混淆的情况下,简称微分方程。

微分方程有着深刻而生动的实际背景,下面举 3 个实例。

例 12.1　几何问题

在 xOy 平面上求有下列性质的曲线的方程所满足的微分方程:它上面任一点 $P(x, y)$ 的切线均与直线 OP 垂直,如图 12.1 所示。

【解】　设所求直线方程是 $y = y(x)$,如图 12.1 所示,曲线过点 $P(x, y)$ 的切线的斜率为 $\dfrac{\mathrm{d} y}{\mathrm{d} x}$,又 OP 的斜率为 $\dfrac{y}{x}$,由于切线与 OP 垂直,它们的斜率成负倒数,即

$$\frac{\mathrm{d} y}{\mathrm{d} x} \cdot \frac{y}{x} = -1 \quad \text{或者} \quad \frac{\mathrm{d} y}{\mathrm{d} x} = -\frac{x}{y} \tag{12.1}$$

为所求的曲线方程所满足的微分方程。

例 12.2　$R\text{-}L$ 电路问题

如图 12.2 所示的 $R\text{-}L$ 电路,由电感 L,电阻 R 和电源 E 串联而成。设 $t = 0$ 时电路中没有电流,当开关 K 闭合以后,求电流 $I(t)$ 满足的微分方程,这里假定 R、L、E 都是常数。

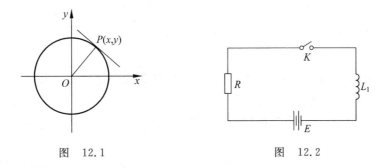

图　12.1　　　　　　　　　　　　图　12.2

【解】　由基尔霍夫(Kirchhoff)第二定律:在闭合回路中,所有支路上的电压的代数和为零,可以得到

$$E = RI + L \frac{\mathrm{d} I}{\mathrm{d} t}$$

则 $I(t)$ 满足的微分方程为

$$\frac{\mathrm{d} I}{\mathrm{d} t} = -\frac{R}{L} I + \frac{E}{L} \tag{12.2}$$

例 12.3　自由落体运动

设质量为 m 的物体,在时刻 $t=0$ 时自由下落,在空气中受到阻力与物体自由下落的速度成正比,试建立受空气阻力的自由落体运动规律所满足的微分方程。

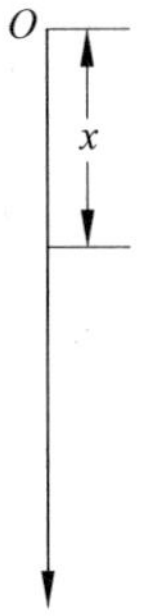

【解】　将质量为 m 的物体视为一个质点 M,如图 12.3 所示,建立坐标系,设 $x(t)$ 为 t 时刻质点 M 下落的距离,则质点下落的规律为 $x=x(t)$,质点下落的速度为

$$v = \frac{\mathrm{d}x}{\mathrm{d}t},$$

加速度为

$$a = \frac{\mathrm{d}v}{\mathrm{d}t} = \frac{\mathrm{d}^2 x}{\mathrm{d}t^2}$$

图　12.3

由于物体所受力有重力 mg 以及空气阻力 $-k\dfrac{\mathrm{d}v}{\mathrm{d}t}$,根据牛顿(Newton)第二定律,于是有

$$m\frac{\mathrm{d}^2 x}{\mathrm{d}t^2} = -k\frac{\mathrm{d}x}{\mathrm{d}t} + mg \tag{12.3}$$

这就是受空气阻力的自由落体运动规律所满足的微分方程。

定义 12.2　微分方程中出现的未知函数导数的最高阶数称为微分方程的**阶**。

上述微分方程中方程(12.1)和方程(12.2)是一阶微分方程,方程(12.3)为二阶微分方程。

n 阶微分方程的一般形式为

$$F(x, y, y', \cdots, y^{(n)}) = 0 \tag{12.4}$$

其中 x 为自变量,y 为未知函数。

【注】　在 n 阶微分方程中 $y^{(n)}$ 必须出现,其他变量可以不出现。

若能从方程(12.4)中解出 $y^{(n)}$,可得微分方程的另一形式

$$y^{(n)} = f(x, y, y', \cdots, y^{(n-1)}) \tag{12.5}$$

定义 12.3　若微分方程中未知函数及其各阶导数的次数均为一次,且不存在它们的乘积项,则称为线性微分方程。

例如,下列方程就是一组各具特色的常微分方程。

(1) $\dfrac{\mathrm{d}y}{\mathrm{d}x} + 5y + 6 = 0$

(2) $y\mathrm{d}x + (x^2 - 4x)\mathrm{d}y = 0$

(3) $y'' - 4y' + 5y = 0$

(4) $xy''' + xy' + 2y = \sin x$

(5) $\begin{cases} \dfrac{y - xy'}{x + yy'} = 2 \\ y\big|_{x=1} = 1 \end{cases}$

(6) $y'' + y^3 - x\mathrm{e}^x = 1$

【注】 这些微分方程,从方程的阶数来看,方程(1)、(2)、(5)是一阶微分方程,方程(3)、(6)是二阶的,方程(4)是三阶的,从方程是否是线性微分方程来看,方程(1)、(2)、(3)、(4)都是线性微分方程,方程(5)和(6)则不是线性的。

定义 12.4 如果一个函数满足微分方程,则称这个函数为微分方程的解;如果微分方程的解中含有独立的任意常数,且所含任意常数的个数等于微分方程的阶数,此解称为微分方程的**通解**;确定了通解中的任意常数以后,即可得到微分方程的**特解**。

例如,方程 $y'-y=0$。

可以验证 $y=Ce^x$ 和 $y=e^x$ 都满足方程 $y'-y=0$,所以 $y=Ce^x$ 和 $y=e^x$ 都是方程的解,并且 $y=Ce^x$ 含有任意常数,是方程的通解,而 $y=e^x$ 是方程的特解。

定义 12.5 用来确定微分方程通解中任意常数的条件称为微分方程的初始条件。

n 阶微分方程的解中含有 n 个任意常数,应有 n 个初始条件,表示为

$$y(x_0)=y_0, \quad y'(x_0)=y_1, \cdots, y^{(n-1)}(x_0)=y_{n-1}$$

其中 $x_0, y_0, y_1, \cdots, y_{n-1}$ 为已知数。

【注】 通解并不一定是微分方程的所有解。

求微分方程满足某个初始条件的解的问题称为**微分方程的初值问题**。

例如,在例 12.2 中,由于 $t=0$ 时电路中没有电流,我们可以写出 $I(t)$ 满足的初值问题为

$$\begin{cases} \dfrac{\mathrm{d}I}{\mathrm{d}t}=-\dfrac{R}{L}I+\dfrac{E}{L} \\ I(0)=0 \end{cases}$$

在例 12.3 中,由于物体在时刻 $t=0$ 时自由下落,所以 $x(t)$ 满足的初值问题为

$$\begin{cases} m\dfrac{\mathrm{d}^2 x}{\mathrm{d}t^2}=-k\dfrac{\mathrm{d}x}{\mathrm{d}t}+mg \\ x(0)=0, x'(0)=0 \end{cases}$$

几何上,微分方程解的图形是一条曲线,称它为微分方程的积分曲线,而通解的图形就是一族曲线,称它为积分曲线族,微分方程的某个特解的图形就是积分曲线族中一条特定的积分曲线。

例 12.4 验证方程 $y''+y=0$ 的通解是一族曲线 $y=C_1\cos x+C_2\sin x$(C_1,C_2 为任意常数)。

【证】 由于

$$y=C_1\cos x+C_2\sin x, \quad y''=-C_1\cos x-C_2\sin x$$

故在 $(-\infty,+\infty)$ 上有 $y''+y=0$。

由于 C_1,C_2 是两个无关任意常数,所以,$y=C_1\cos x+C_2\sin x$ 是 $y''+y=0$ 的通解。

【注】 曲线族函数中的任意常数的个数与方程的阶数一致,对曲线族函数求导,消去曲线族函数中的任意常数,可以得到曲线满足的微分方程。

例 12.5 求下列曲线所满足的微分方程

(1) $y=\sin(x+C)$;　　　　(2) $y^2=C_1 x+C_2$

【解】

(1) 由已知得 $y' = \cos(x+C)$

由于

$$\cos^2(x+C) + \sin^2(x+C) = 1$$

所以微分方程为 $y^2 + (y')^2 = 1$。

(2) 对方程两边求导,得 $2yy' = C_1$

再对上式求导,得 $2yy'' + 2(y')^2 = 0$,即为所求的微分方程。

【练习】

(1) 验证函数 $y = C_1 x + C_2 e^x$ 是微分方程 $(1-x)y'' + xy' - y = 0$ 的通解,并求满足初始条件 $y|_{x=0} = -1$,$y'|_{x=0} = 1$ 的特解。

(2) 已知积分曲线族为 $y = Cx^2 + C_1$,求其相应的微分方程。

经典解析

12.2 一阶微分方程

微分方程的一个中心问题是"求解"。本章将介绍一阶微分方程的初等解法,即把微分方程的求解问题化为积分问题。一般的一阶微分方程是没有初等解法的,本章主要介绍若干能有初等解法的方程类型及其求解的一般方法,虽然这些类型是很有限的,但它们却反映了实际问题中出现的微分方程的相当多的一部分。因此掌握这些类型方程的解法有重要的实际意义。

一阶微分方程的一般形式为

$$F(x, y, y') = 0 \tag{12.6}$$

如果能从式(12.6)中解出 y',可得微分方程的另一形式

$$y' = f(x, y) \tag{12.7}$$

一阶微分方程的初值问题可表示为

$$\begin{cases} y' = f(x, y) \\ y(x_0) = y_0 \end{cases} \tag{12.8}$$

其中 x_0, y_0 为已知数。

本节仅讨论几种特殊类型的一阶微分方程的求解问题。

12.2.1 可分离变量的微分方程

形如

$$\frac{\mathrm{d}y}{\mathrm{d}x} = f(x)g(y) \tag{12.9}$$

的方程称为**可分离变量的微分方程**,其中 $f(x)$,$g(y)$ 分别是 x、y 的连续函数。

【注】 可分离变量的微分方程是最简单也是最基本的一阶微分方程,这种方程及其解法是由约翰·伯努利在 16 世纪 90 年代提出的,它是求解其他一阶微分方程的基础。

对于方程(12.9),当 $g(y) \neq 0$ 时,分离变量得

$$\frac{dy}{g(y)} = f(x)dx$$

然后两端积分

$$\int \frac{dy}{g(y)} = \int f(x)dx$$

得到 $G(y) = F(x) + C$ 即为方程(12.9)的通解,通常称这种形式的解为隐式通解,其中 $F(x)$ 和 $G(y)$ 分别是 $f(x)$ 和 $g(y)$ 的原函数。

例 12.6 求微分方程 $\dfrac{dy}{dx} = 3x^2 y$ 的通解。

【解】 分离变量得 $\dfrac{dy}{y} = 3x^2 dx$。

【注】 在求解过程中并非每一步都是同解变形,此处分离变量时取 $y \neq 0$。

两边积分

$$\int \frac{dy}{y} = \int 3x^2 dx$$

得

$$\ln|y| = x^3 + C_1$$

即

$$y = \pm e^{x^3 + C_1} = \pm e^{C_1} e^{x^3}$$

令 $C = \pm e^{C_1}$ 得到 $y = Ce^{x^3}$(C 为任意常数)(此式包含分离变量时丢失的解 $y = 0$)。

【注】 两边积分时,也可直接得到 $\ln|y| = x^3 + \ln|C|$。

例 12.7 求微分方程 $xy' - y = y^2$ 满足初始条件 $y|_{x=1} = 1$ 的解。

【解】 将原方程分离变量,

$$\frac{dy}{y(y+1)} = \frac{dx}{x}$$

两边积分得

$$\ln\left|\frac{y}{y+1}\right| = \ln|x| + \ln|C|$$

$$\frac{y}{y+1} = Cx$$

由 $y|_{x=1} = 1$,得 $C = \dfrac{1}{2}$,故所求满足初始条件的特解为

$$x = \frac{2y}{y+1}, \quad 即 y = \frac{x}{2-x}$$

例 12.8 求解微分方程 $\dfrac{dy}{dx} = e^{2x} \sqrt{1-y^2}$。

【解】 将原方程分离变量,两边取求积分

$$\int \frac{\mathrm{d}y}{\sqrt{1-y^2}} = \int \mathrm{e}^{2x} \mathrm{d}x$$

原方程的通解为

$$\arcsin y = \frac{1}{2}\mathrm{e}^{2x} + C$$

当 $\sqrt{1-y^2}=0$ 时,即 $y=\pm 1$ 也是原方程的两个特解,此特解不包含在通解中,所以原方程的全部解为

$$\begin{cases} \arcsin y = \dfrac{1}{2}\mathrm{e}^{2x} + C \\ y = \pm 1 \end{cases}$$

【注】 此例说明微分方程的通解并不是其全部解,由于求解方法的约束可能造成一个或若干个特解的丢失,所以在求解微分方程的过程中务必注意这些细节,不要遗漏不属于通解的特解,即除了求出通解外,还要考虑有可能被丢失的解。

例 12.9 一曲线通过点$(2,3)$,它在两坐标轴间的任一切线段均被切点所平分,求这曲线的方程。

【解】 设所求曲线的方程为 $y=y(x)$,则曲线上点 $P(x,y)$ 处的切线方程为
$$Y - y = y'(X - x)$$

设切线与 y 轴的交点为 A,与 x 轴的交点为 B,则 A 的坐标为$(0, y-xy')$,B 的坐标为 $\left(x - \dfrac{y}{y'}, 0\right)$。因为点 $P(x,y)$ 是线段 AB 中点,所以

$$y = \frac{1}{2}(y - xy')$$

分离变量,得

$$\frac{\mathrm{d}y}{y} = -\frac{\mathrm{d}x}{x}$$

两端积分,得

$$\ln|y| = -\ln|x| + \ln|C|$$

即

$$y = \frac{C}{x} \quad (C \text{ 为任意常数})$$

将初始条件 $y(2)=3$ 代入,得 $C=6$,所以曲线的方程为
$$xy = 6。$$

【练习】 已知曲线上点 $P(x,y)$ 处的法线与 x 轴交点为 Q,且线段 PQ 被 y 轴平分,求过$(1,0)$点的曲线方程。

例 12.10 求微分方程 $y' = \dfrac{1}{x^2 + y^2 + 2xy}$ 的通解。

【分析】 此方程从结构看,并非可分离变量的方程,但作变换 $u=x+y$ 可化为分离变量的方程。

【解】 原方程化为

$$\frac{\mathrm{d}y}{\mathrm{d}x} = \frac{1}{(x+y)^2}$$

令 $u = x + y$，则得

$$\frac{\mathrm{d}u}{\mathrm{d}x} = 1 + \frac{\mathrm{d}y}{\mathrm{d}x}$$

$$\frac{u^2}{1+u^2}\mathrm{d}u = \mathrm{d}x$$

两边积分得

$$u - \arctan u = x + C$$

将 $u = x + y$ 代入，得原方程通解为

$$y = \arctan(x+y) + C$$

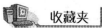 **收藏夹**

几类常见的可用变量代换的方程

方程形式   变量代换

(1) $y' = f(x \pm y)$ → $u = x \pm y$

(2) $y' = f(ax + by + c)$ → $u = ax + by + c$

(3) $y' = f(xy)$ → $u = xy$

(4) $y' = f\left(\dfrac{y}{x}\right)$ → $u = \dfrac{y}{x}$

(5) $y' = f(x^2 + y^2)$ → $u = x^2 + y^2$

例 12.11 求微分方程 $y' = \sin^2(x - y + 1)$ 的通解。

【解】 令 $u = x - y + 1$，则 $u' = 1 - y'$，原方程变为

$$1 - u' = \sin^2 u$$

即

$$\sec^2 u \, \mathrm{d}u = \mathrm{d}x$$

两端积分得

$$\tan u = x + C$$

将 $u = x - y + 1$，通解为

$$\tan(x - y + 1) = x + C \quad (C \text{ 为任意常数})。$$

例 12.12 求微分方程 $\dfrac{\mathrm{d}y}{\mathrm{d}x} = \dfrac{1}{x\sin^2(xy)} - \dfrac{y}{x}$ 的通解。

【分析】 此方程属于方程形式 (3)，用变量代换 $z = xy$ 化为可分离变量的方程。

【解】 令 $z = xy$，则 $\dfrac{\mathrm{d}z}{\mathrm{d}x} = y + x\dfrac{\mathrm{d}y}{\mathrm{d}x}$，原方程变为

$$\frac{\mathrm{d}z}{\mathrm{d}x} = y + x\left[\frac{1}{x\sin^2(xy)} - \frac{y}{x}\right] = \frac{1}{\sin^2 z}$$

这是可分离变量的方程，解得

$$2z - \sin 2z = 4x + C$$

将 $z = xy$ 回代，通解为

$$2xy - \sin(2xy) = 4x + C$$

12.2.2 齐次微分方程

通过适当变量代换,可以将某些类型的一阶微分方程化为可分离变量的方程求解。

(一) 齐次方程
形如

$$\frac{\mathrm{d}y}{\mathrm{d}x} = f\left(\frac{y}{x}\right) \tag{12.10}$$

的一阶微分方程称为**齐次方程**。

例如,方程 $\dfrac{\mathrm{d}y}{\mathrm{d}x} = \dfrac{y^2}{xy - x^2}$ 是齐次方程,因为 $\dfrac{\mathrm{d}y}{\mathrm{d}x} = \dfrac{y^2}{xy - x^2} = \dfrac{\left(\dfrac{y}{x}\right)^2}{\dfrac{y}{x} - 1}$。

如何求解齐次方程(12.10)呢? 作变量代换

$$u = \frac{y}{x} \tag{12.11}$$

即

$$y = ux$$

这里 u 是新的未知函数,于是

$$\frac{\mathrm{d}y}{\mathrm{d}x} = u + x\frac{\mathrm{d}u}{\mathrm{d}x} \tag{12.12}$$

将式(12.11)和式(12.12)代入式(12.10),原方程化为

$$\frac{\mathrm{d}u}{\mathrm{d}x} = \frac{f(u) - u}{x}$$

这是可分离变量的方程,可利用前面的方法求解,求出积分后,再将 $u = \dfrac{y}{x}$ 代入,就得到齐次方程的通解。

【注】 关键是利用变量代换 $u = \dfrac{y}{x}$ 将方程(12.10)化为可分离变量的方程。

例 12.13 求初值问题 $\begin{cases} \dfrac{\mathrm{d}y}{\mathrm{d}x} = \mathrm{e}^{-\frac{y}{x}} + \dfrac{y}{x} \\ y\big|_{x=1} = 1 \end{cases}$ 的解。

【解】 令 $y = xu$,则 $\dfrac{\mathrm{d}y}{\mathrm{d}x} = u + x\dfrac{\mathrm{d}u}{\mathrm{d}x}$,原方程化为 $x\dfrac{\mathrm{d}u}{\mathrm{d}x} = \mathrm{e}^{-u}$,分离变量得 $\mathrm{e}^u\,\mathrm{d}u = \dfrac{\mathrm{d}x}{x}$,两边积分:

$$\mathrm{e}^u = \ln|x| + C$$

以 $u = \dfrac{y}{x}$ 代入上式得原方程的通解为:$\mathrm{e}^{\frac{y}{x}} = \ln|x| + C$

由初始条件得:$C = \mathrm{e}$

故初始值问题解为:$\mathrm{e}^{\frac{y}{x}} - \mathrm{e} = \ln|x|$。

【注】 解出方程以后一定要将变量回代为原变量。

例 12.14 求微分方程初值问题 $\begin{cases} \dfrac{y-xy'}{x+yy'}=2 \\ y\mid_{x=1}=1 \end{cases}$ 的解。

【解】 原方程可化为 $\dfrac{\mathrm{d}y}{\mathrm{d}x}=\dfrac{y-2x}{x+2y}=\dfrac{\dfrac{y}{x}-2}{1+2\dfrac{y}{x}}$

令 $\dfrac{y}{x}=u$，即 $y=xu$，得 $\dfrac{1+2u}{1+u^2}\mathrm{d}u=-\dfrac{2}{x}\mathrm{d}x$，积分得，

$$\arctan u+\ln(u^2+1)=-2\ln\mid x\mid+C$$

以 $u=\dfrac{y}{x}$ 代入得原方程的通解

$$\arctan\frac{y}{x}+\ln(x^2+y^2)=C$$

由初始值求得

$$C=\frac{\pi}{4}+\ln2$$

于是初值问题的解为 $\arctan\dfrac{y}{x}+\ln(x^2+y^2)=\dfrac{\pi}{4}+\ln2$。

例 12.15 求微分方程 $(y^2-2xy)\mathrm{d}x+x^2\mathrm{d}y=0$ 的通解。

【解】 原方程可化为

$$\frac{\mathrm{d}y}{\mathrm{d}x}=2\frac{y}{x}-\left(\frac{y}{x}\right)^2$$

令 $u=\dfrac{y}{x}$，则

$$\frac{\mathrm{d}y}{\mathrm{d}x}=u+x\frac{\mathrm{d}u}{\mathrm{d}x}$$

代入上述齐次方程，得

$$u+x\frac{\mathrm{d}u}{\mathrm{d}x}=2u-u^2$$

分离变量，

$$\frac{\mathrm{d}u}{u^2-u}=-\frac{\mathrm{d}x}{x}$$

即

$$\left(\frac{1}{u-1}-\frac{1}{u}\right)\mathrm{d}u=-\frac{\mathrm{d}x}{x}$$

两端积分，得

$$\ln\left|\frac{u-1}{u}\right|=-\ln|x|+\ln|C|$$

整理得

$$\frac{x(u-1)}{u}=C$$

以 $\dfrac{y}{x}$ 代替上式中的 u，则原方程的通解为

$$x(y-x)=Cy \quad (C \text{ 为任意常数})$$

【注】 显然 $x=0$，$y=0$，$y=x$ 也是原方程的解，但在求解过程中丢失了。

(二) 可化为齐次方程的方程*

有些方程虽然不是齐次方程，但经过适当的变量代换后可以化为齐次方程。

形如

$$\frac{\mathrm{d}y}{\mathrm{d}x} = \frac{a_1 x + b_1 y + c_1}{a_2 x + b_2 y + c_2} \quad (c_1^2 + c_2^2 \neq 0) \tag{12.13}$$

的方程称为**准齐次方程**(其中 a_1，b_1，c_1，a_2，b_2，c_2 均为常数)，利用变量代换，可化为齐次方程。

下面分三种情况讨论：

(1) $c_1 = c_2 = 0$ 情形

方程(12.13)为 $\dfrac{\mathrm{d}y}{\mathrm{d}x} = \dfrac{a_1 x + b_1 y}{a_2 x + b_2 y} = g\left(\dfrac{y}{x}\right)$，是齐次方程。

(2) $\dfrac{a_1}{a_2} = \dfrac{b_1}{b_2}$ 情形

令 $\dfrac{a_1}{a_2} = \dfrac{b_1}{b_2} = \lambda$，则方程(12.13)为

$$\frac{\mathrm{d}y}{\mathrm{d}x} = \frac{\lambda(a_2 x + b_2 y) + c_1}{a_2 x + b_2 y + c_2}$$

这时令 $u = a_2 x + b_2 y$，方程化为

$$\frac{\mathrm{d}u}{\mathrm{d}x} = a_2 + b_2 \frac{\lambda u + c_1}{u + c_2}$$

这是可分离变量的方程。

(3) $\dfrac{a_1}{a_2} \neq \dfrac{b_1}{b_2}$，且 c_1、c_2 不全为零情形

这时方程组

$$\begin{cases} a_1 x + b_1 y + c_1 = 0 \\ a_2 x + b_2 y + c_2 = 0 \end{cases}$$

有唯一非零解，在几何上表示 xOy 面上的两条相交直线，设交点为 (h, k)。作变量代换，$x = X - h$，$y = Y - k$，方程(12.13)化为

$$\frac{\mathrm{d}Y}{\mathrm{d}X} = \frac{a_1 X + b_1 Y}{a_2 X + b_2 Y} = g\left(\frac{Y}{X}\right)$$

这是可分离变量的方程。

例 12.16 求微分方程 $y' = \dfrac{x - y + 5}{x + y - 1}$ 的通解。

【解】 令 $\begin{cases} x - y + 5 = 0 \\ x + y - 1 = 0 \end{cases}$，解得 $x_0 = -2$，$y_0 = 3$。

作变换 $X = x + 2$，$Y = y - 3$，原方程化为

$$\frac{\mathrm{d}Y}{\mathrm{d}X} = \frac{X-Y}{X+Y} \tag{12.14}$$

令 $Y=uX$，方程(12.14)化为

$$X\frac{\mathrm{d}u}{\mathrm{d}X} = \frac{1-2u-u^2}{1+u}$$

积分得

$$\sqrt{1-2u-u^2}\,X = C$$

故原方程通解

$$(x+2)^2 - 2(x+2)(y-3) - (y-3)^2 = C$$

【练习】 求解下列微分方程。

(1) $\dfrac{\mathrm{d}y}{\mathrm{d}x} = \dfrac{x-y+1}{x+y-3}$;   (2) $\dfrac{\mathrm{d}y}{\mathrm{d}x} = \dfrac{2x+y-1}{-x-y+1}$。

12.2.3 一阶线性微分方程

形如

$$\frac{\mathrm{d}y}{\mathrm{d}x} + P(x)y = Q(x) \tag{12.15}$$

的微分方程称为一阶线性微分方程，其中 $P(x)$，$Q(x)$ 为已知函数。

当 $Q(x)\equiv 0$ 时，方程(12.15)为

$$\frac{\mathrm{d}y}{\mathrm{d}x} + P(x)y = 0 \tag{12.16}$$

称为一阶齐次线性微分方程，当 $Q(x)$ 不恒等于零时，方程(12.15)称为**一阶非齐次线性微分方程**。

【注】 这里的一阶齐次线性微分方程与前面提到的齐次方程 $\dfrac{\mathrm{d}y}{\mathrm{d}x} = f\left(\dfrac{y}{x}\right)$ 是完全不同的两个概念。这里指方程(12.16)对应的 $Q(x)\equiv 0$，而后者指方程中的函数是齐次函数。

下面分别给出一阶齐次线性方程和非齐次线性方程求通解的方法。

（一）齐次方程 $\dfrac{\mathrm{d}y}{\mathrm{d}x} + P(x)y = 0$ 的通解

显然，$y=0$ 是解，当 $y\neq 0$ 时，将方程分离变量，得到

$$\frac{\mathrm{d}y}{y} = -P(x)\mathrm{d}x$$

两边积分，得通解为

$$\ln y = -\int P(x)\mathrm{d}x + \ln C$$

即

$$y = C\mathrm{e}^{-\int P(x)\mathrm{d}x} \quad (C\text{ 为任意常数})$$

（二）非齐次方程 $\dfrac{\mathrm{d}y}{\mathrm{d}x} + P(x)y = Q(x)$ 的通解

非齐次方程(12.15)和齐次方程(12.16)有着密切的对应关系，于是它们的解也有着

某种联系。下面介绍一种微分方程的解法——常数变易法来揭示这种联系。

常数变易法的步骤：

第一步，先求齐次方程(12.17)的通解 $y = C\mathrm{e}^{-\int P(x)\mathrm{d}x}$；

第二步，将 $y = C\mathrm{e}^{-\int P(x)\mathrm{d}x}$ 中的任意常数 C 改为 $C(x)$，即用 $y = C(x)\mathrm{e}^{-\int P(x)\mathrm{d}x}$ 表示非齐次方程(12.15)的形式解；

第三步，把形式解代入非齐次方程(12.15)确定 $C(x)$，有

$$C'(x)\mathrm{e}^{-\int P(x)\mathrm{d}x} - C(x)P(x)\mathrm{e}^{-\int P(x)\mathrm{d}x} + C(x)P(x)\mathrm{e}^{-\int P(x)\mathrm{d}x} = Q(x)$$

即

$$C'(x) = Q(x)\mathrm{e}^{\int P(x)\mathrm{d}x}$$

两边积分,得

$$C(x) = \int Q(x)\mathrm{e}^{\int P(x)\mathrm{d}x}\mathrm{d}x + C$$

代入 $y = C(x)\mathrm{e}^{-\int P(x)\mathrm{d}x}$ 中,便得到方程(12.15)的通解

$$y = \mathrm{e}^{-\int P(x)\mathrm{d}x}\left[\int Q(x)\mathrm{e}^{\int P(x)\mathrm{d}x}\mathrm{d}x + C\right] \quad (C \text{ 为任意常数}) \tag{12.17}$$

通解(12.17)还可以写为

$$y = \mathrm{e}^{-\int P(x)\mathrm{d}x}\left[\int Q(x)\mathrm{e}^{\int P(x)\mathrm{d}x}\mathrm{d}x\right] + C\mathrm{e}^{-\int p(x)\mathrm{d}x} \tag{12.18}$$

显然, $C\mathrm{e}^{-\int p(x)\mathrm{d}x}$ 是对应齐次方程的通解, $\mathrm{e}^{-\int P(x)\mathrm{d}x}\left[\int Q(x)\mathrm{e}^{\int P(x)\mathrm{d}x}\mathrm{d}x\right]$ 是非齐次方程的特解 $(C = 0)$。

由此得到结论：非齐次方程的通解等于对应齐次方程的通解与非齐次方程的一个特解之和,一般记为

$$y(x) = Y(x) + y^*(x)$$

其中 $Y(x)$ 表示齐次方程的通解, $y^*(x)$ 表示非齐次方程的特解。

例 12.17 求微分方程 $xy' + y = x\mathrm{e}^x$ 的通解。

【解法一】(常数变易法) 先求对应的齐次方程

$$xy' + y = 0$$

的通解为

$$Y = \frac{C}{x}$$

再用常数变易法求特解,令 $y = \frac{1}{x}C(x)$,代入原方程得

$$C(x) = x\mathrm{e}^x - \mathrm{e}^x + C_1$$

通解为

$$y = \frac{x\mathrm{e}^x - \mathrm{e}^x}{x} + \frac{C_1}{x} \quad (C_1 \text{ 为任意常数})$$

【解法二】(公式法) 首先将原方程变形为 $y' + \frac{1}{x}y = \mathrm{e}^x$

这时, $P(x) = \dfrac{1}{x}$, $Q(x) = e^x$,直接用式(12.17),得

$$y = \left[\int Q(x) e^{\int p(x)\mathrm{d}x}\mathrm{d}x + C\right] e^{-\int p(x)\mathrm{d}x} = \frac{1}{x}\left[(x-1)e^x + C\right]$$

【解法三】(凑导数法) 原方程变为

$$\frac{\mathrm{d}}{\mathrm{d}x}(xy) = xe^x$$

积分可得

$$xy = \int xe^x\mathrm{d}x = (x-1)e^x + C$$

原方程的通解为

$$y = \frac{xe^x - e^x}{x} + \frac{C}{x} \quad (C\text{ 为任意常数})$$

【注】 从此例可看出,解一阶线性微分方程通常有三种方法:①常数变易法;②公式法;③凑导数法,我们应根据具体的题型灵活运用。凑导数法也是常用的一种方法,此法可简化求解过程,但有局限性,并不是所有的一阶线性微分方程都适合。

例 12.18 求微分方程 $(y - x^3)\mathrm{d}x - 2x\mathrm{d}y = 0$ 的通解。

【解】 原方程可化为 $y' - \dfrac{1}{2x}y = -\dfrac{x^2}{2}$,其中

$$P(x) = -\frac{1}{2x}, \quad Q(x) = -\frac{x^2}{2}$$

通解为

$$\begin{aligned}
y &= e^{-\int P(x)\mathrm{d}x}\left[\int Q(x) e^{\int P(x)\mathrm{d}x}\mathrm{d}x + C\right]\\
&= e^{-\int -\frac{1}{2x}\mathrm{d}x}\left[\int -\frac{x^2}{2} e^{\int -\frac{1}{2x}\mathrm{d}x}\mathrm{d}x + C\right]\\
&= C\sqrt{x} - \frac{1}{5}x^3
\end{aligned}$$

即 $y = C\sqrt{x} - \dfrac{1}{5}x^3$。

例 12.19 求微分方程 $\dfrac{\mathrm{d}y}{\mathrm{d}x} = \dfrac{y}{2x - y^2}$ 的通解。

【分析】 显然此方程不是关于 y 的一阶线性微分方程,但如果把 y 看作自变量,把 x 看作未知函数,则原方程就是关于 x 的一阶线性微分方程。

【解】 原方程化为

$$\frac{\mathrm{d}x}{\mathrm{d}y} - \frac{2}{y}x = -y$$

这时 $P(y) = -\dfrac{2}{y}$, $Q(y) = -y$,直接利用式(12.17),得原方程的通解

$$x = e^{-\int P(y)\mathrm{d}y}\left[\int Q(y) e^{\int P(y)\mathrm{d}y}\mathrm{d}y + C\right] = e^{\int \frac{2}{y}\mathrm{d}y}\left(-\int y e^{-\int \frac{2}{y}\mathrm{d}y}\mathrm{d}y + C\right)$$

$$= e^{2\ln|y|} \left(-\int y e^{-2\ln y} dy + C \right) = y^2(C - \ln|y|)$$

原方程的通解为

$$x = y^2(C - \ln|y|) \quad (C \text{ 为任意常数})$$

【注】 另外 $y=0$ 也是解。

例 12.20 求微分方程 $y'\sec^2 y + \dfrac{x}{1+x^2}\tan y = x$ 满足初始条件 $y(0)=0$ 的特解。

【分析】 此方程在形式上不是一阶线性微分方程,由于 $(\tan y)' = y'\sec^2 y$,方程可变形为 $(\tan y)' + \dfrac{x}{1+x^2}\tan y = x$,是关于 $\tan y$ 的一阶线性微分方程,故通过变量代换 $z = \tan y$ 化为一阶线性微分方程。

【解】 令 $z = \tan y$,原方程变为 $\dfrac{dz}{dx} + \dfrac{x}{1+x^2}z = x$

这时 $P(x) = \dfrac{x}{1+x^2}$,$Q(x) = x$,直接利用式(12.17),得原方程的通解

$$z = e^{-\int \frac{x}{1+x^2}dx} \left[\int x e^{\int \frac{x}{1+x^2}dx} dx + C \right] = \frac{1}{3}(1+x^2) + \frac{C}{\sqrt{1+x^2}}$$

代入 $y(0)=0$,得 $C = -\dfrac{1}{3}$,因此所求的特解

$$\tan y = \frac{1}{3}(1+x^2) - \frac{1}{3}\frac{1}{\sqrt{1+x^2}}$$

【练习】 求下列微分方程的通解

(1) $y' + \dfrac{y}{x} = \dfrac{\sin x}{x}$;   (2) $y dx + (x - y^3)dy = 0 (y>0)$。

12.2.4 伯努利方程

形如

$$\frac{dy}{dx} + P(x)y = Q(x)y^n \quad (n \neq 0, 1) \tag{12.19}$$

的微分方程称为伯努利方程。

【注】 当 $n=0$ 时,方程(12.19)是一阶线性微分方程,当 $n=1$ 时,方程(12.19)是可分离变量的微分方程。

对于方程(12.19),可以通过变量代换将其化为一阶线性微分方程求解,具体作法是:用 y^{-n} 乘方程的两端,得到

$$y^{-n}\frac{dy}{dx} + P(x)y^{1-n} = Q(x) \tag{12.20}$$

引入变量

$$z = y^{1-n} \tag{12.21}$$

得

$$\frac{\mathrm{d}z}{\mathrm{d}x} = (1-n)y^{1-n}\frac{\mathrm{d}y}{\mathrm{d}x} \tag{12.22}$$

将式(12.21)和式(12.22)代入式(12.20),得到

$$\frac{\mathrm{d}z}{\mathrm{d}x} + (1-n)P(x)z = (1-n)Q(x) \tag{12.23}$$

这是以 x 为自变量,z 为未知函数的一阶线性微分方程,求得此方程的通解后,再回代 $z = y^{1-n}$,便得到方程(12.19)的通解。

【注】 伯努利方程是属于通过变量代换可以转换成一阶线性微分方程的类型。

例 12.21 求微分方程 $y' - \dfrac{1}{x}y = -y^2\ln x$ 的通解。

【解】 这是 $n=2$ 时的伯努利方程,令 $z = y^{-1}$,得

$$\frac{\mathrm{d}z}{\mathrm{d}x} + \frac{1}{x}z = \ln x$$

由式(12.17)得

$$z = \mathrm{e}^{-\int \frac{1}{x}\mathrm{d}x}\left(\int \ln x \mathrm{e}^{\int \frac{1}{x}\mathrm{d}x}\mathrm{d}x + C\right) = \frac{x}{2}\ln x - \frac{x}{4} + \frac{C}{x}$$

原方程的通解为

$$\frac{1}{y} = \frac{x}{2}\ln x - \frac{x}{4} + \frac{C}{x} \quad (C \text{ 为任意常数})$$

例 12.22 求微分方程 $x(\cot y - x\sin y)y' = 1$ 的通解。

【分析】 显然它不是关于 y 的伯努利方程,但把 x 看作 y 的函数,原方程就是关于 x 的伯努利方程。

【解】 原方程变为

$$\frac{\mathrm{d}x}{\mathrm{d}y} - (\cot y)x = (-\sin y)x^2$$

令 $z = x^{-1}$,则 $\dfrac{\mathrm{d}z}{\mathrm{d}y} + (\cot y)z = \sin y$,由式(12.17),得

$$z = \mathrm{e}^{-\int \cot y \mathrm{d}y}\left(\int \sin y \mathrm{e}^{\int \cot y \mathrm{d}y}\mathrm{d}y + C\right) = \frac{1}{\sin y}\left(\frac{y}{2} - \frac{\sin 2y}{4} + C\right)$$

故原方程的通解为

$$\frac{1}{x} = \frac{1}{\sin y}\left(\frac{y}{2} - \frac{\sin 2y}{4} + C\right) \quad (C \text{ 为任意常数})$$

例 12.23 求微分方程 $y' - \mathrm{e}^{x-y} + \mathrm{e}^x = 0$ 的通解。

【解】 显然它不是伯努利方程,但方程两边同乘以 e^y,得到

$$\mathrm{e}^y y' - \mathrm{e}^x + \mathrm{e}^x \cdot \mathrm{e}^y = 0$$

经过变换 $z = \mathrm{e}^y$,原方程就是伯努利方程 $u' + \mathrm{e}^x u = \mathrm{e}^x$。

由式(12.17),得

$$u = 1 + C\mathrm{e}^{-\mathrm{e}^x}$$

于是,原方程的通解为 $\mathrm{e}^y = 1 + C\mathrm{e}^{-\mathrm{e}^x}$。

【练习】　求解下列微分方程。

(1) $(x^2+y^2)\mathrm{d}x+xy\mathrm{d}y=0$;　　　　(2) $\dfrac{\mathrm{d}y}{\mathrm{d}x}=\dfrac{\mathrm{e}^y+3x}{x^2}$。

说明：以上介绍的齐次方程、一阶线性非齐次方程、伯努利方程的解法均可看作变量变换的方法，即齐次方程：$y=xu$；线性非齐次方程：$y=C(x)\mathrm{e}^{-\int P(x)\mathrm{d}x}$；伯努利方程：$z=y^{1-n}$。

齐次方程通过变量代换化成可分离变量微分方程，线性非齐次微分方程利用对应的齐次方程的解，通过常数变易求解，而伯努利方程则通过变量代换化成线性非齐次微分方程，最终都是利用可分离变量的微分方程求解的，所以，可分离变量型微分方程的求解方法是求解其他三种一阶微分方程的基础。

12.3　二阶线性齐次微分方程

12.3.1　二阶线性齐次微分方程解的结构

在微分方程的理论中，线性微分方程是非常值得重视的一类方程，它在自然科学和工程技术中有着极其广泛的应用。

二阶线性微分方程的标准形式为

$$y''+P(x)y'+Q(x)y=f(x) \tag{12.24}$$

其中 $P(x)$、$Q(x)$、$f(x)$ 都是 x 的连续函数，$f(x)$ 称为自由项。

相应的线性齐次微分方程为

$$y''+P(x)y'+Q(x)y=0 \tag{12.25}$$

一般来说，n 阶线性微分方程的标准形式为

$$y^{(n)}+a_1(x)y^{(n-1)}+\cdots+a_{n-1}(x)y'+a_n(x)y=f(x) \tag{12.26}$$

其中 $a_i(x)(i=1,2,\cdots,n)$，$f(x)$ 都是 x 的已知连续函数。

本节主要介绍二阶线性齐次微分方程解的结构，其结论可推广到 n 阶线性微分方程。首先给出二阶齐次线性微分方程解的性质。

定理 12.1　如果函数 $y_1(x)$ 与 $y_2(x)$ 是齐次方程(12.25)的两个解，那么

$$y=C_1y_1+C_2y_2$$

也是方程(12.25)的解，其中 C_1,C_2 是任意常数。

【证明】　因为 $y_1(x)$ 与 $y_2(x)$ 是方程(12.25)的两个解，它们满足方程，即

$$y_1''(x)+P(x)y_1'(x)+Q(x)y_1(x)=0$$
$$y_2''(x)+P(x)y_2'(x)+Q(x)y_2(x)=0$$

以 $y=C_1y_1+C_2y_2$ 代入方程(12.24)的左端，得

$$[C_1y_1(x)+C_2y_2(x)]''+P(x)[C_1y_1(x)+C_2y_2(x)]'+Q(x)[C_1y_1(x)+C_2y_2(x)]$$
$$=C_1y_1''(x)+C_2y_2''(x)+C_1P(x)y_1'(x)+C_2P(x)y_2'(x)+C_1Q(x)y_1(x)+C_2Q(x)y_2(x)$$
$$=C_1[y_1''(x)+P(x)y_1'(x)+Q(x)y_1(x)]+C_2[y_2''(x)+P(x)y_2'(x)+Q(x)y_2(x)]$$
$$=0$$

所以 $y=C_1y_1+C_2y_2$ 是方程(12.25)的解。

【思考】

(1) $y=C_1y_1+C_2y_2$ 是否为方程(12.25)的通解?

(2) 如果不是通解,那么在什么条件下 $y=C_1y_1+C_2y_2$ 是方程(12.25)的通解?

(3) 方程(12.25)的通解具有怎样的结构?

对于问题(1),考察方程 $y''-\dfrac{2}{x^2}y=0$,显然 $y_1=x^2$、$y_2=3x^2$ 是它的两个解,则由定理12.1知

$$y=C_1y_1+C_2y_2=(C_1+3C_2)x^2=Cx^2$$

也是它的解,但不是通解,因为它只含有一个任意常数,所以 $y=C_1y_1+C_2y_2$ 不一定是通解。

为解决问题通解的判别问题,引入函数的线性相关和线性无关的概念。

定义 12.6　设 $y_1(x),y_2(x)$ 为定义在区间 I 内的两个函数,它们在区间 I 上
线性相关 $\Leftrightarrow$ 存在不全为 0 的常数 k_1,k_2,使 $k_1y_1(x)+k_2y_2(x)=0$,

$$\Leftrightarrow \frac{y_1(x)}{y_2(x)}\equiv-\frac{k_2}{k_1}=常数 \quad (k_1\neq0)$$

线性无关 $\Leftrightarrow \dfrac{y_2(x)}{y_1(x)}\neq$ 常数

容易看出,x^2 和 $3x^2$ 线性相关;e^x 和 e^{-3x} 线性无关。

【思考】　若 $y_1(x),y_2(x)$ 中有一个恒为 0,则 $y_1(x),y_2(x)$ 是线性相关还是线性无关?

推广到 n 个函数线性相关和线性无关的概念。

定义 12.7　设 $y_1(x),y_2(x),\cdots,y_n(x)$ 是定义在区间 I 内的 n 个函数,若存在不全为
0 的常数 $k_1,k_2,\cdots,k_n$,使

$$k_1y_1(x)+k_2y_2(x)+\cdots+k_ny_n(x)\equiv0, \quad x\in I$$

则称这 n 个函数在 I 上线性相关,否则称为线性无关。

由以上讨论可得以下定理。

定理 12.2　如果函数 $y_1(x)$ 与 $y_2(x)$ 是微分方程 $y''+P(x)y'+Q(x)y=0$ 的两个线
性无关的特解,那么 $y=C_1y_1+C_2y_2$ 是通解,其中 C_1,C_2 是任意常数。

例如,$y_1(x)=e^x,y_2(x)=e^{-x}$ 是二阶齐次线性微分方程 $y''-y=0$ 的两个特解,而
$\dfrac{y_2(x)}{y_1(x)}=\dfrac{e^x}{e^{-x}}=e^{2x}\neq$ 常数,即 $y_1(x)$ 与 $y_2(x)$ 是方程的两个线性无关的特解,因此 $y=C_1e^x+C_2e^{-x}$ 是方程的通解。

例 12.24　已知微分方程 $y''-4xy'+(4x^2-2)y=0$ 的两个特解为 $y_1=e^{x^2}$,$y_2=xe^{x^2}$,试求该方程满足初始条件 $y|_{x=0}=0,y'|_{x=0}=2$ 的特解。

【解】　因为 $\dfrac{y_2}{y_1}=x$,则 y_1、y_2 线性无关,该方程的通解为

$$y=C_1e^{x^2}+C_2xe^{x^2}$$

由初始条件 $y|_{x=0}=0$,得 $C_1=0$;由条件 $y'|_{x=0}=2$,得 $C_2=2$。原方程的特解为

$$y=2xe^{x^2}$$

【练习】

(1) 下列函数组哪些是线性相关的？哪些是线性无关的？

① $x, 3x+1$；　　② e^x, e^{-x}；　　③ $1, x^2$。

(2) 验证 $y_1 = e^x, y_2 = e^{-2x}$ 都是微分方程 $y'' + y' - 2y = 0$ 的解，并写出此方程的通解。

12.3.2　二阶常系数线性齐次微分方程

对于一般线性微分方程，至今没有通用的解法，但对于某些特殊类型的微分方程可以求解，接下来我们介绍一类十分重要的微分方程——常系数线性微分方程。

二阶常系数线性微分方程的一般形式为

$$y'' + py' + qy = f(x) \tag{12.27}$$

其中 p, q 均为常数，$f(x)$ 为已知非零函数。

方程

$$y'' + py' + qy = 0 \tag{12.28}$$

为二阶常系数齐次线性微分方程。

求二阶齐次线性微分方程通解的关键是求出它的两个线性无关的特解，问题是如何求出这两个线性无关的特解？

首先回顾一阶常系数齐次线性微分方程

$$y' + ry = 0$$

容易求得通解为 $y = Ce^{-rx}$。受此启发，试想看能否选取适当的常数 r，使指数函数 $y = e^{rx}$ 成为方程(12.28)的特解？

将 $y = e^{rx}$ 代入方程(12.28)，得

$$(r^2 + pr + q)e^{rx} = 0$$

消去非零因子 $e^{rx} \neq 0$，有

$$r^2 + pr + q = 0 \tag{12.29}$$

由此可见，只要常数 r 满足方程(12.29)，那么函数 $y = e^{rx}$ 就是方程(12.28)的解，这样求解微分方程的问题就转化为求解代数方程了。称代数方程(12.29)为微分方程(12.28)的特征方程，特征方程的两个根 $r_{1,2} = \dfrac{-p \pm \sqrt{p^2 - 4q}}{2}$ 称为特征根，下面就特征根的三种不同情况讨论方程(12.28)的解。

(1) 当 $p^2 - 4q > 0$ 时，特征方程有两个不同的实根

$$r_1 = \frac{-p + \sqrt{p^2 - 4q}}{2}, \quad r_2 = \frac{-p - \sqrt{p^2 - 4q}}{2}$$

这时，$y_1 = e^{r_1 x}, y_2 = e^{r_2 x}$ 是微分方程(12.28)的两个特解，且

$$\frac{y_2}{y_1} = \frac{e^{r_2 x}}{e^{r_1 x}} = e^{(r_2 - r_1)x} \neq 常数$$

即 y_1, y_2 线性无关，所以微分方程(12.28)的通解为

$$y = C_1 e^{r_1 x} + C_2 e^{r_2 x}$$

(2) 当 $p^2-4q=0$ 时,特征方程有两个相等的实根

$$r = r_1 = r_2 = \frac{-p}{2}$$

这时只能得到微分方程(12.28)的一个特解 $y_1 = e^{rx}$,设另一个特解为 y_2,且 $\dfrac{y_2}{y_1} \neq$ 常数。令 $y_2 = u(x)e^{rx}$,求出 $u(x)$ 即可。

因为

$$y_2 = u(x)e^{rx},$$
$$y_2' = u'e^{rx} + ure^{rx} = (u' + ur)e^{rx},$$
$$y_2'' = u''e^{rx} + 2u'e^{rx} + r^2ue^{rx} = (u'' + 2u' + r^2u)e^{rx}$$

代入微分方程(12.28),得

$$(u'' + 2u' + r^2u)e^{rx} + p(u' + ru)e^{rx} + que^{rx} = 0$$

整理得

$$u'' + (2r+p)u' + (r^2 + pr + q)u = 0$$

由于 r 是特征方程的二重根,所以 $r^2+pr+q=0, 2r+p=0$,于是

$$u'' = 0$$

可选取 $u(x)=x$,于是得到一个与 $y_1=e^{rx}$ 线性无关的特解 $y_2=xe^{rx}$,故微分方程(12.28)的通解为

$$y = (C_1 + C_2x)e^{rx}$$

(3) 当 $p^2-4q<0$ 时,特征方程有一对共轭复根:$r_{1,2}=\alpha\pm i\beta$, $\Big($其中 $\alpha=-\dfrac{p}{2}$,$\beta=\dfrac{\sqrt{4q-p^2}}{2}\Big)$,这时 $y_1=e^{(\alpha+i\beta)x}$ 和 $y_2=e^{(\alpha-i\beta)x}$ 是微分方程(12.28)的解。

为了使用方便,我们希望得到实数形式的解,利用欧拉公式

$$e^{i\theta} = \cos\theta + i\sin\theta$$

有

$$y_1 = e^{\alpha x}(\cos\beta x + i\sin\beta x)$$
$$y_2 = e^{\alpha x}(\cos\beta x - i\sin\beta x)$$

由定理 12.1 知

$$\bar{y}_1 = \frac{1}{2}(y_1 + y_2) = e^{\alpha x}\cos\beta x$$

$$\bar{y}_2 = \frac{1}{2i}(y_1 - y_2) = e^{\alpha x}\sin\beta x$$

仍是微分方程(12.28)的解,且 $\dfrac{e^{\alpha x}\sin\beta x}{e^{\alpha x}\cos\beta x}=\tan\beta x\neq$ 常数,所以微分方程(12.28)的通解为

$$y = e^{\alpha x}(C_1\cos\beta x + C_2\sin\beta x)$$

综上所述,求二阶常系数齐次线性微分方程 $y''+py'+qy=0$ 通解的方法,最终归结为求对应的特征方程的根,并根据特征根的不同情况,给出了通解的表达式,求解齐次方程通解的这种方法叫特征根法。

为了便于查阅,现将二阶常系数齐次线性微分方程通解形式列于表12.1。

表 12.1

特征方程 $r^2+pr+q=0$ 的根	微分方程 $y''+py'+qy=0$ 的通解形式
两个不等实根 $r_1 \neq r_2$	$y=C_1 e^{r_1 x}+C_2 e^{r_2 x}$
两个相等实根 $r=r_1=r_2$	$y=(C_1+C_2 x)e^{rx}$
一对共轭复根：$r_{1,2}=\alpha \pm i\beta$	$y=e^{\alpha x}(C_1 \cos\beta x+C_2 \sin\beta x)$

【注】 特征方程中 r^2、r 及常数项的系数依次是微分方程(12.28)中 y''、y' 及 y 的系数。

例 12.25 求方程 $y''+y'-2y=0$ 的通解。

【解】 特征方程为 $r^2+r-2=0$

解得特征根 $r_1=1,r_2=-2$,所以微分方程的通解

$$y=C_1 e^{x}+C_2 e^{-2x}.$$

例 12.26 求方程 $y''-2y'+y=0$ 的通解。

【解】 特征方程为 $r^2-2r+1=0$

解得特征根 $r_1=r_2=1$,所以微分方程的通解

$$y=(C_1+C_2 x)e^{x}.$$

例 12.27 求方程 $y''+2y'+5y=0$ 的通解。

【解】 特征方程为 $r^2+2r+5=0$

解得特征根 $r_1=r_2=-1\pm 2i$ 为一对共轭复根,所以微分方程的通解

$$y=(C_1 \cos 2x+C_2 \sin 2x)e^{-x}$$

例 12.28 求微分方程 $y''-2y'+2y=0$ 的一条积分曲线,使其在点$(0,1)$处有水平切线。

【解】 特征方程为 $r^2-2r+2=0$

解得特征根 $r_1=-1+i,r_2=-1-i$,是一对共轭复根,则方程的通解为

$$y=e^{x}(C_1 \cos x+C_2 \sin x)$$

由已知可得初始条件 $y(0)=1,y'(0)=0$,代入上式得

$$C_1=1, \quad C_2=-1$$

故所求积分曲线得方程为

$$y=e^{x}(\cos x-\sin x)$$

【练习】 求下列微分方程的通解。

① $3y''-4y'-7y=0$; ② $y''-6y'+9y=0$; ③ $y''-4y'+8y=0$。

12.3.3 高阶常系数齐次线性微分方程的解法

n 阶常系数齐次线性微分方程

$$y^{(n)}+a_1 y^{(n-1)}+\cdots+a_{n-1}y'+a_n y=0$$

其中 $a_k(k=1,2,\cdots,n)$ 为常数,特征方程为

$$r^n+a_1 r^{n-1}+\cdots+a_{n-1}r+a_n=0$$

有 n 个特征根 $r_1,r_2,\cdots,r_n$(可能有相同的),表 12.2 可给出了每个特征根所对应的线性无关的特解形式。

表 12.2

特 征 根	微分方程的通解中对应项
单实根 r	一项 Ce^{rx}
k 重实根 $r(k>1)$	k 项 $(C_1+C_2x+\cdots+C_kx^{k-1})e^{rx}$
一对共轭复根：$r_{1,2}=\alpha\pm\mathrm{i}\beta$	两项 $e^{\alpha x}[C_1\cos\beta x+C_2\sin\beta x]$
k 重共轭复根：$r_{1,2}=\alpha\pm\mathrm{i}\beta$	$2k$ 项 $e^{\alpha x}\big[(C_1+C_2x+\cdots+C_kx^{k-1})\cos\beta x+(D_1+D_2x+\cdots+D_kx^{k-1})\sin\beta x\big]$

【注】 n 次代数方程有 n 个根，而特征方程的每一个根都对应着通解中的一项，且每一项各有一个任意常数。

例 12.29 求微分方程 $y^{(5)}-3y^{(4)}+3y'''-y''=0$ 的通解。

【解】 特征方程为

$$\lambda^5-3\lambda^4+3\lambda^3-\lambda^2=0$$

特征根为

$$\lambda_1=\lambda_2=0,\quad \lambda_3=\lambda_4=\lambda_5=1$$

通解为

$$y=C_1+C_2x+(C_3+C_4x+C_5x^2)e^t$$

例 12.30 已知三阶常系数线性齐次微分方程的一个基本解组为 $x_1=e^t,x_2=te^t$，$x_3=e^{2t}$，求此微分方程。

【解】 设所求方程为

$$x'''+a_1x''+a_2x'+a_3x=0$$

以 $x_1=e^t,x_2=te^t,x_3=e^{2t}$ 代入微分方程整理得

$$\begin{cases} a_1+a_2+a_3=-1 \\ (2+t)a_1+(1+t)a_2+ta_3=-(3+t) \\ 4a_1+2a_2+a_3=-8 \end{cases}$$

解方程组得

$$a_1=-4,\quad a_2=5,\quad a_3=-2$$

故所求方程为

$$x'''-4x''+5x'-2x=0$$

理论探究

12.4 全微分方程

在第 12.2 节讨论了一阶微分方程中四种类型的微分方程的求解方法，可分离变量的微分方程、齐次微分方程、一阶线性微分方程和伯努利方程，其中齐次微分方程是通过换

元转化为可分离变量的微分方程,伯努利方程是通过换元转化成一阶线性的微分方程,本节将介绍一阶全微分方程的求解方法。

一阶微分方程

$$\frac{\mathrm{d}y}{\mathrm{d}x} = f(x, y)$$

可以改写成关于 x, y 的对称形式

$$P(x, y)\mathrm{d}x + Q(x, y)\mathrm{d}y = 0 \tag{12.30}$$

这种形式有时便于探求通解。

(一) 全微分方程及其解法

若方程(12.30)的左端恰好是某一个函数 $u(x, y)$ 的全微分,即有

$$\mathrm{d}u(x, y) = P(x, y)\mathrm{d}x + Q(x, y)\mathrm{d}y$$

则称方程(12.30)为全微分方程(或恰当方程),这里

$$\frac{\partial u}{\partial x} = P(x, y), \qquad \frac{\partial u}{\partial y} = Q(x, y)$$

这时方程(12.30)成为 $\mathrm{d}u(x, y) = 0$,那么 $u(x, y) = C$ 是全微分方程的通解,称 $u(x, y)$ 为 $P(x, y)\mathrm{d}x + Q(x, y)\mathrm{d}y$ 的原函数。

因此,为求解方程(12.30),只要求出它的左端的一个原函数,就可得到通解。

例 12.31 求解微分方程 $y^2\mathrm{d}x + 2xy\mathrm{d}y = 0$。

【解】 由观察可知 $\mathrm{d}(xy^2) = y^2\mathrm{d}x + 2xy\mathrm{d}y$,通解 $xy^2 = C$。

【注】 在某些简单情形下,可以由观察直接找出方程(12.30)左端的一个原函数 $u(x, y)$,从而就得到通解,这种观察法是一种重要且简便的方法。熟记下列常见的全微分公式,对熟练掌握全微分方程的解法至关重要。

快捷公式:

$$x\mathrm{d}y + y\mathrm{d}x = \mathrm{d}(xy)$$

$$\frac{y\mathrm{d}x - x\mathrm{d}y}{y^2} = \mathrm{d}\left(\frac{x}{y}\right)$$

$$\frac{-y\mathrm{d}x + x\mathrm{d}y}{x^2} = \mathrm{d}\left(\frac{y}{x}\right)$$

$$\frac{y\mathrm{d}x - x\mathrm{d}y}{xy} = \mathrm{d}\left(\ln\left|\frac{x}{y}\right|\right)$$

$$\frac{y\mathrm{d}x - x\mathrm{d}y}{x^2 + y^2} = \mathrm{d}\left(\arctan\frac{x}{y}\right)$$

$$\frac{x\mathrm{d}x + y\mathrm{d}y}{x^2 + y^2} = \frac{1}{2}\mathrm{d}\ln(x^2 + y^2)$$

【练习】 用观察法求下列微分方程的解

(1) $2xy^3\mathrm{d}x + 3x^2y^2\mathrm{d}y = 0$;　　　　(2) $x\mathrm{d}x + \dfrac{x\mathrm{d}x + y\mathrm{d}y}{x^2 + y^2} = 0$。

对于一般方程我们自然会提出以下问题:

(1) 如何判别(12.30)式为全微分方程?

（2）如果（12.30）式是全微分方程，如何求出解？

（3）如果（12.30）式不是全微分方程，如何转变为全微分方程，并求出其通解？

对于问题（1），应用曲线积分与路径无关的条件，若 $P(x,y)$、$Q(x,y)$ 在单连通域 G 内具有一阶连续偏导数，则式（12.30）是全微分方程的充分必要条件是

$$\frac{\partial P}{\partial y} = \frac{\partial Q}{\partial x} \tag{12.31}$$

在 G 内恒成立。

对于问题（2），有两种方法求解。

（1）曲线求积法

曲线求积法的解题思路是：选定适当的点 (x_0, y_0)，使 $P(x,y)$、$Q(x,y)$ 在此点邻域内具有一阶连续偏导数，根据（12.30）求出通解

$$u(x,y) = \int_{x_0}^{x} P(x,y)\mathrm{d}x + \int_{y_0}^{y} Q(x_0,y)\mathrm{d}y - C \tag{12.32}$$

其中 $(x_0, y_0) \in G$ 是适当选定的点，我们把这种方法叫曲线求积法。

例 12.32　求微分方程 $x^2\mathrm{d}y + (2xy - x + 1)\mathrm{d}x = 0$ 的解。

【解】　令 $P(x,y) = 2xy - x + 1$，$Q(x,y) = x^2$，则 $\dfrac{\partial P}{\partial y} = 2x = \dfrac{\partial Q}{\partial x}$，所以原方程是全微分方程，从而有

$$u(x,y) = \int_0^x P(x,y)\mathrm{d}x + \int_0^y Q(x,y)\mathrm{d}y = \int_0^x (2xy - x + 1)\mathrm{d}x + \int_0^y 0^2 \mathrm{d}y$$

$$= x^2 y - \frac{x^2}{2} + x + 0 = x^2 y - \frac{x^2}{2} + x$$

于是方程的通解为

$$x^2 y - \frac{x^2}{2} + x = C$$

（2）凑全微分法

对某些全微分方程，可直接"分项组合"，即先把那些本身已构成全微分的项分出，再把剩下的项凑成全微分，这种方法叫**凑全微分法**。

例 12.33　求解微分方程 $\left(\cos x + \dfrac{1}{y}\right)\mathrm{d}x + \left(\dfrac{1}{y} - \dfrac{x}{y^2}\right)\mathrm{d}y = 0$。

【解】　$\dfrac{\partial P}{\partial y} = -\dfrac{1}{y^2} = \dfrac{\partial Q}{\partial x}$ 是全微分方程，把方程的左端各项重新适当分项组合，原式变形为

$$\cos x \mathrm{d}x + \frac{1}{y}\mathrm{d}y + \frac{1}{y}\mathrm{d}x - \frac{x}{y^2}\mathrm{d}y = 0$$

$$\cos x \mathrm{d}x + \frac{1}{y}\mathrm{d}y + \frac{y\mathrm{d}x - x\mathrm{d}y}{y^2} = 0$$

$$\mathrm{d}\sin x + \mathrm{d}\ln|y| + \mathrm{d}\left(\frac{x}{y}\right) = 0$$

通解为

$$\sin x + \frac{x}{y} + \ln |y| = C \quad (C \text{ 为任意常数})$$

【练习】 用上面两种方法求解微分方程 $e^{-y}dx + (-xe^{-y} - 2y)dy = 0$。

(二)积分因子

为了解决前面提出的问题(3),首先介绍积分因子的概念。

若方程 $P(x,y)dx + Q(x,y)dy = 0$ 不是全微分方程,如果存在连续可微函数 $\mu = \mu(x,y) \neq 0$,使

$$\mu(x,y)P(x,y)dx + \mu(x,y)Q(x,y)dy = 0$$

为全微分方程,则称 $\mu(x,y)$ 为此方程的积分因子。

例如,方程 $ydx - xdy = 0$ 不是全微分方程,但 $\dfrac{ydx - xdy}{y^2} = 0$ 是全微分方程,$\dfrac{1}{y^2}$ 就是积分因子。

【注】 同一方程,积分因子不唯一,所以通解的形式也可能不同,但它们之间可以转化,也就是说,它们所对应的积分曲线实际上是一样的。

例如,$\dfrac{1}{x^2}, \dfrac{1}{x^2 + y^2}$ 都是方程 $ydx - xdy = 0$ 的积分因子,因此,方程 $ydx - xdy = 0$ 的通解可以分别为

$$\frac{y}{x} = C_1, \quad \frac{x}{y} = C_2, \quad \arctan \frac{x}{y} = C_3$$

下面介绍求积分因子的方法。

(1)观察法

积分因子的求法,一般情况下比较困难,但对特殊形式的方程,可凭观察和经验得到积分因子,这种方法通常称为观察法。 常用的积分因子有

$$\frac{1}{y^2}, \quad \frac{1}{x^2}, \quad \frac{1}{x^2 y^2}, \quad \frac{1}{x^2 + y^2}, \quad \frac{x}{y^2}, \quad \frac{y}{x^2}$$

例 12.34 求解微分方程 $[x + (x^2 + y^2)x^2]dx + ydy = 0$。

【分析】 因为 $\dfrac{\partial P}{\partial y} \neq \dfrac{\partial Q}{\partial x}$,此方程不是全微分方程,把方程的左端各项重新适当分组,通过观察选取积分因子 $\mu(x,y) = \dfrac{1}{x^2 + y^2}$。

【解】 原方程变形为

$$(xdx + ydy) + (x^2 + y^2)x^2dx = 0$$

两端同乘以 $\mu(x,y) = \dfrac{1}{x^2 + y^2}$ 得

$$\frac{xdx + ydy}{x^2 + y^2} + x^2dx = 0$$

即

$$\frac{1}{2}d\ln(x^2 + y^2) + d\left(\frac{1}{3}x^3\right) = 0$$

通解为

$$\frac{1}{2}\ln(x^2+y^2)+\frac{1}{3}x^3=C \quad (C\text{ 为任意常数})$$

【练习】　利用观察法求出下列方程的积分因子,并求其通解。

① $y\mathrm{d}x-x\mathrm{d}y+y^2x\mathrm{d}x=0$；　　② $y\mathrm{d}x=(x^2+y^2+x)\mathrm{d}y$。

（2）公式法

一般情形下,积分因子不容易求,但在满足一定的条件下,可用下面公式求解(证明略)。

如果 $\psi(x)=\dfrac{\dfrac{\partial P}{\partial y}-\dfrac{\partial Q}{\partial x}}{Q}$ 仅与 x 有关,取积分因子 $\mu=\mathrm{e}^{\int\psi(x)\mathrm{d}x}$；

如果 $\varphi(y)=\dfrac{\dfrac{\partial P}{\partial y}-\dfrac{\partial Q}{\partial x}}{-P}$ 仅与 y 有关,取积分因子 $\mu=\mathrm{e}^{\int\varphi(y)\mathrm{d}y}$。

例 12.35　求解微分方程 $(3xy+y^2)\mathrm{d}x+(x^2+xy)\mathrm{d}y=0$。

【解】　因为 $\dfrac{1}{Q}\left(\dfrac{\partial P}{\partial y}-\dfrac{\partial Q}{\partial x}\right)=\dfrac{1}{x}$,取积分因子 $\mu(x)=\mathrm{e}^{\int\frac{1}{x}\mathrm{d}x}=x$,则原方程变为

$$(3x^2y+xy^2)\mathrm{d}x+(x^3+x^2y)\mathrm{d}y=0$$

即

$$3x^2y\mathrm{d}x+x^3\mathrm{d}y+xy(y\mathrm{d}x+x\mathrm{d}y)=0$$
$$\mathrm{d}\left(yx^3+\frac{1}{2}(xy)^2\right)=0$$

方程的通解为

$$yx^3+\frac{1}{2}(xy)^2=C \quad (C\text{ 为任意常数})$$

【注】　到目前为止,已经介绍了五种常见类型的一阶微分方程,每种方程都有固定的解法,所以求解一阶微分方程的关键是能够快速、准确的判断出方程的类型,一般步骤是:

① 判断方程的类型,即与各种类型一阶微分方程一一对照;

② 考虑以 y 为未知函数,检验是否为一阶线性微分方程或者伯努利方程;

③ 如果以上类型全不是,可考虑利用适当的变量代换化为已知类型。

【练习】　用下列方法求解方程 $y\mathrm{d}x+(y-x)\mathrm{d}y=0$

① 积分因子法；　　② 齐次方程法；　　③ 一阶线性微分方程。

$\left(\text{提示：① 令 }\mu=\dfrac{1}{y^2}\text{；② 令 }\dfrac{y}{x}=u\text{；③ 令 }\dfrac{\mathrm{d}x}{\mathrm{d}y}=\dfrac{x}{y}-1\right)$

12.5　可降阶的高阶微分方程

二阶及二阶以上的微分方程称为高阶微分方程,高阶微分方程的求解通常较困难,没有统一的解法,但一些特殊类型的微分方程是可以求解的。一般来说,低阶方程的求解要比高阶方程的求解容易,所以可以经过适当的变换降低方程阶数。本节将主要讨论高阶

微分方程中三种最简单的可降阶类型以及可以通过换元转化成这三种类型的方程。

12.5.1　$y^{(n)} = f(x)$型微分方程

此微分方程的右端仅含有自变量 x,因此,可用逐项积分法求解。

例 12.36　求方程 $y''' = 24x + 6$ 的通解。

【解】　将所给方程连续积分三次,得

$$y'' = 12x^2 + 6x + C$$
$$y' = 4x^3 + 3x^2 + Cx + C_2$$
$$y = x^4 + x^3 + \frac{C}{2}x^2 + C_2 x + C_3$$

方程的通解

$$y = x^4 + x^3 + C_1 x^2 + C_2 x + C_3 \quad \left(C_1 = \frac{C}{2}\right)。$$

【练习】　求微分方程 $y''' = x + \sin x$ 的通解。

12.5.2　$y'' = f(x, y')$型微分方程

此方程的特点是右端不显含未知函数 y,作变量代换 $y' = p(x)$,则 $y'' = \dfrac{\mathrm{d}p}{\mathrm{d}x} = p'$,代入方程 $y'' = f(x, y')$,得 $p' = f(x, p)$,这是关于 x, p 的一阶微分方程,设其通解为 $p = g(x, C_1)$,即

$$\frac{\mathrm{d}y}{\mathrm{d}x} = g(x, C_1)$$

再积分就可得到原方程的通解

$$y = \int g(x, C_1) \mathrm{d}x + C_2$$

例 12.37　求微分方程 $xy'' + 3y' = 0$ 的通解。

【解】　令 $y' = p(x)$,则 $y'' = p'(x)$ 原方程可化为

$$xp' + 3p = 0$$

解得

$$p(x) = \frac{C}{x^3}$$

积分得

$$y = \frac{C_1}{x^2} + C_2$$

例 12.38　求方程 $xy'' - y' = x^2 \mathrm{e}^x$ 的通解。

【解】　令 $y' = p(x)$,代入原方程可得

$$x\frac{\mathrm{d}p}{\mathrm{d}x} - p = x^2 \mathrm{e}^x$$

即

$$\frac{\mathrm{d}p}{\mathrm{d}x} - \frac{1}{x}p = x\mathrm{e}^x$$

这是一阶非齐次线性方程,通解为

$$p(x) = \mathrm{e}^{\int \frac{1}{x}\mathrm{d}x}\left[\int x\mathrm{e}^x \mathrm{e}^{-\int \frac{1}{x}\mathrm{d}x}\mathrm{d}x + C_1\right] = x\left[\int \mathrm{e}^x \mathrm{d}x + C_1\right] = x\mathrm{e}^x + C_1 x$$

即

$$y' = x\mathrm{e}^x + C_1 x$$

再积分一次,得原方程的通解为

$$y = (x-1)\mathrm{e}^x + \frac{C_1}{2}x^2 + C_2$$

【练习】　求下列方程的解

(1) $y'' = y' + x$;　　　　　(2) $x^2 y'' = y'^2$。

12.5.3　$y'' = f(y, y')$ 型微分方程

此方程的特点是右端不显含自变量 x,这时作变量代换 $y' = p(y)$,则

$$y'' = \frac{\mathrm{d}p}{\mathrm{d}x} = \frac{\mathrm{d}p}{\mathrm{d}y} \cdot \frac{\mathrm{d}y}{\mathrm{d}x} = p\frac{\mathrm{d}p}{\mathrm{d}y}$$

于是方程 $y'' = f(y, y')$ 可化为一阶微分方程

$$p\frac{\mathrm{d}p}{\mathrm{d}y} = f(y, p)$$

设其通解为

$$p = \varphi(y, C_1)$$

即

$$y' = \varphi(y, C_1)$$

分离变量后积分,得原方程的通解

$$\int \frac{\mathrm{d}y}{\varphi(y, C_1)} = x + C_2$$

例 12.39　求微分方程 $(1 + y^2)y'' = 2yy'^2$ 的通解。

【解】　令 $y' = p(y)$,$y'' = pp'$,则

$$(1 + y^2)pp' = 2yp^2$$

$$\frac{\mathrm{d}p}{p} = \frac{2y}{1 + y^2}\mathrm{d}y$$

$$p = y' = C_1(1 + y^2)$$

$$\arctan y = C_1 x + C_2$$

例 12.40　求微分方程 $y'' + y'^2 = y$ 满足条件 $y(0) = \frac{1}{2}$,$y'(0) = 0$ 的特解。

【解】　令 $y' = p(y)$,$y'' = pp'$,

$$pp' + p^2 = y$$

再令 $p^2 = z$,得 $\frac{1}{2}z' + z = y$,积分得,

$$z = C_1 \mathrm{e}^{-2y} - \frac{1}{2} + y$$

由条件得 $C_1 = 0$

$$p^2 = y - \frac{1}{2} \quad \text{即} \quad p = \pm\sqrt{y - \frac{1}{2}}$$

积分得

$$\pm 2\sqrt{y - \frac{1}{2}} = x + C_2$$

由 $y(0) = \frac{1}{2}$,得 $C_2 = 0$。

特解为: $y = \frac{x^2}{4} + \frac{1}{2}$。

【注】

(1) 求高阶微分方程满足初始条件的特解时,每积分一次要及时用初始条件把任意常数的取值确定下来,这样可以简化求解过程。

(2) 方程既不显含 x,也不显含 y,这种类型可以用第二种类型的方法,也可以用第三种类型的方法换元,请读者尝试选择适当的方法。

例 12.41 求微分方程 $y'' - y'^2 = 0$ 满足初始条件 $y(0) = 0$,$y'(0) = -1$ 的特解。

【解】 令 $y' = p(x)$,则 $y'' = \dfrac{\mathrm{d}p}{\mathrm{d}x}$,原方程变为

$$\frac{\mathrm{d}p}{\mathrm{d}x} - p^2 = 0,$$

即可分离变量得

$$\frac{\mathrm{d}p}{p^2} = \mathrm{d}x$$

积分得

$$-\frac{1}{p} = x + C_1$$

代入初始条件 $y'(0) = -1$,得 $C_1 = 1$,从而 $-\dfrac{1}{y'} = x + 1$,即 $\mathrm{d}y = -\dfrac{\mathrm{d}x}{x+1}$,故

$$y = -\ln(x+1) + C_2$$

代入初始条件

$$y(0) = 0, \quad \text{得} \quad C_2 = 0$$

因此,所求满足初始条件的特解为

$$y = -\ln(x+1)。$$

【练习】 求下列方程的解

(1) $yy'' = y'^2 - y'^3$;　　(2) $y'' + y'^2 = 0$,$y(0) = 0$,$y'(0) = 1$

12.5.4 通过换元转化为可降阶的微分方程

另外还有一部分高阶微分方程经过变量代换转化成可降阶的微分方程,下面就此类型的微分方程的解法举例说明。

例 12.42 求微分方程 $2y''' - 3y'^2 = 0$ 满足条件 $y(0) = -3$,$y'(0) = 1$,$y''(0) = -1$ 的

特解。

【解】 令 $y' = z(x)$，则原方程化为 $2z'' = 3z^2$

再令 $z' = p(z)$，则 $z'' = pp'$

原方程可化为 $2pp' = 3z^2$

解得 $p^2 = z^3 + C_1$，由条件得 $C_1 = 0$

$p = -z^{\frac{3}{2}}$，即 $z' = -z^{\frac{3}{2}}$

$\dfrac{2}{\sqrt{z}} = x + C_2$，由条件得 $C_2 = 0$

$y = \dfrac{-4}{x+2} + C_3$，由条件得 $C_3 = -1$

特解为：$y = -\dfrac{x+6}{x+2}$。

例 12.43 求微分方程 $x^2 y'' + 3xy' + y = 0$ 的通解。

【解】 令 $u = xy$，则 $u' = y + xy'$，$u'' = 2y' + xy''$

原方程可整理为 $x(xy'' + 2y') + (xy' + y) = 0$，即 $xu'' + u' = 0$

令 $u' = p$，即 $\dfrac{\mathrm{d}p}{p} = -\dfrac{1}{x}\mathrm{d}x$

解得 $\dfrac{\mathrm{d}u}{\mathrm{d}x} = p = \dfrac{C_1}{x}$

积分得 $u = C_1 \ln x + C_2$

变量还原得 $y = \dfrac{C_1}{x}\ln x + \dfrac{C_2}{x}$

【练习】 求方程 $yy'' + y'^2 = \dfrac{yy'}{\sqrt{1+x^2}}$ 的解。

（提示：方程左边写成 $(yy')'$，令 $(yy')' = p(x)$）

12.6 二阶线性非齐次微分方程的解

12.6.1 二阶线性非齐次微分方程解的结构

前面讨论了二阶线性齐次微分方程的解的结构，接下来将讨论二阶线性非齐次微分方程的解的结构，首先，回顾一阶线性微分方程

$$\frac{\mathrm{d}y}{\mathrm{d}x} + P(x)y = Q(x)$$

通解为

$$y = \mathrm{e}^{-\int P(x)\mathrm{d}x}\left[\int Q(x)\mathrm{e}^{\int P(x)\mathrm{d}x}\mathrm{d}x\right] + C\mathrm{e}^{-\int p(x)\mathrm{d}x}$$

即通解是它所对应的齐次方程的通解与非齐次方程的一个特解之和，那么对于二阶非齐次线性微分方程

$$y'' + P(x)y' + Q(x)y = f(x) \tag{12.33}$$

是否也有这样的结构呢? 下面讨论这个问题。

(一)二阶线性非齐次微分方程解的性质

性质 12.1　如果函数 $y_1(x)$ 与 $y_2(x)$ 均是非齐次微分方程(12.24)的两个解, 那么 $y = y_1(x) - y_2(x)$ 是对应的齐次微分方程(12.25)的解。

性质 12.2　如果函数 $y^*(x)$ 是非齐次微分方程(12.24)的解, $\bar{y}(x)$ 是齐次微分方程(12.35)的解, 那么 $y = y^*(x) + \bar{y}(x)$ 是非齐次微分方程(12.24)的解。

性质 12.3(叠加原理)　设非齐次微分方程(12.24)的右端 $f(x)$ 是两个函数之和, 即

$$y'' + P(x)y' + Q(x)y = f_1(x) + f_2(x) \tag{12.34}$$

而 y_1^* 与 y_2^* 分别是微分方程

$$y'' + P(x)y' + Q(x)y = f_1(x) \tag{12.35}$$
$$y'' + P(x)y' + Q(x)y = f_2(x) \tag{12.36}$$

的解, 那么 $y^* = y_1^* + y_2^*$ 就是微分方程(12.34)的解。

性质 12.1、性质 12.2 请读者自证, 下证性质 12.3。

【证明】 将 $y^* = y_1^* + y_2^*$ 代入方程(12.34)的左端, 得

$$(y_1^* + y_2^*)'' + P(x)(y_1^* + y_2^*)' + Q(x)(y_1^* + y_2^*)$$
$$= [y_1^{*''} + P(x)y_1^{*'} + Q(x)y_1^*] + [y_2^{*''} + P(x)y_2^{*'} + Q(x)y_2^*]$$
$$= f_1(x) + f_2(x)$$

因此 $y^* = y_1^* + y_2^*$ 是方程(12.34)的特解。

对于非齐次线性方程(12.24)解的结构, 我们有如下定理。

定理 12.3　设 y^* 是二阶非齐次线性微分方程(12.24)的一个特解, Y 是与它对应的齐次微分方程(12.25)的通解, 那么

$$y = Y + y^*$$

是二阶非齐次线性微分方程(12.24)的通解。

【证】　因 y^* 是非齐次微分方程(12.24)的一个特解, 故

$$y^{*''} + P(x)y^{*'} + Q(x)y^* = f(x)$$

又因为 Y 是齐次微分方程(12.25)的通解, 故

$$Y'' + P(x)Y' + Q(x)Y = 0$$

将 $y = Y + y^*$ 代入方程(12.24)的左端, 得

$$(Y + y^*)'' + P(x)(Y + y^*)' + Q(x)(Y + y^*)$$
$$= [Y'' + P(x)Y' + Q(x)Y] + [y^{*''} + P(x)y^{*'} + Q(x)y^*]$$
$$= 0 + f(x) = f(x)$$

所以 $y = Y + y^*$ 是非齐次微分方程(12.34)的一个解。其次, 由于 Y 是齐次微分方程(12.25)的通解, 含有两个任意的常数, 因此 $y = Y + y^*$ 是非齐次微分方程(12.24)的通解。

【注】 二阶非齐次线性方程(12.24)的一个通解, 包括了它的所有解, 方程(12.24)的求解问题归结为求与它对应的齐次方程(12.25)的通解和非齐次方程(12.25)的一个特解。

(二)n 阶线性非齐次微分方程解的性质

n 阶线性非齐次微分方程

$$y^{(n)} + a_1(x)y^{(n-1)} + \cdots + a_{n-1}(x)y' + a_n(x)y = f(x)$$

$y_1(x), y_2(x), \cdots, y_n(x)$ 是对应齐次方程的 n 个线性无关特解，$y^*(x)$ 是非齐次方程的特解，则非齐次方程通解

$$y = C_1 y_1(x) + C_2 y_2(x) + \cdots + C_n y_n(x) + y^*(x)$$

例 12.44 设微分方程 $y'' + P(x)y' + Q(x)y = f(x)$ 有三个解 $y_1 = x$，$y_2 = e^x$，$y_3 = e^{2x}$，求此方程满足初始条件 $y(0) = 1$，$y'(0) = 3$ 的特解。

【解】 由性质 12.1 可知，$y_1 - y_3$，$y_2 - y_3$ 都是对应齐次方程的解，且

$$\frac{y_2 - y_1}{y_3 - y_1} = \frac{e^x - x}{e^{2x} - x} \neq 常数$$

因而线性无关，故方程通解为

$$y = C_1(e^x - x) + C_2(e^{2x} - x) + x$$

由初始条件 $y(0) = 1$，$y'(0) = 3$，得 $C_1 = -1$，$C_2 = 2$，所求的特解为

$$y = 2e^{2x} - e^x$$

【练习】

若 $y_1 = x^2$，$y_2 = x + x^2$，$y_3 = e^x + x^2$，都是方程

$$(x-1)y'' - xy' + y = -x^2 + 2x - 2$$

的解，求此方程的通解。

12.6.2 二阶常系数非齐次线性微分方程

由二阶线性非齐次解的性质，可以得到二阶常系数非齐次线性微分方程的求解方法，其求通解的步骤为：

(1) 求对应的齐次线性微分方程的通解 Y；

(2) 求非齐次线性微分方程的特解 y^*；

(3) 原方程的通解 $y = Y + y^*$。

下面就 $f(x)$ 的两种常见形式讨论特解的求法。

（一）$f(x) = e^{\lambda x} P_m(x)$ 型

微分方程

$$y'' + py' + qy = e^{\lambda x} P_m(x) \tag{12.37}$$

其中 λ 为常数，$P_m(x)$ 为 x 的 m 次多项式，即

$$P_m(x) = a_0 x^m + a_1 x^{m-1} + \cdots + a_{m-1} x + a_m。$$

方程 (12.37) 的右端 $e^{\lambda x} P_m(x)$ 是多项式与指数函数的乘积，因为 p、q 是常数，而多项式与指数函数的乘积求导以后仍是同一类型的函数，因此我们有理由设想方程 (12.37) 的特解仍然是这一类型的函数。设 $y^* = Q(x)e^{\lambda x}$，其中 $Q(x)$ 是某个多项式，只要适当选取多项式 $Q(x)$，就可能使 $y^* = Q(x)e^{\lambda x}$ 成为微分方程 (12.37) 的特解。

将 $y^* = Q(x)e^{\lambda x}$ 代入微分方程 (12.37)，整理得

$$Q''(x) + (2\lambda + p)Q'(x) + (\lambda^2 + p\lambda + q)Q(x) = p_m(x) \tag{12.38}$$

只要能找到满足等式(12.37)的多项式 $Q(x)$，就得到方程(12.37)的特解。

下面对 λ 讨论。

(1) 如果 λ 不是特征方程 $r^2 + pr + q = 0$ 的根，即 $\lambda^2 + p\lambda + q \neq 0$，那么 $Q(x)$ 应是一个 m 次多项式，可设

$$Q(x) = Q_m(x) = b_0 x^m + b_1 x^{m-1} + \cdots + b_{m-1} x + b_m$$

即特解

$$y^* = Q_m(x)e^{\lambda x} = (b_0 x^m + b_1 x^{m-1} + \cdots + b_{m-1} x + b_m)e^{\lambda x}$$

将 y^* 代入方程(12.42)，比较两端同次幂的系数，求出常数 $b_0, b_1, \cdots, b_{m-1}, b_m$，可以得到特解

$$y^* = Q_m(x)e^{\lambda x}$$

(2) 如果 λ 是特征方程 $r^2 + pr + q = 0$ 的单根，即 $\lambda^2 + p\lambda + q = 0$，且 $2\lambda + p \neq 0$，式(12.38)变为

$$Q''(x) + (2\lambda + p)Q'(x) = p_m(x)$$

那么 $Q'(x)$ 应是一个 m 次多项式，不妨取 $Q(x) = xQ_m(x)$，即特解

$$y^* = x(b_0 x^m + b_1 x^{m-1} + \cdots + b_{m-1} x + b_m)e^{\lambda x}$$

类似上面方法，求出常数 $b_0, b_1, \cdots, b_{m-1}, b_m$，可以得到特解

$$y^* = xQ_m(x)e^{\lambda x}$$

(3) 如果 λ 是特征方程 $r^2 + pr + q = 0$ 的重根，即 $\lambda^2 + p\lambda + q = 0$，且 $2\lambda + p = 0$，那么式(12.38)变为 $Q''(x) = p_m(x)$，那么 $Q_m(x)$ 应是一个 m 次多项式，不妨取 $Q(x) = x^2 Q_m(x)$，即特解

$$y^* = x^2(b_0 x^m + b_1 x^{m-1} + \cdots + b_{m-1} x + b_m)e^{\lambda x}$$

类似上面方法，求出常数 $b_0, b_1, \cdots, b_{m-1}, b_m$，可以得到特解

$$y^* = x^2 Q_m(x)e^{\lambda x}$$

综上所述，二阶常系数非齐次线性微分方程

$$y'' + py' + qy = p_m(x)e^{\lambda x}$$

具有特解形式

$$y^* = x^k Q_m(x)e^{\lambda x}$$

其中 $Q_m(x)$ 是一个与 $p_m(x)$ 同次的多项式，且

$$k = \begin{cases} 0, & \text{若 } \lambda \text{ 不是特征根} \\ 1, & \text{若 } \lambda \text{ 是特征单根} \\ 2, & \text{若 } \lambda \text{ 是特征重根} \end{cases} \tag{12.39}$$

以上方法称为欧拉待定指数法。

特别地：方程 $y'' + py' + qy = Ae^{\lambda x}$ 的特解形式为

$$y^* = \begin{cases} \dfrac{1}{\lambda^2 + p\lambda + q} Ae^{\lambda x} & \lambda \text{ 不是特征根} \\[2mm] \dfrac{1}{2\lambda + p\lambda} xAe^{\lambda x} & \lambda \text{ 是特征单根} \\[2mm] \dfrac{1}{2} x^2 Ae^{\lambda x} & \lambda \text{ 是特征重根} \end{cases} \tag{12.40}$$

【注】　设定特解形式要注意三点：

（1）k 的选取要看 λ 是否是特征方程的根；

（2）多项式 $Q_m(x)$ 与 $p_m(x)$ 同次；

（3）特解形式一定要与原方程中 $f(x)$ 的形式一样。

【练习】

（1）方程 $y''+py'+qy=C$（C 为常数）的特解形式是什么？

（2）方程 $y''+py'+qy=Cx^n$（C 为常数）的特解形式是什么？

例 12.45　求微分方程 $y''+y=x^2$ 的通解。

【分析】　$f(x)=x^2$，可设特解形式为 $y^*=x^k Q_2(x)$。

【解】　对应齐次方程的特征方程为
$$r^2+1=0$$
特征根 $r_1=i, r_2=-i$，对应齐次方程的通解
$$Y=C_1\cos x+C_2\sin x。$$

因 $\lambda=0$ 不是特征根，可设特解为
$$y^*=ax^2+bx+c$$
代入原方程，比较两边的系数得
$$a=1,\quad b=0,\quad c=-2$$
原方程的通解为
$$Y=c_1\cos x+c_2\sin x+x^2-2。$$

例 12.46　求方程 $y''-5y'+6y=xe^{2x}$ 的通解。

【解】　对应齐次方程的特征方程为
$$r^2-5r+6=0$$
特征根 $r_1=2, r_2=3$，对应齐次方程的通解
$$Y=C_1e^{2x}+C_2e^{3x}$$
因 $\lambda=2$ 是特征根，可设特解
$$y^*=x(b_0x+b_1)e^{2x}$$
代入原方程，
$$-2b_0x-b_1+2b_0=x$$
比较两边的系数得
$$b_0=-\frac{1}{2},b_1=-1$$
因此特解为
$$y^*=x\left(-\frac{1}{2}x-1\right)e^{2x}$$
所求通解为
$$y=C_1e^{2x}+C_2e^{3x}-\left(\frac{1}{2}x^2+x\right)e^{2x}$$

例 12.47　求微分方程的初值问题 $\begin{cases}y'''+3y''+2y'=1\\y(0)=y'(0)=y''(0)=0\end{cases}$。

【解】 对应齐次方程的特征方程为
$$r^3 + 3r^2 + 2r = 0$$
特征根 $r_1 = 0, r_2 = -1, r_3 = -2$,对应齐次方程的通解
$$Y = C_1 + C_2 e^{-x} + C_3 e^{-2x}$$
设非齐次方程特解为 $y^* = bx$,代入原方程,比较系数得 $2b = 1$,原方程通解为
$$y = C_1 + C_2 e^{-x} + C_3 e^{-2x} + \frac{1}{2}x$$

由初始条件得
$$\begin{cases} C_1 + C_2 + C_3 = 0 \\ -C_2 - 2C_3 = -\dfrac{1}{2} \\ C_2 + 4C_3 = 0 \end{cases}$$

解得
$$\begin{cases} C_1 = -\dfrac{3}{4} \\ C_2 = 1 \\ C_3 = -\dfrac{1}{4} \end{cases}$$

于是所求解为
$$y = -\frac{3}{4} + e^{-x} - \frac{1}{4}e^{-2x} + \frac{1}{2}x$$

例 12.48 微分方程 $y'' - 4y' + 4y = 6x^2 + 8e^{2x}$ 的待定特解形式。

【分析】 此方程右端 $f(x) = 6x^2 + 8e^{2x}$ 不是 $f(x) = e^{\lambda x} P_m(x)$ 型,可分别求出方程 $y'' - 4y' + 4y = 6x^2$ 和 $y'' - 4y' + 4y = 8e^{2x}$ 的特解 y_1^*, y_2^*,由非齐次方程的叠加原理,可知原方程的特解为 $y^* = y_1^* + y_2^*$。

【解】 对应齐次方程的特征方程为
$$r^2 - 4r + 4 = 0$$
特征根 $r_1 = r_2 = 2$。

对于方程 $y'' - 4y' + 4y = 6x^2$,特解设为
$$y_1^* = Ax^2 + Bx + C$$

对于方程 $y'' - 4y' + 4y = 8e^{2x}$,由于 $\lambda = 2$ 是特征方程的 2 重根;特解设为 $y_2^* = Dx^2 e^{2x}$。

故原方程的特解形式为
$$y^* = Ax^2 + Bx + C + Dx^2 e^{2x}$$

(二) $f(x) = e^{\lambda x}[P_l(x)\cos\omega x + P_n(x)\sin\omega x]$ 型

微分方程为
$$y'' + py' + qy = e^{\lambda x}[P_l(x)\cos\omega x + P_n(x)\sin\omega x] \tag{12.41}$$
其中 λ, ω 均为常数;$P_l(x)$ 和 $P_n(x)$ 分别是 l 和 n 次多项式。

在此不推导求特解的过程,只给出特解形式。方程(12.41)的特解形式为

$$y^* = x^k e^{\lambda x} [R_m^{(1)} \cos\omega x + R_m^{(2)} \sin\omega x]$$

$$k = \begin{cases} 0, & \text{若 } \lambda + i\omega \text{ 不是特征根} \\ 1, & \text{若 } \lambda + i\omega \text{ 是特征根} \end{cases}$$

其中 $R_m^{(1)}, R_m^{(2)}$ 是 m 次实多项式，$m = \max\{l, n\}$。

特别地，

（1）$f(x) = A\cos\omega x + B\sin\omega x$ 型，方程特解

$$y^* = x^k [C\cos\omega x + D\sin\omega x]$$

其中 $k = \begin{cases} 0, \text{若 } \lambda + i\omega \text{ 不是特征根} \\ 1, \text{若 } \lambda + i\omega \text{ 是特征根} \end{cases}$

（2）当 $f(x) = P_m(x) e^{\lambda x} \cos\omega x$ 或 $f(x) = Q_m(x) e^{\lambda x} \sin\omega x$ 时，特解仍设为

$$y^* = x^k e^{\lambda x} [R_m^{(1)} \cos\omega x + R_m^{(2)} \sin\omega x]$$

其中 $k = \begin{cases} 0, & \text{若 } \lambda + i\omega \text{ 不是特征根} \\ 1, & \text{若 } \lambda + i\omega \text{ 是特征根} \end{cases}$

$R_m^{(1)}, R_m^{(2)}$ 是 m 次实多项式，$m = \max\{l, n\}$。

知道特解形式后，只要将特解 y^* 代入原方程即可求出此特解。但这种方法较麻烦，我们常用另一种较为简便的方法求解，就是利用欧拉公式

$$e^{(\lambda + i\omega)x} = e^{\lambda x}(\cos\omega x + i\sin\omega x)$$

将方程（12.41）的情形转化为式（12.37）的情形求解，下面举例说明这种方法。

例 12.49　求微分方程 $y'' + y = 4\sin x$ 的通解。

【解】　对应齐次方程的特征方程为

$$r^2 + r = 0$$

特征根 $r_{1,2} = \pm i$，所对应齐次方程的通解

$$Y = C_1 \cos x + C_2 \sin x$$

由于 $e^{ix} = \cos x + i\sin x$，作辅助方程

$$y'' + y = 4e^{ix}$$

i 是特征方程的单根，由式（12.40）可得特解为

$$\bar{y}^* = -2ixe^{ix} = 2x\sin x - (2x\cos x)i$$

所求方程特解为

$$y^* = -2x\cos x \quad \text{（取虚部）}$$

故原方程的通解为

$$y = C_1 \cos x + C_2 \sin x - 2x\cos x。$$

下面我们举例用两种方法求解微分方程。

例 12.50　求方程 $y'' + y = x\cos 2x$ 的通解。

【解一】　特征方程 $r^2 + 1 = 0$，特征根 $r = \pm i$

对应齐次方程的通解

$$Y = C_1 \cos x + C_2 \sin x$$

作辅助方程

$$y'' + y = xe^{2ix}$$

2i 不是特征根,可设特解为

$$\bar{y}^* = (Ax + B)e^{2ix}$$

代入辅助方程,得

$$\begin{cases} 4Ai - 3B = 0 \\ -3A = 1 \end{cases}$$

即

$$A - \frac{1}{3}, \quad B - \frac{4}{9}i$$

所以特解

$$\bar{y}^* = \left(-\frac{1}{3}x - \frac{4}{9}i\right)e^{2ix} = \left(-\frac{1}{3}x - \frac{4}{9}i\right)(\cos 2x + i\sin 2x)$$

$$= -\frac{1}{3}x\cos 2x + \frac{4}{9}\sin 2x - \left(\frac{4}{9}\cos 2x + \frac{1}{3}x\sin 2x\right)i$$

所求方程特解

$$y^* = -\frac{1}{3}x\cos 2x + \frac{4}{9}\sin 2x \quad (\text{取实部})$$

故原方程的通解为

$$y = C_1\cos x + C_2\sin x - \frac{1}{3}x\cos 2x + \frac{4}{9}\sin 2x$$

【解二】　$\lambda = 0, \omega = 2, P_l(x) = x, \widetilde{P}_n(x) = 0$

$\lambda \pm i\omega = \pm 2i$ 不是特征方程的根,故设特解为

$$y^* = (ax + b)\cos 2x + (cx + d)\sin 2x$$

代入方程得

$$(-3ax - 3b + 4c)\cos 2x - (3cx + 3d + 4a)\sin 2x = x\cos 2x$$

比较系数,

$$a = -\frac{1}{3}, \quad d = \frac{4}{9}, \quad b = c = 0$$

于是求得一个特解

$$y^* = -\frac{1}{3}x\cos 2x + \frac{4}{9}\sin 2x$$

若方程右端 $f(x)$ 不是上面讨论的两种类型,应先将 $f(x)$ 变形 $f(x) = f_1(x) + f_2(x)$,其中 $f_1(x), f_2(x)$ 是已知类型,然后分别求出方程 $y'' + py' + qy = f_1(x)$ 和 $y'' + py' + qy = f_2(x)$ 的特解,由非齐次方程的叠加原理可得原方程的特解。

例 12.51　求方程 $y'' + 4y = \frac{1}{2}(x + \cos 2x)$ 的特解。

【分析】　分别求出方程 $y'' + 4y = \frac{1}{2}x$ 和 $y'' + 4y = \frac{1}{2}\cos 2x$ 的特解 y_1^*, y_2^*,由非齐次方程的叠加原理可得原方程的特解为 $y^* = y_1^* + y_2^*$。

【解】 对应齐次方程的特征方程为

$$r^2 + 4 = 0$$

特征根

$$r_{1,2} = \pm 2\mathrm{i}$$

对于方程 $y'' + 4y = \dfrac{1}{2}x$，特解设为

$$y_1^* = Ax$$

代入此方程解得

$$y_1^* = \frac{1}{8}x$$

对于方程 $y'' + 4y = \dfrac{1}{2}\cos 2x$，作辅助方程

$$y'' + 4y = \frac{1}{2}\mathrm{e}^{2\mathrm{i}x}$$

2i 是特征单根，特解为

$$\overline{y_2^*} = \frac{1}{8\mathrm{i}}x\mathrm{e}^{2\mathrm{i}x} = \frac{1}{8}x\sin 2x + \frac{1}{8\mathrm{i}}x\cos 2x$$

取实部 $y_2^* = \dfrac{1}{8}x\sin 2x$，故原方程的通解

$$y^* = y_1^* + y_2^* = \frac{1}{8}x + \frac{1}{8}x\sin 2x。$$

归纳总结：对于二阶常系数非齐次线性微分方程，求特解时要根据 $f(x)$ 和特征根的情况，适当地假设特解形式，对于 $f(x) = A\mathrm{e}^{\lambda x}\cos\omega x$ 或 $f(x) = A\mathrm{e}^{\lambda x}\sin\omega x$ 的形式，作辅助方程，然后利用类型(12.41)的方法求解。为了便于查阅，现将其特解形式列于表 12.3。

表 12.3

$f(x)$ 的形式	特 征 根	特 解 形 式
$A\mathrm{e}^{\lambda x}$	λ 不是特征根	$y^* = \dfrac{1}{\lambda^2 + p\lambda + q}A\mathrm{e}^{\lambda x}$
	λ 是特征方程的单根	$\dfrac{1}{2\lambda + p}xA\mathrm{e}^{\lambda x}$
	λ 是特征方程的重根	$\dfrac{1}{2}x^2 A\mathrm{e}^{\lambda x}$
$p_m(x)\mathrm{e}^{\lambda x}$	λ 不是特征根	$y^* = Q_m(x)\mathrm{e}^{\lambda x}$
	λ 是特征方程的单根	$y^* = xQ_m(x)\mathrm{e}^{\lambda x}$
	λ 是特征方程的重根	$y^* = x^2 Q_m(x)\mathrm{e}^{\lambda x}$
$f(x) = A\cos\omega x + B\sin\omega x$	$\pm\mathrm{i}\omega$ 不是特征根	$y^* = [C\cos\omega x + D\sin\omega x]$
	$\pm\mathrm{i}\omega$ 是特征根	$y^* = x[C\cos\omega x + D\sin\omega x]$
$f(x) = \mathrm{e}^{\lambda x}[P_l(x)\cos\omega x + P_n(x)\sin\omega x]$	$\lambda\pm\mathrm{i}\omega$ 不是特征根	$y^* = \mathrm{e}^{\lambda x}[R_m^{(1)}\cos\omega x + R_m^{(2)}\sin\omega x]$
	$\lambda\pm\mathrm{i}\omega$ 是特征根	$y^* = x\mathrm{e}^{\lambda x}[R_m^{(1)}\cos\omega x + R_m^{(2)}\sin\omega x]$

应用欣赏

12.7 微分方程的应用

微分方程的应用非常广泛,生活生产中的很多实际问题都可以用微分方程来建立数学模型,涉及的领域有物理学、几何学、生物学、化学、天文学、力学、政治学、经济学、文化、军事、人口、资源等。本节仅就几个领域中关于微分方程的应用举几个例子,以帮助读者初步了解微分方程的应用。

12.7.1 常微分方程在经济学中的应用

例 12.52 已知某商品的需求量 x 对价格 p 的弹性 $\eta = -3p^2$,而市场对该商品的最大需求量为 1(万件),求需求函数。

【解】 根据弹性的定义,有

$$\eta = \frac{\mathrm{d}x}{x} \Big/ \frac{\mathrm{d}p}{p} = -3p^2,$$

分离变量得

$$\frac{\mathrm{d}x}{x} = -3p\,\mathrm{d}p$$

两边积分得 $x = Ce^{-\frac{3}{2}p^2}$,C 为待定常数。

由题设知 $p=0$ 时,$x=1$,从而 $C=1$。

于是,所求的需求函数为 $x = e^{\frac{3}{2}-p^2}$。

例 12.53 已知某商品的需求量 D 和供给量 S 都是价格 p 的函数,$D = D(p) = \dfrac{a}{p^2}$,$S = S(p) = bp$,其中 $a > 0$,和 $b > 0$ 为常数;价格 p 是时间 t 的函数且满足方程

$$\frac{\mathrm{d}p}{\mathrm{d}t} = k[D(p) - S(p)]$$

(k 为正的常数)。假设当 $t=0$ 时价格为 1,试求:

(1) 需求量等于供给量时的均衡价格 p_e;

(2) 价格函数 $p(t)$;

(3) 极限 $\lim\limits_{t \to \infty} p(t)$。

【解】

(1) 当需求量等于供给量时,有 $\dfrac{a}{p^2} = bp$,$p^3 = \dfrac{a}{b}$,因此均衡价格为

$$p_e = \left(\frac{a}{b}\right)^{1/3}。$$

（2）由条件知 $\dfrac{\mathrm{d}p}{\mathrm{d}t}=k\big[D(p)-S(p)\big]=k\Big[\dfrac{a}{p^2}-bp\Big]=\dfrac{kb}{p^2}\Big(\dfrac{a}{b}-p^3\Big)$。

因此有 $\dfrac{\mathrm{d}p}{\mathrm{d}t}=\dfrac{kb}{p^2}(p_e^3-p^3)$，即 $\dfrac{p^2\,\mathrm{d}p}{p^3-p_e^3}=-kb\mathrm{d}t$。

两边同时积分，得 $p^3=p_e^3+C\mathrm{e}^{-3kbt}$。

由条件 $p(0)=1$，可得 $C=1-p_e^3$。

于是价格函数为 $p(t)=\big[p_e^3+(1-p_e^3)\mathrm{e}^{-3kbt}\big]^{1/3}$。

（3）$\lim\limits_{t\to\infty}p(t)=\lim[p_e^3+(1-p_e^3)\mathrm{e}^{-3kbt}]^{1/3}=p_e$。

12.7.2　常微分方程在几何问题中的应用

例 12.54　设函数 $y(x)(x\geqslant0)$ 二阶可导且 $y'(x)>0$，$y(0)=1$，过曲线 $y=y(x)$ 上任一点 $P(x,y)$ 作该曲线的切线及 x 轴的垂线，上述两直线与 x 轴所围成的三角形的面积记为 S_1，区间 $[0,x]$ 上以 $y=y(x)$ 为曲边的曲边梯形面积记为 S_2，并设 $2S_1-S_2$ 恒为 1，求此曲线 $y=y(x)$ 的方程。

【分析】　此问题的反问题即根据已知曲线方程 $y=y(x)$ 求 S_1 和 S_2 是一个简单的问题。但根据方程 $2S_1-S_1\equiv1$ 求 $y=y(x)$ 就需要将问题转化为求微分方程的解。

【解】　曲线上点 (x,y) 处的切线方程为
$$Y-y=y'(X-x)$$

它在 x 轴上的截距为 $x-\dfrac{y}{y'}$，从而

$$2S_1=y\cdot\left|x-\left(x-\dfrac{y}{y'}\right)\right|=\dfrac{y^2}{y'}$$

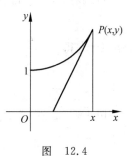

图　12.4

而 $S_2=\displaystyle\int_0^x y(t)\mathrm{d}t$，如图 12.4 所示。

由 $2S_1-S_2=1$，则有

$$\dfrac{y^2}{y'}-\int_0^x y(t)\mathrm{d}t=1$$

两边求导消去积分，得二阶微分方程

$$y'^2-yy''=0$$

于是便建立了初值问题

$$\begin{cases} y'^2-yy''=0 \\ y(0)=1,y'(0)=1 \end{cases}\qquad 求通解$$

【解一】

设 $y'=P(y)$，则

$$y''=P\dfrac{\mathrm{d}P}{\mathrm{d}y}$$

方程化为

$$P\left(P-y\dfrac{\mathrm{d}P}{\mathrm{d}y}\right)=0,$$

即 $P-y\dfrac{\mathrm{d}P}{\mathrm{d}y}=0$ 或 $P=0$,解得

$$P=C_1y \quad (P=0 \text{ 对应 } C_1=0)$$

将 $\dfrac{\mathrm{d}y}{y}=C_1\mathrm{d}x$ 再积分解得 $y=C_2\mathrm{e}^{C_1x}$。

【解二】

两边乘以 $\dfrac{1}{y'^2}$ 便得 $\left(\dfrac{y}{y'}\right)'=0$,$\dfrac{y}{y'}=\dfrac{1}{C_1}$,$y'=C_1y$;由此又得

$$y=C_2\mathrm{e}^{C_1x}$$

再由初始条件确定 $C_1=1$,$C_2=1$ 所求函数为 $y(x)=\mathrm{e}^x$。

【注】 本例题综合了曲线的切线、曲边梯形的面积、变上限函数求导数、二阶可降阶微分方程的解法等知识点。

例 12.55 设曲线 L 的极坐标方程为 $\rho=\rho(\theta)$,$M(\rho,\theta)$ 为 L 上任一点,$M_0(2,0)$ 为 L 上一定点。若极径 OM_0,OM 与曲线 L 所围成的曲边扇形面积值等于 L 上 M_0、M 两点间弧长值的一半,求曲线 L 的方程。

【解】 由已知条件得 $\dfrac{1}{2}\displaystyle\int_0^\theta\rho^2\mathrm{d}\theta=\dfrac{1}{2}\cdot\int_0^\theta\sqrt{\rho^2+\rho'^2}\,\mathrm{d}\theta$。

两边对 θ 求导,得 $\rho^2=\sqrt{\rho^2+\rho'^2}$(隐式微分方程),解得 ρ' 得

$$\rho'=\pm\rho\sqrt{\rho^2-1}$$

分离变量,得

$$\frac{\mathrm{d}\rho}{\rho\sqrt{\rho^2-1}}=\pm\mathrm{d}\theta$$

由于

$$\int\frac{\mathrm{d}\rho}{\rho\sqrt{\rho^2-1}}=-\int\frac{\mathrm{d}\left(\frac{1}{\rho}\right)}{\sqrt{1-\left(\frac{1}{\rho}\right)^2}}=\arccos\frac{1}{\rho}$$

或

$$\int\frac{\mathrm{d}\rho}{\rho\sqrt{\rho^2-1}}\xrightarrow{\rho=\sec t}\int\mathrm{d}t=t=\arccos\frac{1}{\rho}$$

两边积分,得 $\arccos\dfrac{1}{\rho}=\pm\theta+C$,代入初始条件 $\rho(0)=2$,得

$$C=\arccos\frac{1}{2}=\frac{\pi}{3}\Rightarrow\arccos\frac{1}{\rho}=\frac{\pi}{3}\pm\theta$$

即 L 的极坐标方程为

$$\frac{1}{\rho}=\cos\left(\frac{\pi}{3}\pm\theta\right)\equiv\frac{1}{2}\cos\theta\mp\frac{\sqrt{3}}{2}\sin\theta,$$

从而,L 的直角坐标方程为 $x\mp\sqrt{3}y=2$。

例 12.56　设 $y = y(x)$ 是一向上凸的连续曲线,其上任意一点 (x, y) 处的曲率为
$\dfrac{1}{\sqrt{1+y}}$,且此曲线上点 $(0,1)$ 处的切线方程为 $y = x + 1$,求该曲线的方程并求函数 $y = y(x)$
的极值。

【解】　由题设和曲率公式有

$$\frac{-y''}{\sqrt{(1+y'^2)^3}} = \frac{1}{\sqrt{1+y'^2}}$$

(因曲线 $y(x)$ 向上凸,$y'' < 0$,$|y''| = -y''$)化简得 $\dfrac{y''}{1+y'^2} = -1$

令 $y' = P(x)$,则 $y'' = P'$,方程化为

$$\frac{1+P^2}{y'} = -1$$

分离变量得 $\dfrac{\mathrm{d}P}{1+P^2} = -\mathrm{d}x$,两边积分得,

$$\arctan P = -x + C_1$$

由题意可知 $y'(0) = 1$ 即 $P(0) = 1$ 代入可得 $C_1 = \dfrac{\pi}{4}$ 故

$$y' = P = \tan\left(\frac{\pi}{4} - x\right)$$

再积分又得 $y = \ln\left|\cos\left(\dfrac{\pi}{4} - x\right)\right| + C_2$

将初始条件 $y(0) = 1$ 代入得 $C_2 = 1 + \dfrac{1}{2}\ln 2$,故有,

$$y = \ln\left|\cos\left(\frac{\pi}{4} - x\right)\right| + 1 + \frac{1}{2}\ln 2$$

当 $-\dfrac{\pi}{2} < \dfrac{\pi}{4} - x < \dfrac{\pi}{2}$,即当 $-\dfrac{\pi}{4} < x < \dfrac{3}{4}\pi$ 时,$\cos\left(\dfrac{\pi}{4} - x\right) > 0$;

而当 $x \to -\dfrac{\pi}{4}$ 或 $\dfrac{3}{4}\pi \cos\left(\dfrac{\pi}{4} - x\right) \to 0$,$\ln\left|\cos\left(\dfrac{\pi}{4} - x\right)\right| \to -\infty$

故所求的连续曲线为

$$y = \ln\cos\left(\frac{\pi}{4} - x\right) + 1 + \frac{1}{2}\ln 2, \quad \left(-\frac{\pi}{4} < x < \frac{3}{4}\pi\right)$$

显然,当 $x = \dfrac{\pi}{4}$ 时,$\ln\cos\left(\dfrac{\pi}{4} - x\right) = 0$,$y$ 取极大值 $y = 1 + \dfrac{1}{2}\ln 2$,$y$ 在 $\left(-\dfrac{\pi}{4}, \dfrac{3}{4}\pi\right)$ 没有
极小值。

12.7.3　常微分方程在物理问题中的应用

例 12.57　某种飞机在机场降落时,为了减少滑行距离,在触地的瞬间,飞机尾部张
开减速伞,以增大阻力,使飞机迅速减速并停下。现有一质量为 9000kg 的飞机,着陆时
的水平速度为 700km/h。经测试,减速伞打开后,飞机所受的总阻力与飞机的速度成正比

(比例系数为 $k=6.0\times10^6$)。问从着陆点算起,飞机滑行的最长距离是多少?

【解】 从飞机接触跑道开始时($t=0$),设 t 时刻飞机的滑行距离为 $x(t)$,速度为 $v(t)=x'(t)$,按题设,飞机的质量为 $m=9000\text{kg}$,着陆时的水平速度 $v(0)=x'(0)=v_0=700\text{km/h}$,$t$ 时刻所受的阻力为 $-kv(t)$,于是根据牛顿第二定律得,

$$\begin{cases} m\dfrac{\mathrm{d}v}{\mathrm{d}t}=-kv \\ v(0)=v_0=700 \end{cases}$$

分离变量,求得

$$v(t)=v_0\mathrm{e}^{-\frac{k}{m}t}$$

飞行最长距离 $x=\displaystyle\int_0^{+\infty}v(t)\mathrm{d}t=-\frac{mv_0}{k}\mathrm{e}^{-\frac{k}{m}t}\Big|_0^{+\infty}=\frac{mv_0}{k}=1.05(\text{km})$

例 12.58 从船上向海中沉放某种探测仪器,按探测要求,需确定仪器的下沉深度 y(从海平面算起)与下沉速度 v 之间的函数关系。设仪器在重力作用下,从海平面由静止开始垂直下沉,在下沉过程中还受到阻力和浮力的作用。设仪器的质量为 m,体积为 B,海水比重为 ρ,仪器所受的阻力与下沉速度成正比,比例系数为 k。试建立 y 与 v 所满足的微分方程,并求出函数关系式 $y=y(v)$。

【解】 取沉放点为原点 O,Oy 轴正向垂直向下,则由牛顿第二定律得

$$m\frac{\mathrm{d}^2y}{\mathrm{d}t^2}=mg-B\rho-kv$$

这是可降阶的二阶微分方程,其中 $\dfrac{\mathrm{d}y}{\mathrm{d}t}=v$,

令 $\dfrac{\mathrm{d}y}{\mathrm{d}t}=v$,则 $\dfrac{\mathrm{d}^2y}{\mathrm{d}t^2}=\dfrac{\mathrm{d}v}{\mathrm{d}t}=\dfrac{\mathrm{d}v}{\mathrm{d}y}\cdot\dfrac{\mathrm{d}y}{\mathrm{d}t}=v\dfrac{\mathrm{d}v}{\mathrm{d}y}$,于是原方程可化为

$$mv\left(\frac{\mathrm{d}y}{\mathrm{d}v}\right)^{-1}=mg-B\rho-kv$$

分离变量得

$$\mathrm{d}y=\frac{mv}{mg-B\rho-kv}\mathrm{d}v$$

积分得

$$y=-\frac{m}{k}v-\frac{m}{k^2}H\ln(H-kv)+C$$

代入初始条件 $v\big|_{y=0}=0$ 得

$$C=\frac{m}{k^2}H\ln H$$

故所求函数关系为

$$y=y(v)=-\frac{m}{k}v-\frac{mH}{k^2}\ln\frac{H-kv}{H}$$

12.7.4　常微分方程在其他领域的应用

例 12.59 在某一人群中推广新技术是通过其中掌握新技术的人进行的,设该人群的总人数为 N,在 $t=0$ 时刻已掌握新技术的人数为 x_0,在任意时刻 t 已掌握新技术的人

数为 $x(t)$（将 $x(t)$ 视为连续可微变量），其变化率与已掌握新技术人数和未掌握新技术人数之积成正比，比例常数 $k>0$，求 $x(t)$。

【解】 已掌握新技术人数 $x(t)$ 的变化率即 $\dfrac{\mathrm{d}x}{\mathrm{d}t}$，由题意可立即建立初值问题

$$\begin{cases} \dfrac{\mathrm{d}x}{\mathrm{d}t}=kx \quad (N-x) \\ x(0)=x_0 \end{cases}$$

分离变量得

$$\frac{\mathrm{d}x}{x(N-x)}=k\mathrm{d}t, \quad 即 \quad \frac{1}{N}\left(\frac{1}{x}+\frac{1}{N-x}\right)\mathrm{d}x=k\mathrm{d}t$$

积分得

$$\frac{1}{N}\ln\frac{x}{N-x}=kt+C_1, \quad x=\frac{CN\mathrm{e}^{kNt}}{1+C\mathrm{e}^{kNt}}$$

由初始条件确定 $C=\dfrac{x_0}{N-x_0}$，故所求函数为

$$x(t)=\frac{Nx_0\mathrm{e}^{kNt}}{N-x_0+x_0\mathrm{e}^{kNt}}$$

例 12.60 设有一高度为 $h(t)$（t 为时间）的雪堆在融化过程，其侧面满足方程 $12z=h(t)-\dfrac{2(x^2+y^2)}{h(t)}$（设长度单位为厘米，时间单位为小时），已知体积减少的速率与侧面积成正比（系数为 0.9），问高度为 130 厘米的雪堆全部融化需多少时间？

【解】 设 t 时刻雪堆的体积为 $V(t)$，$S(t)$ 为雪堆的侧面积，则侧面方程是：$z=h(t)=-\dfrac{2(x^2+y^2)}{h(t)},(x,y)\in D_{xy}:x^2+y^2\leqslant\dfrac{h^2(t)}{2}$。

用极坐标变换：$x=\rho\cos\theta,y=\rho\sin\theta$

$$S(t)=\frac{1}{h(t)}\int_0^{2\pi}\mathrm{d}\theta\int_0^{\frac{1}{\sqrt{2}}h(t)}\sqrt{h^2(t)+16\rho^2}\rho\mathrm{d}\rho=\frac{13}{12}\pi h^2(t)$$

用先二后一的积分顺序求三重积分：$V(t)=\displaystyle\int_0^{h(t)}\mathrm{d}z\iint_{D(z)}\mathrm{d}x\mathrm{d}y$

其中 $D(z):\dfrac{2(x^2+y^2)}{h(t)}\leqslant h(t)-z(t)$，即 $x^2+y^2\leqslant\dfrac{1}{2}[h^2(t)-h(t)z]$

$$V(t)=\int_0^{h(t)}\frac{\pi}{2}[h^2(t)-h(t)z]\mathrm{d}z=\frac{\pi}{2}\left[h^3(t)-\frac{1}{2}h^3(t)\right]=\frac{\pi}{4}h^3(t)$$

依题意，体积减少的速度是 $-\dfrac{\mathrm{d}V}{\mathrm{d}t}$，它与侧面积成正比，即 $-\dfrac{\mathrm{d}V}{\mathrm{d}t}=-0.9S$

将 $V(t)$ 与 $S(t)$ 的表达式代入得

$\dfrac{\pi}{4}3h^2(t)\dfrac{\mathrm{d}h}{\mathrm{d}t}=-0.9\dfrac{13\pi}{12}h^2(t)$，即

$$\frac{\mathrm{d}h}{\mathrm{d}t}=-\frac{13}{10}, \quad h(0)=130, \quad h(t)=-\frac{13}{10}t+C,$$

代入初始条件得 $C=130$,即

$$h(t)=-\frac{13}{10}t+130$$

令 $h(t)=0$,得 $t=100$,因此高度为 130 厘米的雪堆全部融化所需的时间为 100 小时。

习题 12

🌐 第一空间

1. 指出下列微分方程的阶数。

(1) $xy''+2y'+x^2y=0$;　　　　　　(2) $xy'''+5y''+2xy=0$;

(3) $(7x-6y)dx+(x+y)dy=0$;　　(4) $x(y')^2-3yy'+x^2=0$。

2. 指出下列各题中的函数是否为所给微分方程的解。

(1) $xy'=2y,y=5x^2$;　　　　　　(2) $y''+a^2y=0,y=C_1\cos ax+C_2\sin ax$。

3. 验证函数 $y=C_1\sin 3x+C_2\cos 3x$ 是微分方程

$$\frac{d^2y}{dx^2}+9y=0$$

的通解,并求出满足初始条件 $y|_{x=0}=1$ 和 $y'|_{x=0}=-1$ 的特解。

4. 已知 $y=Cx+\frac{1}{C}$(C 是任意常数)是方程 $x(y')^2-yy'+1=0$ 的通解,求满足初始条件 $y|_{x=0}=2$ 的特解。

5. 设函数 $y=(1+x)^2u(x)$ 是方程 $y'-\frac{2}{1+x}y=(1+x)^3$ 的通解,求 $u(x)$。

6. 曲线上点 $P(x,y)$ 处的法线与 x 轴的交点为 Q,且线段 PQ 被 y 轴平分,试写出该曲线满足的微分方程。

7. 若函数 $y=\cos 2x$ 是微分方程 $y'+p(x)y=0$ 的一个特解,则该方程满足初始条件 $y(0)=2$ 的特解为(　　)。

(A) $y=\cos 2x+2$　　　　　　(B) $y=\cos 2x+1$

(C) $y=2\cos x$　　　　　　　(D) $y=2\cos 2x$

8. 设函数 $y_1(x),y_2(x)$ 是微分方程 $y'+p(x)y=0$ 的两个不同特解,则该方程的通解为(　　)。

(A) $y=C_1y_1+C_2y_2$　　　　　(B) $y=y_1+Cy_2$

(C) $y=y_1+C(y_1+y_2)$　　　　(D) $y=C(y_2-y_1)$

9. 微分方程 $y'+y\tan x-\cos x=0$ 的通解为_____。

10. 设 y_1,y_2 是二阶常系数线性齐次方程 $y''+py'+qy=0$ 的两个特解,C_1,C_2 是两个任意常数,则下列命题中正确的是(　　)。

(A) $C_1y_1+C_2y_2$ 一定是微分方程的通解

(B) $C_1y_1+C_2y_2$ 不可能是微分方程的通解

(C) $C_1y_1+C_2y_2$ 是微分方程的解

(D) $C_1y_1+C_2y_2$ 不是微分方程的解

11. 设 $y_1(x),y_2(x),y_3(x)$ 是线性微分方程 $y''+a(x)y'+b(x)y=f(x)$ 的 3 个特解，且 $\dfrac{y_2(x)-y_1(x)}{y_3(x)-y_1(x)}\neq C$，则该微分方程的通解为_____。

12. 设 $y_1=3+x^2,y_2=3+x^2+e^{-x}$ 是某二阶线性非齐次微分方程的两个特解，且相应齐次方程的一个解为 $y_3=x$，则该微分方程的通解为_____。

🔯 **第二空间**

1. 求下列微分方程的通解。

(1) $\dfrac{dy}{dx}=xy$；

(2) $xydx+\sqrt{1-x^2}dy=0$；

(3) $xy'-y\ln y=0$；

(4) $(xy^2+x)dx+(x^2y-y)dy=0$；

(5) $\dfrac{dy}{dx}=(2x+y+5)^2$；

(6) $\dfrac{dy}{dx}=\dfrac{x+y}{x-y}$。

2. 求下列各初值问题的解。

(1) $\dfrac{x}{1+y}dx-\dfrac{y}{1+x}dy=0,y\big|_{x=0}=0$；

(2) $y'=\dfrac{x}{y}+\dfrac{y}{x},y\big|_{x=1}=2$。

3. 求下列齐次方程的通解。

(1) $xy'-y-\sqrt{x^2-y^2}=0$；

(2) $x\dfrac{dy}{dx}=y\ln\dfrac{y}{x}$。

4. 求微分方程 $x^2y'+xy=y^2$ 满足初始条件 $y(1)=1$ 的特解。

5. 求下列线性微分方程的通解。

(1) $\dfrac{dy}{dx}+2xy=4x$；

(2) $\dfrac{dy}{dx}-\dfrac{1}{x}y=2x^2$；

(3) $(x^2+1)y'+2xy=4x^2$；

(4) $(y^2-6x)\dfrac{dy}{dx}+2y=0$。

6. 求解微分方程 $xdy-ydx=y^2e^ydy$。

7. 设 $y=e^x$ 是微分方程 $xy'+p(x)y=x$ 的一个解，求此微分方程满足条件 $y(\ln 2)=0$ 的特解。

8. 求下列微分方程满足初始条件的特解。

(1) $\dfrac{dy}{dx}+3y=8,y\big|_{x=0}=2$；

(2) $\dfrac{dy}{dx}-y\tan x=\sec x,y\big|_{x=0}=0$。

9. 求一曲线的方程，这曲线通过原点，并且它在点 (x,y) 处的切线斜率等于 $2x+y$。

10. 求下列伯努利方程的通解。

(1) $y'-3xy=xy^2$；

(2) $\dfrac{dy}{dx}+\dfrac{1}{3}y=\dfrac{1}{3}(1-2x)y^4$。

11. 具有特解 $y_1=e^{-x},y_2=2xe^{-x},y_3=3e^x$ 的三阶线性常系数齐次微分方程是( )。
    (A) $y'''-y''-y'+y=0$　　 (B) $y'''+y''-y'-y=0$
    (C) $y'''-6y''+11y'-6y=0$　 (D) $y'''-2y''-y'+2y=0$

12. 设 $y_1=e^x,y_2=x$ 是三阶线性常系数齐次微分方程 $y'''+ay''+by'+cy=0$ 的两个

特解,则 a,b,c 的值为(　　)。

(A) $a=1,b=-1,c=0$ (B) $a=1,b=1,c=0$

(C) $a=-1,b=0,c=0$ (D) $a=1,b=0,c=0$

13. 求解下列微分方程的通解。

(1) $y''+5y'+6y=0$; (2) $16y''-24y'+9y=0$;

(3) $y''+y'=0$; (4) $y''-4y'+5y=0$。

14. 求下列微分方程满足所给条件的特解。

(1) $4y''+4y'+y=0,y\big|_{x=0}=2,y'\big|_{x=0}=0$;

(2) $y''+4y'+29y=0,y\big|_{x=0}=0,y'\big|_{x=0}=15$。

15. 求方程 $y'''-4y''+y'+6y=0$ 的通解。

16. 判别下列微分方程中哪些是全微分方程,并求其通解。

(1) $(x^2-y)dx-xdy=0$; (2) $(x^3-y)dx-(x-y)dy=0$;

(3) $(x^2+y^2)dx+(2xy+y)dy=0$; (4) $(x\cos y+\cos x)y'-y\sin x+\sin y=0$。

17. 利用观察法求出下列方程的积分因子,并求其通解。

(1) $(3x^2+y)dx+(2x^2y-x)dy=0$;(2) $xdx+ydy=(x^2+y^2)dx$;

(3) $(x^2+y^2+y)dx-xdy=0$。

18. 求下列微分方程的通解。

(1) $y''=e^{3x}+\sin x$; (2) $y''=1+y'^2$;

(3) $y''=y'+x$; (4) $y''=y'^3+y'$。

19. 求微分方程 $y''=\dfrac{3}{2}y^2$ 满足初始条件$y\big|_{x=0}=1,y'\big|_{x=0}=1$ 的特解。

20. 试求 $y''=x$ 的经过点 $M(0,1)$ 且在此点与直线 $y=\dfrac{1}{2}x+1$ 相切的积分曲线。

21. 微分方程 $y''-y=e^x+1$ 的一个特解应具有形式(　　)。

(A) ae^x+b (B) axe^x+b

(C) ae^x+bx (D) axe^x+bx

22. 求微分方程 $y''+y'=2x^2+1$ 的通解。

23. 求下列所给微分方程的通解。

(1) $y''-2y'+y=4xe^x$; (2) $y''+a^2y=e^x$;

(3) $y''+y=x+\cos x$; (4) $y''-6y'+9y=e^x\cos x$。

24. 求解微分方程 $y'''+3y''+3y'+y=e^{-x}(x-5)$。

25. 求下列微分方程满足所给初始条件的特解。

(1) $y''-3y'+2y=5,y\big|_{x=0}=1,y'\big|_{x=0}=2$;

(2) $y''-y=4xe^x,y\big|_{x=0}=0,y'\big|_{x=0}=1$。

⚙ 第三空间

1. 求连续函数 $f(x)$,使它满足$\displaystyle\int_0^1 f(tx)dt=f(x)+x\sin x$。

2. 某林区现有木材 10 万立方米,如果每一瞬时木材的变化率与当时木材数成正比,假使 10 年内这林区能有 20 万立方米,试确定木材数 p 与时间 t 的关系。

3. 在某池塘养鱼,该池塘内最多能养鱼 1000 尾,在时刻 t,鱼数 y 是时间 t 的函数 $y=yt$,其变化率与鱼数 y 及 $1000-y$ 成正比。已知在池塘内放养鱼 100 尾,3 个月后池塘内有鱼 250 尾,求放养 t 月后池塘内鱼数 $y(t)$ 的公式。

4. 某公司 t 年净资产有 $W(t)$(百万元),并且资产本身以每年 5% 的速度连续增长,同时该公司每年要以 300 百万元的数额连续支付职工工资。

(1) 给出描述净资产 $W(t)$ 的微分方程;

(2) 求解方程,这时假设初始净资产为 W_0;

(3) 讨论在 $W_0=500,600,700$ 三种情况下,$W(t)$ 变化特点。

5. 设连续函数 $y(x)$ 满足方程 $y(x)=\int_0^x y(t)\mathrm{d}t+\mathrm{e}^x$,求 $y(x)$。

6. 设曲线积分 $\int_L \left[f(x)-\mathrm{e}^x\right]\sin y\mathrm{d}x - f(x)\cos y\mathrm{d}y$ 与路径无关,其中 $f(x)$ 具有一阶连续导数,且 $f(0)=0$,求 $f(x)$。

7. 要设计一形状为旋转体的水泥桥墩,桥墩高为 h,上底面直径为 $2a$,要求桥墩在任意水平截面上所受上部桥墩的平均压强为常数 p。设水泥的比重为 ρ,试求桥墩的形状。

8. 有一子弹以 $v_0=200\mathrm{m/s}$ 的速度射入厚度为的 $h=10\mathrm{cm}$ 木板,穿过木板后仍有速度 $v_1=80\mathrm{m/s}$,假设木板对子弹的阻力与其速度的平方成正比,求子弹通过木板所需的时间。

9. 设在同一水域中生存着食草鱼或食鱼之鱼(或同一环境中的两种生物),它们的数量分别为 $x(t)$ 与 $y(t)$,不妨设 x 与 y 是连续变化的,其中鱼数 x 受 y 影响而减少(大鱼吃了小鱼),减少的速率与成 $y(t)$ 正比,而鱼数 y 也受 x 的影响而减少(小鱼吃了大鱼卵),减少的速率与 $x(t)$ 成正比,如果 $x(0)=x_0,y(0)=y_0$,试建立这一问题的数学模型,并求这两种鱼数量的变化规律。

10. 已知函数 $f(x)$ 在 $[0,+\infty)$ 上可导,$f(0)=1$,且满足等式

$$f'(x)+f(x)-\frac{1}{x+1}\int_0^x f(t)\mathrm{d}t = 0,$$

求 $f'(x)$,并证明 $\mathrm{e}^{-x}\leqslant f(x)\leqslant 1(x\geqslant 0)$。

11. 设 $p(x),q(x)$ 为连续函数,证明方程 $y'+p(x)y=q(x)$ 的所有积分曲线上横坐标相同的点的切线交于一点。

12. 在下图的串联电路中,设有电阻 R、电感 L 和交流电动势 $E=E_0\sin wt$,在时刻 $t=0$ 时接通电路,求电流 i 与时间 t 的关系(E_0,w 为常数)。

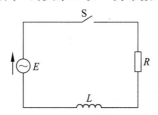

13. 在第一象限内求一条光滑曲线,使由该曲线上任一点的切线、两坐标轴和过切点平行于 y 轴的直线围成的梯形面积等于常数 $3a^2$。

14. 求微分方程 $x\mathrm{d}y+(x-2y)\mathrm{d}x=0$ 的一个解 $y=y(x)$,使得由曲线 $y=y(x)$ 与直线 $x=1,x=2$ 以及 x 轴所围成的平面图形绕 x 轴旋转一周的旋转体体积最小。

15. 设 $y_1=xe^x+e^{2x}$,$y_2=xe^x+e^{-x}$,$y_3=xe^x+e^{2x}+e^{-x}$ 是某个二阶常系数线性非齐次微分方程的 3 个解,求此微分方程。

16. 设 $f(x)=\sin x-\displaystyle\int_0^x(x-t)f(t)\mathrm{d}t$,求 $f(x)$。

17. 设 L 是一条平面曲线,其上任意一点 $P(x,y)(x>0)$ 到坐标原点的距离,恒等于该点处的切线在 y 轴上的截距,且 L 经过点 $\left(\dfrac{1}{2},0\right)$。①试求曲线 L 的方程;②求 L 位于第一象限部分的一条切线,使该切线与 L 以及两坐标轴所围图形的面积最小。

附录A

积 分 表

1. 含有 $ax+b$ 的积分

(1) $\displaystyle\int \frac{\mathrm{d}x}{ax+b} = \frac{1}{a}\ln|ax+b|+C$

(2) $\displaystyle\int (ax+b)^\mu \mathrm{d}x = \frac{1}{a(\mu+1)}(ax+b)^{\mu+1}+C \quad (\mu\neq-1)$

(3) $\displaystyle\int \frac{x}{ax+b}\mathrm{d}x = \frac{1}{a^2}(ax+b-b\ln|ax+b|)+C$

(4) $\displaystyle\int \frac{x^2}{ax+b}\mathrm{d}x = \frac{1}{a^3}\left[\frac{1}{2}(ax+b)^2-2b(ax+b)+b^2\ln|ax+b|\right]+C$

(5) $\displaystyle\int \frac{\mathrm{d}x}{x(ax+b)} = -\frac{1}{b}\ln\left|\frac{ax+b}{x}\right|+C$

(6) $\displaystyle\int \frac{\mathrm{d}x}{x^2(ax+b)} = -\frac{1}{bx}+\frac{a}{b^2}\ln\left|\frac{ax+b}{x}\right|+C$

(7) $\displaystyle\int \frac{x}{(ax+b)^2}\mathrm{d}x = \frac{1}{a^2}\left(\ln|ax+b|+\frac{b}{ax+b}\right)+C$

(8) $\displaystyle\int \frac{x^2}{(ax+b)^2}\mathrm{d}x = \frac{1}{a^3}\left(ax+b-2b\ln|ax+b|-\frac{b^2}{ax+b}\right)+C$

(9) $\displaystyle\int \frac{\mathrm{d}x}{x(ax+b)^2} = \frac{1}{b(ax+b)}-\frac{1}{b^2}\ln\left|\frac{ax+b}{x}\right|+C$

2. 含有 $\sqrt{ax+b}$ 的积分

(1) $\displaystyle\int \sqrt{ax+b}\,\mathrm{d}x = \frac{2}{3a}\sqrt{(ax+b)^3}+C$

(2) $\displaystyle\int x\sqrt{ax+b}\,\mathrm{d}x = \frac{2}{15a^2}(3ax-2b)\sqrt{(ax+b)^3}+C$

(3) $\displaystyle\int x^2\sqrt{ax+b}\,\mathrm{d}x = \frac{2}{105a^3}(15a^2x^2-12abx+8b^2)\sqrt{(ax+b)^3}+C$

(4) $\displaystyle\int \frac{x}{\sqrt{ax+b}}\mathrm{d}x = \frac{2}{3a^2}(ax-2b)\sqrt{ax+b}+C$

(5) $\displaystyle\int \frac{x^2}{\sqrt{ax+b}}\mathrm{d}x = \frac{2}{15a^3}(3a^2x^2-4abx+8b^2)\sqrt{ax+b}+C$

(6) $\int \dfrac{\mathrm{d}x}{x\sqrt{ax+b}} = \begin{cases} \dfrac{1}{\sqrt{b}}\ln\left|\dfrac{\sqrt{ax+b}-\sqrt{b}}{\sqrt{ax+b}+\sqrt{b}}\right|+C & (b>0) \\[3mm] \dfrac{2}{\sqrt{-b}}\arctan\sqrt{\dfrac{ax+b}{-b}}+C & (b<0) \end{cases}$

(7) $\int \dfrac{\mathrm{d}x}{x^2\sqrt{ax+b}} = -\dfrac{\sqrt{ax+b}}{bx} - \dfrac{a}{2b}\int\dfrac{\mathrm{d}x}{x\sqrt{ax+b}}$

(8) $\int \dfrac{\sqrt{ax+b}}{x}\mathrm{d}x = 2\sqrt{ax+b} + b\int\dfrac{\mathrm{d}x}{x\sqrt{ax+b}}$

(9) $\int \dfrac{\sqrt{ax+b}}{x^2}\mathrm{d}x = -\dfrac{\sqrt{ax+b}}{x} + \dfrac{a}{2}\int\dfrac{\mathrm{d}x}{x\sqrt{ax+b}}$

3. 含有 $x^2 \pm a^2$ 的积分

(1) $\int \dfrac{\mathrm{d}x}{x^2+a^2} = \dfrac{1}{a}\arctan\dfrac{x}{a}+C$

(2) $\int \dfrac{\mathrm{d}x}{(x^2+a^2)^n} = \dfrac{x}{2(n-1)a^2(x^2+a^2)^{n-1}} + \dfrac{2n-3}{2(n-1)a^2}\int\dfrac{\mathrm{d}x}{(x^2+a^2)^{n-1}}$

(3) $\int \dfrac{\mathrm{d}x}{x^2-a^2} = \dfrac{1}{2a}\ln\left|\dfrac{x-a}{x+a}\right|+C$

4. 含有 $ax^2+b(a>0)$ 的积分

(1) $\int \dfrac{\mathrm{d}x}{ax^2+b} = \begin{cases} \dfrac{1}{\sqrt{ab}}\arctan\sqrt{\dfrac{a}{b}}x+C & (b>0) \\[3mm] \dfrac{1}{2\sqrt{-ab}}\ln\left|\dfrac{\sqrt{a}x-\sqrt{-b}}{\sqrt{a}x+\sqrt{-b}}\right|+C & (b<0) \end{cases}$

(2) $\int \dfrac{x}{ax^2+b}\mathrm{d}x = \dfrac{1}{2a}\ln|ax^2+b|+C$

(3) $\int \dfrac{x^2}{ax^2+b}\mathrm{d}x = \dfrac{x}{a} - \dfrac{b}{a}\int\dfrac{\mathrm{d}x}{ax^2+b}$

(4) $\int \dfrac{\mathrm{d}x}{x(ax^2+b)} = \dfrac{1}{2b}\ln\dfrac{x^2}{|ax^2+b|}+C$

(5) $\int \dfrac{\mathrm{d}x}{x^2(ax^2+b)} = -\dfrac{1}{bx} - \dfrac{a}{b}\int\dfrac{1}{ax^2+b}\mathrm{d}x$

(6) $\int \dfrac{\mathrm{d}x}{x^3(ax^2+b)} = \dfrac{a}{2b^2}\ln\dfrac{|ax^2+b|}{x^2} - \dfrac{1}{2bx^2}+C$

(7) $\int \dfrac{\mathrm{d}x}{(ax^2+b)^2} = \dfrac{x}{2b(ax^2+b)} + \dfrac{1}{2b}\int\dfrac{1}{ax^2+b}\mathrm{d}x$

5. 含有 $ax^2+bx+c\ (a>0)$ 的积分

(1) $\int \dfrac{\mathrm{d}x}{ax^2+bx+c} = \begin{cases} \dfrac{2}{\sqrt{4ac-b^2}}\arctan\dfrac{2ax+b}{\sqrt{4ac-b^2}}+C & (b^2<4ac) \\[3mm] \dfrac{1}{\sqrt{b^2-4ac}}\ln\left|\dfrac{2ax+b-\sqrt{b^2-4ac}}{2ax+b+\sqrt{b^2-4ac}}\right|+C & (b^2>4ac) \end{cases}$

(2) $\int \dfrac{x}{ax^2+bx+c}dx = \dfrac{1}{2a}\ln|ax^2+bx+c| - \dfrac{b}{2a}\int\dfrac{dx}{ax^2+bx+c}$

6. 含有 $\sqrt{x^2+a^2}$ ($a>0$)的积分

(1) $\int \dfrac{dx}{\sqrt{x^2+a^2}} = \text{arsh}\dfrac{x}{a}+C_1 = \ln(x+\sqrt{x^2+a^2})+C$

(2) $\int \dfrac{dx}{\sqrt{(x^2+a^2)^3}} = \dfrac{x}{a^2\sqrt{x^2+a^2}}+C$

(3) $\int \dfrac{x}{\sqrt{x^2+a^2}}dx = \sqrt{x^2+a^2}+C$

(4) $\int \dfrac{x}{\sqrt{(x^2+a^2)^3}}dx = -\dfrac{1}{\sqrt{x^2+a^2}}+C$

(5) $\int \dfrac{x^2}{\sqrt{x^2+a^2}}dx = \dfrac{x}{2}\sqrt{x^2+a^2} - \dfrac{a^2}{2}\ln(x+\sqrt{x^2+a^2})+C$

(6) $\int \dfrac{x^2}{\sqrt{(x^2+a^2)^3}}dx = -\dfrac{x}{\sqrt{x^2+a^2}}+\ln(x+\sqrt{x^2+a^2})+C$

(7) $\int \dfrac{dx}{x\sqrt{x^2+a^2}} = \dfrac{1}{a}\ln\dfrac{\sqrt{x^2+a^2}-a}{|x|}+C$

(8) $\int \dfrac{dx}{x^2\sqrt{x^2+a^2}} = -\dfrac{\sqrt{x^2+a^2}}{a^2x}+C$

(9) $\int \sqrt{x^2+a^2}\,dx = \dfrac{x}{2}\sqrt{x^2+a^2}+\dfrac{a^2}{2}\ln(x+\sqrt{x^2+a^2})+C$

(10) $\int \sqrt{(x^2+a^2)^3}\,dx = \dfrac{x}{8}(2x^2+5a^2)\sqrt{x^2+a^2}+\dfrac{3}{8}a^4\ln(x+\sqrt{x^2+a^2})+C$

(11) $\int x\sqrt{x^2+a^2}\,dx = \dfrac{1}{3}\sqrt{(x^2+a^2)^3}+C$

(12) $\int x^2\sqrt{x^2+a^2}\,dx = \dfrac{x}{8}(2x^2+a^2)\sqrt{x^2+a^2}-\dfrac{a^4}{8}\ln(x+\sqrt{x^2+a^2})+C$

(13) $\int \dfrac{\sqrt{x^2+a^2}}{x}dx = \sqrt{x^2+a^2}+a\ln\dfrac{\sqrt{x^2+a^2}-a}{|x|}+C$

(14) $\int \dfrac{\sqrt{x^2+a^2}}{x^2}dx = -\dfrac{\sqrt{x^2+a^2}}{x}+\ln(x+\sqrt{x^2+a^2})+C$

7. 含有 $\sqrt{x^2-a^2}$ ($a>0$)的积分

(1) $\int \dfrac{dx}{\sqrt{x^2-a^2}} = \dfrac{x}{|x|}\text{arch}\dfrac{|x|}{a}+C_1 = \ln|x+\sqrt{x^2-a^2}|+C$

(2) $\int \dfrac{dx}{\sqrt{(x^2-a^2)^3}} = -\dfrac{x}{a^2\sqrt{x^2-a^2}}+C$

(3) $\int \dfrac{x}{\sqrt{x^2-a^2}}dx = \sqrt{x^2-a^2}+C$

(4) $\int \dfrac{x}{\sqrt{(x^2-a^2)^3}}dx = -\dfrac{1}{\sqrt{x^2-a^2}}+C$

(5) $\int \dfrac{x^2}{\sqrt{x^2-a^2}}\mathrm{d}x = \dfrac{x}{2}\sqrt{x^2-a^2} + \dfrac{a^2}{2}\ln|x+\sqrt{x^2-a^2}| + C$

(6) $\int \dfrac{x^2}{\sqrt{(x^2-a^2)^3}}\mathrm{d}x = -\dfrac{x}{\sqrt{x^2-a^2}} + \ln|x+\sqrt{x^2-a^2}| + C$

(7) $\int \dfrac{\mathrm{d}x}{x\sqrt{x^2-a^2}} = \dfrac{1}{a}\arccos\dfrac{a}{|x|} + C$

(8) $\int \dfrac{\mathrm{d}x}{x^2\sqrt{x^2-a^2}} = \dfrac{\sqrt{x^2-a^2}}{a^2 x} + C$

(9) $\int \sqrt{x^2-a^2}\,\mathrm{d}x = \dfrac{x}{2}\sqrt{x^2-a^2} - \dfrac{a^2}{2}\ln|x+\sqrt{x^2-a^2}| + C$

(10) $\int \sqrt{(x^2-a^2)^3}\,\mathrm{d}x = \dfrac{x}{8}(2x^2-5a^2)\sqrt{x^2-a^2} + \dfrac{3a^4}{8}\ln|x+\sqrt{x^2-a^2}| + C$

(11) $\int x\sqrt{x^2-a^2}\,\mathrm{d}x = \dfrac{1}{3}\sqrt{(x^2-a^2)^3} + C$

(12) $\int x^2\sqrt{x^2-a^2}\,\mathrm{d}x = \dfrac{x}{8}(2x^2-a^2)\sqrt{x^2-a^2} - \dfrac{a^4}{8}\ln|x+\sqrt{x^2-a^2}| + C$

(13) $\int \dfrac{\sqrt{x^2-a^2}}{x}\mathrm{d}x = \sqrt{x^2-a^2} - a\arccos\dfrac{a}{|x|} + C$

(14) $\int \dfrac{\sqrt{x^2-a^2}}{x^2}\mathrm{d}x = -\dfrac{\sqrt{x^2-a^2}}{x} + \ln|x+\sqrt{x^2-a^2}| + C$

8. 含有 $\sqrt{a^2-x^2}\ (a>0)$ 的积分

(1) $\int \dfrac{\mathrm{d}x}{\sqrt{a^2-x^2}} = \arcsin\dfrac{x}{a} + C$

(2) $\int \dfrac{\mathrm{d}x}{\sqrt{(a^2-x^2)^3}} = \dfrac{x}{a^2\sqrt{a^2-x^2}} + C$

(3) $\int \dfrac{x}{\sqrt{a^2-x^2}}\mathrm{d}x = -\sqrt{a^2-x^2} + C$

(4) $\int \dfrac{x}{\sqrt{(a^2-x^2)^3}}\mathrm{d}x = \dfrac{1}{\sqrt{a^2-x^2}} + C$

(5) $\int \dfrac{x^2}{\sqrt{a^2-x^2}}\mathrm{d}x = -\dfrac{x}{2}\sqrt{a^2-x^2} + \dfrac{a^2}{2}\arcsin\dfrac{x}{a} + C$

(6) $\int \dfrac{x^2}{\sqrt{(a^2-x^2)^3}}\mathrm{d}x = \dfrac{x}{\sqrt{a^2-x^2}} - \arcsin\dfrac{x}{a} + C$

(7) $\int \dfrac{\mathrm{d}x}{x\sqrt{a^2-x^2}} = \dfrac{1}{a}\ln\dfrac{a-\sqrt{a^2-x^2}}{|x|} + C$

(8) $\int \dfrac{\mathrm{d}x}{x^2\sqrt{a^2-x^2}} = -\dfrac{\sqrt{a^2-x^2}}{a^2 x} + C$

(9) $\int \sqrt{a^2-x^2}\,\mathrm{d}x = \dfrac{x}{2}\sqrt{a^2-x^2} + \dfrac{a^2}{2}\arcsin\dfrac{x}{a} + C$

(10) $\int \sqrt{(a^2-x^2)^3}\,\mathrm{d}x = \dfrac{x}{8}(5a^2-2x^2)\sqrt{a^2-x^2} + \dfrac{3a^4}{8}\arcsin\dfrac{x}{a} + C$

(11) $\int x\sqrt{a^2-x^2}\,\mathrm{d}x = -\dfrac{1}{3}\sqrt{(a^2-x^2)^3} + C$

(12) $\int x^2\sqrt{a^2-x^2}\,\mathrm{d}x = \dfrac{x}{8}(2x^2-a^2)\sqrt{a^2-x^2} + \dfrac{a^4}{8}\arcsin\dfrac{x}{a} + C$

(13) $\int \dfrac{\sqrt{a^2-x^2}}{x}\,\mathrm{d}x = \sqrt{a^2-x^2} + a\ln\dfrac{a-\sqrt{a^2-x^2}}{|x|} + C$

(14) $\int \dfrac{\sqrt{a^2-x^2}}{x^2}\,\mathrm{d}x = -\dfrac{\sqrt{a^2-x^2}}{x} - \arcsin\dfrac{x}{a} + C$

9. 含有 $\sqrt{\pm ax^2+bx+c}\,(a>0)$ 的积分

(1) $\int \dfrac{\mathrm{d}x}{\sqrt{ax^2+bx+c}} = \dfrac{1}{\sqrt{a}}\ln|2ax+b+2\sqrt{a}\sqrt{ax^2+bx+c}| + C$

(2) $\int \sqrt{ax^2+bx+c}\,\mathrm{d}x = \dfrac{2ax+b}{4a}\sqrt{ax^2+bx+c}$
$$+ \dfrac{4ac-b^2}{8\sqrt{a^3}}\ln|2ax+b+2\sqrt{a}\sqrt{ax^2+bx+c}| + C$$

(3) $\int \dfrac{x\,\mathrm{d}x}{\sqrt{ax^2+bx+c}} = \dfrac{1}{a}\sqrt{ax^2+bx+c} - \dfrac{b}{2\sqrt{a^3}}\ln|2ax+b+2\sqrt{a}\sqrt{ax^2+bx+c}| + C$

(4) $\int \dfrac{\mathrm{d}x}{\sqrt{c+bx-ax^2}} = -\dfrac{1}{\sqrt{a}}\arcsin\dfrac{2ax-b}{\sqrt{b^2+4ac}} + C$

(5) $\int \sqrt{c+bx-ax^2}\,\mathrm{d}x = \dfrac{2ax-b}{4a}\sqrt{c+bx-ax^2} + \dfrac{b^2+4ac}{8\sqrt{a^3}}\arcsin\dfrac{2ax-b}{\sqrt{b^2+4ac}} + C$

(6) $\int \dfrac{x\,\mathrm{d}x}{\sqrt{c+bx-ax^2}} = -\dfrac{1}{a}\sqrt{c+bx-ax^2} + \dfrac{b}{2\sqrt{a^3}}\arcsin\dfrac{2ax-b}{\sqrt{b^2+4ac}} + C$

10. 含有 $\sqrt{\pm\dfrac{x-a}{x-b}}$ 或 $\sqrt{(x-a)(x-b)}$ 的积分

(1) $\int \sqrt{\dfrac{x-a}{x-b}}\,\mathrm{d}x = (x-b)\sqrt{\dfrac{x-a}{x-b}} + (b-a)\ln(\sqrt{|x-a|}+\sqrt{|x-b|}) + C$

(2) $\int \sqrt{\dfrac{x-a}{b-x}}\,\mathrm{d}x = (x-b)\sqrt{\dfrac{x-a}{b-x}} + (b-a)\arcsin\sqrt{\dfrac{x-a}{b-a}} + C$

(3) $\int \dfrac{\mathrm{d}x}{\sqrt{(x-a)(b-x)}} = 2\arcsin\sqrt{\dfrac{x-a}{b-a}} + C \quad (a<b)$

(4) $\int \sqrt{(x-a)(b-x)}\,\mathrm{d}x = \dfrac{2x-a-b}{4}\sqrt{(x-a)(b-x)}$
$$+ \dfrac{(b-a)^2}{4}\arcsin\sqrt{\dfrac{x-a}{b-a}} + C \quad (a<b)$$

11. 含有三角函数的积分

(1) $\int \sin x\,\mathrm{d}x = -\cos x + C$

(2) $\int \cos x \mathrm{d}x = \sin x + C$

(3) $\int \tan x \mathrm{d}x = -\ln|\cos x| + C$

(4) $\int \cot x \mathrm{d}x = \ln|\sin x| + C$

(5) $\int \sec x \mathrm{d}x = \ln\left|\tan\left(\dfrac{\pi}{4} + \dfrac{x}{2}\right)\right| + C = \ln|\sec x + \tan x| + C$

(6) $\int \csc x \mathrm{d}x = \ln\left|\tan\dfrac{x}{2}\right| = \ln|\csc x - \cot x| + C$

(7) $\int \sec^2 x \mathrm{d}x = \tan x + C$

(8) $\int \csc^2 x \mathrm{d}x = -\cot x + C$

(9) $\int \sec x \tan x \mathrm{d}x = \sec x + C$

(10) $\int \csc x \cot x \mathrm{d}x = -\csc x + C$

(11) $\int \sin^2 x \mathrm{d}x = \dfrac{x}{2} - \dfrac{1}{4}\sin 2x + C$

(12) $\int \cos^2 x \mathrm{d}x = \dfrac{x}{2} + \dfrac{1}{4}\sin 2x + C$

(13) $\int \sin^n x \mathrm{d}x = -\dfrac{1}{n}\sin^{n-1} x \cos x + \dfrac{n-1}{n}\int \sin^{n-2} x \mathrm{d}x$

(14) $\int \cos^n x \mathrm{d}x = \dfrac{1}{n}\cos^{n-1} x \sin x + \dfrac{n-1}{n}\int \cos^{n-2} x \mathrm{d}x$

(15) $\int \dfrac{\mathrm{d}x}{\sin^n x} = -\dfrac{1}{n-1}\dfrac{\cos x}{\sin^{n-1} x} + \dfrac{n-2}{n-1}\int \dfrac{\mathrm{d}x}{\sin^{n-2} x}$

(16) $\int \dfrac{\mathrm{d}x}{\cos^n x} = \dfrac{1}{n-1}\dfrac{\sin x}{\cos^{n-1} x} + \dfrac{n-2}{n-1}\int \dfrac{\mathrm{d}x}{\cos^{n-2} x}$

(17) $\int \sin^n x \cos^m x \mathrm{d}x = \dfrac{1}{m+n}\cos^{m-1} x \sin^{n+1} x + \dfrac{m-1}{n+m}\int \sin^n x \cos^{m-2} x \mathrm{d}x$

$$= -\dfrac{1}{m+n}\cos^{m+1} x \sin^{n-1} x + \dfrac{n-1}{n+m}\int \sin^{n-2} x \cos^m x \mathrm{d}x$$

(18) $\int \sin ax \cos bx \mathrm{d}x = -\dfrac{1}{2(a+b)}\cos(a+b)x - \dfrac{1}{2(a-b)}\cos(a-b)x + C$

(19) $\int \sin ax \sin bx \mathrm{d}x = -\dfrac{1}{2(a+b)}\sin(a+b)x + \dfrac{1}{2(a-b)}\sin(a-b)x + C$

(20) $\int \cos ax \cos bx \mathrm{d}x = \dfrac{1}{2(a+b)}\sin(a+b)x + \dfrac{1}{2(a-b)}\sin(a-b)x + C$

(21) $\int \dfrac{\mathrm{d}x}{a + b\sin x} = \dfrac{2}{\sqrt{a^2-b^2}}\arctan\dfrac{a\tan\dfrac{x}{2} + b}{\sqrt{a^2-b^2}} + C \quad (a^2 > b^2)$

(22) $\int \dfrac{\mathrm{d}x}{a+b\sin x} = \dfrac{2}{\sqrt{b^2-a^2}}\ln\left|\dfrac{a\tan\dfrac{x}{2}+b-\sqrt{b^2-a^2}}{a\tan\dfrac{x}{2}+b+\sqrt{b^2-a^2}}\right|+C \quad (a^2 < b^2)$

(23) $\int \dfrac{\mathrm{d}x}{a+b\cos x} = \dfrac{2}{a+b}\sqrt{\dfrac{a+b}{a-b}}\arctan\left(\sqrt{\dfrac{a-b}{a+b}}\tan\dfrac{x}{2}\right)+C \quad (a^2 > b^2)$

(24) $\int \dfrac{\mathrm{d}x}{a+b\cos x} = \dfrac{2}{a+b}\sqrt{\dfrac{a+b}{b-a}}\ln\left|\dfrac{\tan\dfrac{x}{2}+\sqrt{\dfrac{a+b}{b-a}}}{\tan\dfrac{x}{2}-\sqrt{\dfrac{a+b}{b-a}}}\right|+C \quad (a^2 < b^2)$

(25) $\int \dfrac{\mathrm{d}x}{a^2\cos^2 x + b^2\sin^2 x} = \dfrac{1}{ab}\arctan\left(\dfrac{b}{a}\tan x\right)+C$

(26) $\int \dfrac{\mathrm{d}x}{a^2\cos^2 x - b^2\sin^2 x} = \dfrac{1}{2ab}\ln\left|\dfrac{b\tan x + a}{b\tan x - a}\right|+C$

(27) $\int x\sin ax\,\mathrm{d}x = \dfrac{1}{a^2}\sin ax - \dfrac{1}{a}x\cos ax + C$

(28) $\int x^2\sin ax\,\mathrm{d}x = -\dfrac{1}{a}x^2\cos ax + \dfrac{2}{a^2}x\sin ax + \dfrac{2}{a^3}\cos ax + C$

(29) $\int x\cos ax\,\mathrm{d}x = \dfrac{1}{a^2}\cos ax + \dfrac{1}{a}x\sin ax + C$

(30) $\int x^2\cos ax\,\mathrm{d}x = \dfrac{1}{a}x^2\sin ax + \dfrac{2}{a^2}x\cos ax - \dfrac{2}{a^3}\sin ax + C$

12. 含有反三角函数的积分（其中 $a > 0$）

(1) $\int \arcsin\dfrac{x}{a}\,\mathrm{d}x = x\arcsin\dfrac{x}{a} + \sqrt{a^2-x^2} + C$

(2) $\int x\arcsin\dfrac{x}{a}\,\mathrm{d}x = \left(\dfrac{x^2}{2}-\dfrac{a^2}{4}\right)\arcsin\dfrac{x}{a} + \dfrac{x}{4}\sqrt{a^2-x^2} + C$

(3) $\int x^2\arcsin\dfrac{x}{a}\,\mathrm{d}x = \dfrac{x^3}{3}\arcsin\dfrac{x}{a} + \dfrac{1}{9}(x^2+2a^2)\sqrt{a^2-x^2} + C$

(4) $\int \arccos\dfrac{x}{a}\,\mathrm{d}x = x\arccos\dfrac{x}{a} - \sqrt{a^2-x^2} + C$

(5) $\int x\arccos\dfrac{x}{a}\,\mathrm{d}x = \left(\dfrac{x^2}{2}-\dfrac{a^2}{4}\right)\arccos\dfrac{x}{a} - \dfrac{x}{4}\sqrt{a^2-x^2} + C$

(6) $\int x^2\arccos\dfrac{x}{a}\,\mathrm{d}x = \dfrac{x^3}{3}\arccos\dfrac{x}{a} - \dfrac{1}{9}(x^2+2a^2)\sqrt{a^2-x^2} + C$

(7) $\int \arctan\dfrac{x}{a}\,\mathrm{d}x = x\arctan\dfrac{x}{a} - \dfrac{a}{2}\ln(a^2+x^2) + C$

(8) $\int x\arctan\dfrac{x}{a}\,\mathrm{d}x = \dfrac{1}{2}(a^2+x^2)\arctan\dfrac{x}{a} - \dfrac{a}{2}x + C$

(9) $\int x^2\arctan\dfrac{x}{a}\,\mathrm{d}x = \dfrac{x^3}{3}\arctan\dfrac{x}{a} - \dfrac{a}{6}x^2 + \dfrac{1}{6}a^3\ln(a^2+x^2) + C$

13. 含有指数函数的积分

(1) $\int a^x \mathrm{d}x = \dfrac{1}{\ln a} a^x + C$

(2) $\int \mathrm{e}^{ax} \mathrm{d}x = \dfrac{1}{a} \mathrm{e}^{ax} + C$

(3) $\int x \mathrm{e}^{ax} \mathrm{d}x = \dfrac{1}{a^2}(ax - 1)\mathrm{e}^{ax} + C$

(4) $\int x^n \mathrm{e}^{ax} \mathrm{d}x = \dfrac{1}{a} x^n \mathrm{e}^{ax} - \dfrac{n}{a}\int x^{n-1} \mathrm{e}^{ax} \mathrm{d}x$

(5) $\int x a^x \mathrm{d}x = \dfrac{x}{\ln a} a^x - \dfrac{1}{(\ln a)^2} a^x + C$

(6) $\int x^n a^x \mathrm{d}x = \dfrac{1}{\ln a} x^n a^x - \dfrac{n}{\ln a}\int x^{n-1} a^x \mathrm{d}x$

(7) $\int \mathrm{e}^{ax} \sin bx \, \mathrm{d}x = \dfrac{1}{a^2 + b^2} \mathrm{e}^{ax}(a \sin bx - b \cos bx) + C$

(8) $\int \mathrm{e}^{ax} \cos bx \, \mathrm{d}x = \dfrac{1}{a^2 + b^2} \mathrm{e}^{ax}(b \sin bx + a \cos bx) + C$

(9) $\int \mathrm{e}^{ax} \sin^n bx \, \mathrm{d}x = \dfrac{1}{a^2 + b^2 n^2} \mathrm{e}^{ax} \sin^{n-1} bx (a \sin bx - nb \cos bx)$
$$+ \dfrac{n(n-1)b^2}{a^2 + b^2 n^2}\int \mathrm{e}^{ax} \sin^{n-2} bx \, \mathrm{d}x$$

(10) $\int \mathrm{e}^{ax} \cos^n bx \, \mathrm{d}x = \dfrac{1}{a^2 + b^2 n^2} \mathrm{e}^{ax} \cos^{n-1} bx (a \cos bx + nb \sin bx)$
$$+ \dfrac{n(n-1)b^2}{a^2 + b^2 n^2}\int \mathrm{e}^{ax} \cos^{n-2} bx \, \mathrm{d}x$$

14. 含有对数函数的积分

(1) $\int \ln x \, \mathrm{d}x = x \ln x - x + C$

(2) $\int \dfrac{\mathrm{d}x}{x \ln x} = \ln|\ln x| + C$

(3) $\int x^n \ln x \, \mathrm{d}x = \dfrac{1}{n+1} x^{n+1}\left(\ln x - \dfrac{1}{n+1}\right) + C$

(4) $\int (\ln x)^n \mathrm{d}x = x(\ln x)^n - n\int (\ln x)^{n-1} \mathrm{d}x$

(5) $\int x^m (\ln x)^n \mathrm{d}x = \dfrac{1}{m+1} x^{m+1}(\ln x)^n - \dfrac{n}{m+1}\int x^m (\ln x)^{n-1} \mathrm{d}x$

15. 含有双曲函数的积分

(1) $\int \mathrm{sh}\, x \, \mathrm{d}x = \mathrm{ch}\, x + C$

(2) $\int \mathrm{ch}\, x \, \mathrm{d}x = \mathrm{sh}\, x + C$

(3) $\int \mathrm{th}\, x \, \mathrm{d}x = \ln \mathrm{ch}\, x + C$

(4) $\displaystyle\int sh^2 x \, dx = -\frac{x}{2} + \frac{1}{4} sh \, 2x + C$

(5) $\displaystyle\int ch^2 x \, dx = \frac{x}{2} + \frac{1}{4} sh \, 2x + C$

16. 定积分

(1) $\displaystyle\int_{-\pi}^{\pi} \cos nx \, dx = \int_{-\pi}^{\pi} \sin nx \, dx = 0$

(2) $\displaystyle\int_{-\pi}^{\pi} \cos mx \sin nx \, dx = 0$

(3) $\displaystyle\int_{-\pi}^{\pi} \cos mx \cos nx \, dx = \begin{cases} 0, & m \neq n \\ \pi, & m = n \end{cases}$

(4) $\displaystyle\int_{-\pi}^{\pi} \sin mx \sin nx \, dx = \begin{cases} 0, & m \neq n \\ \pi, & m = n \end{cases}$

(5) $\displaystyle\int_{0}^{\pi} \sin mx \sin nx \, dx = \int_{0}^{\pi} \cos mx \cos nx \, dx = \begin{cases} 0, & m \neq n \\ \pi/2, & m = n \end{cases}$

(6) $\displaystyle I_n = \int_{0}^{\frac{\pi}{2}} \sin^n x \, dx = \int_{0}^{\frac{\pi}{2}} \cos^n x \, dx$

$$I_n = \frac{n-1}{n} I_{n-2} = \begin{cases} \dfrac{n-1}{n} \cdot \dfrac{n-2}{n-3} \cdot \cdots \cdot \dfrac{4}{5} \cdot \dfrac{2}{3} \ (n \ \text{大于} \ 1 \ \text{的正奇}), & I_1 = 1 \\[2mm] \dfrac{n-1}{n} \cdot \dfrac{n-2}{n-3} \cdot \cdots \cdot \dfrac{3}{4} \cdot \dfrac{1}{2} \cdot \dfrac{\pi}{2} \ (n \ \text{的正奇}), & I_0 = \dfrac{\pi}{2} \end{cases}$$

附录B

习题答案(下)

习题 7

第一空间

1. (1) $2\sqrt{x}+C$;

(2) $\frac{4}{13}x^{\frac{13}{4}}+C$;

(3) $-\frac{2}{\sqrt{x}}+\frac{1}{x}+C$;

(4) $\frac{2}{5}x^{\frac{5}{2}}+C$;

(5) $\sqrt{\frac{2h}{g}}+C$;

(6) $x-x^3+\frac{3}{5}x^5-\frac{1}{7}x^7+C$;

(7) $-\frac{2}{\sqrt{x}}+C$;

(8) $\frac{x^3}{3}-\frac{2}{3}x^{\frac{3}{2}}+\frac{2}{5}x^{\frac{5}{2}}-x+C$;

(9) $\frac{4}{7}x^{\frac{7}{4}}+\frac{4}{\sqrt[4]{x}}+C$;

(10) $\frac{1}{2}x^2-\frac{2}{3}x^{\frac{3}{2}}+x+C$;

(11) $x-\arctan x+C$;

(12) $\frac{a^x}{\ln a}+\frac{1}{a+1}x^{a+1}+a^a x+C$;

(13) $x^3+\arctan x+C$;

(14) $\tan x-x-\frac{1}{\cos x}+C$;

(15) $\frac{(3e)^x}{\ln 3e}+C$;

(16) $3\tan x-x+C$;

(17) $\sin x+\cos x+C$;

(18) $\frac{1}{2}\tan x+C$;

(19) $-\frac{1}{x}-\arctan x+C$;

(20) $\tan x-\sec x+C$;

(21) $-\cot x+\csc x+C$;

(22) $\frac{1}{2}(\tan x+x)+C$。

2. $y=\frac{3}{2}x^2+\frac{1}{2}$。

3. $-\cos x-x^2+\arctan x+3$。

4. $\int f(x)\mathrm{d}x=\begin{cases} -\cos x+C, x<0 \\ \frac{1}{2}x^2-1+C, 0\leqslant x<5 \end{cases}$

5. (1) $\frac{1}{2}$;　　　　　　　(2) $\frac{1}{4}$;　　　　　　　(3) $\frac{1}{12}$;

(4) $-\frac{1}{2}$;　　　　　　(5) $-\frac{1}{3\ln 2}$;　　　　(6) $\frac{1}{2}$;

(7) $\frac{1}{8}$;　　　　　　　(8) $\frac{1}{3}$;　　　　　　　(9) $-\frac{1}{4}$;

(10) $\frac{1}{\sqrt{2}}$;　　　　　(11) 1;　　　　　　　(12) $\frac{1}{6}$;

(13) $-\frac{1}{\sqrt{3}}$;　　　　(14) $\frac{3}{2}$;

6. (1) $\frac{1}{18}(2+3x)^6+C$;　　(2) $-\frac{1}{11}\ln|3-11x|+C$;　(3) $\ln x-\frac{1}{2}\ln^2 x+C$;

(4) $\frac{1}{na}(ax+b)^n+C$;　　(5) $\frac{1}{2}e^{2x+3}+C$;　　　(6) $x-\ln(1+e^x)+C$;

(7) $-\frac{1}{2}\cos(2x+5)+C$;　(8) $\frac{x^3}{3}-\frac{3}{2}x^2+9x-27\ln|3+x|+C$;

(9) $e^{e^x}+C$;　　　　　　(10) $-\frac{1}{\ln x}+C$;　　　(11) $-\frac{1}{2}e^{-x^2}+C$;

(12) $-\frac{1}{3}\sqrt{2-3x^2}+C$;　(13) $-\frac{1}{3\omega}\cos^3(\omega x+\phi)+C$;

(14) $\frac{1}{6}\arctan\frac{x^2}{3}+C$;　　(15) $-\ln|1-x^3|+C$;　(16) $\frac{1}{4}\ln\left|\frac{e^x-2}{e^x+2}\right|+C$;

(17) $\sin e^x+C$;　　　　　(18) $\frac{1}{2}\sin(x^2-2x+3)+C$;

(19) $-\frac{1}{2}\tan\frac{1}{x^2}+C$;　　(20) $\frac{1}{2}\arctan^2 x+C$;　(21) $\frac{1}{2}\ln|1+\sin^2 x|+C$;

(22) $\ln|x+\sin x|+C$;　　(23) $\frac{1}{3}\ln|\csc x^3-\cot x^3|+C$;

(24) $\sin x-\frac{1}{3}\sin^3 x+C$;　(25) $\frac{1}{3}\sin\frac{3x}{2}+\sin\frac{x}{2}+C$;

(26) $\frac{1}{\sqrt{5}}\arctan\frac{\tan x}{\sqrt{5}}+C$;　(27) $\frac{x}{2}+\frac{1}{12}\sin 6x+C$;　(28) $-\frac{1}{\arcsin x}+C$;

(29) $\frac{1}{3}x^3-\frac{1}{3}(x^2-1)^{\frac{3}{2}}+C$;　　(30) $\arcsin x-\frac{x}{1+\sqrt{1-x^2}}+C$;

(31) $\frac{x}{\sqrt{1-x^2}}+C$;　　(32) $\frac{1}{\sqrt{2}}\arctan\frac{x+1}{\sqrt{2}}+C$;　(33) $\arcsin(2x-1)+C$。

7. (1) $x\sin x+\cos x+C$;　　(2) $x\ln x-x+C$;　　　(3) $e^x\ln x+C$;

(4) $x\ln(x+\sqrt{1+x^2})-\sqrt{1+x^2}+C$;

(5) $\frac{1}{3}x^3\arctan x-\frac{1}{6}x^2+\frac{1}{6}\ln(1+x^2)+C$;

(6) $(1-x^2)\cos x+2x\sin x+C$;　　　(7) $\left(\dfrac{1}{4}x^2-\dfrac{1}{8}x+\dfrac{1}{32}\right)e^{4x}+C$;

(8) $\dfrac{1}{2}(x\sin(\ln x)-x\cos(\ln x))+C$;　　(9) $\dfrac{e^{3x}}{13}(2\sin 2x+3\cos 2x)+C$;

(10) $(\arcsin x)^2 x+2\sqrt{1-x^2}\arcsin x-2x+C$;

(11) $2\sqrt{x}(\ln x-2)+C$;　　　(12) $\ln x(\ln(\ln x)-1)+C$;

(13) $\tan x\ln\sin x-x+C$;　　　(14) $-\dfrac{1}{2}\dfrac{x}{\sin^2 x}-\dfrac{1}{2}\cot x+C$;

(15) $e^{\arcsin x}(\arcsin x-1)+C$;　　　(16) $x-\sqrt{1-x^2}\arcsin x+C$;

(17) $x(\ln^2 x-2\ln x+2)+C$;　　　(18) $\dfrac{-1}{x}\arctan x+\ln|x|-\arctan x+C$;

(19) $2\sqrt{x}\sin\sqrt{x}+2\cos\sqrt{x}+C$;　　　(20) $-\dfrac{4\ln^3 x+6\ln^2 x+6\ln|x|+3}{8x^2}+C$。

8. (1) $\ln\left|\dfrac{x+3}{x+4}\right|+C$;　　　(2) $\dfrac{1}{3}x^3+\dfrac{1}{2}x^2-x+\ln\dfrac{|x|}{x^2+1}+\arctan x+C$;

(3) $4\ln|x|-\dfrac{7}{4}\ln|2x-1|+\dfrac{9}{4}\ln|x-2|+C$;

(4) $\dfrac{1}{4}\ln\left|\dfrac{1+x}{1-x}\right|-\dfrac{1}{2}\arctan x+C$;

(5) $\dfrac{1}{1+x}+\ln\sqrt{x^2-1}+C$;

(6) $\dfrac{1}{2(x+1)^2}+\dfrac{-1}{3(x+1)}-\dfrac{2\ln|x+1|}{9}+\dfrac{2\ln|x-2|}{9}+C$;

(7) $2\ln|x^3-1|-\dfrac{2}{\sqrt{3}}\arctan\dfrac{2x+1}{\sqrt{3}}+C$;

(8) $\ln|x|-\dfrac{1}{2}\ln|x^2+4|+C$;

(9) $\ln|x|+\arctan(x+1)+C$;

(10) $4\ln|x|-\dfrac{7\ln|2x-1|}{4}-\dfrac{9\ln|2x+1|}{4}+C$;

(11) $-\dfrac{2}{\sqrt{3}}\arctan\dfrac{2\cot\dfrac{x}{2}+1}{\sqrt{3}}+C$;

(12) $\tan\dfrac{x}{2}-\ln|1+\cos x|+C$;

(13) $\dfrac{1}{3}\ln\left|\dfrac{3+\tan\dfrac{x}{2}}{3-\tan\dfrac{x}{2}}\right|+C$;　　(14) $\dfrac{x}{2}-\dfrac{1}{2}\ln|\sin x+\cos x|+C$;

(15) $\ln|\cos x+\sin x|+C$;　　(16) $\dfrac{1}{2}u+\dfrac{1}{6}u^3+C=\dfrac{1}{2}\tan\dfrac{x}{2}+\dfrac{1}{6}\left(\tan\dfrac{x}{2}\right)^3+C$;

(17) $x\tan\dfrac{x}{2}+C$;

(18) $\dfrac{3}{2}(x+1)^{\frac{2}{3}}-3(x+1)^{\frac{1}{3}}+3\ln|(x+1)^{\frac{1}{3}}+1|+C$;

(19) $6\sqrt[6]{x}-6\arctan\sqrt[6]{x}+C$;

(20) $-2\sqrt{\dfrac{1+x}{x}}+2\ln\left(\sqrt{\dfrac{1+x}{x}}+1\right)+\ln|x|+C$;

(21) $\ln\left|\dfrac{\sqrt{1-x}-\sqrt{1+x}}{\sqrt{1-x}+\sqrt{1+x}}\right|+2\arctan\sqrt{\dfrac{1-x}{1+x}}+C$;

(22) $x-1-4\sqrt{x-1}+4\ln|\sqrt{x-1}+1|+C$;

(23) $\dfrac{2}{5}x^{\frac{5}{2}}+\dfrac{2}{3}x^{\frac{3}{2}}-\dfrac{1}{2}x^2-x+C$。

第二空间

1. (1) $\dfrac{1}{2}x^2+2x-\ln x+C$;   (2) $3\arctan x-2\arcsin x+C$;

(3) e^x-x+C;   (4) $\dfrac{(3\mathrm{e}^2)^x}{\ln3\mathrm{e}^2}+C$;   (5) $2x-\dfrac{5}{\ln\frac{2}{3}}\left(\dfrac{2}{3}\right)^x+C$;

(6) $\sin x-\cos x+C$;   (7) $-\cot x-\tan x+C$;   (8) $\arcsin x+C$;

(9) $\dfrac{2}{3}x^2(x+|x|)+C$;   (10) $2x+\sin x-\cot x+C$。

2. $y=\ln|x|+1$。

3. $f(x)=\tan\dfrac{\pi}{4}=1$ 是一条平行于 x 轴的直线。

4. $f'(x)=1-x,f(x)=x-\dfrac{1}{2}x^2+C$。

5. (1) $\mathrm{e}^{x+\frac{1}{x}}+C$;   (2) $\dfrac{1}{6}\mathrm{e}^{3x^2}+C$;

(3) $\ln[(x+2)+\sqrt{8+4x+x^2}]+C$;   (4) $-\cos3x^2+C$;

(5) $\arcsin\dfrac{x-1}{2}-2\sqrt{3+2x-x^2}+C$;   (6) $\dfrac{1}{2}\tan^2x+C$;

(7) $-\dfrac{1}{3}\cos^3x+\dfrac{2}{5}\cos^5x-\dfrac{1}{7}\cos^7x+C$;   (8) $f(\arcsin x)+C$;

(9) $\dfrac{1}{2(\ln3-\ln2)}\ln\left|\dfrac{3^x-2^x}{3^x+2^x}\right|+C$;   (10) $\ln(2+\mathrm{e}^x)+C$;

(11) $\dfrac{1}{4}\arctan\left(\dfrac{1}{2}x^2\right)+C$;   (12) $\dfrac{1}{2}\cos x-\dfrac{1}{10}\cos5x+C$;

(13) $\arcsin x-\sqrt{1-x^2}+C$;   (14) $\dfrac{1}{3}\ln\left|\dfrac{x-1}{x+2}\right|+C$。

6. (1) $\dfrac{1}{24}\ln\dfrac{x^6}{x^6+4}+C$;   (2) $2\sqrt{x}-2\ln(1+\sqrt{x})+C$;

(3) $\dfrac{a^2}{2}\Big(\arcsin\dfrac{x}{a}-\dfrac{x}{a^2}\sqrt{a^2-x^2}\Big)+C$;　　(4) $\arccos\dfrac{1}{x}+C$;

(5) $\sqrt{x^2-9}-3\arccos\dfrac{3}{x}+C$。

7. 略。

8. (1) 提示：原式 $=-\displaystyle\int\dfrac{\ln\Big(1+\dfrac{1}{x}\Big)}{x^2\Big(1+\dfrac{1}{x}\Big)}\mathrm{d}x$，$\dfrac{1}{2}\ln^2\Big(1+\dfrac{1}{x}\Big)+C$;

(2) $\dfrac{-1}{10}\ln\Big(\dfrac{1}{x^{10}}+1\Big)+C$;

(3) $-\Big(\dfrac{(1-x)^7}{7}-\dfrac{(1-x)^8}{8}\Big)+C$;

(4) 提示：原式 $=\displaystyle\int\dfrac{1+\ln x+\ln 2-1}{\sqrt{1+\ln x}}\mathrm{d}(\ln x+1)$，

$\dfrac{2}{3}\sqrt{(1+\ln x)^3}+2(\ln 2-1)\sqrt{1+\ln x}+C$;

(5) $2\arctan(\sin x+\cos x)+C$;　　(6) $\dfrac{1}{\Big(1-\dfrac{\ln x}{x}\Big)}+C$;

(7) $\ln(\sin x\cos x+1)+C$;　　(8) $\dfrac{2}{5}(x\ln x)^{\frac{5}{2}}+C$;

(9) $\dfrac{2}{3}((x^2+x)\mathrm{e}^x)^{\frac{3}{2}}+C$;　　(10) $\dfrac{1}{3}\ln^3(x+\sqrt{1+x^2})+C$;

(11) $\arcsin\dfrac{x+2}{4}-\dfrac{1}{2}\ln\Big|\csc\arcsin\dfrac{x+2}{4}-\cot\arcsin\dfrac{x+2}{4}\Big|+C$;

(12) $\dfrac{4}{3}\Big[1+\dfrac{3}{4}\Big(\dfrac{2}{2x+1}\Big)^2\Big]^{-\frac{1}{2}}+C$;　　(13) $\mathrm{e}^{\mathrm{e}^x\cos x}+C$;

(14) $\dfrac{1}{3}(\ln\tan x)^3+C$;　　(15) $\dfrac{1}{2}\arctan(\sin^2 x)+C$;

(16) $\dfrac{1}{2}t+C=\dfrac{1}{2}\arcsin x^2+C$;　　(17) $\mathrm{e}^{\arctan x}+\dfrac{1}{4}\ln^2(1+x^2)+C$;

(18) $\arctan(\mathrm{e}^x)+C$;　　(19) $\dfrac{1}{2}(\ln\sin x)^2+C$;

(20) $\dfrac{1}{2}\Big(\dfrac{\sin x}{1+\cos x}\Big)^2+C$;　　(21) $\dfrac{1}{2}\Big(\arctan\dfrac{1+x}{1-x}\Big)^2+C$;

(22) $\dfrac{1}{2}\Big(\dfrac{\ln x}{x}\Big)^2+C$。

9. (1) $-x\cos x+\sin x+C$;　　(2) $\dfrac{x^{n+1}\ln x}{n+1}-\dfrac{x^{n+1}}{(n+1)^2}+C$;

(3) $-x\mathrm{e}^{-x}-\mathrm{e}^{-x}+C$;　　(4) $-\dfrac{1}{x}\ln^2 x-\dfrac{2}{x}\ln x-\dfrac{2}{x}+C$;

(5) $\dfrac{1}{2}x^2\sin2x+\dfrac{1}{2}x\cos2x-\dfrac{1}{4}\sin2x+C$;

(6) $2\sqrt{x}\,\mathrm{e}^{\sqrt{x}}-2\mathrm{e}^{\sqrt{x}}+C$;

(7) $-\dfrac{1}{2}x^2+x\tan x+\ln\cos x+C$;

(8) $x+\dfrac{1}{2}(x^2-1)\ln\dfrac{1+x}{1-x}+C$;

(9) $\dfrac{\mathrm{e}^x}{2}-\dfrac{1}{5}\mathrm{e}^x\sin2x-\dfrac{1}{10}\mathrm{e}^x\cos2x+C$。

10. $I_n=x\ln^n x-nI_{n-1}$。

11. (1) $\ln|x^2+3x-10|+C$;

(2) $\ln\dfrac{|x|}{\sqrt{x^2+4}}+C$;

(3) $\ln\left|\dfrac{x^2}{(x+1)^2(x-1)}\right|+C$;

(4) $-\dfrac{4}{x-2}-\dfrac{11}{2(x-2)^2}+C$。

12. (1) $\dfrac{1}{2\sqrt{2}}\ln\dfrac{(\sqrt{2}\cos x-1)(\sqrt{2}\sin x+1)}{(\sqrt{2}\cos x+1)(\sqrt{2}\sin x-1)}+C$;

(2) $\dfrac{1}{2}(\tan x+\ln|\tan x|)+C$;

(3) $\dfrac{1}{2}\arctan\left(2\tan\dfrac{x}{2}\right)+C$;

(4) $\sqrt{2}\arctan\dfrac{1}{\sqrt{2}}\left(3\tan\dfrac{x}{2}+1\right)+C$;

(5) $\dfrac{1}{3}\dfrac{1}{\cos^3 x}-\dfrac{1}{\cos x}+C$;

(6) $-\mathrm{e}^x\cot x+\mathrm{e}^x\csc x+C$。

13. (1) $2\sqrt{x}-4\sqrt[4]{x}+4\ln(\sqrt[4]{x}+1)+C$;

(2) $2\sqrt{x-2}-\sqrt{2}\arctan\sqrt{\dfrac{x-2}{2}}+C$;

(3) $\ln|x+1+\sqrt{x^2+2x+2}|-\dfrac{\sqrt{x^2+2x+2}-1}{x+1}+C$;

(4) $\dfrac{2}{n}\arccos\dfrac{1}{\sqrt{x^n}}+C$。

第三空间

1. $\arctan(\mathrm{e}^x-\mathrm{e}^{-x})+C$。

2. $-2\sqrt{1-x}\arcsin\sqrt{x}+2\sqrt{x}+C$。

3. $(\arctan\sqrt{x})^2+C$。

4. $\ln\left|\dfrac{x\mathrm{e}^x}{1+x\mathrm{e}^x}\right|+C$。

5. (1) $\ln(\mathrm{e}^x+\sqrt{\mathrm{e}^{2x}-1})+\arcsin(\mathrm{e}^{-x})+C$;

(2) $\dfrac{x}{\mathrm{e}^x-x}+C$。

6. $\dfrac{2}{15}(x^5+1)^{\frac{3}{2}}-\dfrac{2}{5}\sqrt{x^5+1}+C$。

7. $\dfrac{1}{1-x\tan x}+C$。

8. $-\dfrac{1}{2}\big[\ln(2+x)-\ln(1+x)\big]^2+C$。

9. $2\ln x-\ln^2 x+C$。

10. $\ln^2(2+\sqrt{x})+c$。

11. $x\ln\left(1+\sqrt{\dfrac{1+x}{x}}\right)+\dfrac{1}{2}\ln(\sqrt{1+x}+\sqrt{x})-\dfrac{1}{2}\ln(\sqrt{1+x}-\sqrt{x})+C$。

12. $\dfrac{(x-1)\mathrm{e}^{\arctan x}}{2\sqrt{1+x^2}}+C$。

13. $\ln|x|-\dfrac{1}{4}\ln|1-x^8|+\dfrac{1}{8}\ln\left|\dfrac{1+x^4}{1-x^4}\right|+C$。

习题 8

第一空间

1. (1) $\displaystyle\int_0^1 \mathrm{e}^x\,\mathrm{d}x>\int_0^1 \mathrm{e}^{x^2}\,\mathrm{d}x$；　　　　(2) $\displaystyle\int_0^{\frac{\pi}{2}} x\,\mathrm{d}x>\int_0^{\frac{\pi}{2}}\sin x\,\mathrm{d}x$。

2. (1) $6\leqslant\displaystyle\int_1^4(x^2+1)\,\mathrm{d}x\leqslant51$；　　　　(2) $0\leqslant\displaystyle\int_1^2(2x^3-x^4)\,\mathrm{d}x\leqslant\dfrac{27}{16}$。

3. $\dfrac{\pi a}{4}$。

4. (1) $-x^2\mathrm{e}^{-x^2}$；　　　(2) x；　　　(3) $\cos(\sin x)^2\cos x+\cos x^2$。

5. (1) $\dfrac{\pi}{2}$；　　　　　　(2) $\dfrac{5}{2}$；　　　　　　(3) $2-\mathrm{e}^{-2}-\mathrm{e}^{-3}$；

　(4) $1-\dfrac{\sqrt{3}}{3}-\dfrac{\pi}{12}$；　　(5) $\dfrac{\pi}{3}$；　　　　　(6) $1-\dfrac{\pi}{4}$；

　(7) -1；　　　　　　(8) $\dfrac{8}{3}$；　　　　　(9) $\dfrac{1}{4}(\mathrm{e}^2-3)$；

　(10) $1-\dfrac{2}{\mathrm{e}}$；　　　　(11) $\ln(2+\sqrt{3})$；　　(12) $11-6\ln\dfrac{3}{2}$；

　(13) $\dfrac{4}{3}(4-\sqrt{2})$；　　(14) $\dfrac{\pi}{16}a^4$　　　　(15) $\dfrac{1}{4}\left(\dfrac{\pi}{2}-1\right)$；

　(16) $\dfrac{\sqrt{2}}{2}$；　　　　　(17) $\dfrac{1}{4}(\mathrm{e}^2-3)$；　　(18) $1-\dfrac{2}{\mathrm{e}}$；

　(19) $6-2\mathrm{e}$；　　　　　(20) 1；　　　　　(21) $\dfrac{\pi}{4}-\dfrac{1}{2}$；

　(22) $\pi-2$。

6. $f(0)=2$。

7. 略。

8. (1) $\dfrac{8}{3}$；　　　　　(2) $\dfrac{3}{2}-\ln 2$；　　　　　(3) $\dfrac{28}{3}$；

　　(4) 4；　　　　　(5) $\dfrac{5\pi}{4}-2$。

9. (1) A；　　　　　(2) D。

10. (1) $\dfrac{25}{2}\ln 5-\dfrac{25}{4}$；　　(2) 1；　　　　(3) 发散；

　　(4) $\dfrac{\pi}{2}$。

11. 不对。

12. (1) $\dfrac{\pi}{2}$；　　　　　(2) π；　　　　　(3) $2\dfrac{2}{3}$；

　　(4) 发散。

13. (1) 0；　　　　　(2) $\dfrac{1}{2}$。

14. 0 和 $-\dfrac{4}{3}$。

15. $\dfrac{b^2-a^2}{2}$。

16. (1) $\pi-\dfrac{4}{3}$；　　　(2) $\dfrac{4}{5}$；　　　　(3) $\dfrac{1}{8}(\ln 3)^2$；

　　(4) $\dfrac{\pi}{2}$；　　　　　(5) $e-\sqrt{e}$；　　　(6) $\ln 2+\dfrac{3}{4}\pi$；

　　(7) $\sqrt{2}-\dfrac{2}{3}\sqrt{3}$。

17. (1) $\dfrac{124\pi}{5}$；　　　(2) $\dfrac{64}{5}\pi$。

18. $V=\displaystyle\int_{-R}^{R}h\ \sqrt{R^2-x^2}\,\mathrm{d}x=\dfrac{\pi}{2}hR^2$。

19. (1) $1+\dfrac{1}{2}\ln\dfrac{3}{2}$；　　(2) $6a$；　　　　(3) $8a$。

第二空间

1. 略。

2. 略。

3. (1) $\displaystyle\int_{1}^{2}e^x\,\mathrm{d}x>\int_{1}^{2}(1+x)\,\mathrm{d}x$；　(2) $\displaystyle\int_{1}^{2}x^7\,\mathrm{d}x\geqslant\int_{1}^{2}(\ln x)^7\,\mathrm{d}x$。

4. (1) $2x\ \sqrt{1+x^4}$；　　　(2) $2x\displaystyle\int_{2x}^{0}\cos t^2\,\mathrm{d}t-2x^2\cos(4x^2)$。

5. $f'(0)=1, f''(0)=-1$。

6. 8。

7. $2e^2$。

8. 提示：利用奇(偶)函数定义和换元积分法。

9. 提示：由 $\int_a^{a+T} f(x)\mathrm{d}x = \int_a^0 f(x)\mathrm{d}x + \int_0^T f(x)\mathrm{d}x + \int_T^{a+T} f(x)\mathrm{d}x$，得到 $\int_a^{a+T} f(x)\mathrm{d}x =$ $\int_0^T f(x)\mathrm{d}x$。

10. 提示：令 $x = \dfrac{\pi}{2} - t$，对其进行换元即可证明。

11. $\dfrac{1}{6}(a+1)^3$。

12. $2\left(1 - \dfrac{1}{e}\right)$。

13. $\dfrac{16}{3}$。

14. $\dfrac{e}{2}$。

15. (1) 1; (2) $\dfrac{3}{8}\pi a^2$。

16. $\dfrac{1}{4}a^2\left[e^{\frac{3}{2}\pi} - e^{-\frac{3}{2}\pi}\right]$。

17. (1) $\dfrac{1}{2}\ln 2$; (2) $a^2\left(\dfrac{5}{4}\pi - 2\right)$。

18. $a = -4, b = 6, c = 0$。

19. (1) 1; (2) 当 $t > 0$ 时 $\dfrac{1}{1+t^2}$ 当 $t \leqslant 0$ 时，发散。

20. 当 $k > 1$ 时，$\dfrac{1}{k-1}\ln^{1-k}2$; 当 $k \leqslant 1$ 时，发散。

21. $y' = \dfrac{\cos x^2}{2ye^{-y^2}} = \dfrac{\cos x^2 e^{y^2}}{2y}$。

22. $\dfrac{\mathrm{d}y}{\mathrm{d}x} = \dfrac{2t\cos t^2 - \cos t}{\sin t}$。

23. $f'(0) = 0, f''(0) = 1$。

24. 极小值为：$f(0) = 0$。

25. 略。

26. 0。

27. (1) 连续区间为 $(-\infty, +\infty)$; (2) $f'(0) = 0$。

28. 略。

29. $a = -4, b = 6, c = 0$。

30. $\dfrac{16}{3}\pi$。

31. $\dfrac{206}{15}\pi$。

32. $\dfrac{y}{2p}\sqrt{y^2+p^2} + \dfrac{p}{2}\ln(y + \sqrt{y^2+p^2}) - \dfrac{p}{2}\ln|p|$。

33. $\ln \dfrac{\pi}{2}$。

第三空间

1. C。

2. C。

3. 0。

4. B。

5. $e - e^{\frac{1}{2}}$。

6. $\dfrac{1}{4} + \dfrac{\pi^2}{16}$。

7. D。

8. $\dfrac{\pi}{2}$。

9. D。

10. A。

11. $\ln 2$。

12. $1/2$。

13. B。

14. -2。

15. $m(\sqrt{2}+1)$。

习题 9

第一空间

1. (1) 6π；$\qquad\qquad\qquad$ (2) $\dfrac{2}{3}\pi R^3$。

2. (1) $\displaystyle\iint_{D} P(x,y)\mathrm{d}\sigma > \iint_{D} Q(x,y)\mathrm{d}\sigma$；

   (2) $\displaystyle\iint_{D}(x+y)^3\mathrm{d}\sigma \leqslant \iint_{D}(x+y)^2\mathrm{d}\sigma$。

3. $36\pi \leqslant \displaystyle\iint_{D}(2x^2+2y^2+9)\mathrm{d}\sigma \leqslant 108\pi$。

4. 0。

5. (1) D；$\qquad\qquad$ (2) C；$\qquad\qquad$ (3) B。

6. (1) $\dfrac{20}{3}$；$\qquad\quad$ (2) $-\dfrac{3}{2}\pi$；$\qquad\quad$ (3) $\dfrac{8}{3}$；

   (4) $\dfrac{64}{15}$；$\qquad\quad$ (5) $\dfrac{13}{6}$；$\qquad\qquad$ (6) 14。

7. (1) 2π；$\qquad\qquad$ (2) $\dfrac{\pi}{4}(2\ln 2-1)$；$\qquad$ (3) $\dfrac{32}{9}$；

(4) $\pi(e^{-R^2}-e^{-4R^2})$。

8. (1) $\dfrac{\pi a^4}{4}+2\pi a^2$;　　　　　(2) $\dfrac{a^4}{2}$。

9. $\dfrac{2}{3}$。

10. $\dfrac{1}{2}\ln 2$。

11. $\dfrac{1}{24}$。

12. (1) $\dfrac{\pi}{8}$;　　　　　(2) $\dfrac{64}{3}\pi$。

13. $\dfrac{\pi}{10}$。

14. (1) $\displaystyle\int_0^2 dx\int_{x^2}^{\sqrt{8x}} f(x,y)dy,\int_0^4 dy\int_{\frac{y^2}{8}}^{\sqrt{y}} f(x,y)dx$;

(2) $\displaystyle\int_3^5 dx\int_{\frac{x+1}{2}}^{\frac{x+7}{2}} f(x,y)dy,\int_2^3 dy\int_3^{2y-1} f(x,y)dx+\int_3^5 dy\int_3^5 f(x,y)dx+\int_5^6 dy\int_{2y-7}^5 f(x,y)dx$;

(3) $\displaystyle\int_0^{\frac{\sqrt{2}}{2}} dx\int_x^{\sqrt{1-x^2}} f(x,y)dy,\int_0^{\frac{\sqrt{2}}{2}} dy\int_0^y f(x,y)dx+\int_{\frac{\sqrt{2}}{2}}^1 dy\int_0^{\sqrt{1-y^2}} f(x,y)dx$。

15. (1) $\displaystyle\int_0^4 dx\int_x^{2\sqrt{x}} f(x,y)dy$ 或 $\displaystyle\int_0^4 dy\int_{\frac{y^2}{4}}^y f(x,y)dx$;

(2) $\displaystyle\int_1^2 dx\int_{\frac{1}{x}}^x f(x,y)dy$ 或 $\displaystyle\int_{\frac{1}{2}}^1 dy\int_{\frac{1}{y}}^2 f(x,y)dx+\int_1^2 dy\int_y^2 f(x,y)dx$;

(3) $\displaystyle\int_1^3 dx\int_x^{3x} f(x,y)dy$ 或 $\displaystyle\int_1^3 dy\int_1^y f(x,y)dx+\int_3^9 dy\int_{\frac{y}{3}}^3 f(x,y)dx$;

(4) $\displaystyle\int_0^{\ln 2} dx\int_{e^x}^2 f(x,y)dy$ 或 $\displaystyle\int_1^2 dy\int_0^{\ln y} f(x,y)dx$。

16. $\dfrac{4\pi}{5}$。

第二空间

1. (1) $\displaystyle\int_0^{\frac{1}{2}} dy\int_{y^2}^{\frac{1}{2}-\sqrt{\frac{1}{4}-y^2}} f(x,y)dx+\int_0^{\frac{1}{2}} dy\int_{\frac{1}{2}+\sqrt{\frac{1}{4}-y^2}}^1 f(x,y)dx\int_{\frac{1}{2}}^1 dy\int_{y^2}^1 f(x,y)dx$;

(2) $\displaystyle\int_0^{\frac{a}{2}} dy\int_{\sqrt{a^2-2ay}}^{\sqrt{a^2-y^2}} f(x,y)dx+\int_{\frac{a}{2}}^a dy\int_0^{\sqrt{a^2-y^2}} f(x,y)dx$;

(3) $\displaystyle\int_0^1 dy\int_{\sqrt{y}}^{3-2y} f(x,y)dx$;

(4) $\displaystyle\int_0^1 dy\int_{-y}^y f(x,y)dx+\int_0^2 dy\int_{-\sqrt{2-y}}^{\sqrt{2-y}} f(x,y)dx$。

2. $\dfrac{1}{2}e^4-e^2$。

3. $\displaystyle\int_{-1}^0 dy\int_{-y-1}^{y+1} f(x,y)dx+\int_0^1 dy\int_{y-1}^{1-y} f(x,y)dx$。

4. $\dfrac{3}{2}$。

5. $\dfrac{1}{2}$。

6. D。

7. A。

8. A。

9. (1) 0;　　　(2) $\dfrac{4}{3}$;　　　(3) $\dfrac{\sqrt{3}}{4}+\dfrac{2}{3}\pi$;　　　(4) $2-\dfrac{\pi}{2}$。

10. $\dfrac{1}{6}$。

11. $\dfrac{\pi}{4}-\dfrac{1}{3}$。

12. $\dfrac{16}{9}(3\pi-2)$。

13. $\dfrac{\pi}{2}f'(0)$。

14. (1) $\dfrac{1}{96}$;　　　　　　(2) $\dfrac{\pi}{2}-1$。

15. $\dfrac{7}{12}\pi$。

16. $\dfrac{16}{3}\pi$。

17. $\dfrac{64}{15}\pi$。

18. $\dfrac{\pi}{4}$。

19. B。

20. B。

21. $\dfrac{256\pi}{15}$。

22. $\dfrac{2}{3}\pi$。

23. $\dfrac{8}{5}\pi R^5$。

24. (1) $\dfrac{7}{24}$;　　　(2) $\dfrac{28}{3}\pi R^3$;　　　(3) 16π。

25. $2\ln2$。

第三空间

1. $\displaystyle\iint\limits_{D}[\ln(x+y)]^2\,d\sigma\leqslant\iint\limits_{D}\ln(x+y)\,d\sigma$。

2. $8\pi(5-\sqrt{2})\leqslant I\leqslant 8\pi(5+\sqrt{2})$。

3. $I=\int_0^{\frac{1}{2}}dx\int_0^{\sqrt{2x}}f(x,y)dy+\int_{\frac{1}{2}}^{\sqrt{2}}dx\int_0^1 f(x,y)dy+\int_{\sqrt{2}}^{\sqrt{3}}dx\int_0^{\sqrt{3-x^2}}f(x,y)dy$。

4. (1) $e^{-\frac{1}{2}}$;   (2) $\dfrac{1}{6}(1-2e^{-1})$;   (3) $\dfrac{1}{2}(1-\sin 1)$。

5. $\dfrac{11}{15}$。

6. $\dfrac{16}{9}(3\pi-2)$。

7. $\dfrac{a^4}{64}(3\pi-8)$。

8. 略。

9. 略。

10. (1) $3\pi\ln\dfrac{4}{3}$;   (2) $\dfrac{73}{6}\pi$。

11. $\dfrac{4}{3}\pi abc$。

12. $\dfrac{4}{5}\pi abc$。

13. $\dfrac{4}{15}\pi abc(a^2+b^2+c^2)$。

14. $\dfrac{\pi}{4}abc^2$。

15. $\dfrac{4}{5}\pi$。

16. $\dfrac{\pi^5}{40}$。

17. $\left(0,0,\dfrac{3}{8}a\right)$。

18. $\dfrac{b^2}{3}M$。

19. $\dfrac{2}{5}a^2 M$。

20. $2\pi Ga\mu\left(\dfrac{1}{\sqrt{R^2+a^2}}-\dfrac{1}{a}\right)$。

习题 10

第一空间

1. (1) 4; (2) $\displaystyle\int_L \theta ds$; (3) 0; (4) 起,终; (5) $-$; (6) $\displaystyle\int_L (P\cos\alpha+Q\cos\beta+R\cos\gamma)ds$;

(7) $\sqrt{1+\left(\dfrac{\partial x}{\partial y}\right)^2+\left(\dfrac{\partial x}{\partial z}\right)^2}$; (8) $5a$; (9) 0; (10) $\displaystyle\iint_\Sigma (P\cos\alpha+Q\cos\beta+R\cos\gamma)dS$。

2. $\sqrt{5}\ln 2$

3. (1) $\dfrac{\sqrt{3}}{2}$；(2) 0。

4. $\dfrac{2}{3}\pi a^3$。

5. $\sqrt{2}$。

6. $\dfrac{4}{5}$。

7. $2\pi R^4$。

8. $\dfrac{4}{3}\pi R^4$。

9. $4\sqrt{61}$。

10. πh^2。

第二空间

1. $\dfrac{1}{3}\left[(2+4\pi)^{\frac{3}{2}}-2\sqrt{2}\right]$。

2. $2\pi^2 a^3(1+2\pi^2)$。

3. $\dfrac{4}{3}$。

4. πa^2。

5. (1) $\dfrac{34}{3}$；(2) $\dfrac{131}{12}$。

6. $-\pi a^2$

7. (1) $\displaystyle\int_L\left[\dfrac{3}{5}P(x,y)+\dfrac{4}{5}Q(x,y)\right]\mathrm{d}s$；(2) $\displaystyle\int\dfrac{P(x,y)+2xQ(x,y)}{\sqrt{1+4x^2}}\mathrm{d}s$；

(3) $\displaystyle\int_L\left[\sqrt{2x-x^2}\,P(x,y)+(1-x)Q(x,y)\right]\mathrm{d}s$。

8. $\dfrac{\sqrt{2}}{2}\pi$。

9. $\dfrac{\sqrt{2}}{2}\pi+\pi$。

10. $\dfrac{\pi}{2}$。

11. $(a^2+b^2+c^2)\times\dfrac{4}{3}\pi R^4$。

12. (1) B；　(2) A；　(3) B。

13. $2\pi e(1-e)$。

14. $\dfrac{3\pi}{2}$。

15. $-\dfrac{15}{2}\pi$。

16. $\iint\limits_{\Sigma}\left(\dfrac{3}{5}P+\dfrac{2}{5}Q+\dfrac{2\sqrt{3}}{5}R\right)\mathrm{d}S$。

17. $\dfrac{1}{30}$。

18. 12。

19. 4π。

20. $-\dfrac{7}{6}+\dfrac{1}{4}\sin2$。

21. $2\pi R^{2}$。

22. (1) $4\mathrm{e}$; (2) 236。

23. $\dfrac{79}{1}$。

24. (1) $x^{2}y$; (2) $x^{3}y+4x^{2}y^{2}+12(y\mathrm{e}^{y}-\mathrm{e}^{y})+12$。

25. (1) $4\pi R^{4}$; (2) 2; (3) $3a^{4}$; (4) $-\dfrac{9}{2}\pi$。

26. $\dfrac{2}{5}\pi a^{3}$。

27. $\dfrac{124}{5}\pi$。

28. $-\sqrt{3}\pi a^{2}$。

29. 0。

30. $\displaystyle\int_{L}\dfrac{P+2xQ+3yR}{\sqrt{1+4x^{2}+9y^{2}}}\mathrm{d}s$。

31. $\dfrac{3}{8}\pi a^{2}$。

32. $\dfrac{\pi}{6}(5\sqrt{5}-1)$。

33. $\sqrt{2}\pi$。

34. 2。

35. (1) $\mathrm{div}A=2x+2y+2z$; (2) $\mathrm{div}A=y\mathrm{e}^{xy}-x\sin(xy)-2xz\sin(xz^{2})$。

36. (1) $\mathrm{rot}A=2\vec{i}+4\vec{j}+6\vec{k}$; (2) $\mathrm{rot}A=\vec{i}+\vec{j}$。

37. 2π。

38. 13π。

39. (1) $(0,0,k\pi)$; (2) $2\pi a^{2}\rho\sqrt{a^{2}+k^{2}}$。

第三空间

1. $\sqrt{2}+\dfrac{1}{\sqrt{6}}\ln(2+\sqrt{3})$。

2. $\mathrm{e}^{a}\left(2+\dfrac{\pi}{4}a\right)-2$。

3. $4\sqrt{2}\ln(1+\sqrt{2})$。

4. $y = \sin x$。

5. $\dfrac{149}{30}\pi$。

6. $\dfrac{\sqrt{3}}{15}$。

7. $\pi a^3 h$。

8. $\dfrac{8}{3}\pi R^3 (a+b+c)$。

9. $4\pi\tan 1$。

10. 8π。

11. π。

12. 2π。

13. $\dfrac{26}{25}$。

14. $u(x,y,z) = \arctan xyz + c, \dfrac{\pi}{10}$。

15. 0。

16. $-\dfrac{2}{15}$。

17. $\dfrac{6}{5}\left(\dfrac{9}{2}\sqrt{2} - 5\right)\pi$。

18. $-2\pi a(a+b)$。

19. $\xi = \dfrac{a}{\sqrt{3}}, \eta = \dfrac{b}{\sqrt{3}}, \zeta = \dfrac{c}{\sqrt{3}}, W_{max} = \dfrac{\sqrt{3}}{9}abc$。

习题 11

第一空间

1. (1) $\dfrac{1}{6}$; (2) $-\dfrac{1}{n(n-1)}$; (3) 收敛;发散。

2. (1) $\dfrac{1}{3^2} + \dfrac{2}{4^2} + \dfrac{3}{5^2} + \dfrac{4}{6^2} + \cdots$;

   (2) $\dfrac{1}{2} + \dfrac{1\cdot 3}{2\cdot 4} + \dfrac{1\cdot 3\cdot 5}{2\cdot 4\cdot 6} + \dfrac{1\cdot 3\cdot 5\cdot 7}{2\cdot 4\cdot 6\cdot 8} + \cdots$;

   (3) $\dfrac{1}{10} - \dfrac{1}{20} + \dfrac{1}{30} - \dfrac{1}{40} + \cdots$;

   (4) $\dfrac{1!}{2^1} + \dfrac{2!}{3^2} + \dfrac{3!}{4^3} + \dfrac{4!}{5^4} + \cdots$。

3. (1) $u_n = \dfrac{1}{2n}$; (2) $u_n = \dfrac{a^{n-1}}{(2n-1)(2n+3)}$;

(3) $u_n = (-1)^n \dfrac{(2n+1)}{n^2}$;　　(4) $u_n = \dfrac{x^{\frac{n}{2}}}{2^n n!}$。

4. (1) 发散;　　　　　　　(2) 收敛;　　　　　　　(3) 收敛;

　　(4) 收敛;　　　　　　　(5) 收敛;　　　　　　　(6) 发散。

5. (1) 收敛 和为 $\dfrac{1}{3}$;　　　(2) 发散;　　　　　　　(3) 收敛和为 $\dfrac{1}{2}$;

　　(4) 收敛 和为 $\dfrac{2}{3}$;　　　(5) 发散。

6. (1) D;　　　　　　　　　(2) C。

7. (1) 收敛;　　　　　　　(2) 收敛;　　　　　　　(3) 收敛;

　　(4) 收敛。

8. (1) 收敛;　　　　　　　(2) 发散;　　　　　　　(3) 收敛;

　　(4) 收敛。

9. (1) 收敛;　　　　　　　(2) 发散;　　　　　　　(3) 发散;

　　(4) 发散。

10. (1) 条件收敛;　　　　　(2) 条件收敛;　　　　　(3) 绝对收敛;

　　(4) 发散。

11. (1) $(-1,1)$;　　　　　　(2) $[-1,1]$;　　　　　　(3) $(-\infty,+\infty)$;

　　(4) $\left[-\dfrac{1}{2},\dfrac{1}{2}\right]$;　　　　(5) $(-\infty,+\infty)$;　　　　(6) $[-3,3)$。

12. 当 $0<p<1$ 时,故原级数发散;

当 $p=1$ 时,$\sum \dfrac{(-1)^n}{n}$ 条件收敛;

当 $p>1$ 时,$\sum \dfrac{(-1)^n}{np^{n+1}}$ 绝对收敛。

13. 当 $0<a<1$ 时,发散;当 $a=1$ 时,发散;

当 $a>1$ 时,$\sum \dfrac{1}{1+a^n}$ 收敛。

第二空间

1. (1) 当 $a>1$ 时,原级数收敛;当 $0<a\leqslant 1$ 时,原级数发散;

　　(2) 发散;　　　　　　　(3) 发散;　　　　　　　(4) 收敛。

2. (1) 收敛;　　　　　　　(2) 发散;　　　　　　　(3) 发散;

　　(4) 收敛。

3. (1) 当 $\dfrac{b}{a}<1$,即 $b<a$,该级数收敛;当 $\dfrac{b}{a}>1$,即 $b>a$,该级数发散;当 $\dfrac{b}{a}=1$,即 $b=a$,不能判断。

　　(2) 当 $a=0$ 时,该级数发散;当 $0<a<\infty$ 时,有当 $\dfrac{x}{a}<1$,即 $x<a$,该级数收敛;

　　当 $\dfrac{x}{a}>1$,即 $x>a$,该级数发散;当 $\dfrac{x}{a}=1$,即 $x=a$,根值法不能判断。

4. (1) 收敛;　　　　　　(2) 发散;　　　　　　(3) 收敛;

　 (4) 收敛;　　　　　　(5) 收敛;　　　　　　(6) 收敛。

5. (1) 条件收敛;　　　　(2) 条件收敛;　　　　(3) 绝对收敛;

　 (4) 绝对收敛。

6. (1) 绝对收敛;　　　　(2) 发散;　　　　　　(3) 条件收敛;

　 (4) 发散;　　　　　　(5) 绝对收敛;　　　　(6) 绝对收敛。

7. (1) 条件收敛;　　　　(2) 绝对收敛;　　　　(3) 条件收敛。

8. (1) $(-\infty, +\infty)$;　　(2) $(0, 2]$;　　(3) $(-\sqrt{2}, \sqrt{2})$;

　 (4) $[4, 6)$。

9. 略。

10. (1) $\dfrac{1}{(1-x)^2}(-1<x<1)$;

　 (2) $\dfrac{1}{(1+x)^2}(-1<x<1)$;

　 (3) $\dfrac{1}{4}\ln\dfrac{1+x}{1-x}+\dfrac{1}{2}\arctan x - x (-1<x<1)$;

　 (4) $\dfrac{1}{2}\ln\dfrac{1+x}{1-x}(-1<x<1)$; $\dfrac{\sqrt{2}}{2}\ln(1+\sqrt{2})(-1<x<1)$。

11. (1) $\ln a + \sum\limits_{n=1}^{\infty}\dfrac{(-1)^{n-1}}{n}\left(\dfrac{x}{a}\right)^n x \in (-a, a]$;

　 (2) $\sum\limits_{n=0}^{\infty}\dfrac{(x\ln a)^n}{n!} x \in (-\infty, +\infty)$;

　 (3) $\sum\limits_{n=0}^{\infty}(-1)^n\left(1-\dfrac{1}{2^{n+1}}\right)x^n (-1<x<1)$;

　 (4) $\sum\limits_{n=1}^{\infty}(-1)^{n+1}\dfrac{2^{2n-1}}{(2n)!}x^{2n} x \in (-\infty, +\infty)$;

　 (5) $\sum\limits_{n=0}^{\infty}\dfrac{(-1)^n}{(2n)!}\left(\dfrac{x}{2}\right)^{2n}(-\infty<x<+\infty)$。

12. (1) $\sum\limits_{n=0}^{\infty}\dfrac{2^n}{n!}x^n$; $x \in (-\infty, +\infty)$;

　 (2) $1+\sum\limits_{n=0}^{\infty}\dfrac{(-1)^{n+1}}{2^n}x^n$; $x \in (-2, 2)$;

　 (3) $\dfrac{1}{2}+\sum\limits_{n=0}^{\infty}\dfrac{(-1)^{n+1}}{2(2n)!}x^{2n}$, $x \in (-\infty, +\infty)$;

　 (4) $\sum\limits_{n=0}^{\infty}\dfrac{(-1)^n-1}{2(n+1)}x^{n+1}$, $x \in (-1, 1)$;

　 (5) $\sum\limits_{n=0}^{\infty}(-1)^n\dfrac{1}{(2n+1)(2n+1)!}x^{2n+1}$, $x \in (-\infty, +\infty)$;

　 (6) $\sum\limits_{n=1}^{\infty}\dfrac{n}{(n+1)!}x^{n-1}$, $x \in (-\infty, +\infty)$;

(7) $\displaystyle\sum_{n=1}^{\infty}\frac{(-1)^{n-1}}{2n(2n)!}x^{2n}$, $x\in(-\infty,+\infty)$;

(8) $\displaystyle\sum_{n=0}^{\infty}\frac{1}{3}\left((-1)^{n+1}-\frac{1}{2^{n+1}}\right)x^{n}$, $x\in(-1,1)$。

13. (1) $\displaystyle\sum_{n=0}^{\infty}\frac{(-1)^{n}}{n+1}(x-1)^{n+1}$, $x\in(0,2]$;

(2) $\displaystyle\sum_{n=0}^{\infty}\left[(-1)^{n}-\frac{(-1)^{n}}{2^{n+1}}\right](x-1)^{n}$, $x\in(0,2)$;

(3) $\ln 2+\left(\ln 2+\dfrac{1}{2}\right)(x-1)+\displaystyle\sum_{n=1}^{\infty}\left[\frac{(-1)^{n}}{(n+1)2^{n+1}}+\frac{(-1)^{n-1}}{n2^{n}}\right](x-1)^{n+1}$, $x\in(0,4]$;

(4) $\displaystyle\sum_{n=0}^{\infty}\frac{e}{2^{n}\cdot n!}\left[(x-1)^{n}\right]\cdots$

(5) $\displaystyle\sum_{n=0}^{\infty}(-1)^{n+1}n(x-1)^{n-1}$, $x\in(0,2)$;

(6) $\displaystyle\sum_{n=0}^{\infty}\frac{(-1)^{n}}{n+1}(x-1)^{n+1}$, $x\in(0,2]$。

14. $f(x)=\dfrac{1}{x^{2}+5x+6}=\displaystyle\sum_{n=0}^{\infty}(-1)^{n}\left(\frac{1}{4^{n+1}}-\frac{1}{5^{n+1}}\right)(x-2)^{n}$ ($|x-2|<4$)。

15. $\dfrac{1}{2}\displaystyle\sum_{n=0}^{\infty}(-1)^{n}\left[\frac{\left(x+\frac{\pi}{3}\right)^{2n}}{(2n)!}+\frac{\sqrt{3}\left(x+\frac{\pi}{3}\right)^{2n+1}}{(2n+1)!}\right]$ ($-\infty<x<+\infty$)。

16. $\dfrac{1}{x^{2}}=\displaystyle\sum_{n=1}^{\infty}\frac{n}{4^{n+1}}(x+4)^{n-1}$ ($|x+4|<4$)。

17. (1) 1.0986;　　　　　　(2) 0.9994。

18. 7.12m。

19. (1) 2010年本息和是 ≈14371.56(元);

　　(2) $k\approx31.2$(年)。

第三空间

1. (1) 发散;　　　　　　(2) 收敛;　　　　　　(3) 收敛;

　(4) 收敛;　　　　　　(5) 收敛;　　　　　　(6) 收敛;

　(7) 收敛;　　　　　　(8) 发散。

2. (1) 发散;

　(2) 当 $a>e$ 时,级数发散;当 $0<a<e$ 时,级数收敛。

3. (1) 发散;　　　　　　(2) 条件收敛;　　　　　　(3) 发散。

4. (1) $\lambda<-\dfrac{1}{2}$ 时收敛;$\lambda\geqslant-\dfrac{1}{2}$ 发散;　　　　　　(2) 收敛。

5. (1) 收敛;　　　　　　(2) 收敛。

6. 收敛。

7. (1) 收敛半径为 ∞,$(-\infty,+\infty)$;

(2) 收敛半径 $R=\max\{a,b\}$,$(-R,R)$;

(3) 收敛半径为 2,$[-7,-3]$;

(4) 收敛半径 $R=\dfrac{1}{3}$ $\left[-\dfrac{4}{3},-\dfrac{2}{3}\right]$。

8. (1) 1; $\qquad$ (2) $\dfrac{1}{3}\ln 2+\dfrac{\pi}{3\sqrt{3}}$; $\qquad$ (3) $\dfrac{3}{8}-\dfrac{3}{4}\ln\dfrac{3}{2}$;

(4) $\dfrac{1}{2}(\cos 1-\sin 1)$。

9. 略。

10. 略。

11. $f(x)=\dfrac{1}{3}\left(\displaystyle\sum_{n=0}^{\infty}\left(\dfrac{x}{2}\right)^n-\sum_{n=0}^{\infty}(-1)^n x^n\right),(|x|<1)$。

12. (1) $f(x)=\dfrac{a_0}{2}+\displaystyle\sum_{n=1}^{\infty}(a_n\cos nx+b_n\sin nx)=\pi^2+1+12\sum_{n=1}^{\infty}\dfrac{(-1)^n}{n^2}\cos nx$;

(2) $f(x)=\dfrac{a_0}{2}+\displaystyle\sum_{n=1}^{\infty}a_n\cos nx+b_n\sin nx=\dfrac{1}{\pi}+\dfrac{1}{2}\sin x-\dfrac{2}{\pi}\sum_{n=1}^{\infty}\dfrac{1}{4n^2-1}\cos 2nx$。

13. (1) $f(x)=\dfrac{4}{\pi}\displaystyle\sum_{n=1}^{\infty}\left[\left(\dfrac{2}{n^3}-\dfrac{\pi^2}{n}\right)(-1)^n-\dfrac{2}{n^3}\right]\sin nx\,(0\leqslant x<\pi)$;

(2) $f(x)=\dfrac{2}{3}\pi^2+8\displaystyle\sum_{n=1}^{\infty}\dfrac{(-1)^n}{n^2}\cos nx\,(0\leqslant x\leqslant\pi)$。

14. $f(x)=-\dfrac{1}{4}+\displaystyle\sum_{n=1}^{\infty}\left\{\left[\dfrac{1-(-1)^n}{n^2\pi^2}+\dfrac{2\sin\dfrac{n\pi}{2}}{n\pi}\right]\cos n\pi x+\dfrac{1-2\cos\dfrac{n\pi}{2}}{n\pi}\sin n\pi x\right\}$,

$\left(x\neq 2k,x\neq 2k+\dfrac{1}{2},k=0,\pm 1,\pm 2,\cdots\right)$。

15. $f(x)=\dfrac{1}{4}-\dfrac{2}{\pi^2}\displaystyle\sum_{n=0}^{\infty}\dfrac{\cos 2(2n+1)\pi x}{(2n+1)^2}\left(-\dfrac{1}{2}\leqslant x\leqslant\dfrac{1}{2}\right)$; $\qquad$ $\displaystyle\sum_{k=0}^{\infty}\dfrac{1}{(2k+1)^2}=\dfrac{\pi^2}{8}$。

习题 12

第一空间

1. (1) 2; $\qquad$ (2) 3; $\qquad$ (3) 1;

(4) 1。

2. (1) $y=5x^2$; $\qquad$ (2) $y=C_1\cos ax+C_2\sin ax$。

3. $y=-\dfrac{1}{3}\sin 3x+\cos 3x$。

4. $y=\dfrac{1}{2}x+2$。

5. $u(x) = \int (1+x)\mathrm{d}x = \dfrac{x^2}{2} + x + C$（$C$ 为任意常数）。

6. $yy' + 2x = 0$

7. D

8. D

9. $y = (x+C)\cos x$

10. B

11. $y = C_1(y_2(x) - y_1(x)) + C_2((y_3(x) - y_1(x))) + y_1(x)$

12. $y = 3 + x^2 + C_1 x + C_2 \mathrm{e}^{-x}$

第二空间

1. (1) $y = C\mathrm{e}^{\frac{x^2}{2}}$；　　　　　　(2) $y = C\mathrm{e}^{\sqrt{1-x^2}}$；

   (3) $y = \mathrm{e}^{Cx}$；　　　　　　　　(4) $(1+y^2)(1-x^2) = C$；

   (5) $\arctan \dfrac{\sqrt{2}}{2}(2x+y+5) = \dfrac{\sqrt{2}}{2}x + C$；

   (6) $\arctan \dfrac{y}{x} = \ln \sqrt{x^2+y^2} + C$。

2. (1) $\dfrac{y^2}{2} + \dfrac{y^3}{3} = \dfrac{x^2}{2} + \dfrac{x^3}{3}$；　　　　(2) $y^2 = 2x^2(\ln|x|+2)$；

3. (1) $\arcsin \dfrac{y}{x} = \ln|x| + C$；

   (2) $y = x\mathrm{e}^{Cx+1}$。

4. $y = \dfrac{2x}{1+x^2}$。

5. (1) $y = C\mathrm{e}^{-x^2} + 2$；　　　　　(2) $y = x^3 + Cx$；

   (3) $y = \dfrac{1}{x^2+1}\left(\dfrac{4}{3}x^3 + C\right)$；

   (4) $y = \dfrac{1}{2}y^2 + Cy^3$。

6. $x = Cy - y\mathrm{e}^y$，其中 C 是任意常数。

7. $y = \mathrm{e}^x - \mathrm{e}^{x+\mathrm{e}^{-x} - \frac{1}{2}}$。

8. (1) $y = \dfrac{2}{3}(1 - \mathrm{e}^{-3x})$；

   (2) $y = x\sec x$。

9. $y = 2(\mathrm{e}^x - x - 1)$。

10. (1) $\dfrac{1}{y} = C\mathrm{e}^{-\frac{3}{2}x^2} - \dfrac{1}{3}$；

   (2) $\dfrac{1}{y^3} = C\mathrm{e}^x - 2x - 1$。

11. B

12. C

13. (1) $y=C_1 e^{-2x}+C_2 e^{-3x}$;

(2) $y=e^{\frac{3}{4}x}(C_1+C_2 x)$;

(3) $y=C_1+C_2 e^{-x}$;

(4) $y=e^{2x}(C_1\cos x+C_2\sin x)$。

14. (1) $y=e^{-\frac{1}{2}x}(2+x)$;

(2) $y=3e^{-2x}\sin 5x$。

15. $y=C_1 e^{2x}+C_2 e^{3x}+C_3 e^{-x}$。

16. (1) 是全微分方程,其通解为 $\frac{1}{3}x^3-xy=C$;

(2) 是全微分方程,其通解为 $\frac{1}{4}x^4-xy+\frac{1}{2}y^2=C$;

(3) 是全微分方程,其通解为 $\frac{1}{3}x^3+xy^2+\frac{1}{2}y^2=C$;

(4) 是全微分方程,其通解为 $x\sin y+y\cos x=C$。

17. (1) $\frac{1}{x^2}$,通解为 $3x+y^0+\frac{y}{x}=C$;

(2) $\frac{1}{x^2+y^2}$,通解为 $\frac{1}{2}\ln(x^2+y^2)-x=C$;

(3) $\frac{1}{x^2+y^2}$,通解为 $x+\arctan\frac{x}{y}=C$。

18. (1) $y=\frac{1}{9}e^{3x}-\sin x+C_1 x+C_2$;

(2) $y=-\ln|\cos(x+C_1)|+C_2$;

(3) $y=C_1 e^x-\frac{1}{2}x^2-x+C_2$;

(4) $y=\arcsin e^{x+C_2}+C_1$。

19. $y=4(x-2)^{-2}$。

20. $y=\frac{1}{6}x^3+\frac{1}{2}x+1$。

21. B

22. $y=C_1+C_2 e^{-x}+\frac{2}{3}x^3-2x^2+5x$。

23. (1) $y=(C_1+C_2 x)e^x+\frac{2}{3}x^3 e^x$;

(2) $y=C_1\cos ax+C_2\sin ax+\frac{e^x}{1+a^2}$;

(3) $y=C_1\cos x+C_2\sin x+x+\frac{1}{2}x\sin x$;

(4) $y=C_1 e^{3x}+C_2 x e^{3x}+\left(\frac{3}{25}\cos x-\frac{4}{25}\sin x\right)e^x$。

24. $y = e^{-x}(C_1 + C_2 x + C_3 x^2) + \dfrac{x^3}{6}\left(\dfrac{1}{4}x - 5\right)e^{-x}$。

25. (1) $y = -5e^x + \dfrac{7}{2}e^{2x} + \dfrac{5}{2}$；

　　(2) $y = e^x - e^{-x} + xe^x(x-1)$。

第三空间

1. $f(x) = \displaystyle\int(-2\sin x - x\cos x)\mathrm{d}x = \cos x - x\sin x + C$。

2. $p = 10 \cdot 2^{\frac{t}{10}}$。

3. $y = \dfrac{1000 \cdot 3^{\frac{1}{3}}}{9 + 3^{\frac{1}{6}}}$。

4. (1) $\dfrac{\mathrm{d}W}{\mathrm{d}t} = 0.05W - 30$；

　　(2) $W = 600 + (W_0 - 600)e^{0.05t}$；

　　(3) 当 $W_0 = 500$ 百万元时,净资产额单调递减,公司将在第 36 年破产；当 $W_0 = 600$ 百万元时,公司将收支平衡,将资产保持在 600 百万元不变；当 $W_0 = 700$ 百万元时,公司净资产将按指数不断增大。

5. $y = e^x(x+1)$。

6. $f(x) = \dfrac{1}{2}(e^x - e^{-x})$。

7. $y = ae^{-\frac{p}{2p}(x=h)}$。

8. $T = \dfrac{3}{4000\ln\left(\dfrac{5}{2}\right)}$。

9. 答案略。

10. 答案略。

11. 答案略。

12. $i(t) = \dfrac{E_0}{R^2 + w^2 L^2}(wLe^{-\frac{R}{L}t} + R\sin wt - wL\cos wt)$。

13. $xy = 2a^2 + cx^3 \ (x>0, y>0)$。

14. $y = y(x) = x - \dfrac{75}{124}x^3$。

15. $y'' - y' - 2y = e^x - 2xe^x$。

16. $y = \dfrac{1}{2}(\sin x + x\cos x)$。

17. $y = \dfrac{1}{4} - x^2$；$Y = -\dfrac{\sqrt{3}}{3}X + \dfrac{1}{3}$。

参 考 文 献

[1] 同济大学应用数学系.高等数学(第五版上、下).北京：高等教育出版社,2004.

[2] 林群.微积分快餐.北京：科学出版社,2009.

[3] 刘春凤.高等数学(上、下)第二版.北京：科学出版社,2010.

[4] 上海交通大学.高等数学.北京：科学出版社,2006.

[5] 李心灿.高等数学应用 205 例.北京：高等教育出版社,1997.

[6] 吴赣昌.高等数学.北京：中国人民大学出版社,2012.

[7] 沈文选.走进教育数学.北京：科学出版社,2009.

[8] 张景中.几何新方法和新体系.北京：科学出版社,2009.

[9] 叶其孝.大学生数学建模竞赛辅导教材(一).长沙：湖南教育出版社,1987.

[10] 吴肇基.应用微积分.南京：东南大学出版社,2005.

[11] 姜启源.数学模型.北京：高等教育出版社,2002.

[12] 李尚志.数学实验.北京：高等教育出版社,2010.

[13] Thomas'Calculus(Tenth Edition)(上、下).北京：高等教育出版社,2004.

[14] [美]D. 尤金.Mathematica 使用指南.北京：科学出版社,2003.

[15] 章栋恩.高等数学实验.北京：高等教育出版社,2004.

[16] 潘鼎坤.高等数学教材中的常见瑕疵.西安：西安交通大学出版社,2006.

[17] 侯风波.高等数学.北京：高等教育出版社,2000.

[18] 韩旭里.大学数学教程.北京：科学出版社,2006.

[19] 严守权,等. 大学文科数学.北京：中国人民大学出版社,2005.

[20] 张韵华.Mathematica 教程.北京：科学出版社,2001.

[21] C. F. LIU, S. S. KONG. Outer P-sets and F-mining of Hidden Date. International Journal of Advancements in Computing Technology. 2012,v4,p180-187.

[22] C. F. LIU, A. M. YANG. The Reform and Practice for Mathematics Series Curricula Based on Four-Dimensional Teaching Model. International Conference on Industrial Mechatronics and Automation. 2010,v1,p570-573.

[23] C. F. LIU, H. M. WU. Research on a Class of Ordinary Differential Equations and Application in Metallurgy. Communications in Computer and Information Science. 2010,v106,p391-397.

[24] A. M. YANG,B. X. LIU. Methods and Measures Research of Technical Mathematics Competition. Asia-Pacific Conference on Wearable Computing Systems,2010,p274-277.

[25] A. M. YANG,J. H. WU. Research and Practice for Teaching Methods of College Mathematics with the Aim of Engineering Application in Independent Colleges. International Conference on Industrial Mechatronics and Automation. 2010,v 1,p 591-594.

[26] J. C. CHANG,C. F. LIU. The Design and Practice of Numerical Analysis Teaching Platform. International Conference on Industrial Mechatronics and Automation. 2010 v1,p554-557.

[27] Yan Yan,C. F. LIU. Efficient Mathematics Teaching Scheme For Multi-Disciplinary Students. Lecture Notes in Electrical Engineering. 2013,v163,p711-717.